6-1

수학문제 해결을 위한 완벽한 전략

매쓰두잉

서사원주니어

들어가며

우리는 '34+2', '12×3'과 같이 수와 연산기호로 이루어진 문제의 답을 고민 없이 구할 수 있습니다. 누구나 아는 쉬운 규칙이기 때문이지요. 하지만 이것은 수학의 세계로 들어가는 입구에 불과합니다. 수식으로 제시된 문제와 달리 문장제 문제는 학생 스스로 주어진 상황에 필요한 수학 개념을 떠올려 답을 구해야 합니다. 학생들은 이러한 문제를 해결해내면서 수학적 사고력이 신장되고, 나아가 세상을 새롭게 해석할 수 있게 됩니다.

이것이 우리가 수학을 학습하는 최종 목표라고 할 수 있습니다. 그리고 이를 가능하게 하는 것은 바로 '내가 수학을 하는' 경험입니다. 학생 자신의 힘으로 수학 문제를 해결하는 경험을 쌓으며 스스로 문제해결의 주인이 되어야만 이 단계에 이를 수 있습니다.

《매쓰 두잉》(Math Doing)은 개념 학습을 끝낸 후, 학생들이 수학 문제해결력을 신장시킬 수 있는 긍정적인 경험을 할 수 있도록 구성된 교재입니다. '이 문제를 어떻게 풀 것인가' 하는 고민을 문제를 만나는 순간부터 답을 구하고 확인하는 내내 하게 되지요.

문제해결의 4단계(문제 이해－계획 수립－실행－확인)를 고안한 폴리아(George Pólya, 헝가리 수학자, 수학 교육자)에 따르면, 수학적 사고 신장은 '수학 문제의 해법 추측과 발견의 과정'을 통해 이루어집니다. 이에 본 교재는 학생들이 문제를 이해하고 어떻게 풀 것인가를 계획하는 과정에서 추측과 발견의 기회를 가질 수 있도록 다음과 같은 방법을 제시합니다.

첫째, 식 세우기, 표 그리기, 예상하고 확인하기, 그림 그리기 등 다양한 문제해결의 전략을 단계적으로 학습할 수 있도록 합니다.

둘째, 이 학습 단계는 총 4단계로 구성됩니다. 1단계에서는 교재가 도움을 제공하지만 단계가 올라갈수록 문제해결의 주체가 점점 학생 본인으로 옮겨 가게 됩니다. 이는 비고츠키(Lev Semenovich Vygotsky, 구소련 심리학자)의 '근접발달영역'이라는 인지 이론을 바탕으로 한 것입니다.

셋째, 《매쓰 두잉》만의 '문제 그리기' 방법입니다. 문제해결을 위해 문제의 정보를 말이나 수, 그림, 기호 등을 사용하여 표현해 보는 것입니다. 이를 통해 문제 정보를 제대로 이해하고 '어떻게 문제를 풀 것인가'에 대한 계획을 세우는 기회를 가질 수 있습니다.

이와 같은 방법을 통해 많은 학생들이 진정으로 수학을 하는 경험을 가질 수 있을 것이라는 기대로 이 문제집을 세상에 내어놓습니다.

2025년 1월

박 현 정

《매쓰 두잉》의 구성

《매쓰 두잉》에서는 3~6학년의 각 학기별 내용을 3개의 파트로 나누어 학습하게 됩니다. 한 파트는 총 4단계의 문제해결 과정으로 진행됩니다. 각 단계는 교재가 제공하는 도움의 정도에 따라 나누어집니다.

PART1 수와 연산

PART2 도형과 측정

PART3 변화와 관계, 자료와 가능성

준비 단계 개념 떠올리기

해당 파트의 주요 개념과 원리를 떠올리기 위한 기본 문제입니다.

STEP 1 내가 수학하기 배우기

아무런 도움 없이 스스로 알맞은 전략을 선택, 사용하여 사고력 문제해결에 도전합니다.

❶ 전략 배우기

파트마다 5~6개의 전략을 두 번에 나누어 학습합니다.

식 만들기 / 그림 그리기 / 표 만들기 / 거꾸로 풀기

단순화하기 / 규칙 찾기 / 예상하고 확인하기

문제정보를 복합적으로 나타내기

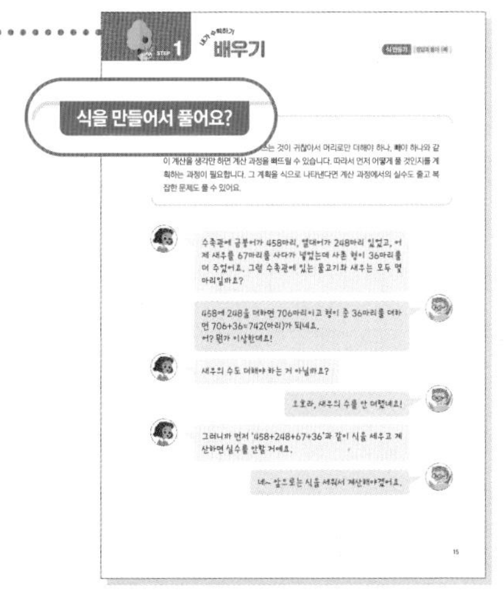

❷ 전략을 사용해 문제 풀기

교재의 도움을 받아 문제를 이해하고 표현해 봅니다.

문제 그리기 불완전하게 제시된 말이나 수, 다이어그램 등을 보고 □ 안에 적합한 수, 기호 등을 넣으며 해법을 계획합니다.

계획-풀기 제시된 풀이 과정에서 틀린 부분을 찾아 밑줄을 긋고 바르게 고칩니다.

확인하기 적용한 전략을 다시 떠올립니다.

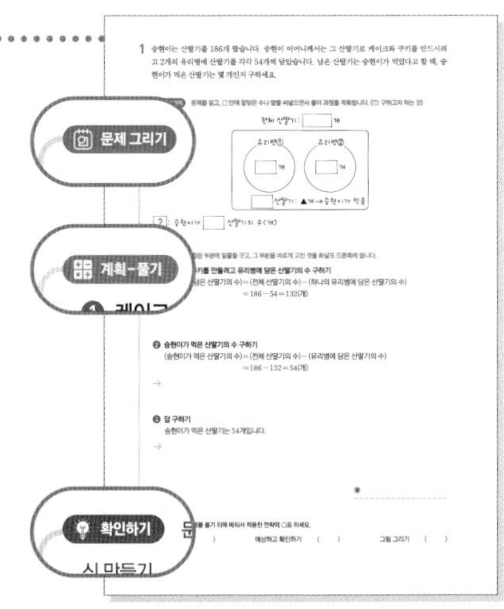

STEP 2 내가 수학하기 **해보기**

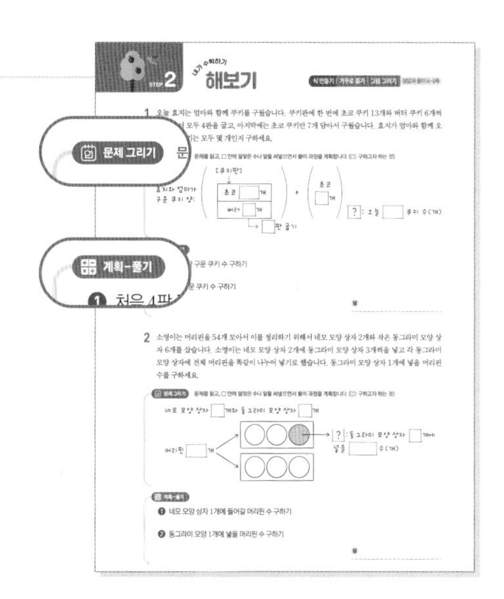

'문제 그리기'와 '계획-풀기'에만 도움이 제공됩니다.

문제 그리기 불완전하게 제시된 말이나 수, 다이어그램 등을 보고 □ 안에 적합한 수, 기호 등을 넣으며 해법을 계획합니다.

계획-풀기 해답을 구하기 위한 단계만 제시됩니다. 과정은 스스로 구성해 봅니다.

STEP 3 내가 수학하기 **한단계 UP**

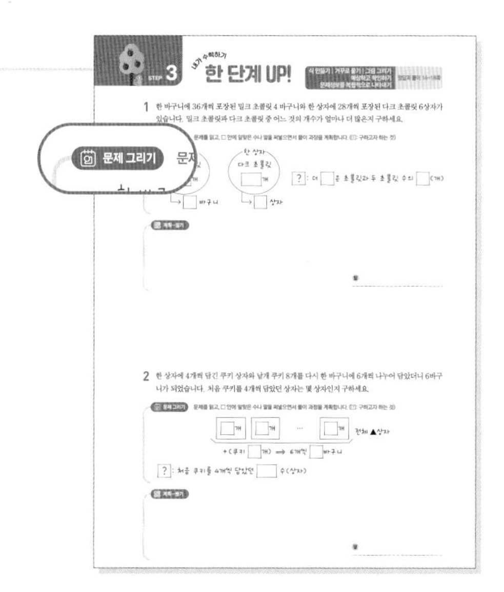

'문제 그리기'에만 도움이 제공됩니다.

문제 그리기 불완전하게 제시된 말이나 수, 다이어그램 등을 보고 □ 안에 적합한 수, 기호 등을 넣으며 해법을 계획합니다.

STEP 4 내가 수학하기 **거뜬히 해내기**

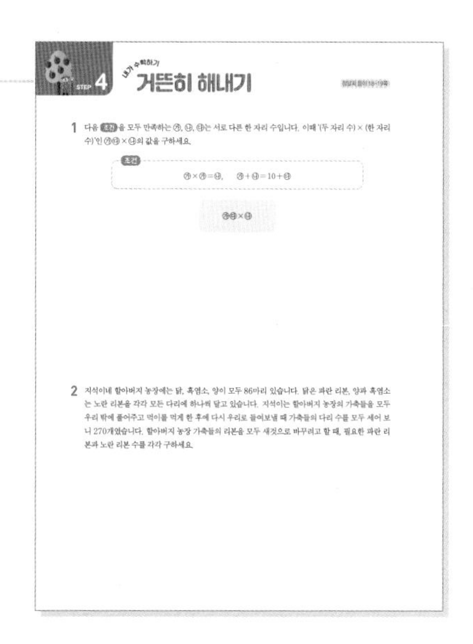

아무런 도움 없이 스스로 알맞은 전략을 선택, 사용하여 사고력 문제해결에 도전합니다.

핵심 역량 **말랑말랑 수학**

유연한 주제로 재미있게 수학에 접근해 봅니다. Part1에서는 문제해결과 수-연산 감각, Part2에서는 의사소통, Part3에서는 추론 및 정보처리를 다룹니다.

《매쓰 두잉》의 문제해결 과정

《매쓰 두잉》에서 제시하는 문제해결의 과정은 다음과 같습니다.

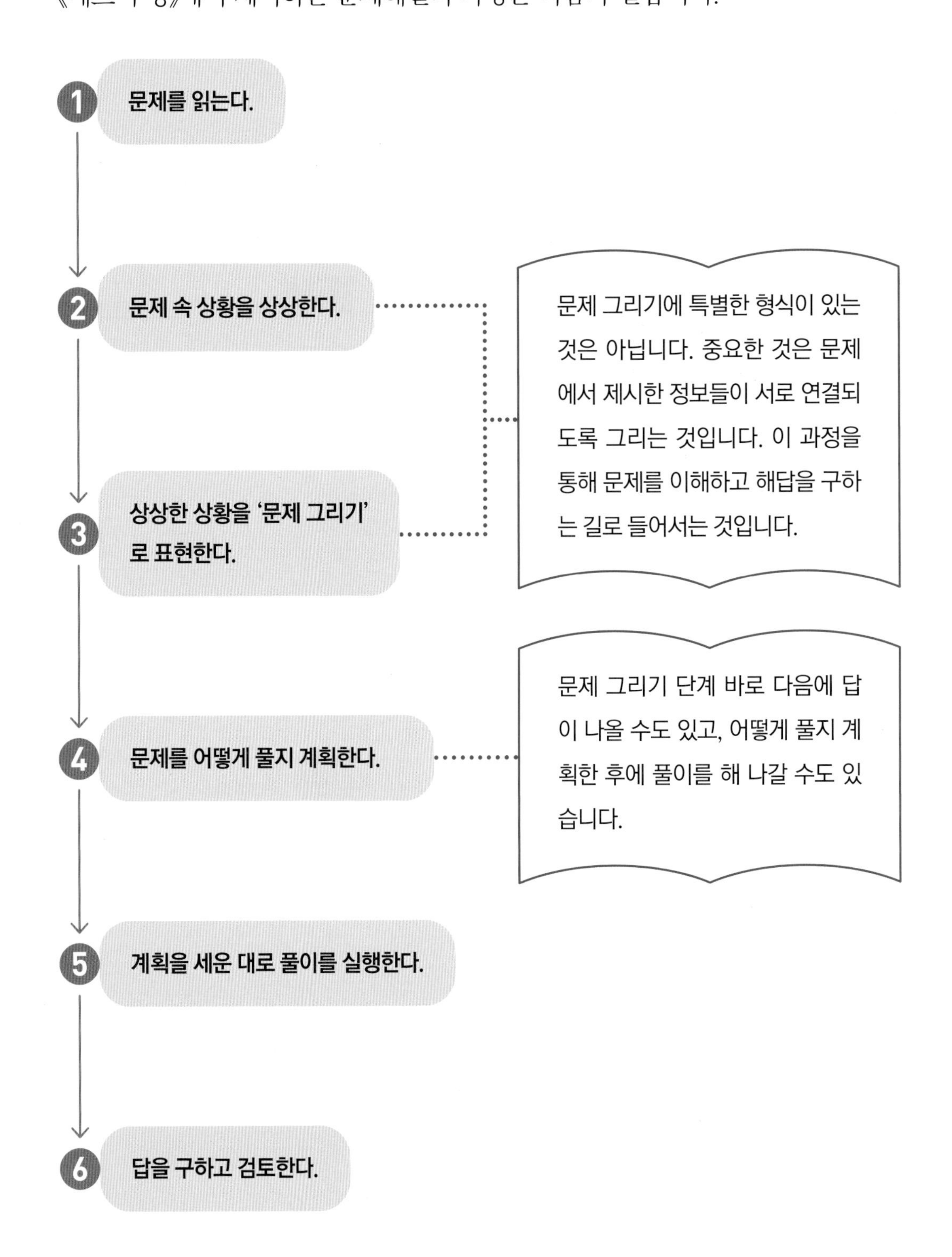

예시 문제

농장에 있는 양들을 한 무리에 40마리씩 나누어야 합니다. 그런데 잘못해서 34마리씩 나누었더니 21개의 무리가 생기고, 20마리의 양이 남았습니다. 올바르게 나누었다면 몇 개의 무리가 생기고, 남는 양은 몇 마리였을까요?

1 문제를 읽는다.

'농장에 있는 양들을 한 무리에 40마리씩 나누어야 합니다. 그런데 잘못해서 34마리씩 나누었더니 21개의 무리가 생기고, 20마리의 양이 남았습니다. 올바르게 나누었다면 몇 개의 무리가 생기고, 남는 양은 몇 마리였을까요?'

2 문제 속 상황을 상상한다.

실제로 양들을 무리로 나누는 상황을 상상하며, 원래 나누었어야 하는 방법과 잘못 나눈 방법을 생각해 봅니다. 이 과정을 통해 실제 양의 수를 구할 수 있다는 생각에 도달하게 됩니다.

3 상상한 상황을 '문제 그리기'로 표현한다.

문제 정보와 구하고자 하는 것이 모두 들어가도록 수나 도형, 화살표, 기호 등으로 나타냅니다.

문제 그리기

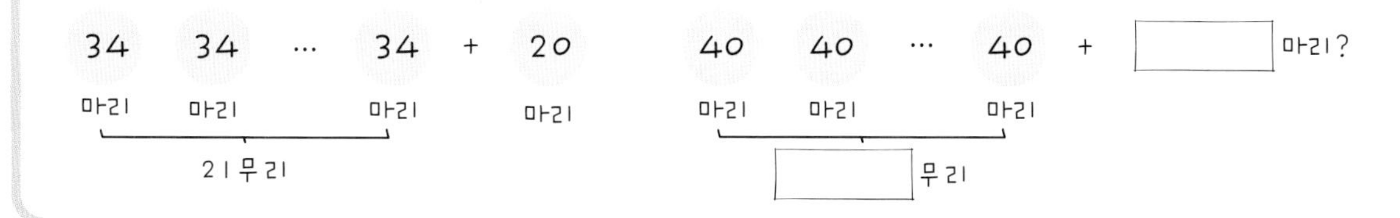

4 문제를 어떻게 풀지 계획한다.

식 만들기, 거꾸로 풀기, 단순화하기 등 문제에 알맞은 전략을 선택합니다.

5 계획을 세운 대로 풀이를 실행한다.

이 문제에서는 무리를 잘못 나눈 경우를 '식 만들기'로 표현하여 전체 양의 수를 구한 후, 다시 올바르게 무리를 나눔으로써 몇 개의 무리가 생기고 남는 양은 몇 마리인지 구할 수 있습니다.

계획-풀기

$34 \times 21 = 714$

$714 + 20 = 734$

$734 \div 40 = 18 \cdots 14$

따라서 양들은 모두 734마리이며, 18무리로 나눌 수 있고, 14마리가 남는다는 답을 얻습니다.

6 답을 구하고 검토한다.

문제와 '문제 그리기'를 다시 읽으며 풀이 과정을 검토하고 구한 답이 맞는지 확인합니다. 이때 실수를 찾아내거나 다른 풀이 과정을 생각해낼 수도 있습니다.

답 **18무리, 14마리**

차례

수와 연산

도형과 측정

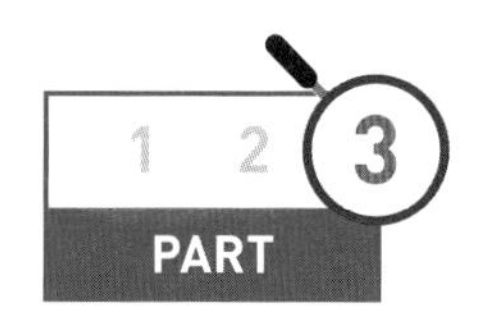

변화와 관계 / 자료와 가능성

단원 연계

5학년 2학기

수의 범위와 어림하기

- 어림값을 나타내기 위한 이상, 이하, 초과, 미만의 의미와 쓰임을 알고 이를 활용

분수, 소수의 곱셈

- 분수의 곱셈 계산 원리를 탐구하고 계산

6학년 1학기

분수의 나눗셈

- '(자연수)÷(자연수)', '(분수)÷(자연수)'에서 나눗셈의 몫을 분수로 표현

소수의 나눗셈

- '(자연수)÷(자연수)', '(소수)÷(자연수)'에서 나눗셈의 몫을 소수로 표현

6학년 2학기

분수의 나눗셈

- '(분수)÷(분수)'에서 나눗셈의 몫을 분수로 표현

소수의 나눗셈

- '(소수)÷(소수)'에서 나눗셈의 몫을 소수로 표현

이 단원에서 사용하는 전략

- 식 만들기
- 거꾸로 풀기
- 그림 그리기
- 단순화하기
- 문제정보를 복합적으로 나타내기
- 규칙성 찾기

PART 1

수와 연산

관련 단원 분수의 나눗셈 | 소수의 나눗셈

개념 떠올리기

그럼 내가 얼마를 갖는 거야? (자연수)÷(자연수)

1 다음은 $4\div5$의 몫을 그림으로 나타낸 것입니다. 그 몫을 분수로 나타내세요.

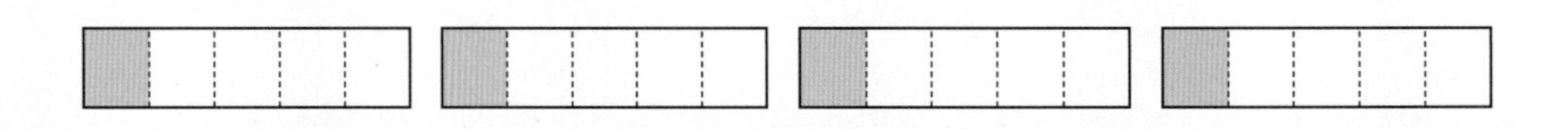

➡ $4\div5=\square$

2 다음 나눗셈에 대하여 물음에 답하세요.

㉠ $7\div9$　　㉡ $13\div3$　　㉢ $40\div7$　　㉣ $17\div14$

❶ 나눗셈을 계산하지 않고 몫이 1보다 큰 경우와 작은 경우를 모두 구하세요.

몫이 1보다 큰 경우 (　　　　　　　)

몫이 1보다 작은 경우 (　　　　　　　)

❷ 나눗셈의 몫을 분수로 구하여 몫이 작은 것부터 차례대로 기호를 쓰세요.

(　　　　　　　)

개념 적용

피자 4판을 7명이 똑같이 나누어 먹으려면 한 사람당 얼마만큼씩 먹어야 할까요?

나눗셈식을 세우면 $4\div7$인데 어떻게 계산하는지 모르겠어요. 그냥 각 판을 다 똑같이 7등분 해서 각각 1조각씩 먹으면 되지 않을까요?

와! 바로 그거예요. 피자 1판을 똑같이 7조각으로 나누면 한 조각은 $\frac{1}{7}$이에요. 한 사람당 먹는 피자의 양은 $\frac{1}{7}$씩 4개이니까 전체의 $\frac{4}{7}$($=4\div7=\frac{4}{7}$)예요.

다시 또 나누라고? (진분수)÷(자연수), (대분수)÷(자연수)

3 다음 그림을 보고 나눗셈의 몫을 구한 후 □ 안에 알맞은 수나 기호를 써넣으세요.

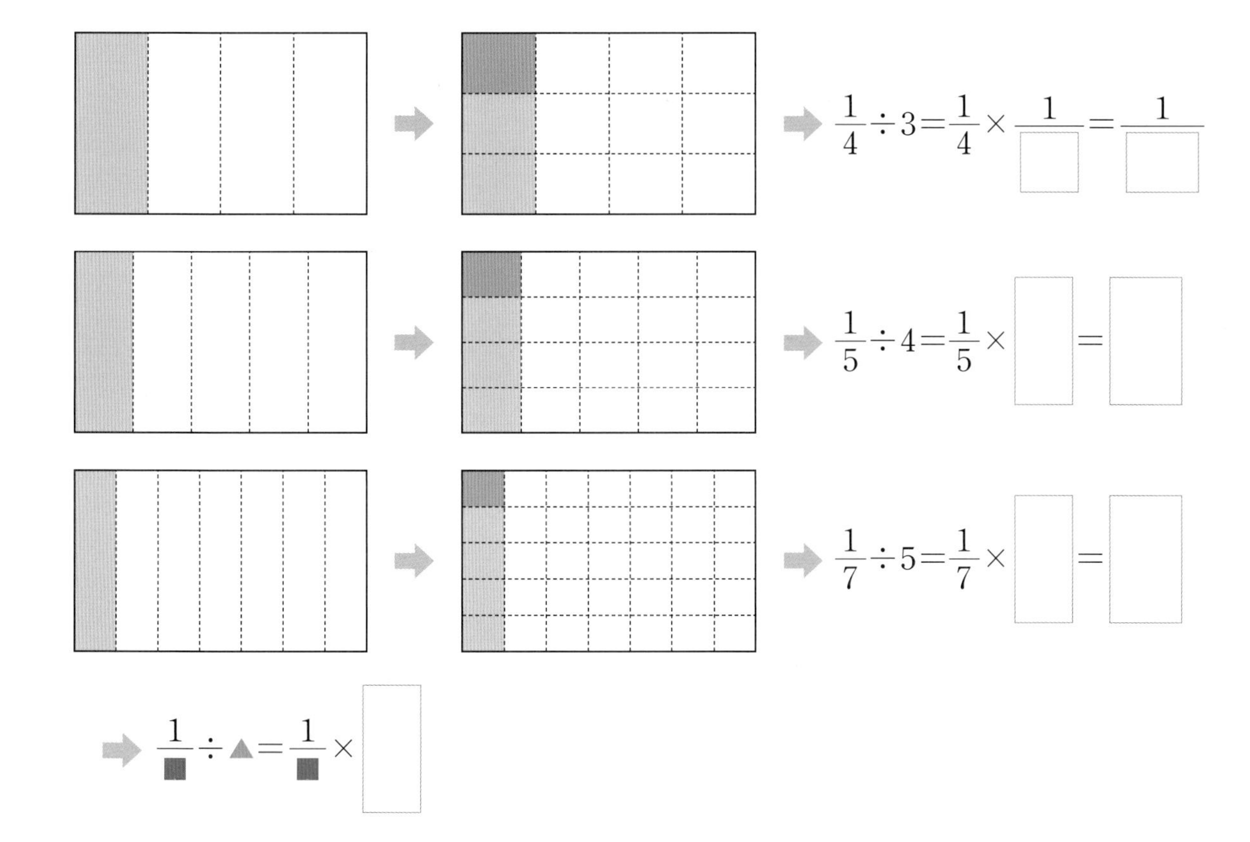

$\frac{1}{4} \div 3 = \frac{1}{4} \times \frac{1}{\square} = \frac{1}{\square}$

$\frac{1}{5} \div 4 = \frac{1}{5} \times \square = \square$

$\frac{1}{7} \div 5 = \frac{1}{7} \times \square = \square$

➡ $\frac{1}{■} \div ▲ = \frac{1}{■} \times \square$

4 다음 보기를 보고 $13\frac{3}{5} \div 4$의 몫을 계산하지 말고 분수로 나타내고, □ 안에 알맞은 수를 써넣어 계산을 검토하세요.

보기

$3\frac{2}{5} \times 4 = \frac{17}{5} \times 4 = \frac{17 \times 4}{5} = \frac{68}{5} = 13\frac{3}{5}$ ➡ $3\frac{2}{5} \times 4 = 13\frac{3}{5}$

$13\frac{3}{5} \div 4 = \square$ ⬅ $13\frac{3}{5} \div 4 = \frac{\square}{5} \times \frac{\square}{4} = \frac{\square}{20} = \frac{\square}{5} = \square\frac{\square}{5}$

개념 적용

달걀 3개의 무게가 $139\frac{4}{5}$ g이면 달걀 1개의 무게는 몇 g일까요? 나눗셈을 이용하면 될까요?

맞아요. 간단해요! $139\frac{4}{5}$를 3으로 나누면 되지요.

(달걀 1개의 무게) $= 139\frac{4}{5} \div 3 = 139\frac{4}{5} \times \frac{1}{3} = \frac{\overset{233}{\cancel{699}}}{5} \times \frac{1}{\underset{1}{\cancel{3}}} = \frac{233}{5} = 46\frac{3}{5}$(g)이에요.

(소수)÷(자연수), (자연수)÷(자연수)

5 다음 소수의 나눗셈을 보기와 같이 분수의 나눗셈을 이용하여 계산하세요.

보기

$$2.56 \div 8 = \frac{256}{100} \div 8 = \frac{256 \div 8}{100} = \frac{32}{100} = 0.32$$

$9.72 \div 6 =$ ____________________

6 다음 계산에서 잘못된 부분을 찾아 바르게 고쳐서 계산하세요.

$$\begin{array}{r} 13.5 \\ 6\overline{)78.3} \\ \underline{6} \\ 18 \\ \underline{18} \\ 30 \\ \underline{30} \\ 0 \end{array} \quad \Rightarrow \quad 6\overline{)78.3}$$

7 다음 자연수의 나눗셈을 이용하여 소수의 나눗셈을 구하세요.

$495 \div 3 = 165$

❶ $49.5 \div 3 = \square$

❷ $4.95 \div 3 = \square$

8 다음 각 몫을 소수로 구하여 몫이 큰 것부터 차례대로 기호를 쓰세요.

㉠ $7 \div 4$ ㉡ $46 \div 20$ ㉢ $43 \div 8$ ㉣ $63 \div 14$

( )

개념 적용

분수는 분모가 다르면 크기 비교가 어렵잖아요. 그런데 소수는 정말 크기 비교가 참 쉬운 것 같아요. 봐요! $7 \div 6 = \frac{7}{6} = 1\frac{1}{6}$과 $9 \div 7 = \frac{9}{7} = 1\frac{2}{7}$는 대분수로 바꿔도 자연수 부분이 같아서 또 통분해야 하는데, 소수의 나눗셈은 그냥 몫을 소수 첫째 자리까지만 구해도 크기 비교가 쉬워요. 계산을 다 안 해도 되겠죠? $7 \div 6 = 1.1\cdots$이고, $9 \div 7 = 1.2\cdots$이니까 $\frac{7}{6}$보다 $\frac{9}{7}$가 더 커요!

식을 세우라고?

식 세우기 방법은 수학 문제를 풀기 위한 가장 보편적이고 일반적인 전략입니다. 과거 수학자들은 이 세상의 모든 문제들을 해결할 수 있는 방법으로 이렇게 제안을 했습니다. “세상의 모든 문제들을 수학 문장제로 제시하라. 그런 다음 식을 세워서 풀어라.”라고 말이에요. 그만큼 식을 올바르게 세우기만 하면 그 다음 단계들은 거의 기계적으로 풀린답니다.

맞아요! 식만 세우면 계산 법칙에 따라 풀기만 하면 되니까 말이에요.

식 세우기가 쉽지 않아서 그렇지, 그 말이 맞긴 하죠.

그럼 식 세우기를 쉽게 하는 방법이 있을까요?

먼저 +, -, ×, ÷의 계산 순서를 정확하게 알고, 하나의 식으로 만들려고 하면 더 쉬울거 같아요.

아하! 또 중요한 게 있지요! 문제를 잘 이해하고 식을 세워야 한다는 것!

그렇죠! 이제부터 문제를 잘 읽어야겠어요.

1 수민이의 어머니는 글짓기 행사장에서 점심 식사를 위해 국을 나누어 담으려고 합니다. 한 통에 $21\frac{3}{5}$ L씩 담겨있는 국통이 3통이 있는데 이 국을 글짓기 참여자 162명에게 똑같이 나누어 주려면 한 명에게 몇 L의 국을 주어야 하는지 구하세요.

문제 그리기 문제를 읽고, □ 안에 알맞은 수를 써넣으면서 풀이 과정을 계획합니다.(?: 구하고자 하는 것)

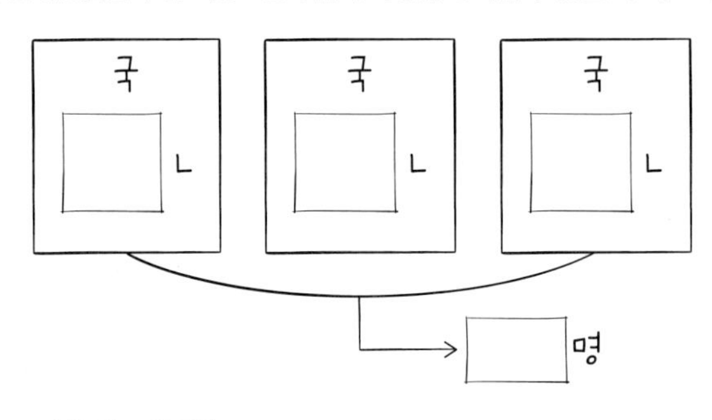

? : □명에게 줄 수 있는 국의 양(L)

계획-풀기 틀린 부분에 밑줄을 긋고, 그 부분을 바르게 고친 것을 화살표 오른쪽에 씁니다.

❶ 글짓기 행사에서 준비한 국의 양 구하기

(글짓기 행사에서 준비한 국의 양)=(한 통에 들어 있는 국의 양)×(국 통의 수)

$$=21\frac{3}{5}\times4=86\frac{2}{5}(\text{L})$$

→

❷ 한 명에게 주어야 하는 국의 양 구하기

(한 명에게 주어야 하는 국의 양)=(전체 국의 양)÷(글짓기 참여자 수)

$$=86\frac{2}{5}\div160=\frac{5}{432}\times\frac{1}{160}$$

$$=\frac{1}{432}\times\frac{1}{32}=\frac{1}{13824}(\text{L})$$

→

답 ____________________

확인하기 문제를 풀기 위해 배워서 적용한 전략에 ○표 하세요.

식 만들기 ( )　　거꾸로 풀기 ( )　　그림 그리기 ( )

2 현지는 부모님과 점심을 먹기 위해 패스트푸드점을 방문했다가 벽에 붙은 물 보호 캠페인 전단지를 보았습니다. 현지는 햄버거 1개와 감자튀김 1인분을 만들기 위해 물은 모두 몇 L 필요한지 궁금해졌습니다. 현지의 궁금증에 대한 답을 구하세요.

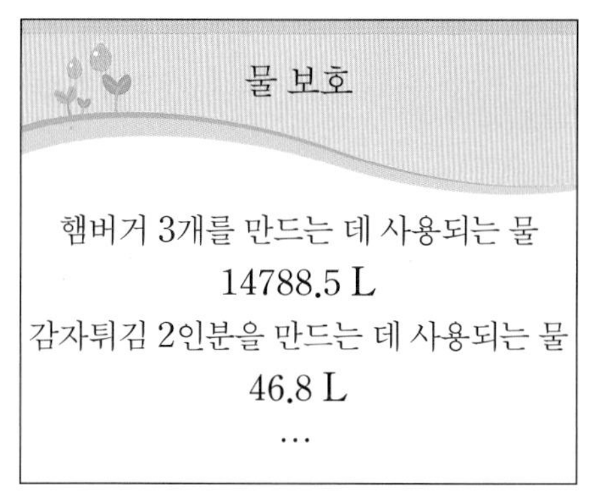

문제 그리기 문제를 읽고, □ 안에 알맞은 수를 써넣으면서 풀이 과정을 계획합니다.(?: 구하고자 하는 것)

햄버거 3개 / 감자튀김 □인분

물 □ L / 물 □ L

? : 햄버거 □개와 감자튀김 □인분을 만들기 위해 필요한 물의 양(L)

계획-풀기 틀린 부분에 밑줄을 긋고, 그 부분을 바르게 고친 것을 화살표 오른쪽에 씁니다.

❶ 햄버거 1개와 감자튀김 1인분을 만드는 데 필요한 물의 양 구하기

(햄버거 1개를 만드는 데 필요한 물의 양)

$=$(햄버거 4개를 만드는 데 필요한 물의 양)$\div 4 = 14788.5 \div 4 = 3697.125$(L)

→

(감자튀김 1인분을 만드는 데 필요한 물의 양)

$=$ (감자튀김 3인분을 만드는 데 필요한 물의 양)$\div 3 = 46.8 \div 3 = 15.6$(L)

→

❷ 햄버거 1개와 감자튀김 1인분을 만드는 데 필요한 물의 양 구하기

(햄버거 1개를 만드는 데 필요한 물의 양)$+$(감자튀김 1인분을 만드는 데 필요한 물의 양)

$= 3697.125 + 15.6 = 3712.725$(L)

→

답 ____________________

확인하기 문제를 풀기 위해 배워서 적용한 전략에 ○표 하세요.

식 만들기 (　　)　　거꾸로 풀기 (　　)　　그림 그리기 (　　)

거꾸로 풀라고?

□÷20=120에서 □를 구하고자 할 때 우리는 계산의 과정을 거꾸로 생각해야 합니다.
따라서 □=120×20=2400으로 구할 수 있습니다.

'거꾸로 풀기'는 거꾸로 생각을 해야 한다는 거예요? 더했으면 빼고, 뺐으면 더하고, 곱했으면 나누고, 나누었으면 곱하는 방법으로?

문제를 잘 읽고 그 상황을 생각하면서 거꾸로 풀지를 생각해야 합니다.

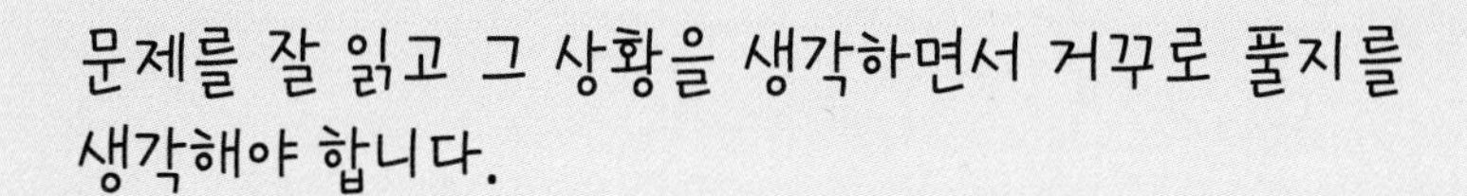

그럼 다시 정리해 볼게요. '거꾸로 풀기'는 구해야 할 것을 아직은 모르더라도 □로 정해두고 식을 세우고 그 다음에 답을 구하기 위해 어떤 과정을 했는지를 거꾸로 생각해 나간다는 거죠?

바로 그거예요! '2와 더해서 8이 된 수가 어떤 수냐?' 라고 하면 8에서 2를 뺀 수인 6이라고 하는 것처럼!

1 오른쪽 평행사변형의 넓이는 $32\frac{3}{4}$ cm^2입니다.
사다리꼴 ㉯의 높이와 넓이를 각각 구하세요.

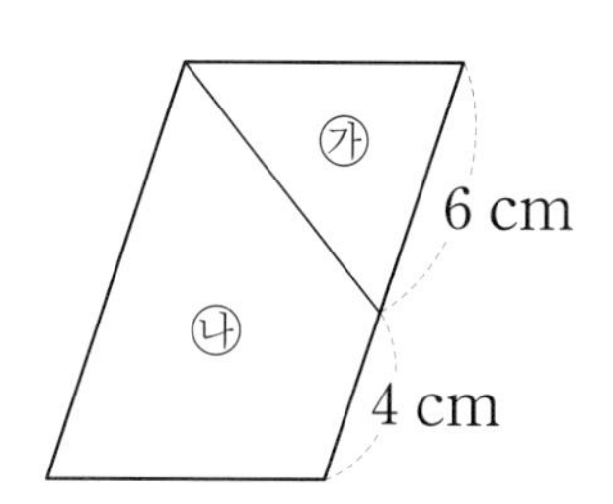

문제 그리기 문제를 읽고, □ 안에 알맞은 수나 말을 써넣으면서 풀이 과정을 계획합니다.(?: 구하고자 하는 것)

평행사변형의 넓이가 □ cm^2일 때, 사다리꼴의 높이를 ▲ cm라고 합니다.

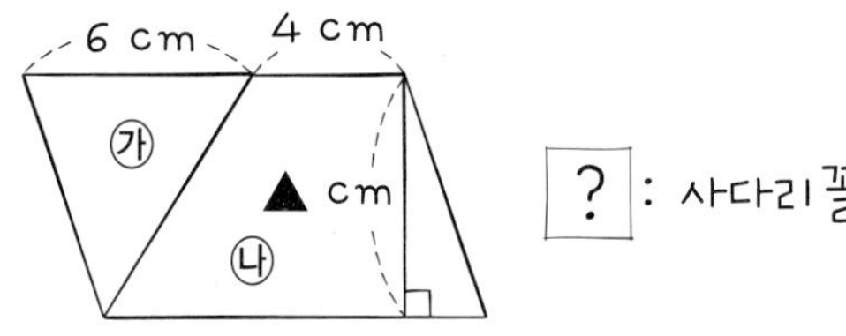

계획-풀기 틀린 부분에 밑줄을 긋고, 그 부분을 바르게 고친 것을 화살표 오른쪽에 씁니다.

❶ 평행사변형을 돌려 사다리꼴의 높이 표시하기
다음과 같이 평행사변형을 돌려서 생각하면 사다리꼴의 높이와 평행사변형의 높이는 같습니다.

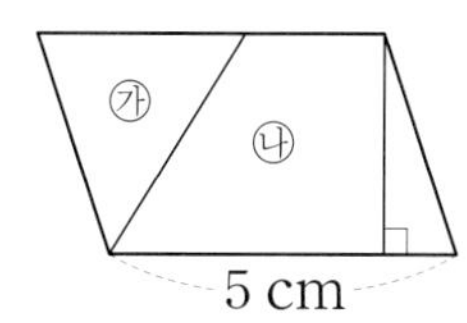

→

❷ 사다리꼴의 높이 구하기
사다리꼴의 높이를 ▲ cm라 하면
(밑변의 길이)×(높이)=(평행사변형의 넓이)

$5\times▲=32\frac{3}{4}$, $▲=32\frac{3}{4}\div5=\frac{131}{4}\times\frac{1}{5}=\frac{131}{20}=6\frac{11}{20}$(cm)

→

❸ 사다리꼴의 넓이 구하기
(사다리꼴의 넓이)=((윗변)+(아랫변))×(높이)

$=(4+5)\times6\frac{11}{20}=9\times\frac{131}{20}=\frac{1179}{20}=58\frac{19}{20}(cm^2)$

→

답

확인하기 문제를 풀기 위해 배워서 적용한 전략에 ○표 하세요.

식 만들기 (　　) 　 거꾸로 풀기 (　　) 　 그림 그리기 (　　)

2 과학실험 시간에 진수는 보고서에 소금물의 양을 소금의 양인 17로 나누어서 몫을 적어야 하는데 잘못해서 17을 곱해 답을 664.7 g이라고 적었습니다. 진수가 보고서에 바르게 적어야 할 몫을 구하세요.

문제 그리기 문제를 읽고, □ 안에 알맞은 수나 기호를 써넣으면서 풀이 과정을 계획합니다.(?: 구하고자 하는 것)

(소금물의 양)×17= □ (g)

? : (소금물의 양) □ 17(g)

계획-풀기 틀린 부분에 밑줄을 긋고, 그 부분을 바르게 고친 것을 화살표 오른쪽에 씁니다.

❶ 소금물의 양을 □ g이라 하여 식 세우기

소금물의 양을 □ g이라 할 때, □÷17=663.2입니다.

→

❷ 소금물의 양 구하기

□×17=664

□=664×17=1128

→

❸ 보고서에 바르게 적어야 할 몫 구하기

보고서에 바르게 적어야 할 몫: 1128×17=19200(g)

→

답

확인하기 문제를 풀기 위해 배워서 적용한 전략에 ○표 하세요.

식 만들기 (　　)　　거꾸로 풀기 (　　)　　그림 그리기 (　　)

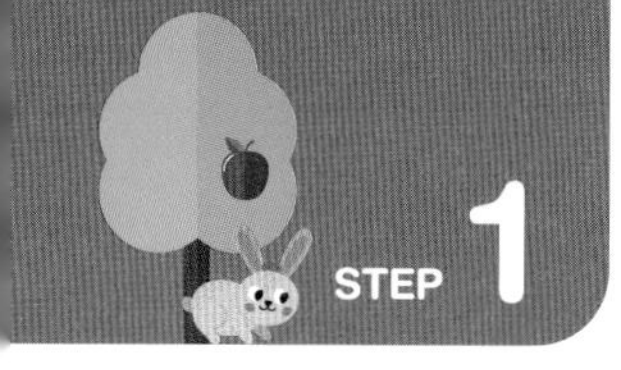

그림을 그려서 풀라고?

"화병에 물을 화병의 $\frac{2}{3}$만큼 붓고 꽃을 넣었습니다. 다음날 물의 양은 화병의 $\frac{1}{6}$만큼이 줄었습니다. 그러면 지금 남은 물의 양은 화병의 몇 분의 몇인지를 구하세요."라는 문제를 〈그림 그리기〉를 이용하여 풀기 위해서 먼저 무엇을 그려야 할까요?

우선 화병을 예쁘게 그리고, 그 다음에는 어떤 꽃을 그릴까를 생각해야겠어요. 몇 송이를 그려야 되죠?

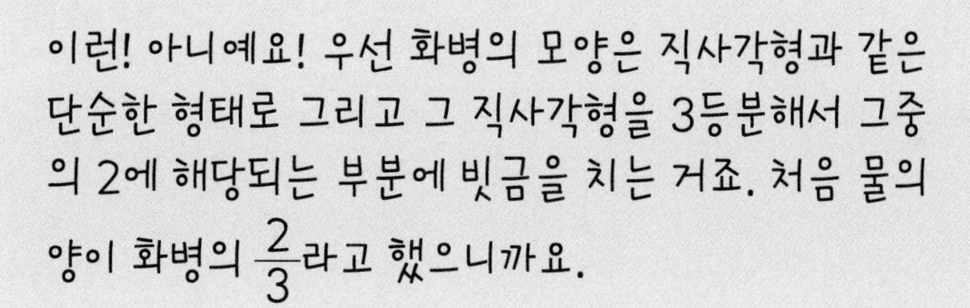

이런! 아니에요! 우선 화병의 모양은 직사각형과 같은 단순한 형태로 그리고 그 직사각형을 3등분해서 그중의 2에 해당되는 부분에 빗금을 치는 거죠. 처음 물의 양이 화병의 $\frac{2}{3}$라고 했으니까요.

그럼 이렇게 [그림] 그리고 그 다음 증발한 물의 양을 표시해야겠네요. 화병의 $\frac{1}{6}$이라고 했으니까 다시 2등분을 하면 전체를 6등분하게 되는 거니까

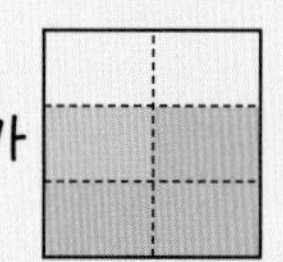

로 그리고, 그중의 한 부분을 제외하면 전체 화병의 $\frac{3}{6} = \frac{1}{2}\left(\frac{4}{6} - \frac{1}{6} = \frac{3}{6}\right)$이 남게 된다는 거죠?

1 사과나무의 햇빛 투과를 좋게 하기 위해서는 웃자란 가지 제거나 수확 전 잎 따기와 같은 착색 관리가 필요합니다. 사과 농지 100 m^2에서 착색 관리를 두 사람이 함께 하면 0.804시간이 걸린다고 할 때, 11200 m^2의 사과 농지에서 한 사람이 착색 관리를 한다면 며칠이 걸리는지 구하세요.

(단, 한 사람이 같은 시간에 일하는 양은 모두 같으며, 답은 소수로 나타냅니다.)

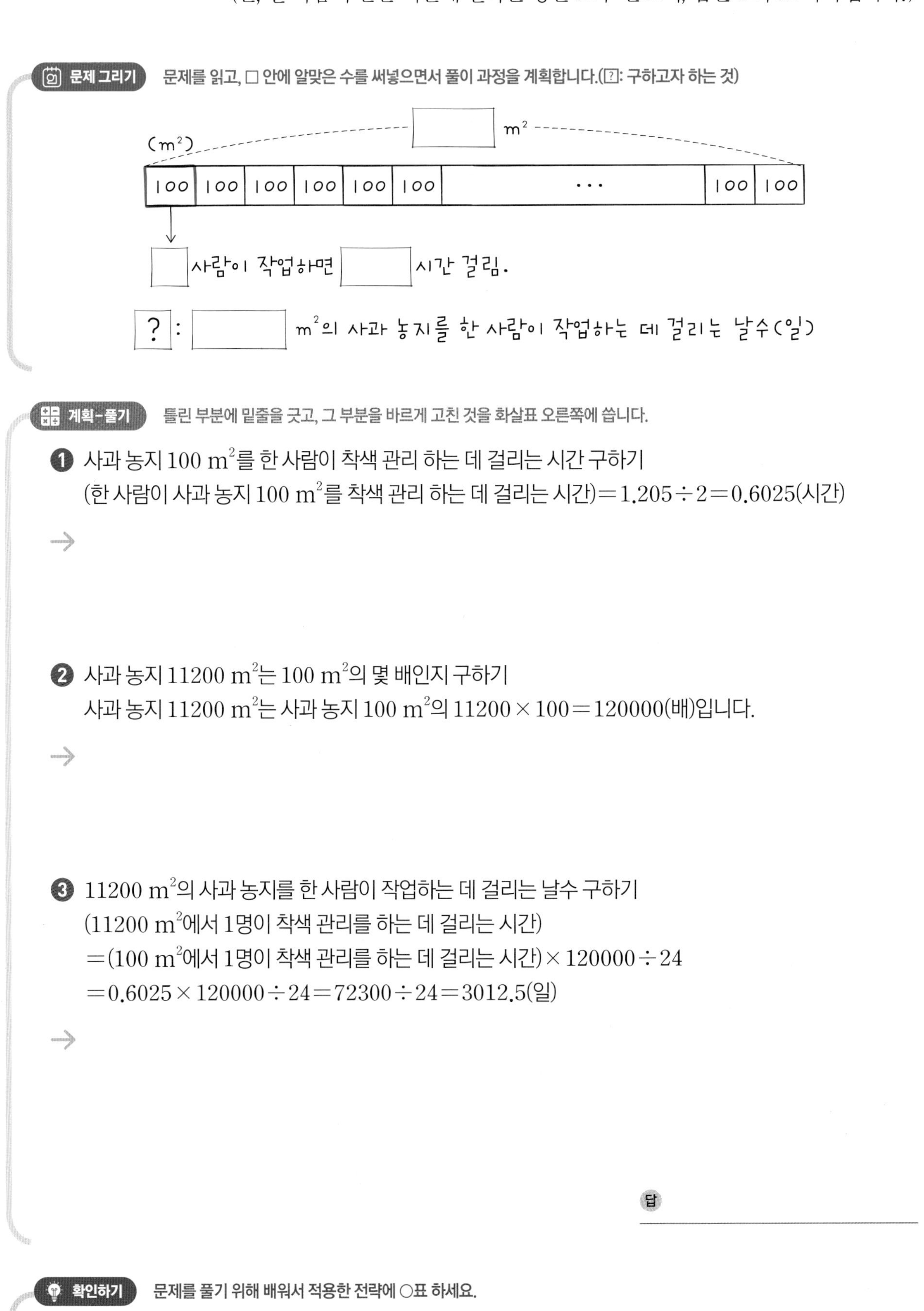

문제 그리기 문제를 읽고, □ 안에 알맞은 수를 써넣으면서 풀이 과정을 계획합니다.(?: 구하고자 하는 것)

계획-풀기 틀린 부분에 밑줄을 긋고, 그 부분을 바르게 고친 것을 화살표 오른쪽에 씁니다.

❶ 사과 농지 100 m^2를 한 사람이 착색 관리 하는 데 걸리는 시간 구하기

(한 사람이 사과 농지 100 m^2를 착색 관리 하는 데 걸리는 시간)$=1.205\div2=0.6025$(시간)

→

❷ 사과 농지 11200 m^2는 100 m^2의 몇 배인지 구하기

사과 농지 11200 m^2는 사과 농지 100 m^2의 $11200\times100=120000$(배)입니다.

→

❸ 11200 m^2의 사과 농지를 한 사람이 작업하는 데 걸리는 날수 구하기

(11200 m^2에서 1명이 착색 관리를 하는 데 걸리는 시간)

$=$(100 m^2에서 1명이 착색 관리를 하는 데 걸리는 시간)$\times120000\div24$

$=0.6025\times120000\div24=72300\div24=3012.5$(일)

→

답

확인하기 문제를 풀기 위해 배워서 적용한 전략에 ○표 하세요.

식 만들기 (   ) 거꾸로 풀기 (   ) 그림 그리기 (   )

2 둘레가 $38\frac{3}{5}$ cm인 정육각형을 크기와 모양이 같은 정삼각형 6개로 나누었습니다. 나누어 만든 작은 정삼각형 중 4개로 큰 정삼각형 1개를 만들 때, 그 둘레는 몇 cm인지 구하세요.

문제 그리기 문제를 읽고, □ 안에 알맞은 수를 써넣으면서 풀이 과정을 계획합니다.(?: 구하고자 하는 것)

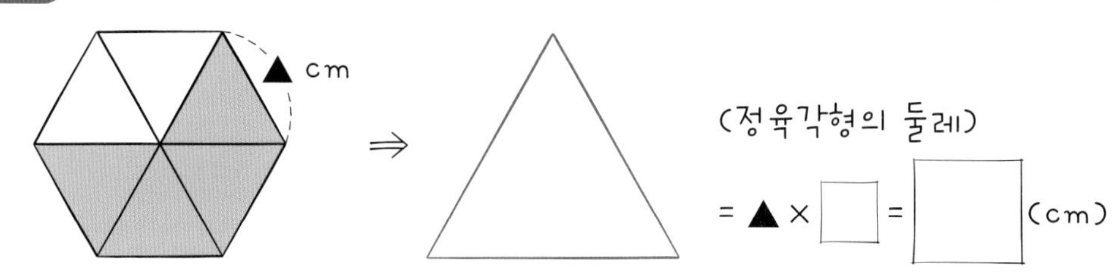

? : 작은 정삼각형 □개로 만든 큰 정삼각형의 둘레(cm)

계획-풀기 틀린 부분에 밑줄을 긋고, 그 부분을 바르게 고친 것을 화살표 오른쪽에 쓰고, 빈칸에 알맞은 그림을 그립니다.

❶ 정육각형의 한 변의 길이 구하기

(정육각형의 한 변의 길이) $=36\frac{3}{4}\div 6=\frac{147}{4}\times\frac{1}{6}=\frac{49}{8}=6\frac{1}{8}$(cm)

→

❷ 큰 정삼각형 만들기

작은 정삼각형 4개로 정삼각형 만듭니다.

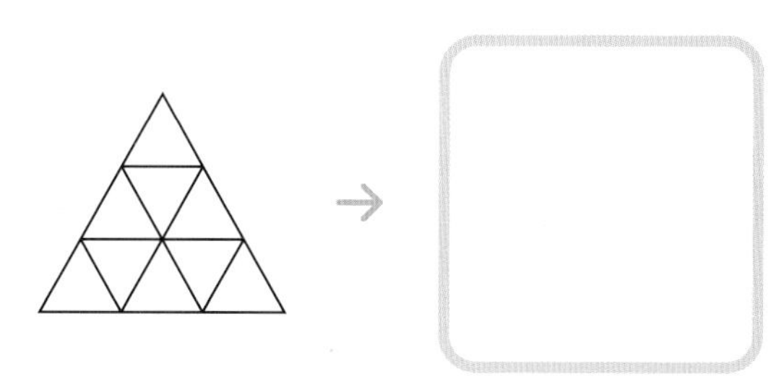

❸ 큰 정삼각형 둘레 구하기

(큰 정삼각형의 둘레) = (작은 정삼각형의 한 변의 길이) × 9

$=6\frac{1}{8}\times 9=\frac{49}{8}\times 9=\frac{441}{8}=55\frac{1}{8}$(cm)

→

답

확인하기 문제를 풀기 위해 배워서 적용한 전략에 ○표 하세요.

식 만들기 (　　)　　거꾸로 풀기 (　　)　　그림 그리기 (　　)

1 민주 어머니는 면역력 증강이나 뼈와 눈 건강에 좋은 당근을 $2\frac{5}{8}$ kg 샀습니다. 이 당근을 일주일 동안 세 식구가 똑같이 먹을 수 있게 나누셨습니다. 민주가 하루에 먹어야 할 당근은 몇 kg인지 구하세요.

문제 그리기 문제를 읽고, □ 안에 알맞은 수를 써넣으면서 풀이 과정을 계획합니다.(?: 구하고자 하는 것)

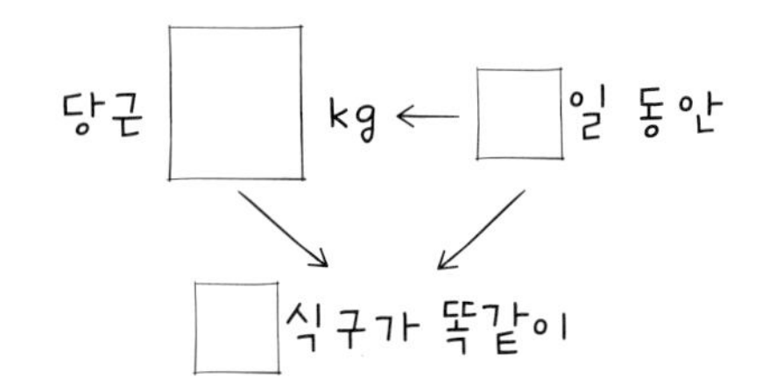

? : 민주가 □ 일 동안 먹어야 할 당근의 무게(kg)

계획-풀기

❶ 민주네 식구가 하루에 먹어야 할 당근의 무게 구하기

❷ 민주가 하루에 먹어야 할 당근의 무게 구하기

답 ________________

2 주하는 환경 보호를 위한 캠프에 참여했습니다. 주하는 캠프가 진행되는 일주일 동안 물 148.12 L를 사용했습니다. 주하가 이 중 4일 동안 사용한 물은 몇 L인지 구하세요.

(단, 매일 사용하는 물의 양은 같습니다.)

문제 그리기 문제를 읽고, □ 안에 알맞은 수를 써넣으면서 풀이 과정을 계획합니다.(?: 구하고자 하는 것)

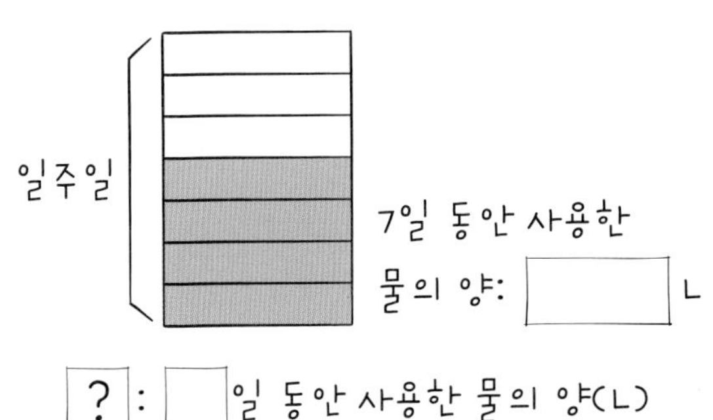

? : □ 일 동안 사용한 물의 양(L)

계획-풀기

❶ 하루 동안 사용한 물의 양 구하기

❷ 4일 동안 사용한 물의 양 구하기

답 ________________

3 형우네 집 마당의 넓이는 $9\ m^2$입니다. 이번 주 바람이 많이 불어 꽃잎이 많이 떨어져서 마당을 똑같이 여덟 부분으로 나눈 것 중 세 부분을 형우가 치웠다고 합니다. 형우가 치운 마당의 넓이는 몇 m^2인지 대분수로 구하세요.

문제 그리기 문제를 읽고, □ 안에 알맞은 수를 써넣으면서 풀이 과정을 계획합니다.(?: 구하고자 하는 것)

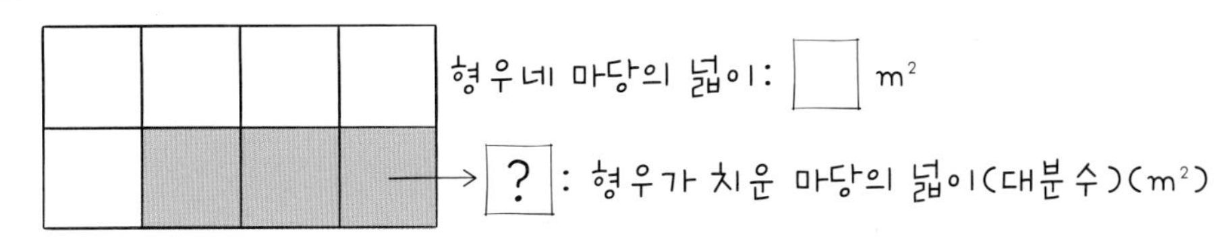

계획-풀기

❶ 마당을 8등분한 것 중 한 부분의 넓이 구하기

❷ 형우가 꽃잎을 치운 마당의 넓이 구하기

답

4 지석이는 야구부입니다. 지석이는 한 상자에 야구공 1타가 들은 상자 6개를 모두 야구부 창고로 옮긴 뒤, 6상자를 저울에 올려보니 12.84 kg이었습니다. 빈 상자 한 개의 무게가 0.4 kg일 때 야구공 1개의 무게는 몇 kg인지 구하세요. (단, 야구공 1타는 12개입니다.)

문제 그리기 문제를 읽고, □ 안에 알맞은 수를 써넣으면서 풀이 과정을 계획합니다.(?: 구하고자 하는 것)

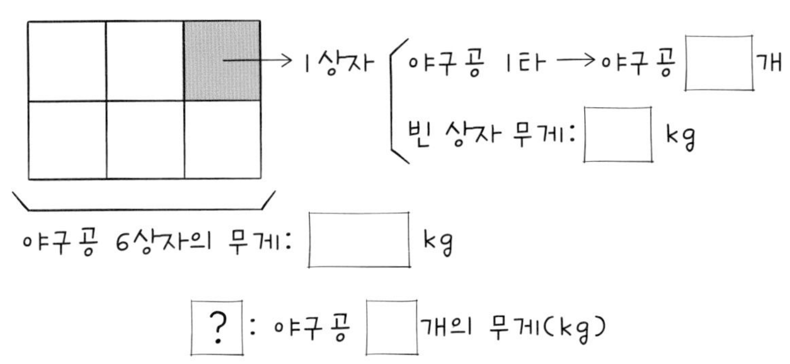

계획-풀기

❶ 야구공 1상자의 무게 구하기

❷ 야구공 12개의 무게 구하기

❸ 야구공 1개의 무게 구하기

답

5 승호는 시골에서 어른들 대화를 듣고 넓이 단위 '평'과 길이 단위 '자'가 무슨 뜻인지를 알게 되었습니다. '평'은 일본에서 유래된 단위로 일본의 다다미 두 개가 1평이라는 공간으로 약 3.3 m^2이며, '1자'는 약 30.3 cm입니다. 승호 할머니의 키는 157.56 cm이고, 승호 할머니가 살고 계신 집의 넓이는 122.1 m^2일 때, 승호 할머니의 집은 몇 평이고, 할머니의 키는 몇 자인지 구하세요.

문제 그리기 문제를 읽고, □ 안에 알맞은 수를 써넣으면서 풀이 과정을 계획합니다.(?: 구하고자 하는 것)

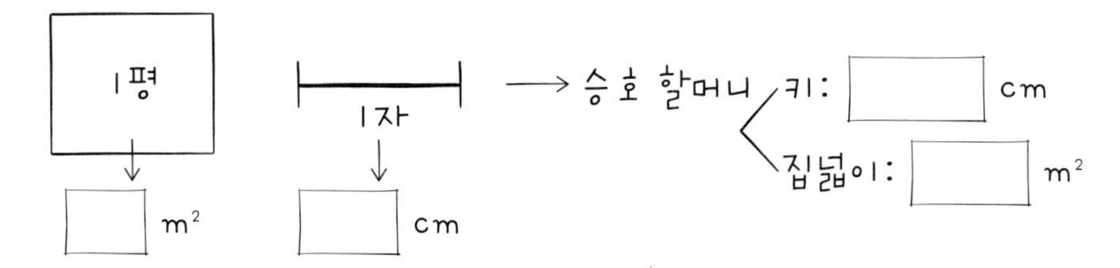

? : 승호 할머니의 집은 몇 평이고, 할머니 키는 몇 자인지 구하기

계획-풀기

❶ 할머니의 집은 몇 평인지 구하기

❷ 할머니의 키는 몇 자인지 구하기

답

6 혜승이는 다 읽은 책들 중에서 사촌 동생에게 줄 책을 한 상자에 8권씩 3상자에 담았습니다. 3상자의 무게는 $12\frac{3}{4}$ kg이고, 빈 상자 1개의 무게가 $\frac{1}{4}$ kg일 때, 책 1권의 무게는 몇 kg인지 기약분수로 구하세요. (단, 모든 책의 무게는 같습니다.)

문제 그리기 문제를 읽고, □ 안에 알맞은 수나 말을 써넣으면서 풀이 과정을 계획합니다.(?: 구하고자 하는 것)

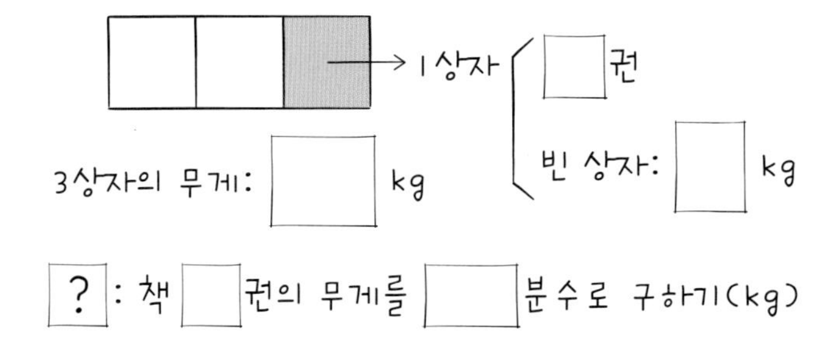

? : 책 □권의 무게를 □분수로 구하기(kg)

계획-풀기

❶ 책을 넣은 1상자의 무게 구하기

❷ 책 8권의 무게 구하기

❸ 책 1권의 무게 구하기

답

7 프랑스의 고속열차 떼제베가 3시간 동안 파리에서 마르세유까지 $770\frac{1}{4}$ km를 달린다고 할 때, 떼제베가 이 빠르기로 5시간 동안 가는 거리는 몇 km인지 구하세요.

문제 그리기 문제를 읽고, □ 안에 알맞은 수를 써넣으면서 풀이 과정을 계획합니다.(?: 구하고자 하는 것)

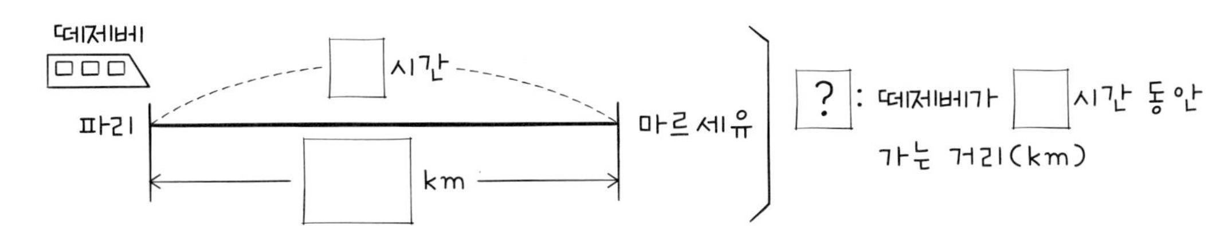

계획-풀기

❶ 떼제베가 1시간 동안 가는 거리 구하기

❷ 떼제베가 5시간 동안 가는 거리 구하기

답

8 아영이는 자신의 생일파티에 오는 친구들에게 젤리를 선물하기 위해 젤리를 $3\frac{3}{7}$ kg 샀습니다. 산 젤리를 똑같이 바구니 6개에 나누어 담고, 바구니 1개에 들어 있는 젤리를 친구 3명에게 나눠 줄 때, 한 사람에게 나눠 주는 젤리의 무게는 몇 kg인지 구하세요.

문제 그리기 문제를 읽고, □ 안에 알맞은 수를 써넣으면서 풀이 과정을 계획합니다.(?: 구하고자 하는 것)

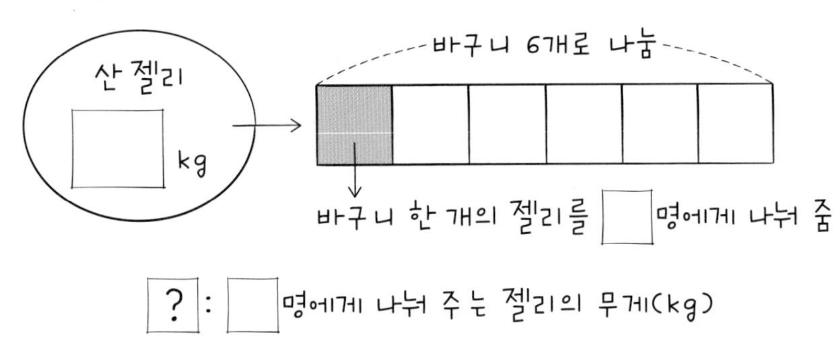

계획-풀기

❶ 한 바구니에 담긴 젤리의 무게 구하기

❷ 한 사람에게 나눠 주는 젤리의 무게 구하기

답

9 수민 엄마는 한 봉지에 $\frac{4}{7}$ kg인 빵가루 3봉지를 모두 사용하여 똑같은 빵 15개를 만드셨습니다. 그 빵을 7개 더 만들기 위해 필요한 빵가루는 몇 kg인지 구하세요.

문제 그리기 문제를 읽고, □ 안에 알맞은 수를 써넣으면서 풀이 과정을 계획합니다.(?: 구하고자 하는 것)

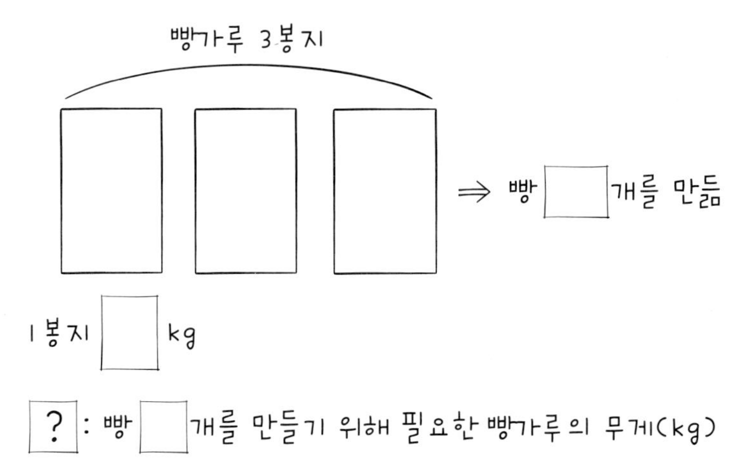

계획-풀기

❶ 빵 1개를 만드는 데 필요한 빵가루의 무게 구하기

❷ 빵 7개 만드는 데 필요한 빵가루의 무게 구하기

답

10 오른쪽 정오각형의 넓이가 $5\frac{4}{7}$ cm^2일 때 색칠한 부분의 넓이는 몇 cm^2인지 기약분수로 나타내세요.

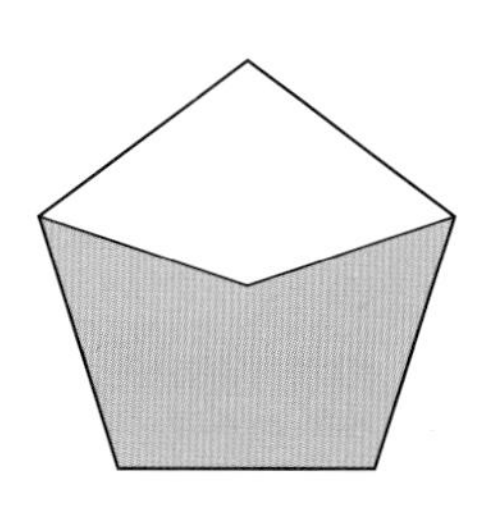

문제 그리기 문제를 읽고, □ 안에 알맞은 수를 써넣으면서 풀이 과정을 계획합니다.(?: 구하고자 하는 것)

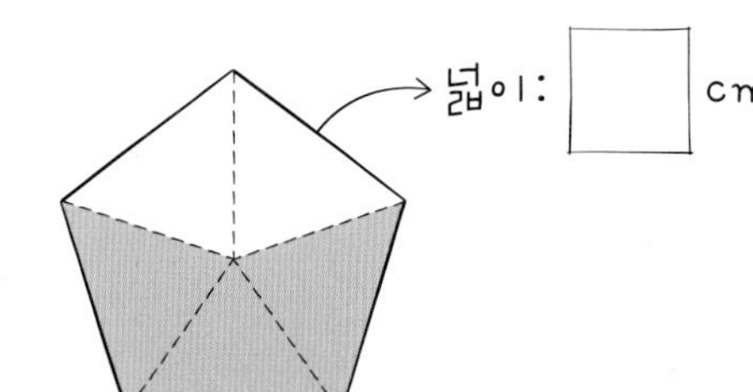

계획-풀기

❶ 정오각형을 5등분 했을 때 한 부분의 넓이 구하기

❷ 색칠한 부분의 넓이 구하기

답

11 꽃 박람회를 개최하면서 전체 넓이가 $16\frac{3}{4}$ m^2인 직사각형 모양의 꽃밭을 3등분을 한 것 중 한 부분에 장미를 심고, 남은 부분을 다시 5등분을 해서 그중 3부분에 튤립을 심었습니다. 아무 것도 심지 않은 부분은 몇 m^2인지 구하세요.

문제 그리기 문제를 읽고, □ 안에 알맞은 수나 말을 써넣으면서 풀이 과정을 계획합니다.(?: 구하고자 하는 것)

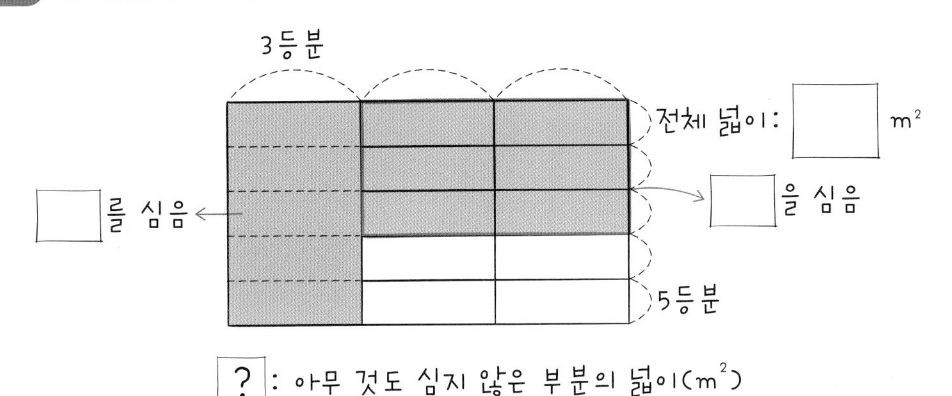

계획-풀기

❶ 문제 그리기를 참고하여 꽃밭을 15등분 했을 때 한 부분의 넓이 구하기

❷ 아무 것도 심지 않은 부분의 넓이 구하기

답 ____________

12 상수는 수학 숙제를 하면서 어떤 수를 17로 나눠야 할 것을 잘못하여 곱해서 209.78이라고 적었습니다. 바르게 계산한 몫을 반올림하여 소수 첫째 자리까지 구하세요.

문제 그리기 문제를 읽고, □ 안에 알맞은 수나 말을 써넣으면서 풀이 과정을 계획합니다.(?: 구하고자 하는 것)

어떤 수 : ▲

▲×17 = □

?: 바르게 계산한 몫을 반올림하여 소수 □ 자리까지 구하기

계획-풀기

❶ 어떤 수 구하기

❷ 바르게 계산한 몫 구하기

답 ____________

13 철원이는 사진을 꾸미기 위해 13.68 m인 리본을 사서 4등분을 한 후 그중 한 도막을 다시 3등분을 해서 그 중 하나로 사진을 꾸몄습니다. 사진을 꾸민 리본의 길이는 몇 m인지 구하세요.

문제 그리기 문제를 읽고, □ 안에 알맞은 수를 써넣으면서 풀이 과정을 계획합니다.(?: 구하고자 하는 것)

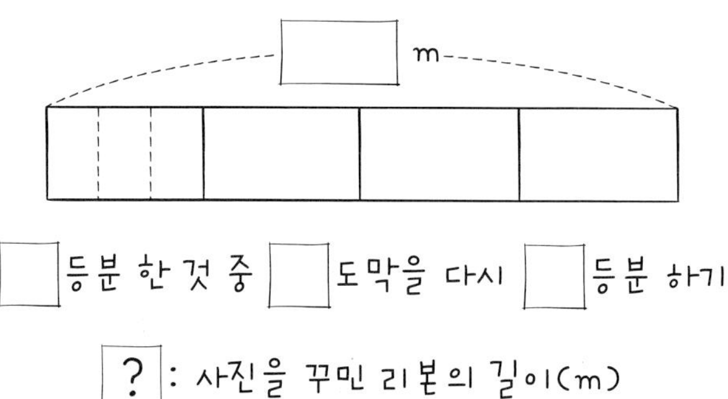

□등분 한 것 중 □도막을 다시 □등분 하기

? : 사진을 꾸민 리본의 길이(m)

계획-풀기

❶ 리본을 4등분 한 것 중 1도막의 길이 구하기

❷ 잘라낸 1도막을 3등분 한 것 중 1도막의 길이 구하기

답

14 둘레가 $21\frac{3}{7}$ cm인 정육각형을 크기가 같은 정삼각형 6개로 잘라서 자른 정삼각형을 모두 겹치지 않게 변끼리 맞붙여 평행사변형을 만들었습니다. 만든 평행사변형의 둘레는 몇 cm인지 구하세요.

문제 그리기 문제를 읽고, □ 안에 알맞은 수나 말을 써넣으면서 풀이 과정을 계획합니다.(?: 구하고자 하는 것)

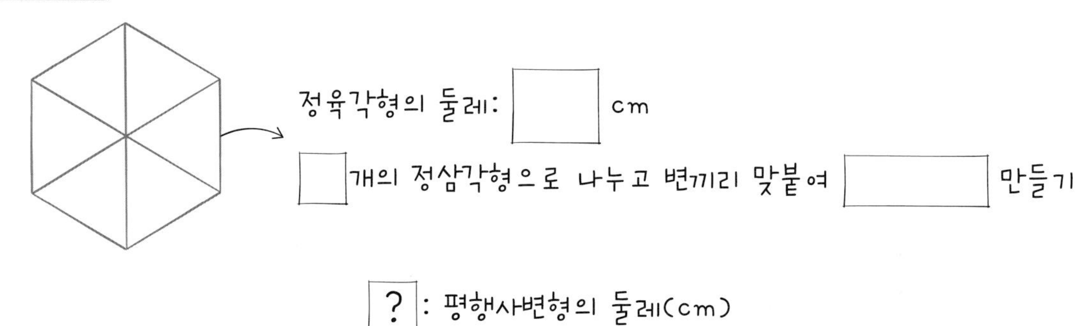

? : 평행사변형의 둘레(cm)

계획-풀기

❶ 정육각형의 한 변의 길이 구하기

❷ 평행사변형을 그리고, 둘레 구하기

답

15 하진이는 일주일 동안 131.25 L의 물을 사용했습니다. 매일 같은 양의 물을 사용했다면 하진이가 3일 동안 사용한 물의 양은 몇 L인지 구하세요.

문제 그리기 문제를 읽고, □ 안에 알맞은 수를 써넣으면서 풀이 과정을 계획합니다.(?: 구하고자 하는 것)

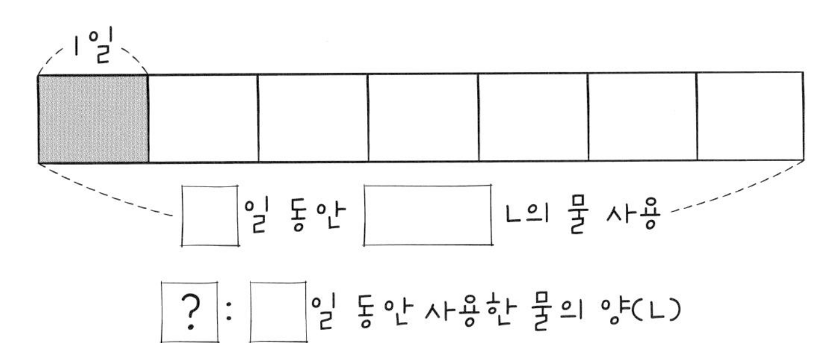

? : □일 동안 사용한 물의 양(L)

계획-풀기

❶ 하루 동안 사용한 물의 양 구하기

❷ 3일 동안 사용한 물의 양 구하기

답 ____________

16 ♠와 ♥는 기약분수입니다. 다음 식을 만족하는 ♠과 ♥의 값을 각각 기약분수로 나타내세요.

$$♠\times5=8\frac{3}{14} \qquad ♠\times♥\div3=8\frac{3}{7}$$

문제 그리기 문제를 읽고, □ 안에 알맞은 수를 써넣으면서 풀이 과정을 계획합니다.(?: 구하고자 하는 것)

♠ × 5 = □

♠ × ♥ ÷ □ = □

? : ♠과 ♥의 값(기약분수)

계획-풀기

❶ ♠의 값 구하기

❷ ♥의 값 구하기

답 ____________

17 우리나라에서 가장 빠른 고속철도인 KTX는 1분에 4600 m를 달립니다. 세계에서 가장 긴 철도 터널인 스위스에 있는 57.11 km 길이의 고트하르트 베이스 터널을 길이가 390 m인 우리나라 KTX가 통과한다면 완전히 통과하는 데 걸리는 시간은 몇 초인지 구하세요.

문제 그리기 문제를 읽고, □ 안에 알맞은 수를 써넣으면서 풀이 과정을 계획합니다.(?: 구하고자 하는 것)

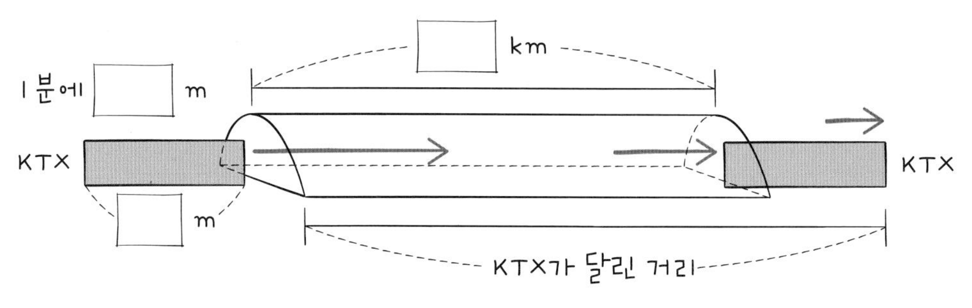

? : KTX가 터널을 완전히 통과하는 데 걸리는 시간(초)

계획-풀기

❶ KTX가 터널을 완전히 통과하기 위해 달리는 거리 구하기

❷ KTX가 터널을 완전히 통과하는 데 걸리는 시간 구하기

답

18 세계에서 가장 넓은 국토를 가진 러시아 국토는 1709.82만 km^2이고, 국토 크기 순위가 109위인 우리나라의 국토는 10.04만 km^2입니다. 러시아 국토는 우리나라 국토의 몇 배인지 소수 셋째 자리에서 반올림하여 나타내세요.

문제 그리기 문제를 읽고, □ 안에 알맞은 수나 말을 써넣으면서 풀이 과정을 계획합니다.(?: 구하고자 하는 것)

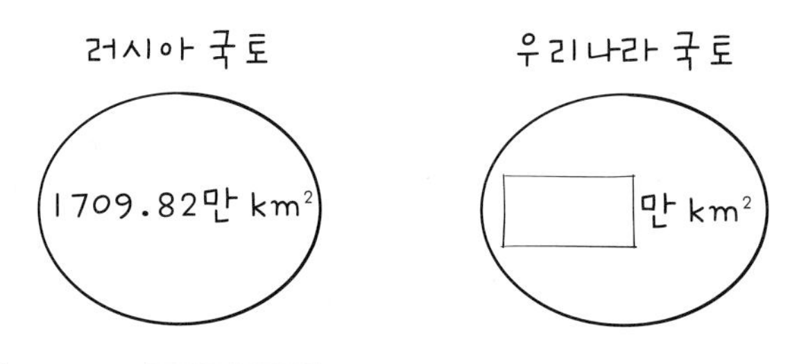

? : □ 국토가 □ 국토의 몇 배인지 소수 셋째 자리에서 반올림

계획-풀기

답

19 수지 어머니는 오른쪽과 같이 오각형 모양의 벽에 삼각형과 사다리꼴 모양으로 벽지를 잘라 붙이려고 합니다. 삼각형의 넓이는 $6\frac{3}{4}$ m^2이고, 사다리의 넓이는 $23\frac{3}{4}$ m^2일 때, 각 도형의 높이가 몇 m인지 구하세요.

(단, 길이가 6 m인 변은 삼각형의 밑변이고, 사다리꼴의 윗변입니다.)

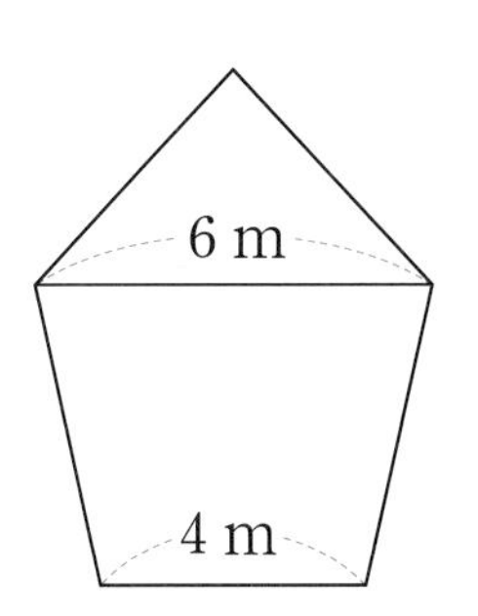

문제 그리기 문제를 읽고, □ 안에 알맞은 수를 써넣으면서 풀이 과정을 계획합니다.(?: 구하고자 하는 것)

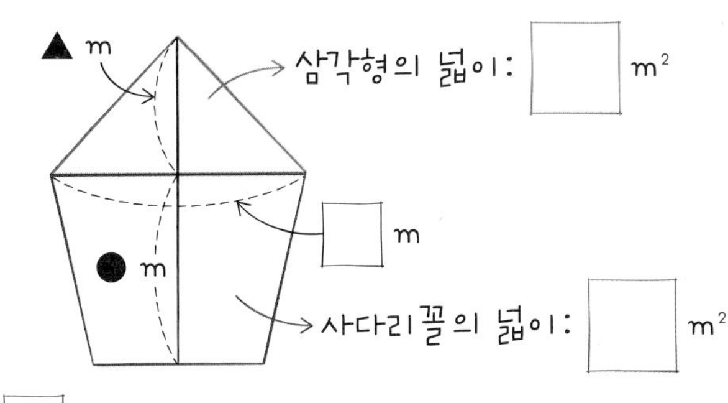

계획-풀기

❶ 삼각형의 높이 구하기

❷ 사다리꼴의 높이 구하기

답

20 경진이 어머니가 저녁 식사 후에 음식 냄새를 없애기 위해서 향을 피우셨습니다. 경진이는 다 타면 치우라는 어머니의 말씀에 몇 분 후에 치워야 하는지를 알아보고자 합니다. 전체 길이가 22.5 cm인 향은 2분 동안 4 cm가 탔습니다. 전체 향이 다 타는 데 몇 분이 걸리는지 소수로 구하세요.

문제 그리기 문제를 읽고, □ 안에 알맞은 수를 써넣으면서 풀이 과정을 계획합니다.(?: 구하고자 하는 것)

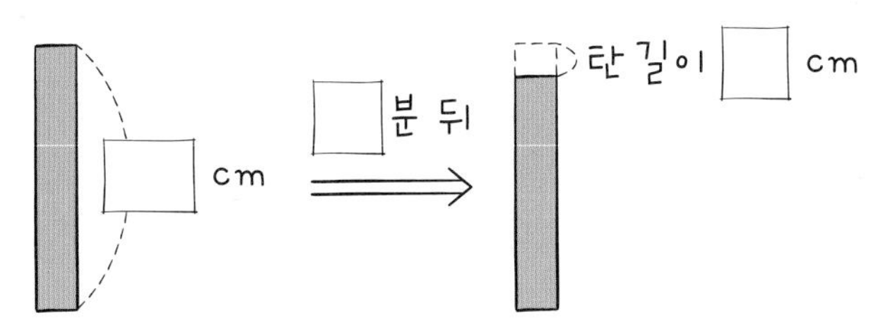

계획-풀기

❶ 향이 1분 동안 타는 길이 구하기

❷ 향이 모두 타는 데 걸리는 시간 구하기

답

21 준섭이의 큰아버지와 아버지는 시골 할아버지 댁 담장에 페인트칠을 하려고 합니다. 직사각형 모양의 담장의 가로는 6.25 m입니다. 담장의 $\frac{2}{5}$인 3.1 m^2를 칠했다면 남은 담장의 넓이는 몇 m^2인지 구하세요.

문제 그리기 문제를 읽고, □ 안에 알맞은 수를 써넣으면서 풀이 과정을 계획합니다.(?: 구하고자 하는 것)

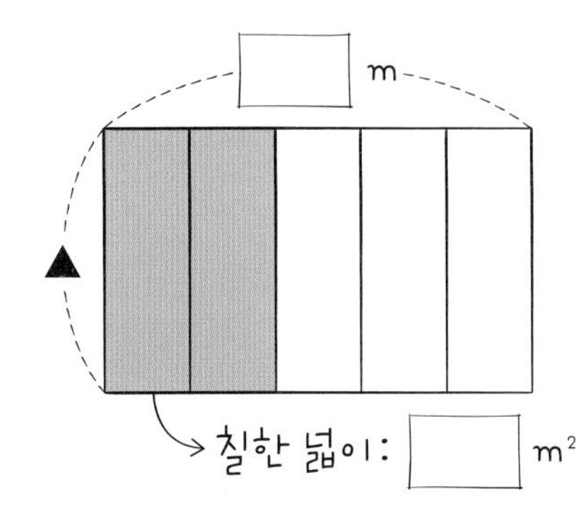

? : 남은 담장의 넓이(m^2)

계획-풀기

❶ 담장의 높이 구하기

❷ 남은 담장의 넓이 구하기

답

22 스카이런은 잠실 롯데월드타워 1층부터 123층 전망대까지 국내 최다 2917개의 계단을 오르는 수직 마라톤 대회입니다. 2023년 5회째 대회에 2000명이 참가하였고, 남자 우승자의 기록은 19.8분, 여자 우승자의 기록은 24.6분이었습니다. 남자 우승자와 여자 우승자는 각각 1분 동안 몇 개의 계단을 오른 것인지 구하세요. (단, 소수 첫째 자리에서 반올림해서 자연수로 나타내세요.)

문제 그리기 문제를 읽고, □ 안에 알맞은 수를 써넣으면서 풀이 과정을 계획합니다.(?: 구하고자 하는 것)

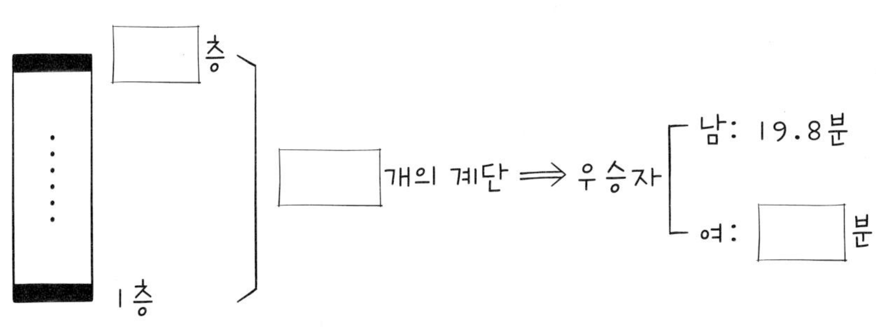

? : 남자와 여자 우승자가 □분 동안 오른 계단 수(자연수)

계획-풀기

❶ 남자 우승자가 1분 동안 오른 계단 수 구하기

❷ 여자 우승자가 1분 동안 오른 계단 수 구하기

답

23 오른쪽 그림에서 두 직선 가와 나는 서로 평행하고 선분 ㄱㄷ은 두 직선과 수직입니다. 선분 ㄷㄹ의 길이가 12 m이고, 삼각형 ㄴㄷㄹ의 넓이가 $48\frac{2}{5}$ m^2일 때, 두 직선 가와 나 사이의 거리는 몇 m인지 구하세요.

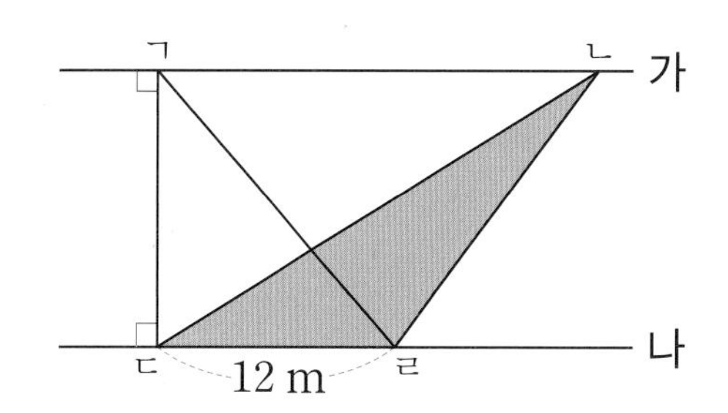

문제 그리기 문제를 읽고, □ 안에 알맞은 수나 말을 써넣으면서 풀이 과정을 계획합니다.(?: 구하고자 하는 것)

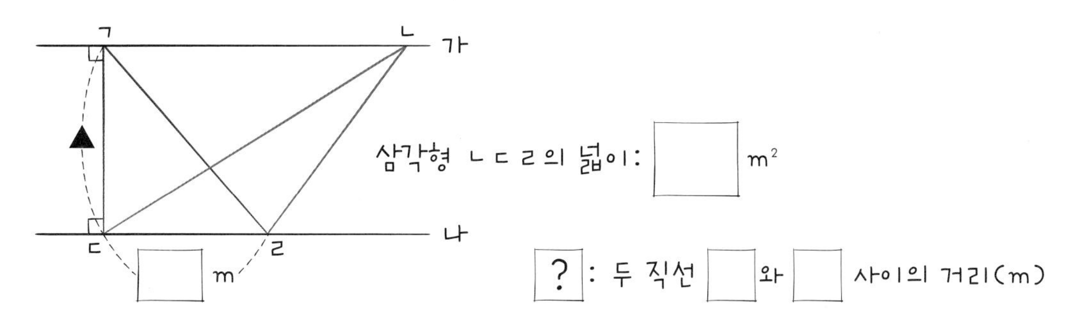

계획-풀기

답

24 수용이는 경주 여행에서 동생과 함께 둘레가 6.5 km인 보문호수를 돌기로 하였습니다. 호수의 한 지점에서 동시에 출발하여 서로 반대 방향으로 돕니다. 수용이는 1분에 0.28 km로 자전거를 타고 가고, 동생은 일정한 빠르기로 뛰어서 두 사람은 15분 뒤에 만났습니다. 동생은 1분 동안 몇 km를 갔는지 구하세요. (단, 소수 셋째 자리에서 반올림하여 나타내세요.)

문제 그리기 문제를 읽고, □ 안에 알맞은 수나 말을 써넣으면서 풀이 과정을 계획합니다.(?: 구하고자 하는 것)

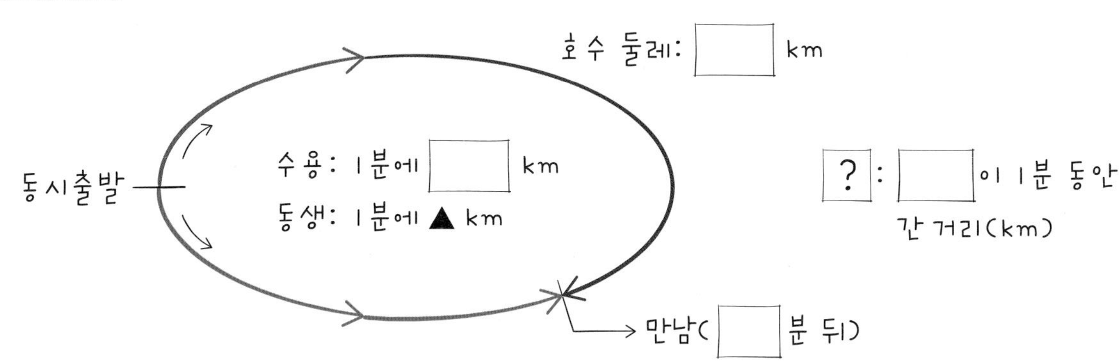

계획-풀기

❶ 수용이가 15분 동안 간 거리 구하기

❷ 동생이 1분 동안 간 거리 구하기

답

단순화하라고?

문제에서 제시하는 상황이 복잡한 경우를 더 익숙하거나 단순하게 바꿔서 생각하는 전략입니다. 수가 분수이거나 소수이거나 너무 큰 경우 자연수로 바꾸거나 작은 수로 바꾸어서 해결합니다.

삼촌은 1996년에 태어났어요. 몇 살일까요? 태어난 해를 0살로 하면 말이에요.

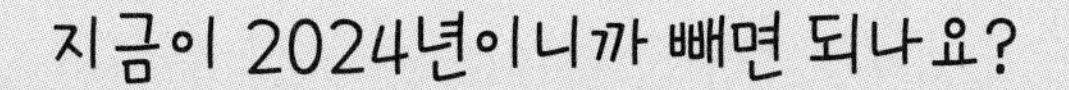

지금이 2024년이니까 빼면 되나요?

이럴 때 '단순화하기' 전략을 사용할 수 있어요.
1996년에 태어났을 때 1998년에는 몇 살이죠?

1998-1996=2니까 확인하면 1997년에 1살, 1998년에 2살! 맞네요. 빼는거!

바로 그거예요! 수를 작게 하거나 수의 범위를 줄여서 단순하게 생각해보는 거예요.
그러니까 2024-1996=28(살)인 거죠. 이렇듯 수가 분수이거나 소수인 경우도 자연수로 생각하면 쉽게 그 규칙을 찾을 수 있지요.

1 둘레가 $11\frac{11}{13}$ km인 원 모양의 호수 둘레에 인공 돌 48개가 일정한 간격으로 설치되어 있습니다. 인공 돌 사이의 거리는 몇 km인지 기약분수로 나타내세요. (단, 굵기는 생각하지 않습니다.)

문제 그리기 문제를 읽고, □ 안에 알맞은 수를 써넣으면서 풀이 과정을 계획합니다.(?: 구하고자 하는 것)

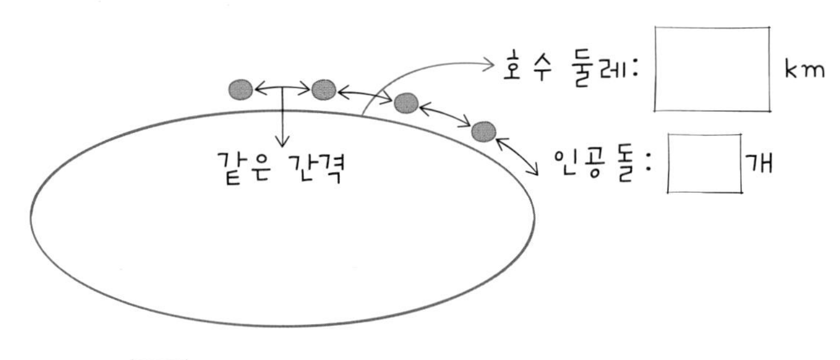

? : 인공 돌 사이의 거리(기약분수)(km)

계획-풀기 틀린 부분에 밑줄을 긋고, 그 부분을 바르게 고친 것을 화살표 오른쪽에 씁니다.

❶ 인공 돌이 3개이면 인공 돌 사이의 간격은 4개이고, 인공 돌이 4개이면 간격은 5개입니다.

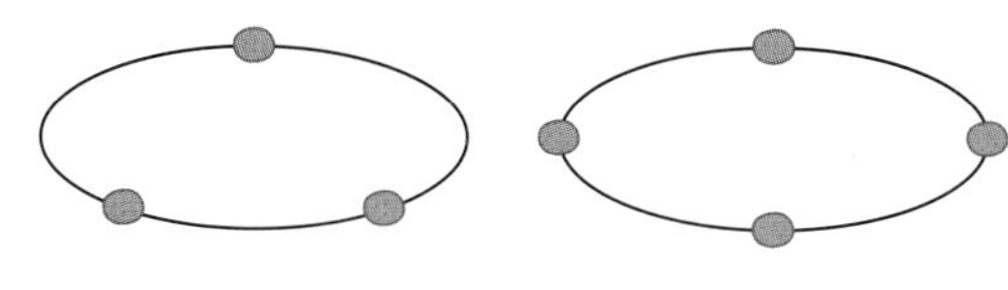

(간격의 수)=(인공 돌의 수)+1

→

❷ 인공 돌이 48개이므로 간격의 수는 49개입니다. 따라서 인공 돌 사이의 거리는 다음과 같습니다.
(인공 돌 사이의 거리)=(호수의 둘레)÷(인공 돌 사이의 간격 수)

$$=11\frac{11}{13}\div 49=\frac{154}{13}\times\frac{1}{49}=\frac{22}{91}(\text{km})$$

→

답

확인하기 문제를 풀기 위해 배워서 적용한 전략에 ○표 하세요.

단순화하기 (　　) 규칙성 찾기 (　　) 문제정보를 복합적으로 나타내기 (　　)

2 엄마와 경민이는 사각기둥 모양의 딸기 케이크를 만들었습니다. 직사각형 모양의 케이크 윗면의 가로의 길이는 46.8 cm이고, 가로의 변에 딸기 38개를 똑같이 나눠 놓으려고 할 때, 딸기들 사이의 간격을 몇 cm로 해야 하는지 구하세요. (단, 변의 처음과 끝에 딸기를 놓고, 딸기 두께는 생각하지 않습니다.)

문제 그리기 문제를 읽고, □ 안에 알맞은 수를 써넣으면서 풀이 과정을 계획합니다.(?: 구하고자 하는 것)

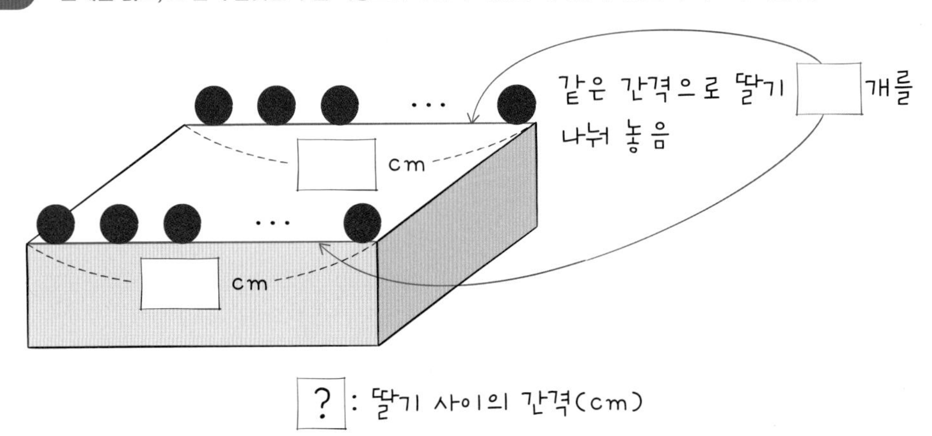

? : 딸기 사이의 간격(cm)

계획-풀기 틀린 부분에 밑줄을 긋고, 그 부분을 바르게 고친 것을 화살표 오른쪽에 씁니다.

❶ 딸기 수와 딸기 사이의 간격의 수 사이의 관계 구하기

딸기 3개: ① ② 딸기 4개: ① ② ③

딸기를 3개 놓으면 딸기와 딸기 사이의 간격은 $3+1=4$(군데)이고, 딸기를 4개 놓으면 딸기와 딸기 사이의 간격은 $4+1=5$(군데)입니다.

따라서 딸기 사이의 간격의 수는 딸기 수보다 1 큰 수입니다.

→

❷ 한 변에 놓는 딸기 수와 딸기 사이의 간격의 수 구하기

케이크 윗면의 긴 변에 딸기 38개를 놓아야 하고 긴 변이 1개이므로 한 긴 변에 놓는 딸기의 수는 38개이며, 간격의 수는 $38+1=39$(군데)입니다.

→

❸ 딸기와 딸기 사이의 거리 구하기

(딸기와 딸기 사이의 거리)=(케이크 윗면의 긴 변의 길이)÷(딸기와 딸기 사이의 간격 수)

$=46.8\div39=1.2$(cm)

→

답

확인하기 문제를 풀기 위해 배워서 적용한 전략에 ○표 하세요.

단순화하기 ( ) 규칙성 찾기 ( ) 문제정보를 복합적으로 나타내기 ( )

'문제정보를 복합적으로 나타내기'라는 것이 뭐야??

문제에서 제시된 조건을 자신이 알고 있는 식이나 그림 또는 표와 같이 쓰거나 다른 전략을 복합적으로 이용하여 풀어야 하는 경우가 있습니다. 이 전략에서는 문제정보를 이용하거나 문제 상황을 그림으로 나타내면 그 조건을 이용하기가 더욱 쉬운 경우가 많습니다. 이 책에서는 이것을 '문제정보를 복합적으로 나타내기'라고 했습니다.

이 전략을 사용하려면 어떻게 해야 해요?

문제 내용을 읽고 문제에서 제시한 정보를 이용하기 위해서 문제 내용을 이해하기 쉽게 그림 등을 그리는데, 아주 단순하게 그리는 형식을 말하는 거예요. 아니면 식이나 표를 복합적으로 이용할 수 있어요.

무엇을 그리는 거죠?

문제에서 제시한 조건 같은 것을 표시하는 거예요. 스스로 알아볼 수 있도록~

상황도 그 조건대로 표시하는 것을 그린다고 이야기하는 거예요. 물론 무조건 그리는 게 아니라, 문제에서 주어진 조건을 수나 기호로 표시하고 또 구해야 할 것도 함께 나타내야 해요. 그래야 무엇을 구할지 확인할 수 있어요.

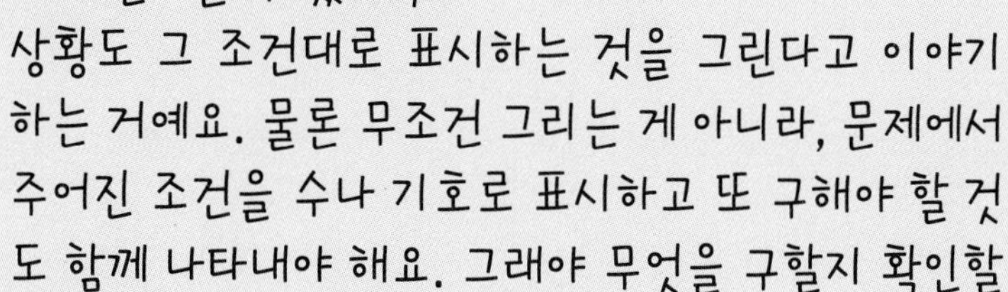

1 다음 식의 계산 결과가 100보다 작은 자연수일 때 △에 알맞은 자연수를 모두 구하세요.

$$3\frac{3}{16}\times\triangle\div 6$$

문제 그리기 문제를 읽고, □ 안에 알맞은 수를 써넣으면서 풀이 과정을 계획합니다.(?: 구하고자 하는 것)

$3\frac{3}{16}\times\triangle\div 6<$ □

→ 자연수

? : △에 알맞은 자연수

계획-풀기 틀린 부분에 밑줄을 긋고, 그 부분을 바르게 고친 것을 화살표 오른쪽에 씁니다.

❶ 주어진 식을 계산할 수 있는 식으로 정리하기

$3\frac{3}{16}\times\triangle\div 6=\frac{54}{16}\times\triangle\times\frac{1}{6}=\frac{54}{16}\times\frac{1}{6}\times\triangle=4\times\frac{1}{6}\times\triangle=\frac{2}{3}\times\triangle$

→

❷ △를 구하기 위한 식 쓰기

문제에서 제시한 조건은 계산 결과가 20보다 작은 자연수입니다. 따라서 식은 다음과 같습니다.

$\frac{2}{3}\times\triangle<20$

→

❸ △에 알맞은 자연수 모두 구하기

$\frac{2}{3}\times\triangle<20$에서 $\frac{2}{3}\times\triangle$가 자연수가 되기 위해서 △는 3의 배수가 되어야 합니다.

따라서 △는 $\frac{2}{3}\times 3=2$, $\frac{2}{3}\times 6=4$, $\cdots$, $\frac{2}{3}\times 27=18$이므로 △의 값은 3, 6, 9, 12, 15, 18입니다.

→

답

확인하기 문제를 풀기 위해 배워서 적용한 전략에 ○표 하세요.

단순화하기 (　　) 규칙성 찾기 (　　) 문제정보를 복합적으로 나타내기 (　　)

2 다음 5장의 수 카드 중에서 4장을 뽑아 한 번씩 사용하여 나눗셈식 □□.□÷□를 만들려고 합니다. 만든 나눗셈식의 가장 큰 몫을 소수 셋째 자리에서 반올림하여 나타내세요.

8　5　6　3　4

문제 그리기 문제를 읽고, □ 안에 알맞은 수나 말을 써넣으면서 풀이 과정을 계획합니다.(?: 구하고자 하는 것)

8, □, □, □, □

⇓

△△.△÷△ ⟶ 몫을 가장 □게

? : 만든 나눗셈식의 가장 □ 몫(소수 셋째 자리에서 반올림)

계획-풀기 틀린 부분에 밑줄을 긋고, 그 부분을 바르게 고친 것을 화살표 오른쪽에 씁니다.

❶ 몫이 가장 큰 나눗셈식 구하기
나누어지는 수가 작을수록, 그리고 나누는 수가 클수록 몫이 커집니다.
따라서 가장 큰 몫을 구하기 위한 나눗셈식은 34.5÷8입니다.

→

❷ 나눗셈식의 가장 큰 몫 구하기
(나눗셈식의 가장 큰 몫)＝34.5÷8＝4.312 ⋯ □ 4.31

→

답

확인하기 문제를 풀기 위해 배워서 적용한 전략에 ○표 하세요.

단순화하기 (　　)　규칙성 찾기 (　　)　문제정보를 복합적으로 나타내기 (　　)

규칙성을 찾으라고?

수나 모양이 반복되는 상황에서 그 순서가 일정하거나 점점 커지거나 작아지는 규칙이 있을 때, 그 규칙을 찾는 전략을 '규칙성 찾기'라고 합니다.

규칙성을 어떻게 찾아요?

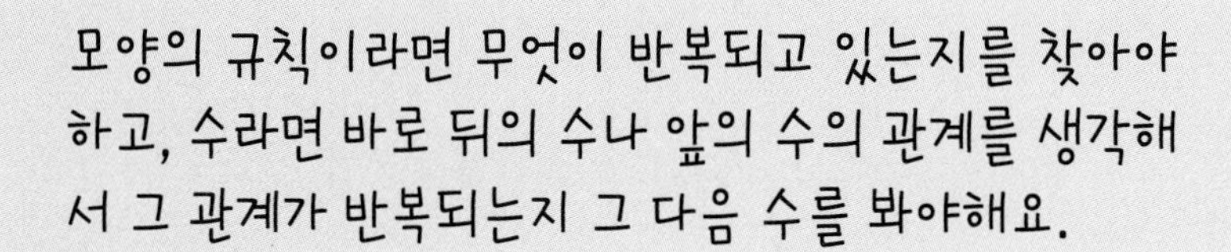

쉽지는 않겠는데요?

한눈에 보이지 않을 수도 있어요. 그러니까 무엇이 변하고 있는지를 잘 파악해야하지요.

1 다음 제시된 수들의 규칙을 찾아 말로 표현하고, 다섯째 수를 구하세요.

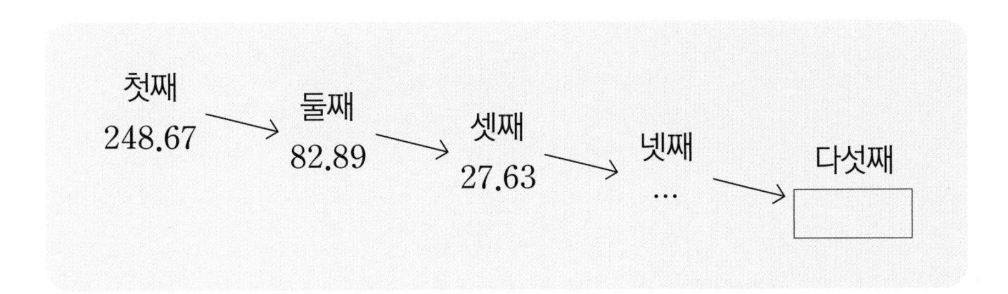

문제 그리기 문제를 읽고, □ 안에 알맞은 수를 써넣으면서 풀이 과정을 계획합니다.(?: 구하고자 하는 것)

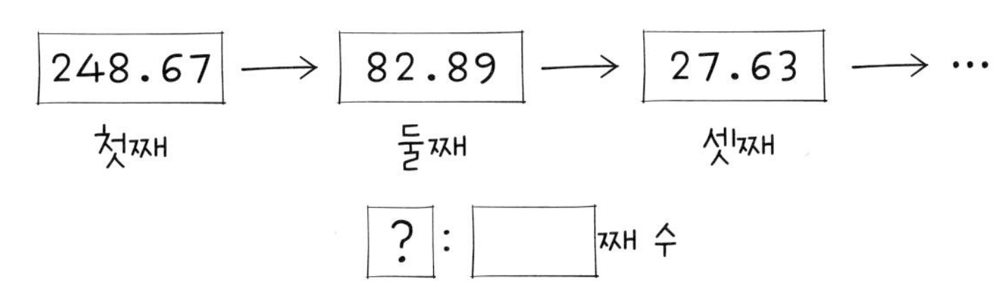

계획-풀기 틀린 부분에 밑줄을 긋고, 그 부분을 바르게 고친 것을 화살표 오른쪽에 씁니다.

❶ 규칙 찾기

$27.63 \times 4 = 82.89$이고, $82.89 \times 4 = 248.67$입니다.

따라서 규칙성을 말로 표현하면 "앞의 수에 4를 곱하면 다음 수가 된다."입니다.

→

❷ 다섯째 수 구하기

❶에서 구한 규칙을 적용하여 넷째 수와 다섯째 수를 구하면 다음과 같습니다.

넷째 수: $27.63 \times 4 = 110.52$,

다섯째 수: $110.52 \times 4 = 442.08$

→

답

확인하기 문제를 풀기 위해 배워서 적용한 전략에 ○표 하세요.

단순화하기 (　　) 규칙성 찾기 (　　) 문제정보를 복합적으로 나타내기 (　　)

2 다음 제시된 기약분수들의 나열에서 다섯째와 여섯째 분수의 분자의 차를 구하세요.

$$\frac{33614}{15}, \frac{4802}{15}, \frac{686}{15}, \frac{98}{15}, \cdots$$

문제 그리기 문제를 읽고, □ 안에 알맞은 수나 말을 써넣으면서 풀이 과정을 계획합니다.(?: 구하고자 하는 것)

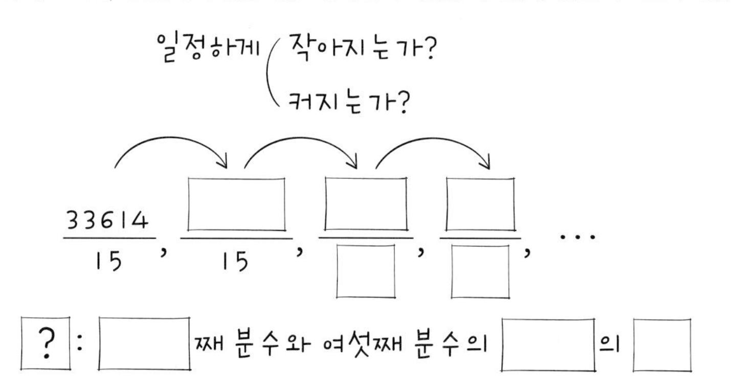

계획-풀기 틀린 부분에 밑줄을 긋고, 그 부분을 바르게 고친 것을 화살표 오른쪽에 씁니다.

❶ 규칙 찾기

분모는 변하지 않고, 분자는 작아지므로 분자에서 일정하게 어떤 자연수를 빼거나 어떤 자연수로 나눈 것입니다.

$33614 \div \blacktriangle = 4802$, $4802 \div \blacktriangle = 686$, $686 \div \blacktriangle = 98$이므로 $\blacktriangle = 8$입니다.

→

❷ 다섯째 분수와 여섯째 분수 구하기

다섯째 분수: $\frac{98}{15} \div 8 = \frac{98}{15} \times \frac{1}{8} = \frac{49}{60}$, 여섯째 분수: $\frac{49}{60} \div 8 = \frac{49}{60} \times \frac{1}{8} = \frac{49}{480}$

→

❸ 다섯째 분수와 여섯째 분수의 분자의 차 구하기

(다섯째 분수와 여섯째 분수의 분모의 차)$=480-60=420$

→

답 ____________

확인하기 문제를 풀기 위해 배워서 적용한 전략에 ○표 하세요.

단순화하기 (　　)　　규칙성 찾기 (　　)　　문제정보를 복합적으로 나타내기 (　　)

1 민우는 꿈에서 26마리의 개구리들과 함께 항아리 속에 갇히게 되었습니다. 민우가 항아리에서 나갈 수 있는 방법은 81.54 cm 길이의 동아줄을 개구리들과 함께 똑같이 나눠 가진 후에 그 길이를 큰 소리로 말하는 것입니다. 민우가 큰 소리로 말해야 하는 수를 구하세요.

문제 그리기 문제를 읽고, □ 안에 알맞은 수를 써넣으면서 풀이 과정을 계획합니다.(?: 구하고자 하는 것)

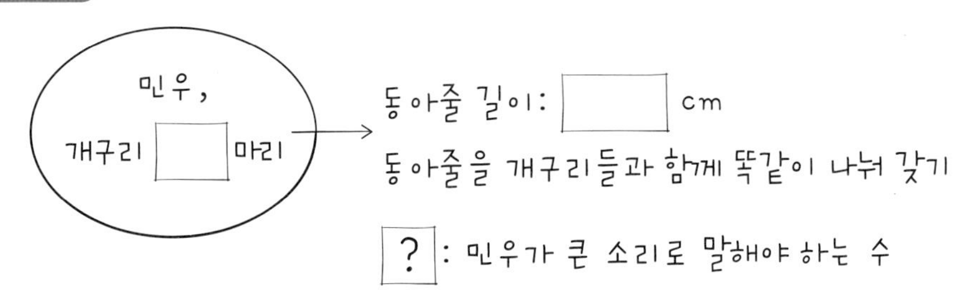

계획-풀기

❶ 동아줄을 똑같이 나누기 위한 식 세우기

❷ 민우가 말해야 하는 수 구하기

답 ______________

2 정수는 둘레가 88 cm이고 세로의 길이가 $18\frac{3}{4}$ cm인 오른쪽 그림과 같은 일기장의 앞면에 가로 2줄로 30개의 스티커를 똑같은 간격으로 나눠 붙이려고 합니다. 처음과 끝에는 스티커를 붙이지 않는다면 스티커들 사이의 간격은 몇 cm로 해야 하는지 기약분수로 구하세요. (단, 세로의 변과 스티커 사이와 스티커들 사이의 간격은 같고, 스티커의 크기는 생각하지 않습니다.)

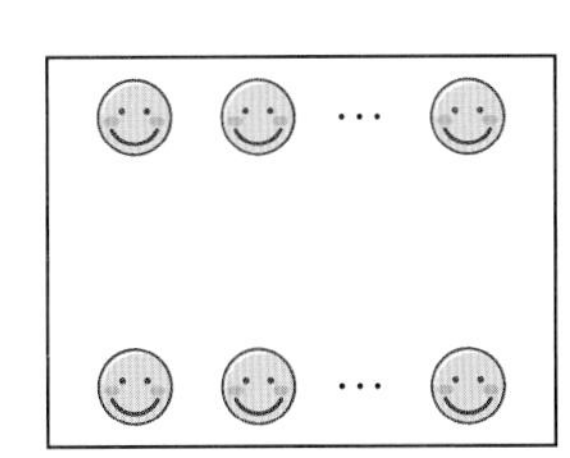

문제 그리기 문제를 읽고, □ 안에 알맞은 수를 써넣으면서 풀이 과정을 계획합니다.(?: 구하고자 하는 것)

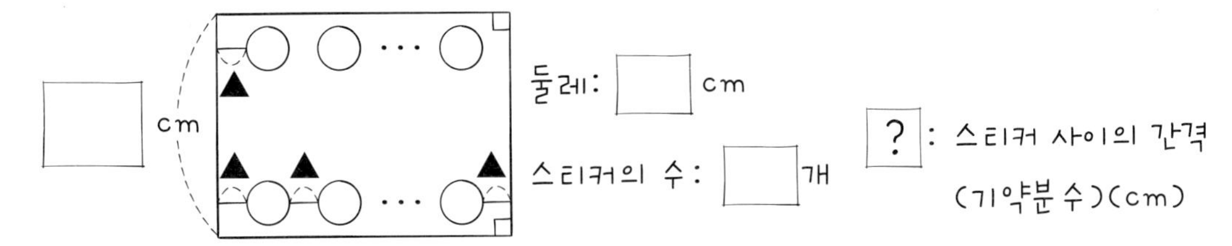

계획-풀기

❶ 일기장의 가로의 길이 구하기

❷ 스티커 30개를 2줄로 나눠 붙이면 한 줄의 간격의 수는 몇 개인지 구하기

❸ 스티커 사이의 간격 구하기

답 ______________

3 민지는 어버이날 선물할 브로치를 만들고자 합니다. 오른쪽 그림과 같은 모양에서 길이가 7 cm인 선 모두에 0.5 cm 간격으로 빨간 큐빅을 붙이고, 길이가 3 cm인 선 모두에는 0.3 cm 간격으로 파란 큐빅을 붙이려고 할 때, 필요한 큐빅은 모두 몇 개인지 구하세요. (단, 브로치 꼭짓점에는 모두 빨간색 큐빅을 붙입니다.)

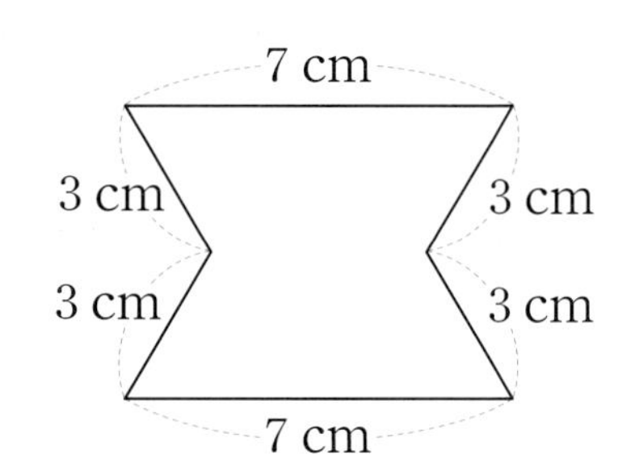

문제 그리기 문제를 읽고, □ 안에 알맞은 수를 써넣으면서 풀이 과정을 계획합니다.(?: 구하고자 하는 것)

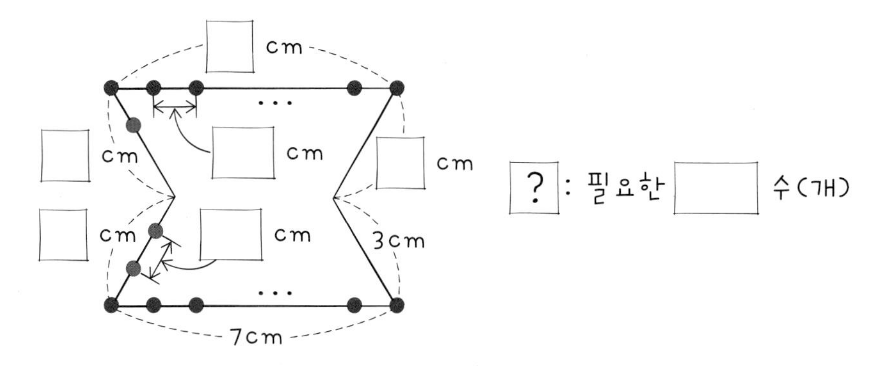

? : 필요한 □ 수(개)

계획-풀기

❶ 브로치의 전체 간격 수 구하기

❷ 브로치 둘레에 붙일 큐빅 수 구하기

답

4 미정이의 머리카락은 30일 동안 1.5 cm 자랐고, 영진이는 1년 동안 21.9 cm 자랐다고 합니다. 영진이와 미정이는 각각 하루에 머리카락이 몇 cm씩 자랐는지 구하세요.

(단, 1년은 365일로 생각합니다.)

문제 그리기 문제를 읽고, □ 안에 알맞은 수를 써넣으면서 풀이 과정을 계획합니다.(?: 구하고자 하는 것)

미정 ⟶ 머리카락 □일 동안 □ cm 자람

영진 ⟶ 머리카락 □일 동안 □ cm 자람

? : 미정이와 영진이의 □일 동안 자란 머리카락의 길이(cm)

계획-풀기

❶ 미정이의 1일 동안 자란 머리카락의 길이 구하기

❷ 영진이의 1일 동안 자란 머리카락의 길이 구하기

답

5 색칠 놀이를 하기 위해 같은 곰돌이 그림 20장을 출력했습니다. 1장을 완성하는 데 정현이는 12분이 걸리고, 동생은 18분이 걸립니다. 정현이와 동생이 함께 20장을 모두 색칠하는 데 몇 분이 걸리는지 구하세요.

문제 그리기 문제를 읽고, □ 안에 알맞은 수를 써넣으면서 풀이 과정을 계획합니다.(?: 구하고자 하는 것)

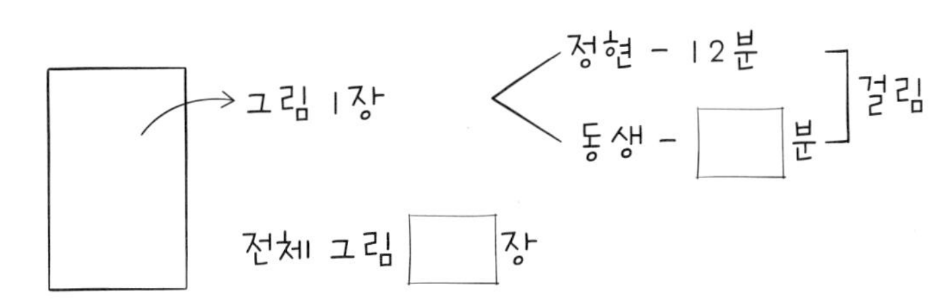

? : 정현이와 동생이 곰돌이 □장을 함께 색칠하는 데 걸리는 시간(분)

계획-풀기

❶ 그림 1장을 모두 색칠하는 일의 양을 1이라고 할 때 1분 동안 두 사람이 각각 색칠하는 양을 기약분수로 나타내기

❷ 두 사람이 함께 1분 동안 색칠하는 양을 기약분수로 나타내기

❸ 두 사람이 20장을 모두 색칠하는 데 걸리는 시간 구하기

답 ______

6 상호는 동생과 함께 연 꼬리를 만들었습니다. 0.82 m 길이의 종이띠 6장을 일정한 길이로 겹치게 해서 연 꼬리를 만들었더니 전체 길이가 3.76 m가 되었습니다. 종이띠의 겹친 부분의 길이는 몇 m인지 구하세요.

문제 그리기 문제를 읽고, □ 안에 알맞은 수를 써넣으면서 풀이 과정을 계획합니다.(?: 구하고자 하는 것)

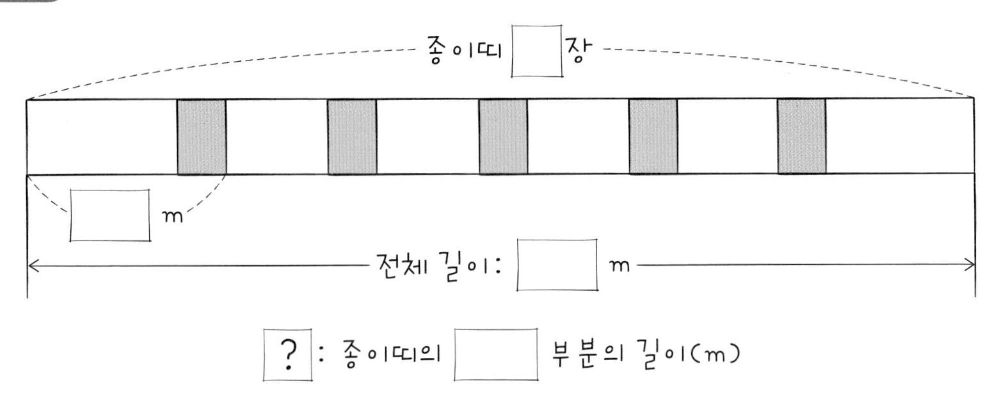

? : 종이띠의 □ 부분의 길이(m)

계획-풀기

답 ______

7 지은이 어머니께서는 길이가 각각 $125\frac{5}{6}$ m인 회색과 보라색 털실 두 타래를 이용하여 부엌 가리개를 만들려고 합니다. 각 실을 65등분 해서 등분한 실들을 번갈아 묶어서 모두 연결할 때, 연결한 실의 전체 길이는 몇 m인지 기약분수로 구하세요.

(단, 묶는 부분의 매듭의 길이는 각각 $1\frac{2}{3}$ m입니다.)

문제 그리기 문제를 읽고, □ 안에 알맞은 수를 써넣으면서 풀이 과정을 계획합니다.(?: 구하고자 하는 것)

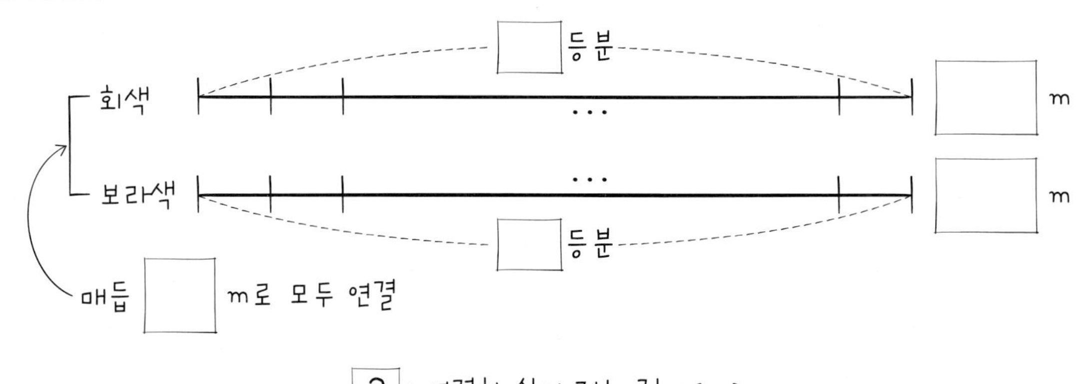

? : 연결한 실의 전체 길이(m)

계획-풀기

❶ 각 실의 1등분의 길이 구하기

❷ 전체 길이 구하기

답

8 기진이의 시계는 3주일 동안 48.3분이 늦어졌고, 그 이후에도 같은 비율로 느려지고 있습니다. 기진이가 월요일 오전 9시에 시계를 정확하게 맞추었다면 목요일 오전 9시에 시계가 가리키는 시각은 오전 몇 시 몇 분 몇 초인지 구하세요.

문제 그리기 문제를 읽고, □ 안에 알맞은 수나 말을 써넣으면서 풀이 과정을 계획합니다.(?: 구하고자 하는 것)

기진이의 시계: □주일 동안 □분씩 □짐.

월요일 오전 □시 □요일 오□ □시

? : □요일 오전 □시에 기진이의 시계가 가리키는 시각

계획-풀기

❶ 하루에 몇 분씩 늦어지는지 구하기

❷ 목요일 오전 9시에 기진이의 시계가 가리키는 시각 구하기

답

9 ★에 알맞은 자연수는 모두 몇 개인지 구하세요.

$$6\frac{6}{7}\div 8<\bigstar<8\frac{2}{9}\div 2$$

문제 그리기 문제를 읽고, □ 안에 알맞은 수를 써넣으면서 풀이 과정을 계획합니다.(?: 구하고자 하는 것)

$6\frac{6}{7}\div\square<\bigstar<\square\div\square$

?: ★에 알맞은 □의 개수

계획-풀기

답

10 소수 27.♠3을 5로 나눈 몫을 소수 둘째 자리에서 반올림하여 구한 수가 5.6이 되게 하려고 합니다. 1에서 9까지의 자연수 중에서 ♠에 알맞은 값을 모두 구하세요.

문제 그리기 문제를 읽고, □ 안에 알맞은 수를 써넣으면서 풀이 과정을 계획합니다.(?: 구하고자 하는 것)

5.□ (소수 둘째 자리에서 반올림)

□) 27.♠□

⋮

?: 1에서 9까지의 자연수 중에서 ♠에 알맞은 값

계획-풀기

답

11 토성에서의 몸무게는 지구에서의 1.065배, 목성에서의 몸무게는 지구에서의 2.5배입니다. 또, 천왕성에서의 몸무게는 지구에서의 1.14배입니다. 몸무게가 40 kg인 여진이가 지구에서 출발하여 목성, 토성, 천왕성을 차례대로 여행하고 집으로 돌아왔다면 여진이의 몸무게가 각 행성에서 각각 몇 kg이었는지 순서대로 구하세요.

(단, 각 행성에서의 몸무게 변화는 지구에서의 몸무게에 적용하여 구합니다.)

문제 그리기 문제를 읽고, □ 안에 알맞은 수나 말을 써넣으면서 풀이 과정을 계획합니다.(?: 구하고자 하는 것)

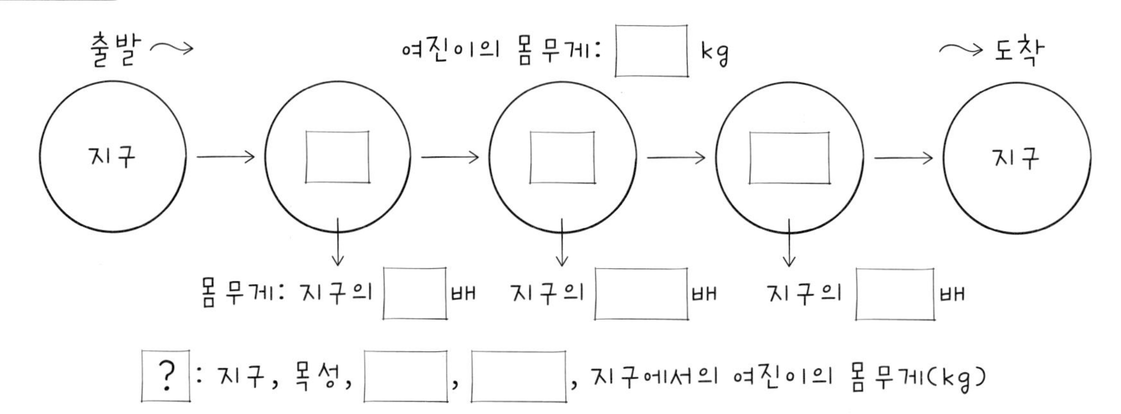

계획-풀기

❶ 각 행성에서의 여진이의 몸무게 구하기

❷ 여행 순서로 각 행성에서의 몸무게 구하기

답

12 다음과 같이 계산 규칙을 정할 때 $\frac{7}{3}$♥7의 값을 구하세요.

산♥들 $=\frac{\text{산}+\text{들}}{\text{들}}$

문제 그리기 문제를 읽고, □ 안에 알맞은 수나 말을 써넣으면서 풀이 과정을 계획합니다.(?: 구하고자 하는 것)

산♥들 $=\frac{\square+\text{들}}{\square}=(\square+\text{들})\div\square$?: □♥□의 값

계획-풀기

답

13 민영이와 준하는 주사위 게임을 했습니다. 주사위를 4번 던져서 나온 숫자로 다음과 같은 나눗셈식을 만들어서 몫을 더 작게 만든 사람이 이기는 게임입니다. 민영이는 2, 3, 4, 5가 나와서 이 수들로 가장 작은 몫을 구했고, 준하는 1, 2, 3, 6이 나와서 이 수들로 가장 작은 몫을 구했습니다. 게임에서 누가 이겼는지 구하세요.

□□.□ ÷ □

문제 그리기 문제를 읽고, □ 안에 알맞은 수나 말을 써넣으면서 풀이 과정을 계획합니다.(?: 구하고자 하는 것)

민영이의 수 : 2, 3, □, □ → 몫을 가장 □게 만듦

준하의 수 : □, □, □, 6 → 몫을 가장 □게 만듦

? : 이긴 사람

계획-풀기

❶ 민영이와 준하가 구한 몫 각각 구하기

❷ 누가 이겼는지 구하기

답

14 수영이는 다음과 같은 퀴즈의 정답을 구해야 합니다. 수영이가 구해야 하는 답을 구하세요.

나눗셈식 $3\frac{3}{8} \div 3 \times$ ▲의 값을 자연수로 만들 때, ▲에 알맞은 두 자리 자연수는 모두 몇 개인지 구하세요.

문제 그리기 문제를 읽고, □ 안에 알맞은 수나 말을 써넣으면서 풀이 과정을 계획합니다.(?: 구하고자 하는 것)

▲: □자리 자연수, $3\frac{□}{□}$ ÷ □ × ▲ ⇒ 자연수   ? : ▲의 개수

계획-풀기

답

15 $\frac{2}{3}=2\div3$입니다. $\triangle=6\frac{2}{13}$이고, $\triangledown=8$일 때 오른쪽 식을 계산한 값을 반올림하여 소수 둘째 자리까지 구하세요.

$\frac{\triangle}{\triangledown}=\square.\square\square$

문제 그리기 문제를 읽고, □ 안에 알맞은 수나 말 또는 기호를 써넣으면서 풀이 과정을 계획합니다.(?: 구하고자 하는 것)

$\frac{2}{3}=\square\div\square$, $\triangle=\square$, $\triangledown=\square$, $\frac{\triangle}{\triangledown}=\triangle\square\triangledown$

?: $\frac{\triangle}{\triangledown}$를 계산한 값을 반올림하여 소수 □ 자리까지 구하기

계획-풀기

답

16 주현이네 집을 시작점으로 정하고 그 점을 0으로 할 때, 주현이네 집에서 진훈이와 준하네 집까지의 거리를 다음과 같은 분수로 각각 나타낼 수 있습니다. 진훈이네 집에서 준하네 집까지의 거리를 4등분한 지점에 있는 약국을 ㉠이라고 할 때, 주현이네 집에서 약국까지의 거리를 대분수로 나타내세요. (단, 단위는 생각하지 않습니다.)

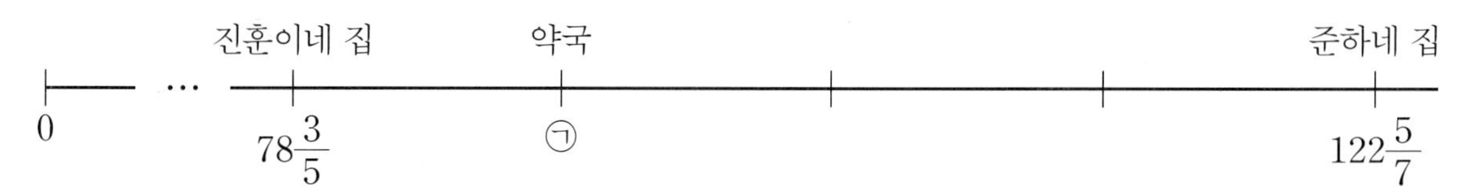

문제 그리기 문제를 읽고, □ 안에 알맞은 수나 말을 써넣으면서 풀이 과정을 계획합니다.(?: 구하고자 하는 것)

수직선에서 주현이네 집을 □으로 정하면 다음과 같습니다.

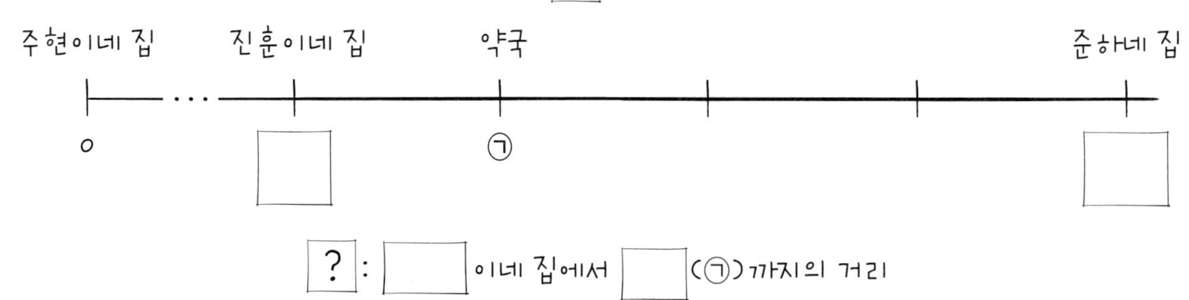

?: □이네 집에서 □(㉠)까지의 거리

계획-풀기

❶ 준하네 집에서 진훈이네 집까지의 거리 구하기

❷ 주현이네 집에서 약국까지의 거리 구하기

답

17 다음과 같이 일정한 규칙으로 수가 나열될 때 5번째 분수를 기약분수로 나타내세요.

$$67\frac{1}{2},\ 22\frac{1}{2},\ 7\frac{1}{2},\ \cdots$$

문제 그리기 문제를 읽고, □ 안에 알맞은 수를 써넣고 알맞은 말에 ○표 하면서 풀이 과정을 계획합니다.(?: 구하고자 하는 것)

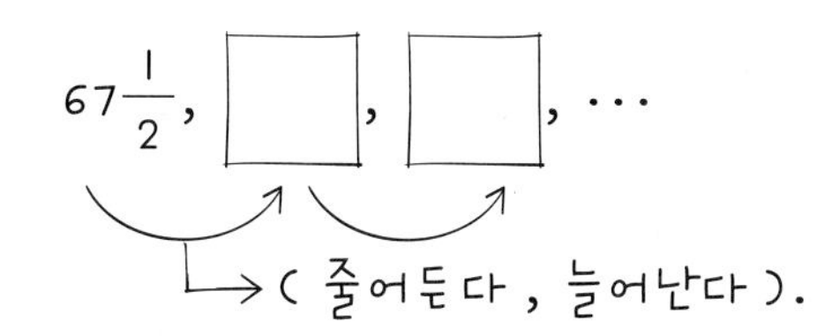

? : □번째 분수를 기약분수로 나타내기

계획-풀기

1. 규칙 찾기

2. 4번째 수와 5번째 수 구하기

답

18 다음은 ◇와 ◎의 대응 관계를 표로 나타낸 것입니다. ㉠, ㉡, ㉢에 알맞은 수를 구하세요.

◇	3.2	6.4	9.6	···	㉠	㉡
◎	4	8	12	···	32	㉢

문제 그리기 문제를 읽고, □ 안에 알맞은 수를 써넣으면서 풀이 과정을 계획합니다.(?: 구하고자 하는 것)

◇	3.2	6.4	□	···	㉠	㉡
◎	□	□	□	···	32	㉢

⇒ ◎는 □의 2배, 3배, ···로 커집니다.

? : ㉠, ㉡, ㉢에 알맞은 수

계획-풀기

1. ◇와 ◎의 대응 관계를 말과 식으로 나타내기

2. ㉠, ㉡, ㉢에 알맞은 수 구하기

답

19 다음과 같은 규칙으로 두 대분수가 짝 지어져 있을 때, 짝 지어진 두 대분수의 진분수 부분의 곱이 $\frac{25}{26}$가 되는 두 대분수를 구하세요.

$1\frac{2}{3}$	$2\frac{3}{4}$	$3\frac{4}{5}$	$4\frac{5}{6}$	…
↕	↕	↕	↕	↕
$3\frac{1}{2}$	$4\frac{2}{3}$	$5\frac{3}{4}$	$6\frac{4}{5}$	…

문제 그리기 문제를 읽고, □ 안에 알맞은 수를 써넣으면서 풀이 과정을 계획합니다.(?: 구하고자 하는 것)

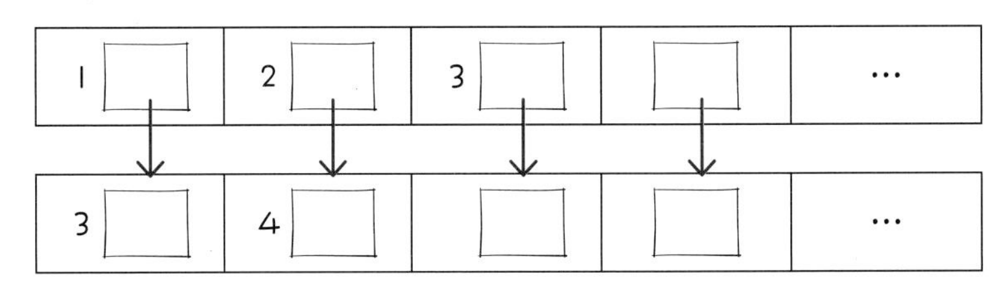

? : 두 대분수의 진분수 부분의 곱이 □인 두 대분수

계획-풀기

답

20 다음은 약속된 ◆의 방법으로 답을 구한 과정입니다. 8◆7의 값을 구하세요.

$$6◆5=6\frac{6}{5}\div 6=\frac{36}{5}\times\frac{1}{6}=\frac{6}{5}=1\frac{1}{5}$$

$$9◆4=9\frac{9}{4}\div 9=\frac{45}{4}\times\frac{1}{9}=\frac{5}{4}=1\frac{1}{4}$$

문제 그리기 문제를 읽고, □ 안에 알맞은 수를 써넣으면서 풀이 과정을 계획합니다.(?: 구하고자 하는 것)

$6◆5=\square\frac{\square}{\square}\div\square=\square\frac{1}{\square}$, $9◆\square=\square\frac{\square}{\square}\div\square=\square\frac{1}{\square}$

? : □◆□의 값

계획-풀기

답

21 다음 계산을 보고 0.8을 26번 곱한 값의 소수 26째 자리의 숫자를 구하세요.

0.8
$0.8\times0.8=0.64$
$0.8\times0.8\times0.8=0.512$
$0.8\times0.8\times0.8\times0.8=0.4096$
⋮

문제 그리기 문제를 읽고, □ 안에 알맞은 수를 써넣으면서 풀이 과정을 계획합니다.(?: 구하고자 하는 것)

0.8, 0.64, □, □, ⋯

? : □을 □번 곱했을 때 소수 □째 자리의 숫자

계획-풀기

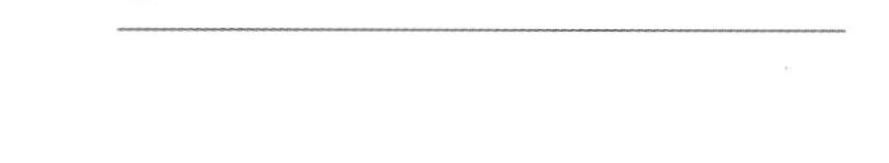

답 ____________

22 마법 분수 상자들의 윗면에 어떤 수를 쓰면 앞면에 다른 수가 나타납니다. 두 수 사이의 대응 관계를 찾아서 윗면에 $\frac{15}{16}$를 쓰면 앞면에 어떤 수가 나타나는지 구하세요.

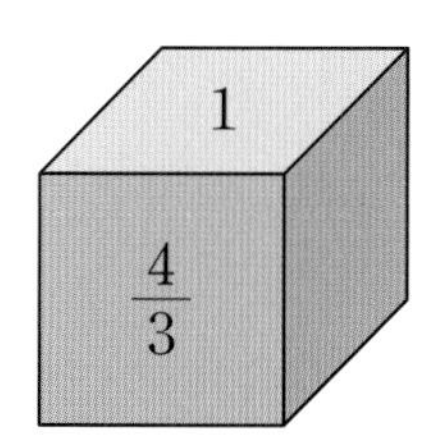

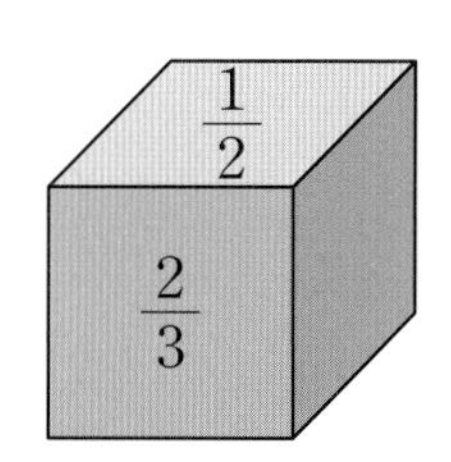

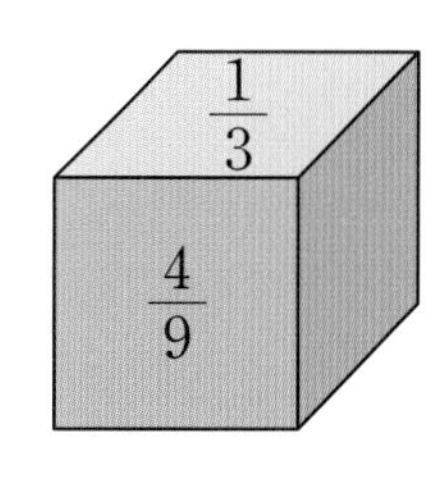

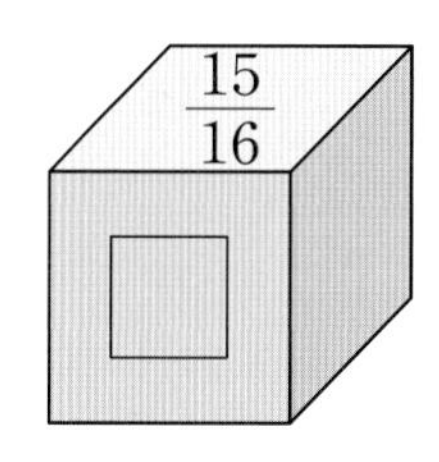

문제 그리기 문제를 읽고, □ 안에 알맞은 수를 써넣으면서 풀이 과정을 계획합니다.(?: 구하고자 하는 것)

$(1, \frac{4}{3})$, (□, □), (□, □), (□, ▲), ⋯

? : 윗면에 □를 쓰면 앞면에 나타나는 수

계획-풀기

❶ 두 수 사이의 대응 규칙을 말로 쓰기

❷ 윗면에 $\frac{15}{16}$를 쓰면 앞면에 나타나는 수 구하기

답 ____________

23 진희는 유리별에 대해 다음과 같이 상상하면서 친구에게 문제를 냈습니다. "지구에서 $\frac{5}{38}$ g인 우주 메뚜기가 지구 → 화성 → 유리별 → 달 → 유리별 → 지구의 순서로 우주 여행했을 때, 마지막으로 지구에서 몇 g인지 구하세요."의 답을 구하세요.

① 달에서의 무게는 지구에서의 무게의 $\frac{1}{6}$배이고 화성에서의 무게는 지구의 $\frac{19}{50}$배입니다.

② 유리별에서의 무게는 어떤 별에서 왔든 그 어떤 별에서의 무게와 같습니다.

예) 화성에서 0.2 g인 메뚜기가 유리별에 와도 0.2 g입니다.

③ 유리별에서 다른 별로 이동하면 무게는 지구에서 다른 별로 이동했을 때와 같은 비율로 변합니다.

예) 유리별에서 0.2 g인 메뚜기가 화성으로 가면 0.2의 $\frac{19}{50}$배$\left(\text{지구의 } \frac{19}{50}\text{배}\right)$인 0.076 g이 됩니다.

문제 그리기 문제를 읽고, □ 안에 알맞은 수나 말을 써넣으면서 풀이 과정을 계획합니다.(?: 구하고자 하는 것)

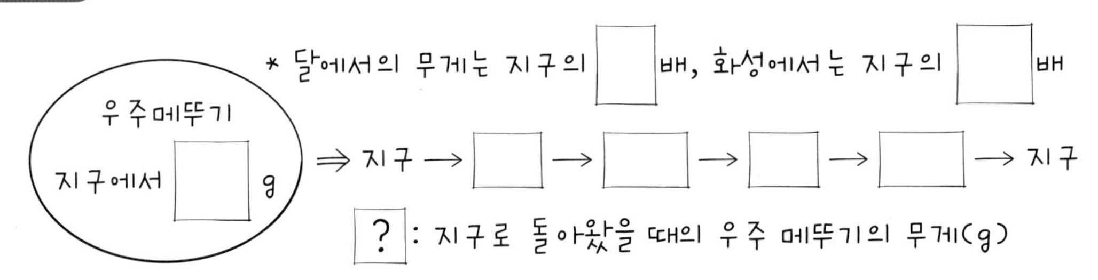

계획-풀기

답 ______________

24 오른쪽과 같은 분수의 나열은 일정한 규칙에 따라 앞의 분수를 어떤 같은 자연수로 나눈 것입니다. 48번째의 기약분수를 구하세요.

$1\frac{1}{2}, \frac{3}{4}, \frac{1}{2}, \frac{3}{8}, \frac{3}{10}, \frac{1}{4}, \cdots$

문제 그리기 문제를 읽고, □ 안에 알맞은 수를 써넣으면서 풀이 과정을 계획합니다.(?: 구하고자 하는 것)

$\frac{3}{2}, \frac{3}{4}$, □, □, □, □

규칙: (앞의 분수) ÷ (어떤 자연수)

? : □번째의 기약분수

계획-풀기

답 ______________

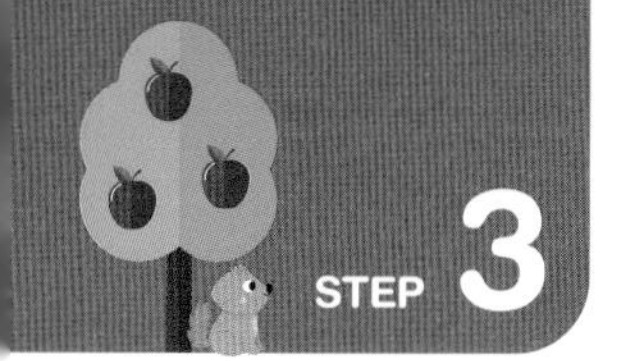

STEP 3 내가 수학하기

한 단계 UP!

식 | 거꾸로 | 그림
단순화 | 정보 | 규칙

정답과 풀이 17쪽

1 건우네 가족 4명은 시골에서 농사를 지으시는 할머니를 도와드리러 가서 감자 $16\frac{1}{4}$ kg을 캐서 5상자로 똑같이 나누었습니다. 건우네는 그중 1상자를 가지고 와서 가족 4명이 이틀 동안 매일 똑같이 나누어 먹으려고 할 때, 건우가 하루에 먹을 감자는 몇 kg인지 기약분수로 구하세요.

문제 그리기 문제를 읽고, □ 안에 알맞은 수를 써넣으면서 풀이 과정을 계획합니다.(?: 구하고자 하는 것)

감자 □ kg ⇒ ○○○○○

□상자로 똑같이 나누고

□상자를 □일 동안 □명이 똑같이 나눠 먹기

?: 건우가 □일 동안 먹을 감자의 양(kg)

계획-풀기

답

2 민이는 체험학습을 동물원으로 갔습니다. 체험 장소에서 안내하시는 선생님께서 고기 한 봉지의 양을 6으로 나눈 양을 사자에게 주어야 하는데 잘못해서 6을 곱한 양을 준비했더니 고기의 양이 $32\frac{4}{7}$ kg이 되었습니다. 바르게 준비해야 하는 고기의 무게는 몇 kg인지 기약분수로 구하세요.

문제 그리기 문제를 읽고, □ 안에 알맞은 수를 써넣으면서 풀이 과정을 계획합니다.(?: 구하고자 하는 것)

바르게 계산: (고기 한 봉지의 양) ÷ □

잘못 계산: (고기 한 봉지의 양) × □ = □ (kg)

?: 사자에게 바르게 주어야 하는 고기의 양(kg)

계획-풀기

답

3 다음은 넓이가 48.16 m^2이고 윗변과 아랫변의 길이의 합이 14 m인 사다리꼴 모양의 텃밭이 있습니다. 이 텃밭의 높이는 몇 m인지 구하세요.

문제 그리기 문제를 읽고, □ 안에 알맞은 수나 말을 써넣으면서 풀이 과정을 계획합니다.(?: 구하고자 하는 것)

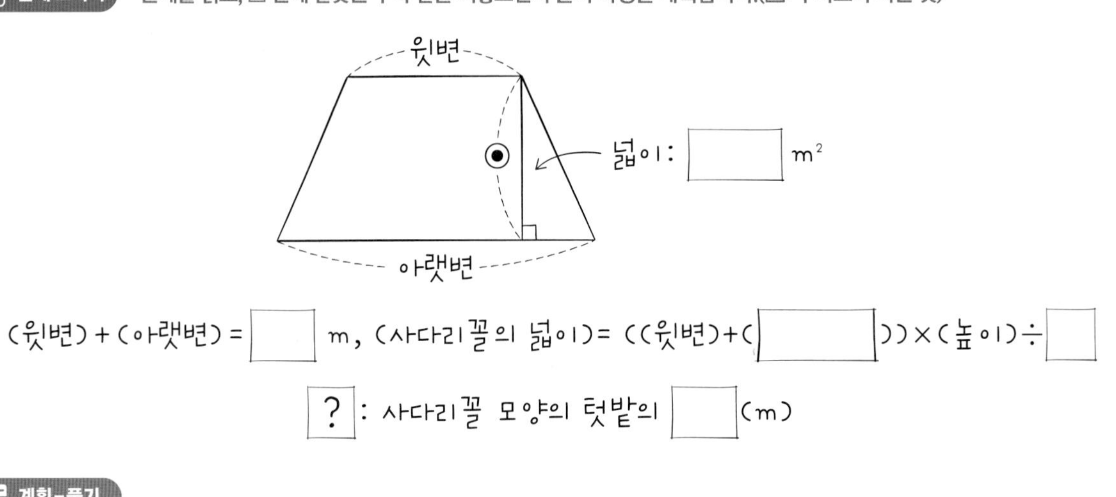

계획-풀기

답

4 형주의 누나는 어학연수를 가면서 오렌지자스민에 물을 줄 것을 형주에게 부탁했습니다. 형주는 작은 컵으로 물을 $2\frac{3}{4}$컵씩 일주일에 2번씩 주어야 합니다. 형주는 일주일 동안 주어야 할 물을 큰 통에 미리 담아 놓았다가, 잘못해서 그 물을 6일 동안 똑같은 양으로 나눠 오렌지자스민에게 주었습니다. 형주가 하루에 준 물의 양이 몇 컵인지 기약분수로 구하세요.

문제 그리기 문제를 읽고, □ 안에 알맞은 수를 써넣으면서 풀이 과정을 계획합니다.(?: 구하고자 하는 것)

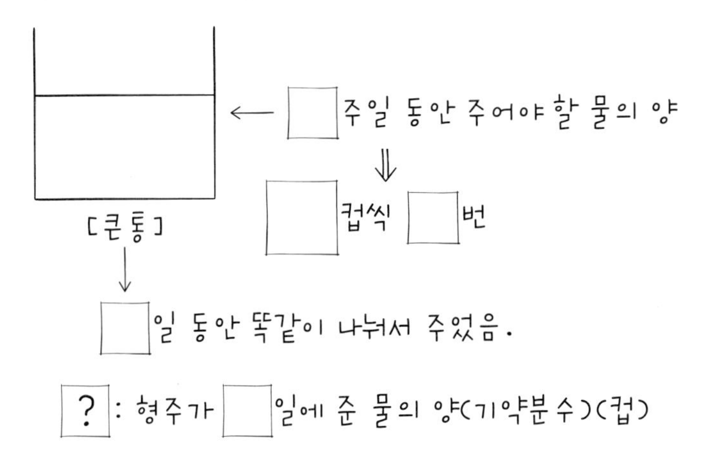

계획-풀기

답

5 현지네 반은 청소 당번을 매주 수학 퀴즈의 답으로 정합니다. 다음 문제의 ▲와 ● 안에 공통으로 들어갈 알맞은 자연수가 당번의 출석 번호라고 할 때, 당번인 친구 두 명의 번호를 구하세요.

$$46.6 \div 4 < ▲ < 96 \div 6, \quad 45.73 \div 5 < ● < 92.26 \div 7$$

문제 그리기 문제를 읽고, □ 안에 알맞은 수나 말을 써넣으면서 풀이 과정을 계획합니다.(?: 구하고자 하는 것)

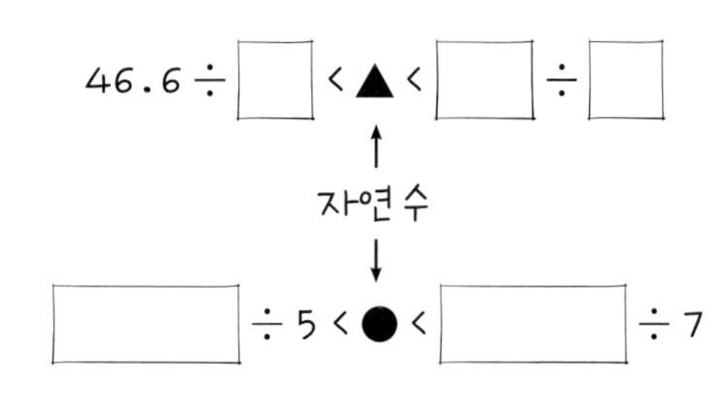

? : ▲과 ●에 □으로 들어가는 자연수

계획-풀기

답 ______________________

6 다음 4장의 수 카드에서 3장을 뽑아서 나눗셈 $\triangle\frac{○}{□} \div 13$의 몫을 가장 크게 만들고, 그 몫과 남은 수 카드의 수와의 곱을 기약분수로 구하세요.

2　3　5　8

문제 그리기 문제를 읽고, □ 안에 알맞은 수나 말을 써넣으면서 풀이 과정을 계획합니다.(?: 구하고자 하는 것)

수 카드 2, □, □, □ 중에서 □장을 뽑아

$\triangle\frac{○}{□} \div 13$의 몫을 가장 □게

? : 몫과 남은 수의 □(기약분수)

계획-풀기

답 ______________________

7 현이 아버지는 가로 134.8 cm, 세로 72.5 cm인 책꽂이를 현이에게 만들어 주려고 하십니다. 현이는 책꽂이 가로에 똑같은 간격으로 칸막이 3개를 설치해달라고 부탁드렸습니다. 아버지는 현이가 원하는 대로 해주시려고 할 때, 칸과 칸 사이를 몇 cm로 해야 하는지 구하세요.

(단, 칸막이의 두께는 생각하지 않습니다.)

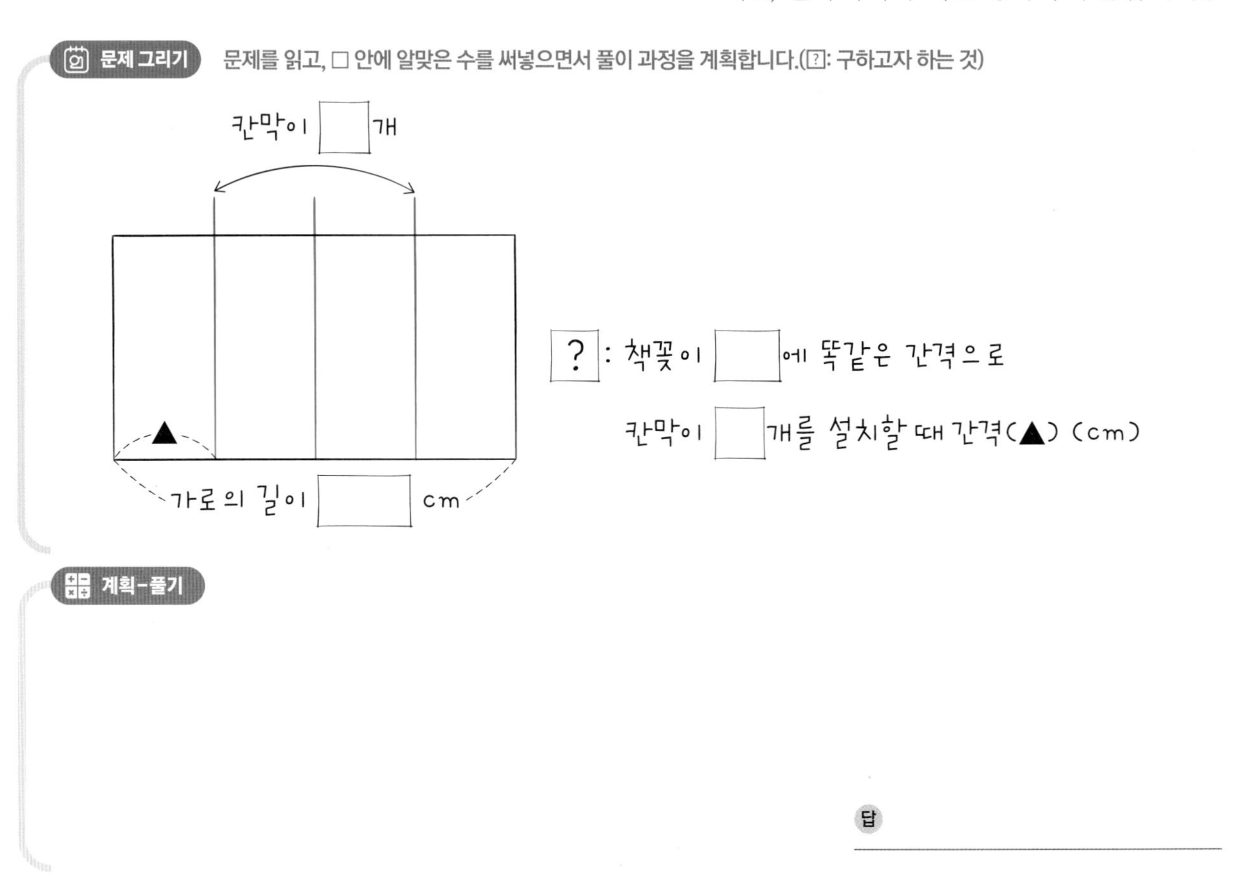

8 진희가 벽시계를 건드려서 땅에 떨어진 이후부터 이 벽시계는 하루에 40분씩 일정하게 빠르게 갑니다. 진희가 일요일 아침 9시에 시계를 정확하게 맞추었다면 27시간 후에 벽시계는 오전 몇 시 몇 분을 가리키는지 구하세요.

문제 그리기 문제를 읽고, □ 안에 알맞은 수나 말을 써넣으면서 풀이 과정을 계획합니다.(?: 구하고자 하는 것)

시계 고장 ⟶ □일에 □분씩 빠르게 감.

□요일 오전 □시에 정확히 맞춤

? : □시간 후 시계의 시각(오전 몇 시 몇 분)

계획-풀기

답 ____________________

9 다음과 같은 규칙으로 분수가 나열될 때 규칙을 찾아서 여섯째 분수를 5로 나눈 몫을 대분수로 나타내세요.

$$6\frac{12}{13},\ 7\frac{14}{15},\ 8\frac{16}{17},\ 9\frac{18}{19},\ \cdots$$

문제 그리기 문제를 읽고, □ 안에 알맞은 수를 써넣으면서 풀이 과정을 계획합니다.(?: 구하고자 하는 것)

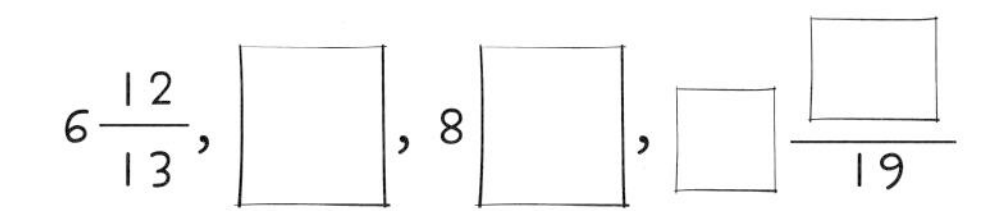

? : 분수 나열의 규칙을 찾아서 □째 분수를 □로 나눈 몫(대분수)

계획-풀기

답

10 평행사변형 모양의 액자가 작은 것부터 차례로 걸려 있습니다. 첫 번째 액자의 밑변의 길이는 4이고 두 번째 액자부터는 밑변의 길이가 2씩 늘어나며, 높이는 밑변의 길이를 3으로 나눈 몫입니다. 15번째 액자의 높이를 대분수로 구하세요.

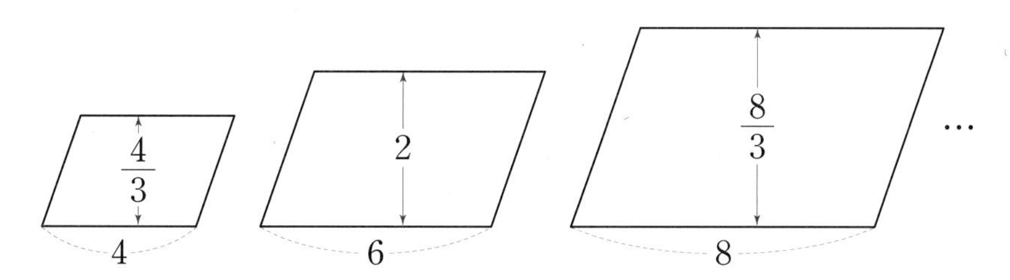

문제 그리기 문제를 읽고, □ 안에 알맞은 수를 써넣으면서 풀이 과정을 계획합니다.(?: 구하고자 하는 것)

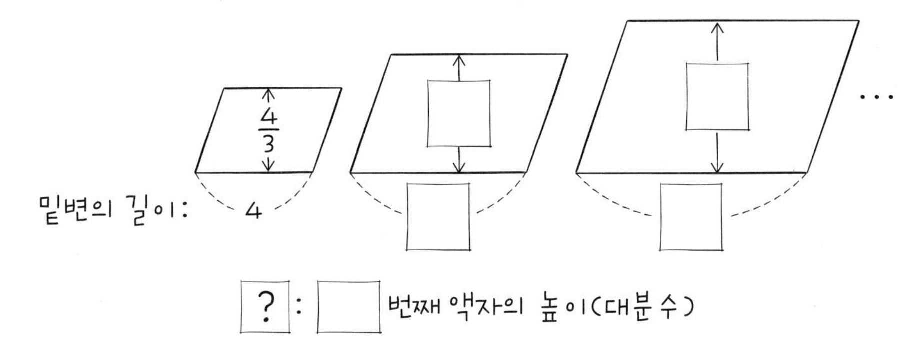

? : □번째 액자의 높이(대분수)

계획-풀기

답

11 진미의 어머니께서 은 3돈의 무게는 $11\frac{1}{4}$ g이고, 은수저 한 세트의 무게는 99 g이라고 말씀하셨습니다. 은수저 한 세트는 몇 돈인지 구하세요.

문제 그리기 문제를 읽고, □ 안에 알맞은 수를 써넣으면서 풀이 과정을 계획합니다.(?: 구하고자 하는 것)

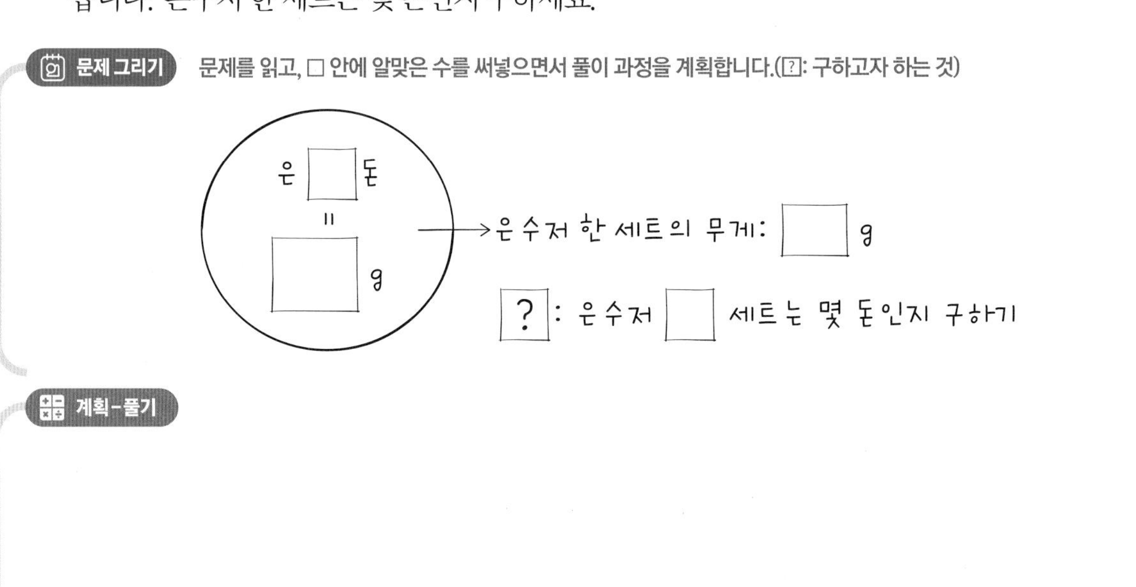

계획-풀기

답

12 지호는 엄마와 함께 $67\frac{2}{7}$ cm짜리 식빵을 24등분해서 두 쪽씩 맞붙여 샌드위치 12개를 만들려고 합니다. 샌드위치 속에 $2\frac{1}{2}$ mm 두께인 잼을 바르고, 3 mm 두께인 햄 1개를 넣고, 두께가 $9\frac{3}{5}$ cm인 치즈를 12등분 하여 1장을 넣을 때, 샌드위치 1개의 두께는 몇 mm가 되는지 기약분수로 구하세요.

문제 그리기 문제를 읽고, □ 안에 알맞은 수나 말을 써넣으면서 풀이 과정을 계획합니다.(?: 구하고자 하는 것)

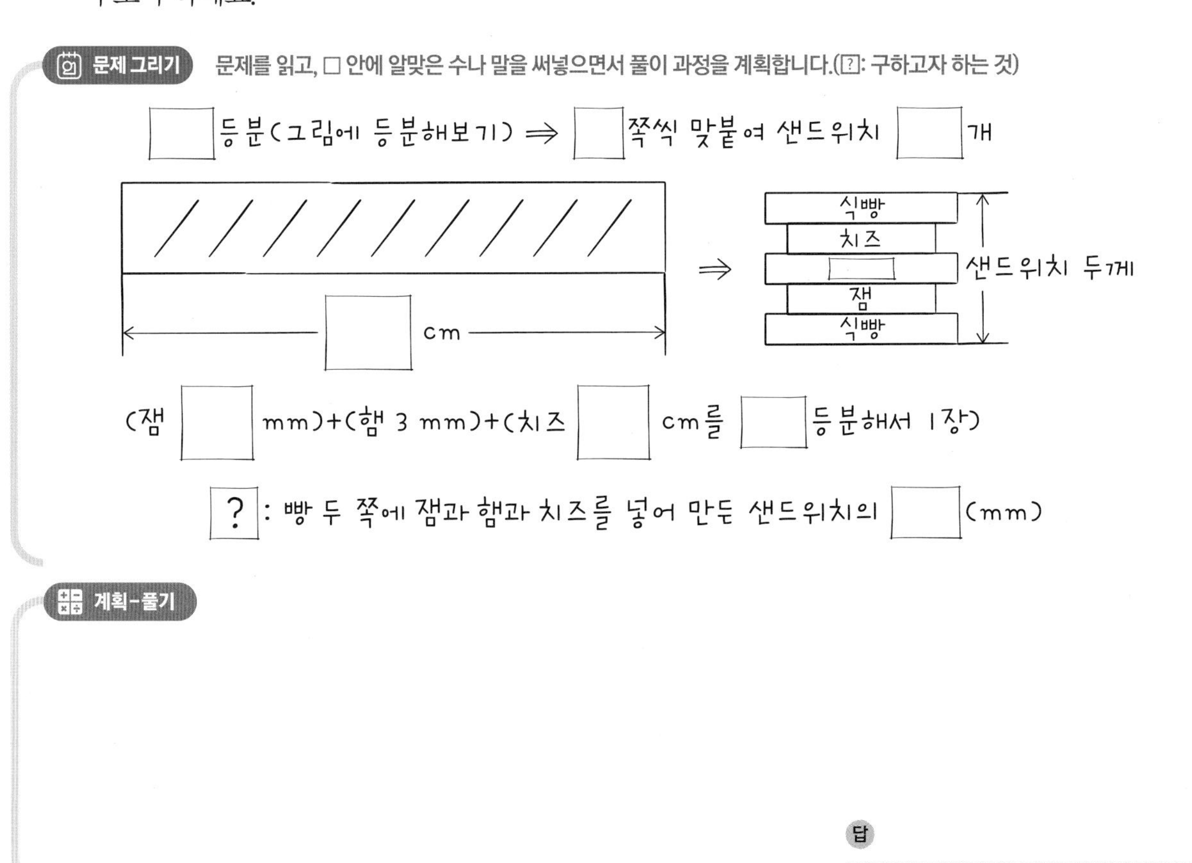

계획-풀기

답

13 민지는 가로가 36.75 cm인 노트를 꾸미기 위해서 오른쪽 그림과 같이 28개의 스티커를 똑같은 간격으로 두 줄로 나눠 붙이려고 합니다. 노트의 테두리에는 스티커를 붙이지 않고 스티커와 테두리 사이의 간격도 스티커 사이의 간격과 같게 할 때, 간격을 몇 cm로 해야 하는지 소수로 구하세요. (단, 스티커의 폭은 생각하지 않습니다.)

문제 그리기 문제를 읽고, □ 안에 알맞은 수나 말을 써넣으면서 풀이 과정을 계획합니다.(?: 구하고자 하는 것)

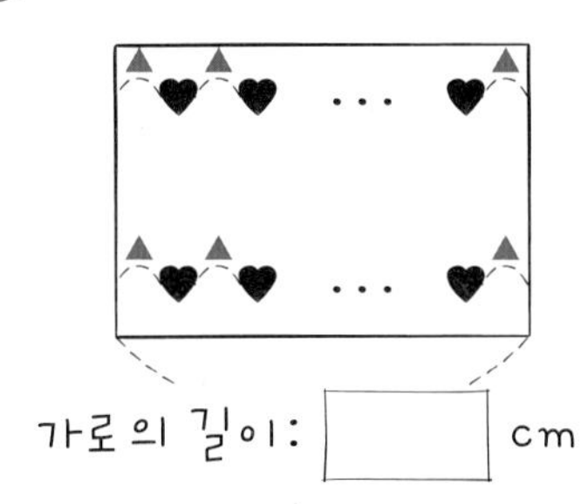

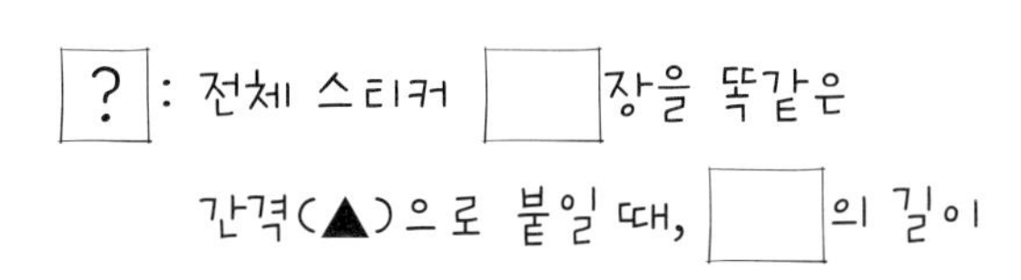

계획-풀기

답

14 가로가 세로의 2배인 직사각형 모양의 화단을 가로는 1.2배로 늘이고, 세로는 2.4배로 늘였습니다. 처음 화단의 넓이는 5.45 m^2이었고, 확장된 화단의 반에 모두 장미를 심었다면 장미가 심어진 땅의 넓이는 몇 m^2인지 구하세요.

문제 그리기 문제를 읽고, □ 안에 알맞은 수나 말을 써넣으면서 풀이 과정을 계획합니다.(?: 구하고자 하는 것)

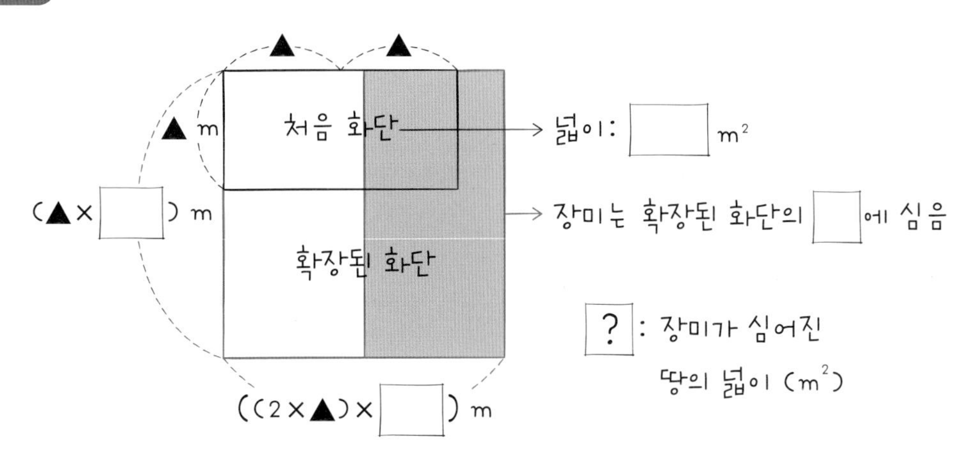

계획-풀기

답

15 소희는 오즈의 마법사를 읽다가 잠이 들었습니다. 꿈속에서 동 회오리와 서 회오리가 도로시의 집을 함께 에메랄드시로 옮기는 데 2일 동안 전체 거리의 $\frac{3}{4}$만큼 옮길 수 있었습니다. 그러자 동 회오리가 화를 내면서 자기 혼자 옮겨도 4일이면 옮길 수 있다고 했을 때, 서 회오리가 혼자서 옮기면 며칠이 걸릴지 구하세요.

문제 그리기 문제를 읽고, □ 안에 알맞은 수나 말을 써넣으면서 풀이 과정을 계획합니다.(?: 구하고자 하는 것)

동 회오리와 서 회오리가 함께 전체 거리의 □만큼 옮김 → ■■■□ : □일

동 회오리 혼자 4일 동안 도로시의 집을 옮김 → ■■■■

? : □ 회오리가 혼자서 옮길 때 걸리는 날수

계획-풀기

답

16 5장의 수 카드 중에서 4장을 뽑아서 다음 나눗셈식을 만들려고 합니다. 만든 나눗셈식의 가장 큰 몫과 가장 작은 몫의 차를 구하세요. (단, 몫은 반올림하여 소수 첫째 자리까지 나타내세요.)

2 3 4 7 8 ➡ □□□.□÷16

문제 그리기 문제를 읽고, □ 안에 알맞은 수나 말을 써넣으면서 풀이 과정을 계획합니다.(?: 구하고자 하는 것)

□ □ □ □ 8

□장을 뽑아서 △△△.△÷□ 만들기(몫은 반올림하여 소수 □째 자리까지 구하기)

? : 가장 큰 몫과 가장 작은 몫의 □

계획-풀기

답

거뜬히 해내기

정답과 풀이 21쪽

1 수영이와 민호가 수 카드 2, 4, 6, 8 을 모두 이용하여 나눗셈식 (대분수) ÷ (자연수)를 만들어 몫을 구하는 게임을 하고 있습니다. 게임 규칙은 번갈아 가며 구한 나눗셈식의 몫을 소수로 나타내어 차례로 쓰는데, 자기가 쓴 수가 앞의 수보다 작으면 지는 것입니다. 수영이가 먼저 시작해서 번갈아 가며 몫을 구한 것이 다음과 같을 때, 5번째 수영이가 만든 나눗셈식의 몫이 4번째 민호가 만든 나눗셈식의 몫보다 작아서 수영이가 게임에서 지고 말았습니다. 5번째 수영이가 만든 나눗셈식을 구하세요. (단, 몫은 반올림해서 소수 둘째 자리까지 구한 것입니다.)

0.81, 1.25, 1.42, 4.3, 2.08

2 50개의 방으로 이루어진 〈룰루랄라〉라는 미로가 있습니다. 각 방 앞에 0부터 0.01, 0.02, 0.03, ⋯, 0.49까지 번호를 순서대로 붙이면서 방문을 통과해야 합니다. 단, 미로 게임을 시작할 때 각 방에 붙일 숫자들을 모두 자루에 넣고 출발해야 합니다. 예를 들면 16번째 방에는 0, 1, 5의 숫자가 필요하고, 21번 째 방에는 0.2를 붙이면 되므로 0, 2의 숫자가 필요합니다. 〈룰루랄라〉 미로를 끝마치기 위해서 처음에 자루에 넣어야 할 숫자는 모두 몇 개인지 구하고, 그 개수의 $\frac{1}{100}$인 수를 3으로 나눈 몫을 소수로 구하세요. (단, 소수의 맨 끝자리 0은 쓰지 않습니다.)

3 상수는 공룡시대로 가서 공룡알을 가지고 나오는 4단계로 이뤄진 가상 체험 게임을 하고 있습니다. 상수는 3단계까지 성공해서 마지막 4단계 문제의 정답을 바르게 입력하면 사은품으로 공룡알을 받을 수 있습니다. 마지막 문제가 다음과 같을 때 상수가 입력해야 하는 답은 무엇인지 구하세요.

> 분자가 7인 어떤 분수에서 분모를 분자인 7로 나누었더니 몫은 1이고, 나머지는 4였습니다. 이 분수를 소수로 나타내었을 때 소수 120번째 자리 숫자를 구하세요.

4 새벽이 다가오자 해가 달에게 "당신의 친구 별 70000개의 $\frac{1}{2}$에게만 환한 빛을 비출 것이고, 다음에는 나머지의 $\frac{1}{3}$에만 빛을 비출 것이고, 또 다음에는 나머지의 $\frac{1}{4}$에만, 또 다음에는 그 나머지의 $\frac{1}{5}$에만 빛을 환하게 비출 것입니다. 이렇게 같은 방법으로 계속 빛을 비춰나가서 나머지의 $\frac{1}{70000}$까지만 비추고 멈추겠습니다."라고 말했습니다. 해가 남겨둔 어둠의 별은 몇 개인지 구하세요.

말랑말랑 수학

정답과 풀이 22쪽

1 다음 등식은 수학 연습실의 문을 열기 위한 암호입니다. 문을 열기 위해서는 숫자들을 바꿀 수는 없고 다음 등식이 성립하도록 소수점을 한 자리 옮겨야 합니다. 문을 열 수 있도록 소수점을 한 자리 옮기세요.

$$36.4 \times 25 - 51.3 \div 9 = 85.3$$

( )

2 서로 다른 한 자리 수 카드 4장을 모두 사용하여 채민이는 자연수 부분이 두 자리 수인 가장 큰 대분수와 자연수 부분이 두 자리 수인 가장 작은 대분수를 만들어서 두 대분수의 차를 구했더니 $61\frac{21}{40}$이였습니다. 채민이는 동생에게 방법을 설명해주려고 보니 카드 2장이 없어졌습니다. 없어진 두 수를 구하세요.

8 2 ? ?

( )

3 분자가 1인 $\frac{1}{2}$, $\frac{1}{3}$, $\frac{1}{4}$, $\frac{1}{5}$과 같은 분수를 단위분수라고 합니다. 빗자루를 머리 위에 꽂고 사는 마녀들을 단위분수 마녀라고 합니다. 단위분수 마녀들 사이에는 계급이 있는데 계급이 높을수록 한 명이 여러 쌍둥이 마녀로 분리됩니다. 단, $\frac{1}{6}+\frac{1}{6}=\frac{1}{3}$, $\frac{1}{6}+\frac{1}{6}+\frac{1}{6}=\frac{1}{2}$과 같이 두 번 더해도, 세 번 더해도 모두 단위분수가 되는 $\frac{1}{6}$ 마녀는 3쌍둥이 마녀로 변신할 수 있고, $\frac{1}{4}+\frac{1}{4}=\frac{1}{2}$과 같이 두 번만 더해야 단위분수가 되는 $\frac{1}{4}$ 마녀는 2쌍둥이 마녀로 변신할 수 있습니다. $\frac{1}{2}$, $\frac{1}{3}$, $\frac{1}{4}$, $\frac{1}{5}$, …, $\frac{1}{120}$ 마녀들 가운데 4쌍둥이 마녀로 변신할 수 있는 단위분수 마녀들은 모두 몇 명인지 구하세요.

( )

단원 연계

5학년 2학기

합동과 대칭
- 도형의 합동, 합동인 도형의 성질을 탐구 및 적용
- 실생활과 연결하여 선대칭도형과 점대칭도형을 이해하고 그리기

직육면체
- 직육면체와 정육면체 개념과 성질 이해 및 설명
- 겨냥도와 전개도 그리기

6학년 1학기

각기둥과 각뿔
- 각기둥과 각뿔의 개념과 성질 이해
- 각기둥의 전개도 그리기

직육면체의 부피와 겉넓이
- 직육면체와 정육면체의 겉넓이, 부피 구하기 ($1cm^3$, $1m^3$의 개념 및 그 관계)

6학년 2학기

공간과 입체
- 쌓기나무로 만든 입체도형을 보고 쌓기나무의 개수 구하기
- 위, 앞, 옆에서 본 모양으로 입체도형의 모양 추측

원주율과 원의 넓이
- 원주와 지름을 측정하는 활동으로 원주율 이해 및 근삿값 사용
- 원주와 원의 넓이 구하기

원기둥, 원뿔, 구
- 원기둥, 원뿔, 구 개념과 구성 요소와 성질 탐구
- 원기둥의 전개도 그리기

이 단원에서 사용하는 전략

- 식 만들기
- 그림 그리기
- 단순화하기
- 문제정보를 복합적으로 나타내기
- 거꾸로 풀기

PART 2

도형과 측정

각기둥과 각뿔 | 직육면체의 부피와 겉넓이

개념 떠올리기

너는 각기둥이지 각뿔이 아니라고!

1 다음은 입체도형 가, 나가 각기둥이 아닌 이유를 설명하고 있습니다. □ 안에 알맞은 말을 써넣으세요.

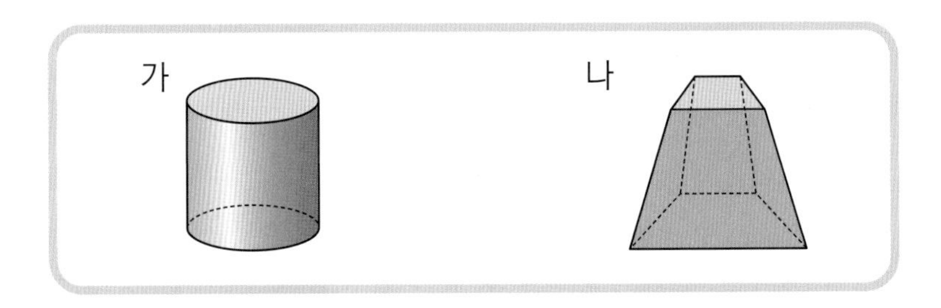

가는 위아래 면인 밑면이 □ 이 아니므로 각기둥이 아니고, 나는 두 밑면이 □ 이 아니므로 각기둥이 아닙니다.

2 오른쪽 입체도형은 각기둥이 아니고 각뿔이지만, 삼각뿔은 아닙니다. 그 이유를 설명하는 다음 문장에서 □ 안에 알맞은 수나 말을 써넣으세요.

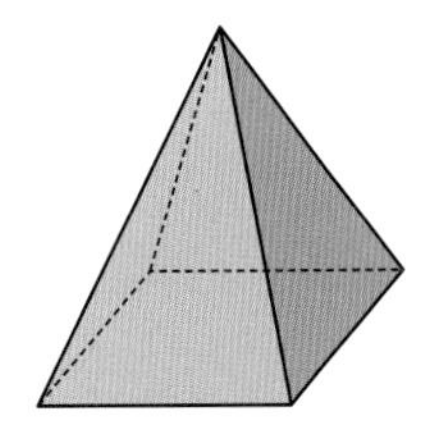

각기둥은 밑면이 □ 개이고 옆면의 모양이 □ 입니다. 오른쪽의 입체도형은 밑면이 □ 개이고, 옆면이 □ 이기 때문에 각뿔입니다. 단, 밑면이 □ 이 아니므로 삼각뿔은 아닙니다.

개념 적용

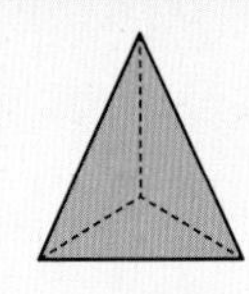

각기둥! 너는 밑면이 2개이고, 옆면은 직사각형이잖아. 각뿔인 나는 밑면이 1개이고 옆면은 삼각형이라고. 뭐가 다른지 알겠어?

3 다음 가, 나, 다는 전개도와 겨냥도입니다. 입체도형을 만들었을 때, 화살표가 가리키는 부분의 이름을 □안에 알맞게 써넣고, 각 입체도형의 이름을 쓰세요.

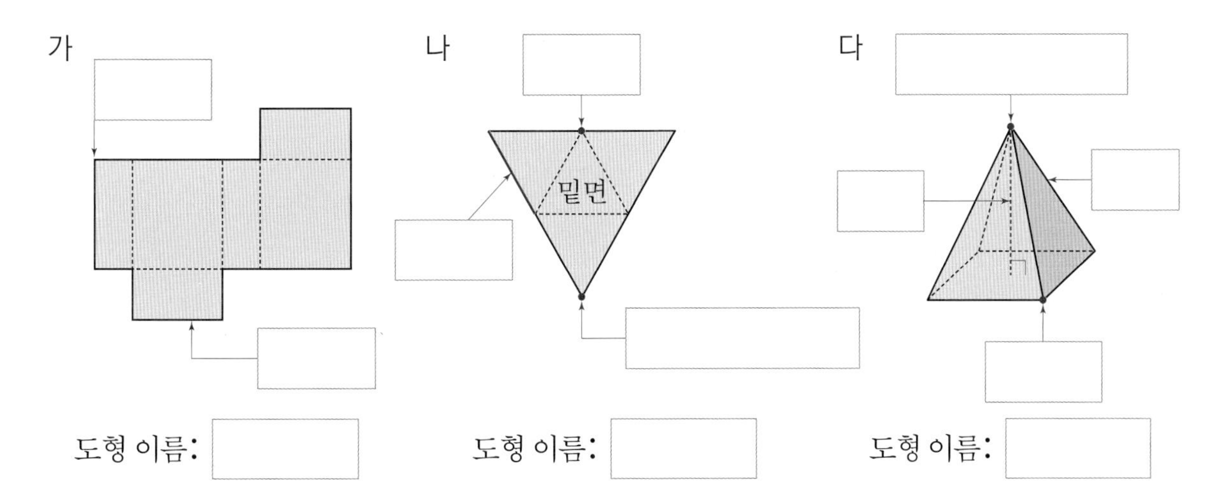

4 각기둥과 각뿔에 대한 설명으로 옳은 것에 ○표, 틀린 것에 ×표를 하세요.

❶ 각기둥의 모서리와 높이의 길이는 항상 같습니다. (　　)

❷ 각뿔의 옆면은 삼각형이고, 각기둥의 옆면은 직사각형입니다. (　　)

❸ 각뿔에서 각뿔의 꼭짓점은 1개입니다. (　　)

❹ 각뿔의 밑면과 옆면은 수직으로 만납니다. (　　)

5 다음 중 오각기둥의 전개도가 될 수 없는 것을 찾아 기호를 쓰세요.

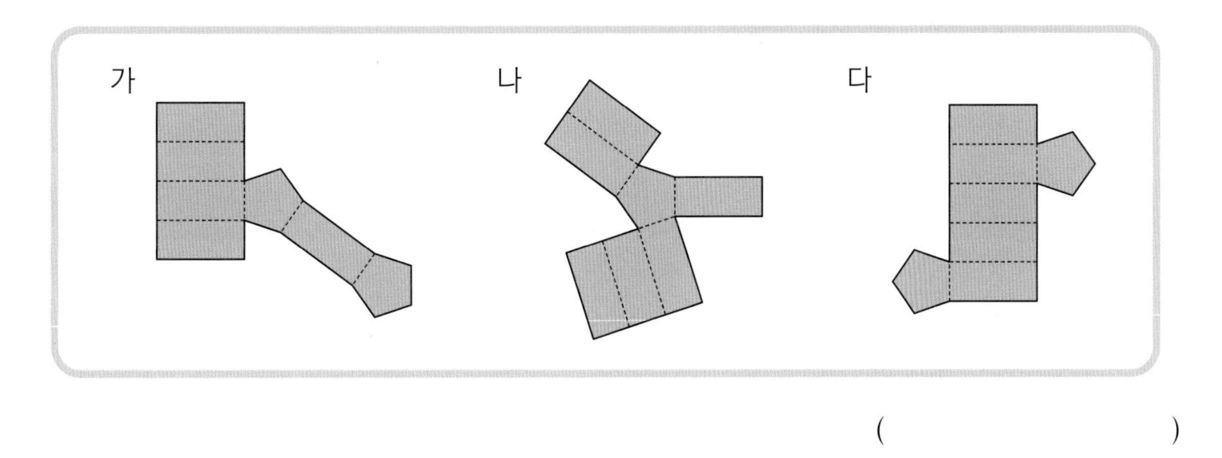

(　　)

개념 적용

튼튼한 건축물이려면 각기둥 모양이어야 하지 않을까요?
그렇지 않습니다. 각뿔 모양이 더 튼튼해요. 넓은 밑면과 각뿔의 꼭짓점으로 모이는 형태가 매우 안정적이고, 고대에는 높게 짓기 위한 방법으로 붕괴의 위험 없이 윗부분의 무게를 줄이기 위해 그렇게 지었어요. 그래야 내진에 강하고 이론적으로는 피라미드와 같은 모양으로 에베레스트산 정도의 높이까지 짓는 것이 가능한 것이지요.
피라미드가 어떻게 생겼는지는 알지요?
한 가지 더! 피라미드는 사각뿔 모양만 있는 것이 아니라 삼각뿔 모양인 것도 있답니다.

직육면체는 입체도형인데 넓이를 어떻게 구하지?

6 민조네 학교는 방학 동안 모든 교실에 페인트 칠을 한다고 합니다. 민조네 교실은 오른쪽과 같은 사각기둥 모양입니다. 교실의 천장과 바닥 그리고 4개의 벽면에 모두 페인트를 칠할 경우 필요한 페인트의 양이 몇 L인지 구하세요. (단, 창문은 생각하지 않고, 페인트의 양은 1 m^2당 0.13 L가 필요합니다.)

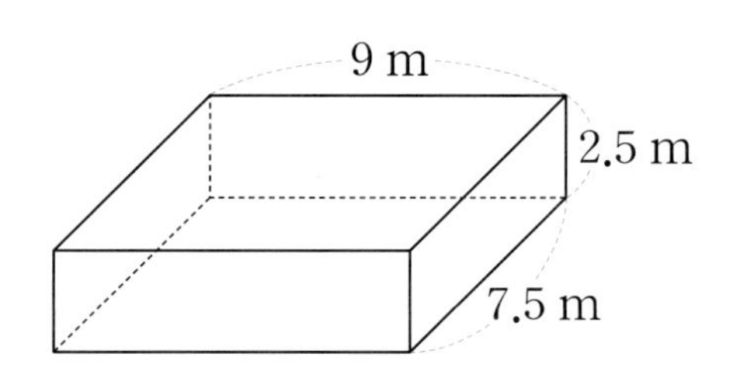

❶ 교실(사각기둥)의 겉넓이가 몇 m^2인지 구하세요.

❷ 교실의 모든 면에 페인트를 칠할 경우 필요한 페인트의 양은 몇 L인지 구하세요.

7 오른쪽 직육면체의 겉넓이를 구하는 과정으로 틀린 것은 어느 것인가요?

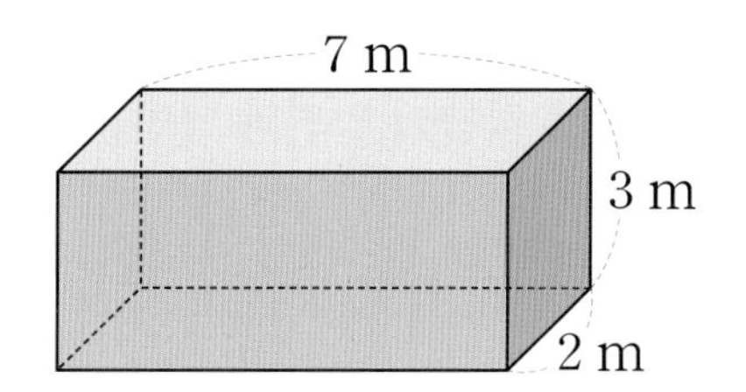

① $(7\times2+7\times3+3\times2)\times2(m^2)$
② $(7\times2)\times2+(7+2+7+2)\times3(m^2)$
③ $(700\times200)\times2+(700\times300)\times2+(300\times200)\times2(cm^2)$
④ $(2\times3)\times2+(2+3+2+3)\times7(m^2)$
⑤ $(7\times3)\times2+(7+3+7+3)\times3(m^2)$

개념 적용

삼각형이나 오각형과 같은 평면도형만 넓이를 구하는 줄 알았는데, 이제는 사각뿔이나 삼각기둥과 같은 입체도형도 겉넓이를 구할 수 있어서 편할 것 같아요. 선물을 포장할 때도, 물감으로 색칠할 때도 얼마나 필요한지 쉽게 구할 수 있을거 같아요.
입체도형도 전개도로 생각하면 되니까요!

직육면체의 밑면의 넓이와 높이를 알면 부피를 구할 수 있다?

8 다음 직육면체 가와 나의 부피를 비교한 방법으로 틀린 것을 고르세요. (　　　　)

가
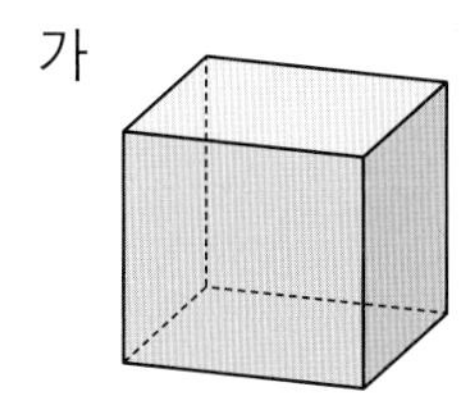
나
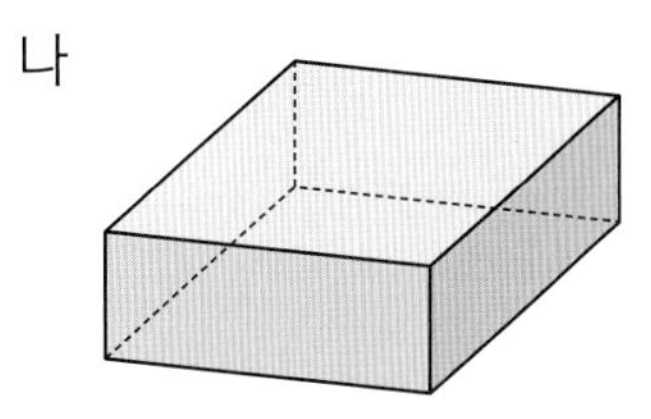

① 밑넓이가 같은 경우 두 도형의 높이를 비교합니다.

② 직육면체 가와 나를 만들기 위해서 한 모서리의 길이가 1 cm인 정육면체를 단위 물건으로 해서 각각 몇 개가 필요한지 개수를 비교합니다.

③ 각 모서리의 길이가 다른 경우, 각 직육면체를 만들기 위해서 각각 다른 단위 물건이 몇 개 필요한지 그 개수를 비교합니다.

④ 쌓기나무나 지우개와 같은 동일한 물건을 단위 물건으로 사용하여 가와 나를 만들기 위해서 몇 개가 필요한지를 구해서 부피를 비교합니다.

9 다음 직육면체의 부피와 겉넓이를 각각 구하세요.

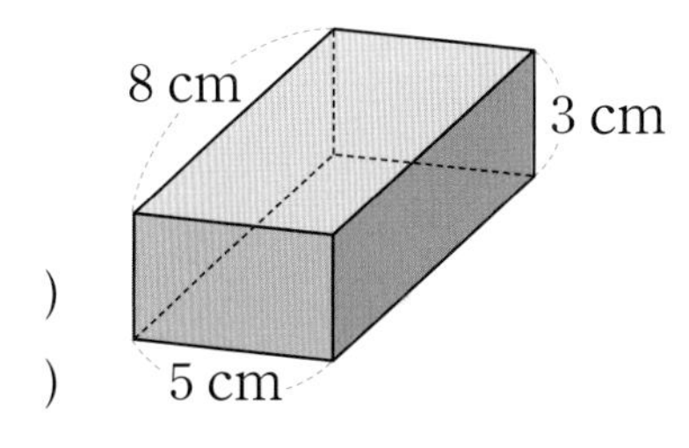

부피 (　　　　　　　　　　)
겉넓이 (　　　　　　　　　　)

개념 적용

물은 부피가 온도에 따라 변하는 데 온도가 0℃ 이하로 내려가면 얼음이 되면서 부피가 더 커져요. 사각기둥 유리컵에 물을 담아서 부피를 구하고 그 물을 얼려서 비교하는 실험도 해 보았는데 정말 부피가 커지더라고요. 그래서 수도관의 물이 얼면 수도관이 터지나봐요.

와! 얼음의 부피가 물의 부피보다 더 커져서 수도관보다 부피가 커지니가 터지는 거군요.

맞아요. 바위틈의 스며든 물이 얼면 바위도 쪼갤 수 있어요. 그런 의미의 사자성어도 있지요. 수적천석(水滴穿石)! 작은 노력이라도 끈기 있게 계속하면 큰 일을 할 수 있다는 뜻이에요.

와!! 멋져요.

문제를 풀기 위해서 왜 식을 세워야 해?

글로 제시된 문제를 문장제라고 합니다. 이러한 문제를 잘 읽고 그 문제를 풀기 위해서 더하고 빼고 곱하고 나누는 식의 연산을 이용해야 하는 경우, 많은 친구들이 생각을 하면서 계산만 노트에 쓰거나 머리셈으로만 하고 답을 쓰는 경우가 많습니다. 그런데 맞다고 생각했는데 틀리는 경우가 많지요. 문제가 복잡하고 여러 연산이 필요한 경우는 더욱 그렇습니다.
이런 경우 아주 쉬운 방법이 있어요! 문제를 어떻게 풀지 계획을 식으로 쓰는 것입니다. 5학년 때 하나의 식으로 나타내는 방법을 배웠죠? 그렇게 식을 세워서 그 다음 계산을 하는 겁니다!

저도 글을 쓰는 것이 귀찮아서 계산을 머리로만 할 때가 많아요. 아니면 연습장에 계산만 했어요.

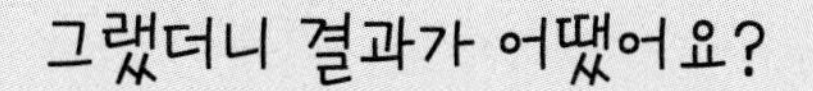

그랬더니 너무 실수가 많더라고요. 어디서 틀렸는지도 모르겠고요.

그렇지요. 그래서 식을 세워야 하는 거예요. 그러면 실수가 정말 많이 없어질 거예요. 답이 틀린 경우에서 어느 부분에서 틀렸는지도 쉽게 알 수 있지요.

문제를 푸는 과정을 내가 직접 확인할 수 있어서 너무 좋은거 같아요. 식 세우는 것을 습관화 해야 겠어요.

1 밑면의 모양이 가인 각뿔과 각기둥, 밑면의 모양이 나인 각뿔과 각기둥이 있습니다. 4개의 입체도형 중 모서리의 수를 꼭짓점의 수로 나눈 몫이 $\frac{3}{2}$인 입체도형은 무엇인지 모두 구하세요.

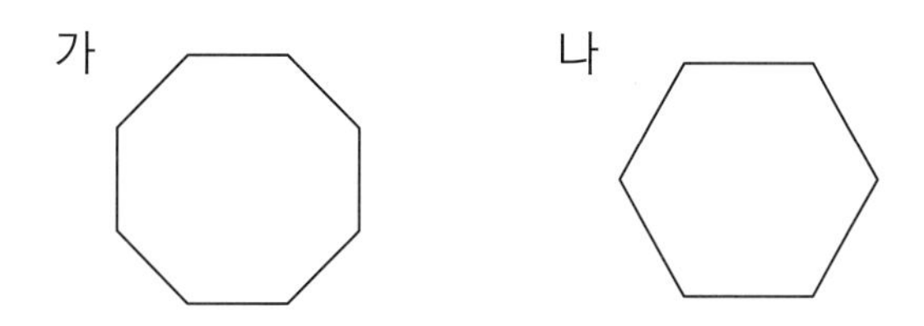

문제 그리기 문제를 읽고, □ 안에 알맞은 수나 말을 써넣으면서 풀이 과정을 계획합니다.(?: 구하고자 하는 것)

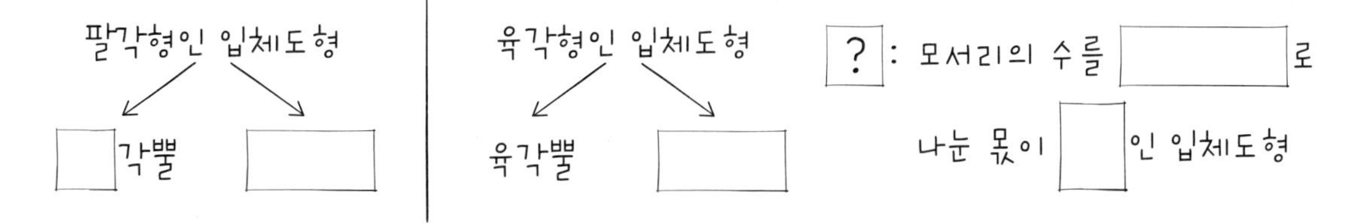

계획-풀기 틀린 부분에 밑줄을 긋고, 그 부분을 바르게 고친 것을 화살표 오른쪽에 씁니다.

❶ 밑면의 모양이 가인 각기둥과 각뿔의 모서리와 꼭짓점의 수를 쓰고, (모서리의 수)÷(꼭짓점의 수) 구하기

	팔각뿔	팔각기둥
모서리의 수(개)	16	20
꼭짓점의 수(개)	12	16
(모서리의 수)÷(꼭짓점의 수)	$\frac{4}{3}$	$\frac{3}{2}$

→

❷ 밑면의 모양이 나인 각기둥과 각뿔의 모서리와 꼭짓점의 수를 쓰고, (모서리의 수)÷(꼭짓점의 수) 구하기

	육각뿔	육각기둥
모서리의 수(개)	7	18
꼭짓점의 수(개)	7	6
(모서리의 수)÷(꼭짓점의 수)	1	3

→

❸ 모서리 수를 꼭짓점 수로 나눈 몫이 $\frac{3}{2}$인 입체도형 모두 쓰기

팔각뿔

→

답

확인하기 문제를 풀기 위해 배워서 적용한 전략에 ○표 하세요.

식 만들기 (   )　　그림 그리기 (   )　　단순화하기 (   )

2 밑면의 모양이 다음과 같은 삼각형인 삼각기둥의 부피가 135 cm^3입니다. 이 삼각기둥의 높이는 몇 cm인지 구하세요.

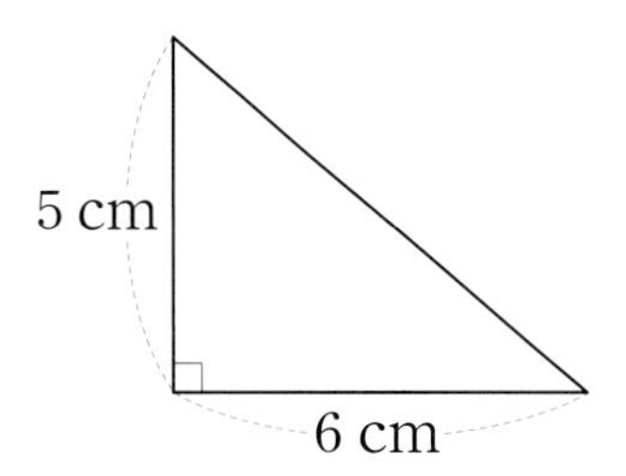

문제 그리기 문제를 읽고, □ 안에 알맞은 수나 말을 써넣으면서 풀이 과정을 계획합니다.(?: 구하고자 하는 것)

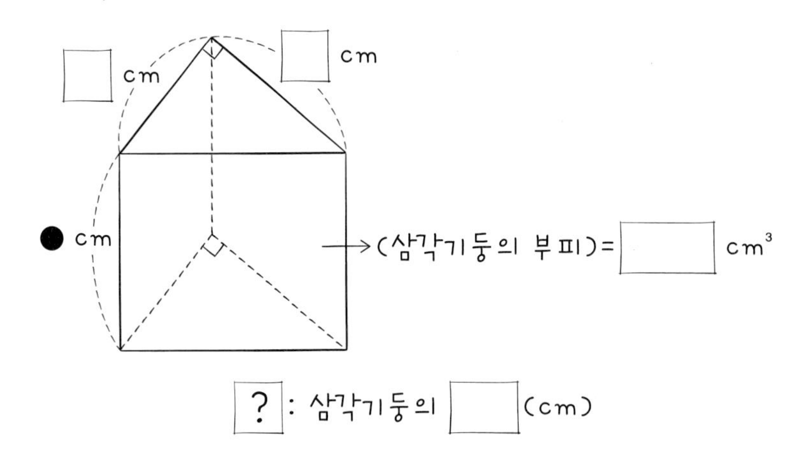

계획-풀기 틀린 부분에 밑줄을 긋고, 그 부분을 바르게 고친 것을 화살표 오른쪽에 씁니다.

❶ 삼각기둥의 한 밑면의 넓이 구하기
(삼각기둥의 한 밑면의 넓이)$=6\times5=30$(cm^2)

→

❷ 삼각기둥의 높이 구하는 식 만들기
삼각기둥의 높이를 □ cm라고 할 때, 삼각기둥의 부피는 135 cm^3이므로
(삼각기둥의 부피)=(한 밑면의 넓이)+(높이)에서 $135=30+$□입니다.

→

❸ 삼각기둥의 높이 구하기
□$=135-30=105$(cm)

→

답

확인하기 문제를 풀기 위해 배워서 적용한 전략에 ○표 하세요.

식 만들기 (　　) 그림 그리기 (　　) 단순화하기 (　　)

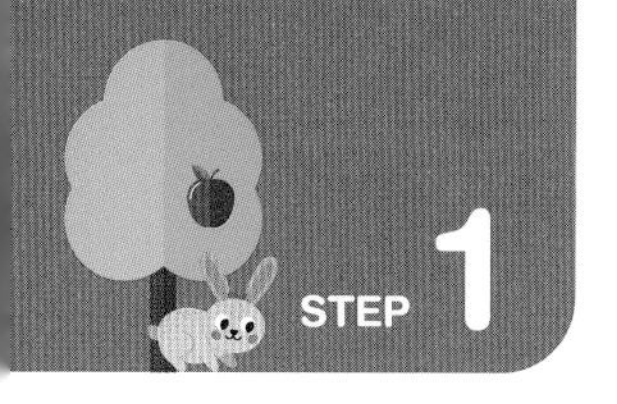

배우기

그림 그리기가 문제를 풀기 위한 방법?

'문제에서 설명하고 있는 상황이나 그 장면'을 그림으로 그려 보면 문제를 어떻게 풀어야 할지를 계획하는 데 도움이 된다는 것!! 하지만 중요한 것은 무엇을 구해야 하는지와 어떤 정보를 주었는지를 생각해야 합니다.

문제를 읽었어요. 무엇을 그려요?

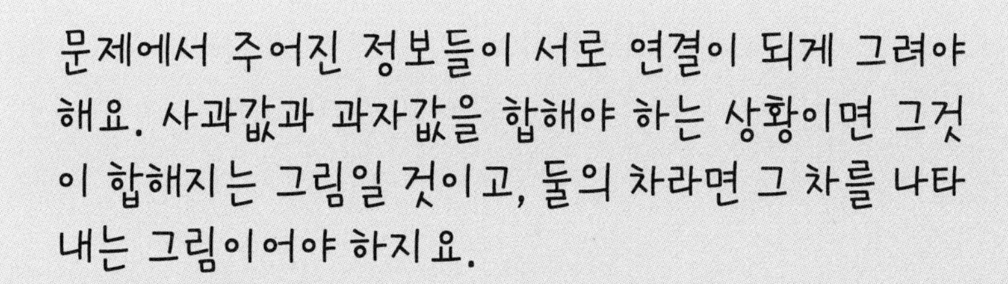

아하! 그러니까 그 정보만을 그냥 떨어뜨려서 그리는 것이 아니라 주어진 관계를 나타내면서 그리라는 거지요?

그렇지요!!!

1 오른쪽과 같은 이등변삼각형 6개를 옆면으로 하는 각뿔이 있습니다. 이 각뿔의 모든 모서리의 길이의 합을 꼭짓점의 수로 나눈 몫을 대분수로 나타내세요.

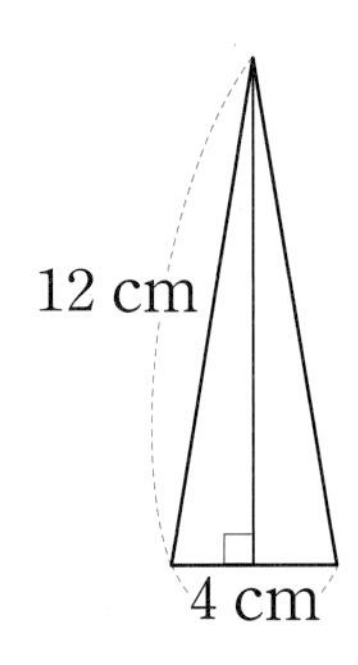

문제 그리기 문제를 읽고, □ 안에 알맞은 수나 말을 써넣으면서 풀이 과정을 계획합니다.(?: 구하고자 하는 것)

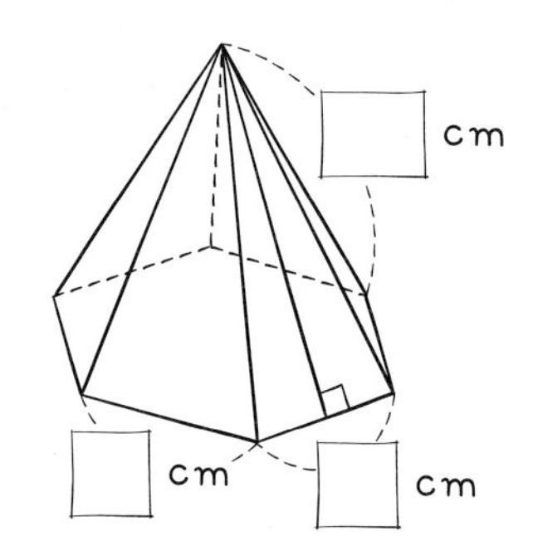

? : (모든 □ 의 길이의 합)÷(□ 의 수)를 □ 로 구하기

계획-풀기 틀린 부분에 밑줄을 긋고, 그 부분을 바르게 고친 것을 화살표 오른쪽에 씁니다.

❶ (모서리의 길이의 합)=(옆면의 모서리의 길이의 합)+(밑면의 모서리의 길이의 합)$\times 2$

$=12\times 5+4\times 5\times 2=60+40=100(\text{cm})$

→

❷ (꼭짓점의 수)=(밑면의 꼭짓점의 수)$\times 2=6\times 2=12$(개)

→

❸ (모든 모서리 길이의 합)÷(꼭짓점의 수)$=100\div 12$

$=\dfrac{100}{12}=\dfrac{25}{3}=8\dfrac{1}{3}$

→

답

확인하기 문제를 풀기 위해 배워서 적용한 전략에 ○표 하세요.

식 만들기 (　　) 그림 그리기 (　　) 단순화하기 (　　)

2 민호 어머니는 밑면이 직각삼각형 모양인 케이크의 겉면에 초코를 발라서 초코케이크를 만들려고 합니다. 오른쪽은 케이크 전개도의 일부분입니다. 전개도를 완성하고 케이크의 겉넓이는 몇 cm^2인지 구하세요.

문제 그리기 문제를 읽고, □ 안에 알맞은 수나 말을 써넣으면서 풀이 과정을 계획합니다.(?: 구하고자 하는 것)

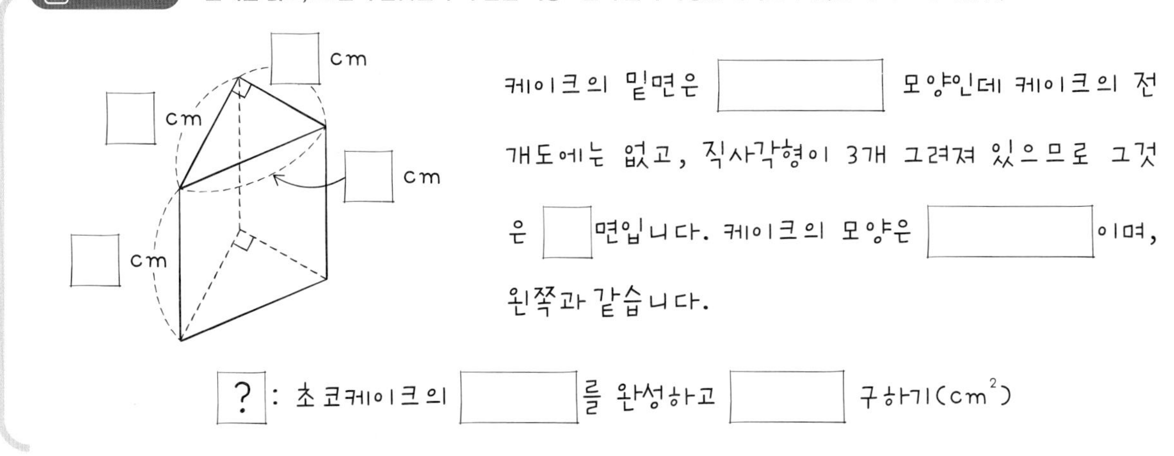

계획-풀기 틀린 부분에 밑줄을 긋고, 그 부분을 바르게 고친 것을 화살표 오른쪽에 쓰고, 전개도를 완성합니다.

❶ 초코케이크의 밑면은 이등변삼각형인데 전개도에는 직사각형 3개가 있으므로 초코케이크의 모양은 삼각뿔입니다. 그 겨냥도를 완성하면 **문제 그리기** 와 같습니다.

→

❷ 초코케이크의 전개도를 완성합니다.

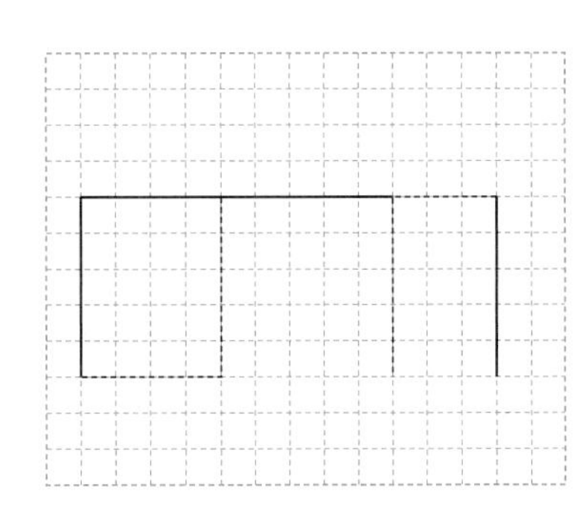

❸ (초코케이크의 겉넓이)=(밑넓이)+(옆넓이)

$=(5\times4\div2)+(4+5+5)\times3=10+42=52(cm^2)$

→

답

확인하기 문제를 풀기 위해 배워서 적용한 전략에 ○표 하세요.

식 만들기 (　　) 그림 그리기 (　　) 단순화하기 (　　)

단순화?

원래 문제보다 좀 더 익숙하고 단순한 문제 상황으로 바꿔서 해법을 생각하여 그 해법을 지금 문제에 적용해서 푸는 방법을 '단순화하기'라고 해요.

문제를 읽었는데 너무 복잡해요. 자연수라면 쉽게 풀텐데 소수에서 생각하니까 어려워요.

그러면 자연수로 생각해서 풀 수 있는 방법을 그대로 소수에 적용하면 되지 않을까요?

아하! 그렇네요? 그렇게 쉽게 생각할 수 있는 것을 왜 소수에서만 생각해서 복잡하게 풀려고 했을까요? 그러면 자연수로 생각해서 그 방법을 소수에 적용한다는 거죠?

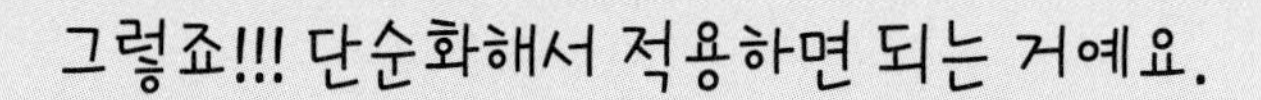

1 단우는 학교에서 미술관에 갔습니다. 그 작품들 가운데 단우가 집중한 작품은 한 모서리의 길이가 4.8 m인 정육면체 64개로 만든 큰 정육면체였습니다. 그 작품을 포장하면 얼마의 포장지가 필요한지 궁금했기 때문이었습니다. 그 작품의 겉넓이는 몇 m^2인지 구하세요.

문제 그리기 문제를 읽고, □ 안에 알맞은 수나 말을 써넣으면서 풀이 과정을 계획합니다.(?: 구하고자 하는 것)

한 모서리의 길이가 □ m인 정육면체( )

□개로 만든 큰 정육면체 →

? : 큰 정육면체의 □ (cm^2)

계획-풀기 틀린 부분에 밑줄을 긋고, 그 부분을 바르게 고친 것을 화살표 오른쪽에 씁니다.

❶ 한 모서리의 길이가 4.2 cm인 정육면체의 한 면의 넓이는 $4.2 \times 4.2 = 17.64(cm^2)$입니다.

→

❷ 작은 정육면체를 가로, 세로, 높이에 각각 2개씩을 놓으면 전체 $2 \times 2 \times 2 = 8$(개)가 필요하며, 3개씩 놓으면 $3 \times 3 \times 3 = 27$(개)가 필요합니다.
따라서 $5 \times 5 \times 5 = 125$이므로 작은 정육면체 125개를 사용하여 만든 큰 정육면체에서 한 모서리에 작은 정육면체는 5개씩 있습니다.

→

❸ 작은 정육면체의 한 면의 넓이는 17.64 cm^2이고, 큰 정육면체의 한 면에 작은 정육면체의 한 면이 $5 \times 5 = 25$(개) 있으므로 작은 정육면체로 만든 큰 정육면체의 겉넓이는
(한 면의 넓이) × 6 = (작은 정육면체 한 면의 넓이) × (한 면에 있는 정육면체 한 면의 개수) × 6
$= 17.64 \times 25 \times 6 = 2646(cm^2)$입니다.

→

답

확인하기 문제를 풀기 위해 배워서 적용한 전략에 ○표 하세요.

식 만들기 ( ) 그림 그리기 ( ) 단순화하기 ( )

2 오른쪽 그림은 직육면체 모양의 찰흙 덩어리에서 밑면이 정사각형 모양이 되도록 구멍을 2곳 뚫은 모양입니다. 구멍 뚫린 직육면체 모양의 찰흙을 다시 반죽해서 다른 입체도형을 만들면 그 도형의 부피는 몇 m^3인지 구하세요.

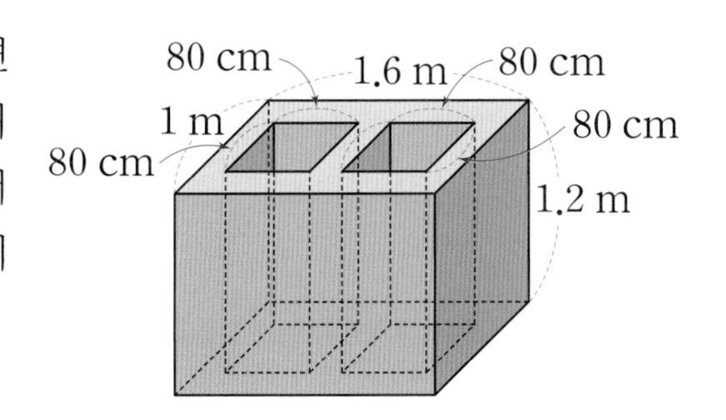

문제 그리기 문제를 읽고, □ 안에 알맞은 수를 써넣으면서 풀이 과정을 계획합니다.(?: 구하고자 하는 것)

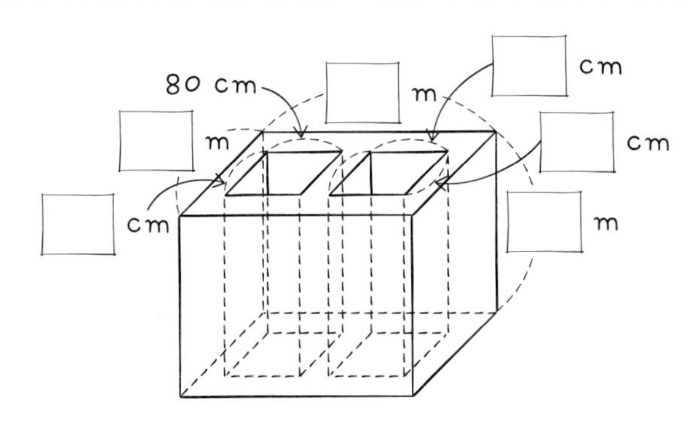

? : 남은 찰흙으로 만든 입체도형의 부피(m^3)

계획-풀기 틀린 부분에 밑줄을 긋고, 그 부분을 바르게 고친 것을 화살표 오른쪽에 씁니다.

❶ 처음 직육면체 모양의 찰흙의 부피는 (밑넓이)×(높이)$=(1.5\times1)\times1.2=1.8(m^3)$입니다.

→

❷ (잘라낸 찰흙의 부피)=(잘라낸 한 개의 직육면체 부피)$=0.8\times0.8\times1.5=0.96(m^3)$입니다.

→

❸ 남은 찰흙으로 만든 입체도형의 부피는 처음 직육면체 모양의 찰흙에서 잘라내고 남은 찰흙의 부피와 같습니다.

(남은 찰흙으로 만든 입체도형의 부피)

=(구멍 뚫린 직육면체의 부피)

=(처음 직육면체 모양의 찰흙의 부피)−(잘라낸 찰흙의 부피)

$=1.8-0.96=0.84(m^3)$

→

답 ____________________

확인하기 문제를 풀기 위해 배워서 적용한 전략에 ○표 하세요.

식 만들기 (　　)　그림 그리기 (　　)　단순화하기 (　　)

1 오른쪽 그림과 같은 직육면체의 옆면에 폭이 30 cm인 화선지를 10번 말았습니다. 틀에 말아놓은 화선지의 넓이는 몇 m^2인지 구하세요. (단, 화선지의 두께는 생각하지 않습니다.)

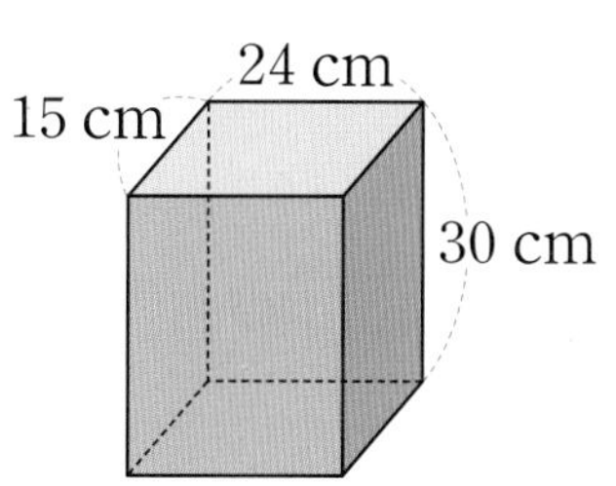

문제 그리기 문제를 읽고, □ 안에 알맞은 수를 써넣으면서 풀이 과정을 계획합니다.(?: 구하고자 하는 것)

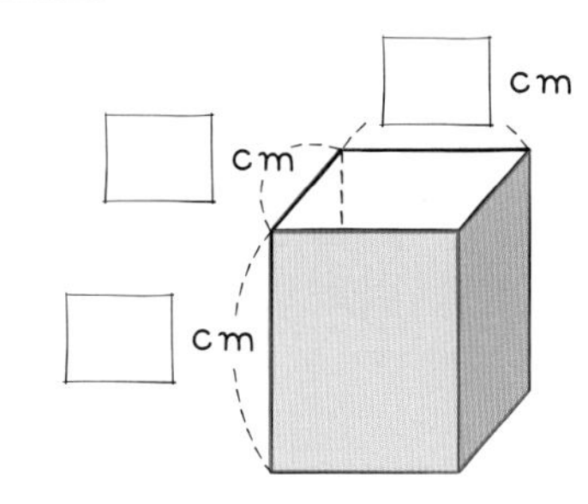

? : 각기둥의 옆면에 □번 말아놓은 화선지의 □(m^2)

계획-풀기

❶ 틀의 모양인 각기둥의 이름 알기

❷ 10번 말아놓은 화선지의 넓이 구하기

2 다음 제시된 입체도형 중 모서리 길이의 합이 가장 큰 입체도형을 찾아 기호를 쓰세요.

㉠ 밑면은 가로가 16 cm, 세로가 12 cm인 직사각형이고, 높이는 0.2 m인 사각기둥
㉡ 밑면은 한 변의 길이가 6 cm인 정오각형이고, 모선의 길이는 8 cm인 오각뿔
㉢ 옆면은 밑변이 10 cm이고 다른 두 변의 길이가 6 cm인 이등변삼각형이고, 밑면은 칠각형인 각뿔

문제 그리기 문제를 읽고, □ 안에 알맞은 수를 써넣으면서 해결 방법을 계획합니다.(?: 구하고자 하는 것)

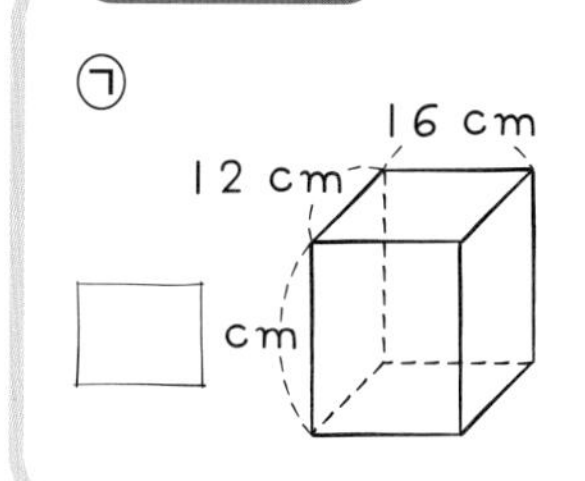

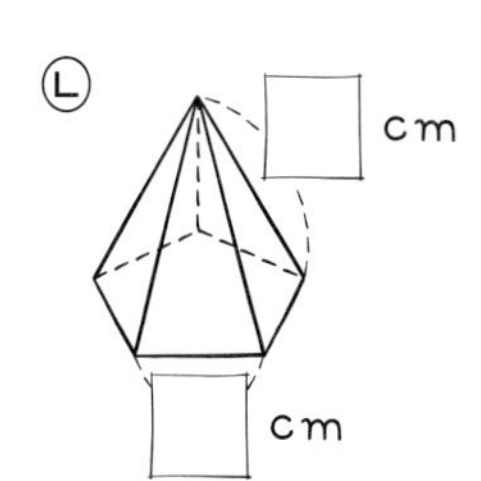

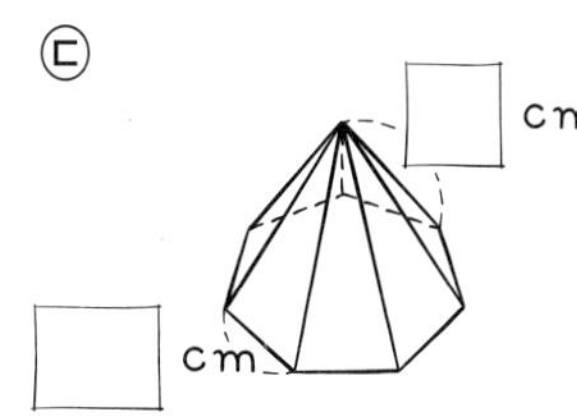

? : 모서리의 길이의 합이 가장 □ 입체도형

계획-풀기

답

3 오른쪽 그림과 같이 합동인 사다리꼴 2개와 직사각형으로 팔각형을 만들었습니다. 만든 팔각형을 밑면으로 하고 높이가 0.12 m인 팔각기둥의 겉넓이는 몇 cm^2인지 구하세요.

(단, 색칠한 직사각형의 둘레는 54 cm입니다.)

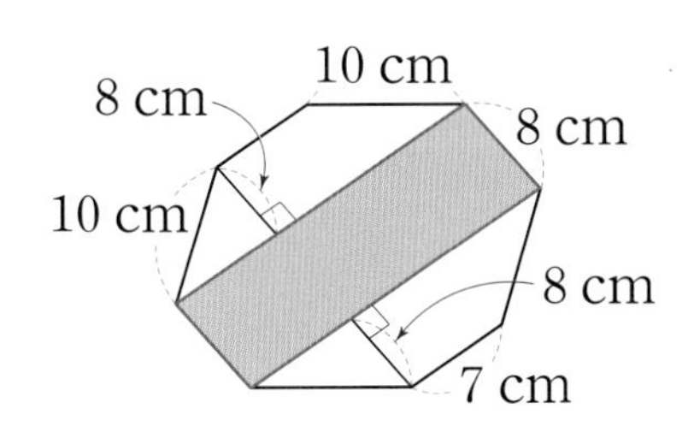

문제 그리기 문제를 읽고, □ 안에 알맞은 수를 써넣으면서 풀이 과정을 계획합니다.(?: 구하고자 하는 것)

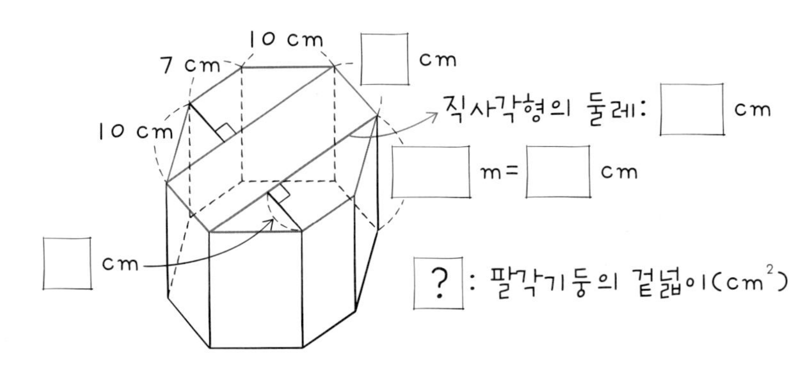

계획-풀기

❶ 팔각기둥의 한 밑면의 넓이 구하기

❷ 팔각기둥의 겉넓이 구하기

답

4 긴 철사로 밑면이 정육각형인 각기둥을 오른쪽 그림과 같이 만들고자 합니다. 철사를 구부려서 각기둥을 만들고, 꼭짓점에서 따로 여분의 철사가 필요하지 않을 때, 필요한 철사는 몇 cm인지 구하세요.

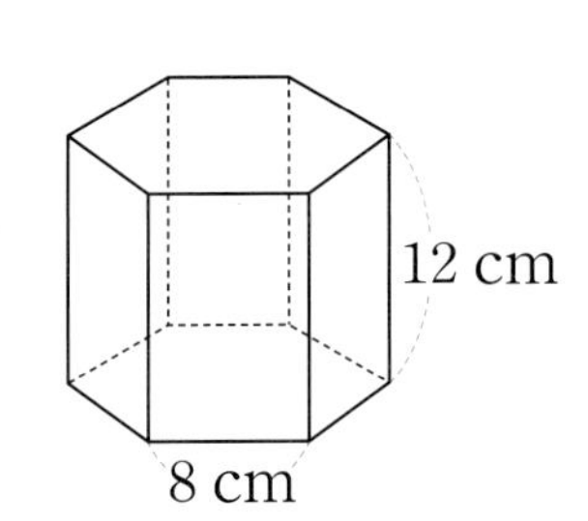

문제 그리기 문제를 읽고, □ 안에 알맞은 수를 써넣으면서 풀이 과정을 계획합니다.(?: 구하고자 하는 것)

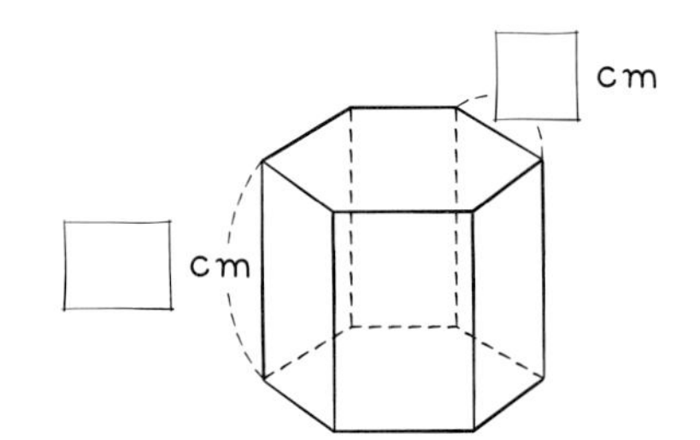

? : 밑면이 정육각형인 각기둥을 만드는 데 필요한 철사의 길이(cm)

계획-풀기

❶ 입체도형을 철사로 만들 때 필요한 철사의 길이는 무엇과 같은지 구하기

❷ 필요한 철사의 길이 구하기

답

5 밑면의 모양이 다음과 같고 높이가 모두 같은 각기둥 모양 중 부피가 가장 큰 통의 밑면의 기호를 쓰세요. (단, 밑면의 둘레는 모두 같고, 라는 정사각형입니다.)

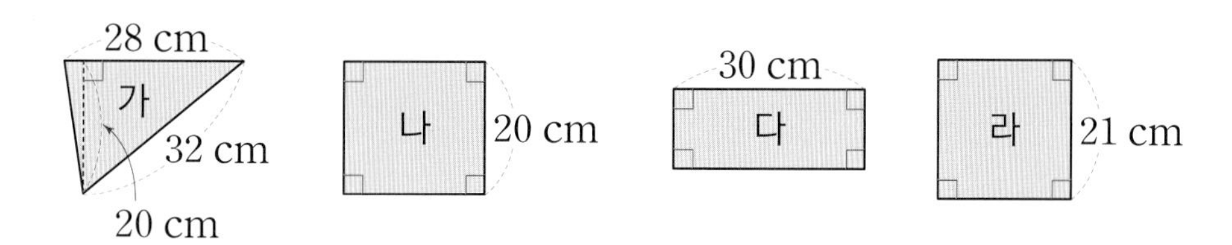

문제 그리기 문제를 읽고, □ 안에 알맞은 수를 써넣으면서 풀이 과정을 계획합니다.(?: 구하고자 하는 것)

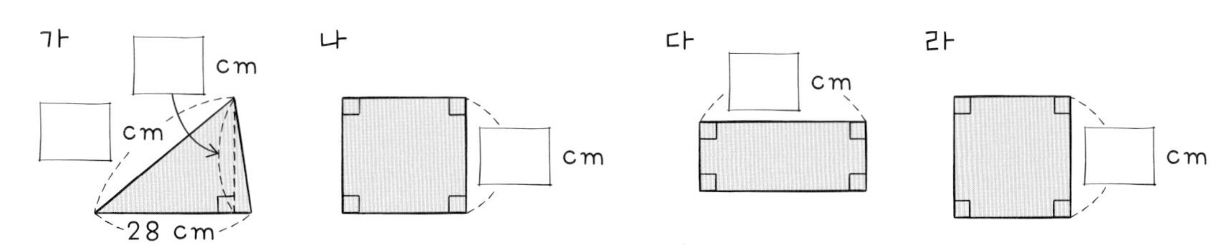

? : 밑면이 가, 나, 다, 라 모양인 각기둥 중 부피가 가장 큰 통의 기호

계획-풀기

❶ 가, 나, 다, 라의 넓이 구하기

❷ 부피가 가장 큰 통의 밑면의 기호 구하기

답

6 시에서 주최하는 창작대회에서 가로, 세로, 높이가 각각 150 cm, 168 cm, 2.4 m인 사각기둥 모양의 케이크를 가로 15등분, 세로 28등분, 높이 30등분을 해서 참가자 630명들이 모두 똑같이 나눠 먹었습니다. 한 사람이 먹은 케이크 조각의 수와 그 부피는 몇 cm^3인지 구하세요.

문제 그리기 문제를 읽고, □ 안에 알맞은 수를 써넣으면서 풀이 과정을 계획합니다.(?: 구하고자 하는 것)

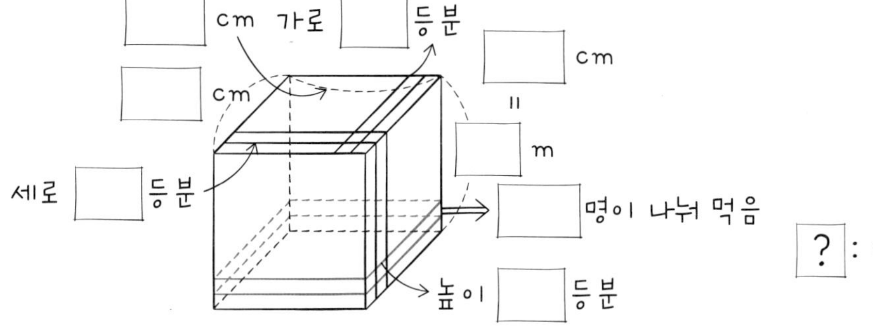

? : 한 사람이 먹은 케이크 조각 수와 그 부피(cm^3)

계획-풀기

❶ 케이크의 전체 조각 수 구하기

❷ 한 사람이 먹은 케이크 조각 수와 그 부피 구하기

답

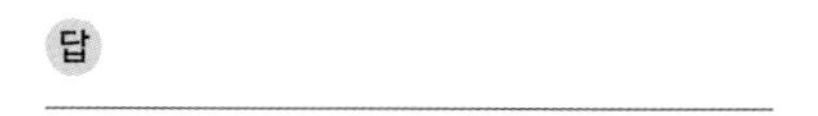

7 도화지에 가로가 15 cm, 세로가 12 cm인 직사각형 2개, 가로가 20 cm, 세로가 12 cm인 직사각형 2개, 가로가 15 cm, 세로가 20 cm인 직사각형 2개, 그리고 밑변의 길이가 12 cm, 높이가 20 cm인 삼각형 2개를 그렸습니다. 직사각형 6개와 삼각형 2개에서 6개의 도형을 골라 각 변을 맞붙여 입체도형을 만들었을 때, 그 입체도형의 이름을 쓰고, 겉넓이는 몇 cm^2인지 구하세요.

문제 그리기 문제를 읽고, □ 안에 알맞은 수를 써넣으면서 풀이 과정을 계획합니다.(?: 구하고자 하는 것)

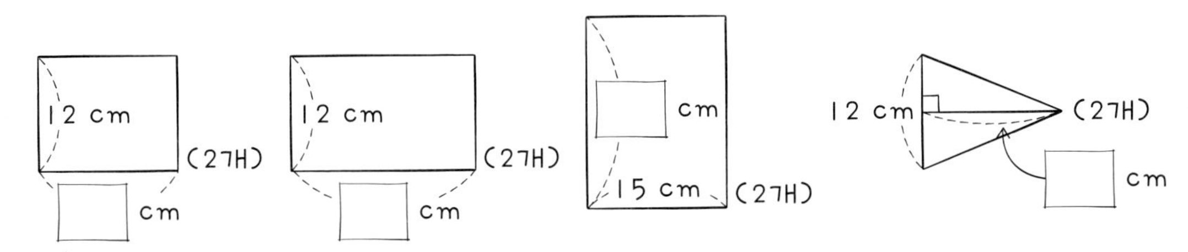

? : 6개 도형으로 만든 입체도형과 겉넓이(cm^2)

계획-풀기

❶ 6개의 도형으로 만들 수 있는 입체도형 알기

❷ 입체도형의 겉넓이 구하기

답 ____________

8 오른쪽 그림과 같이 밑면이 사다리꼴인 사각기둥을 삼각기둥과 사각기둥으로 잘라서 나누었습니다. 색칠한 삼각기둥의 한 밑면의 넓이가 368 cm^2일 때, 처음 사각기둥의 부피는 몇 cm^3인지 구하세요. (단, 사각기둥의 밑면은 평행사변형이다.)

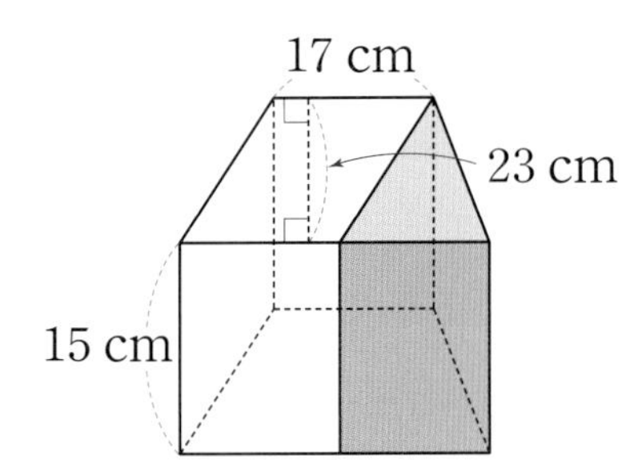

문제 그리기 문제를 읽고, □ 안에 알맞은 수를 써넣으면서 풀이 과정을 계획합니다.(?: 구하고자 하는 것)

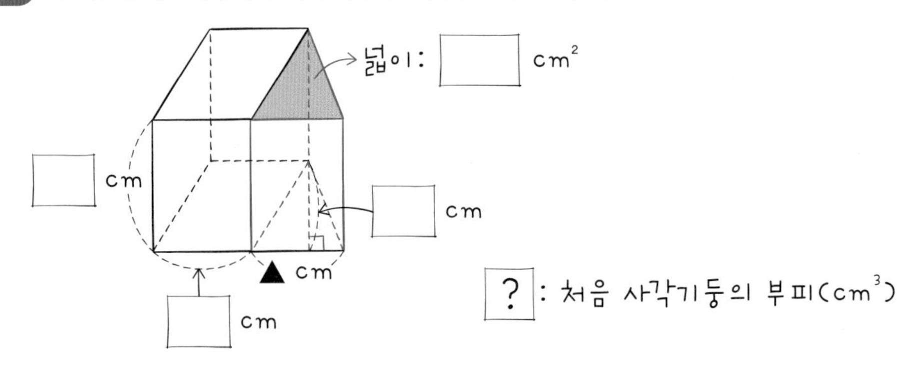

? : 처음 사각기둥의 부피(cm^3)

계획-풀기

❶ 잘린 삼각형의 밑변의 길이 구하기

❷ 사각기둥의 부피 구하기

답 ____________

9 다음은 서로 다른 직육면체 2개의 크기가 다른 면을 맞붙여 만든 입체도형을 위와 앞에서 본 모양입니다. 이 입체도형의 부피는 몇 cm^3인지 구하세요.

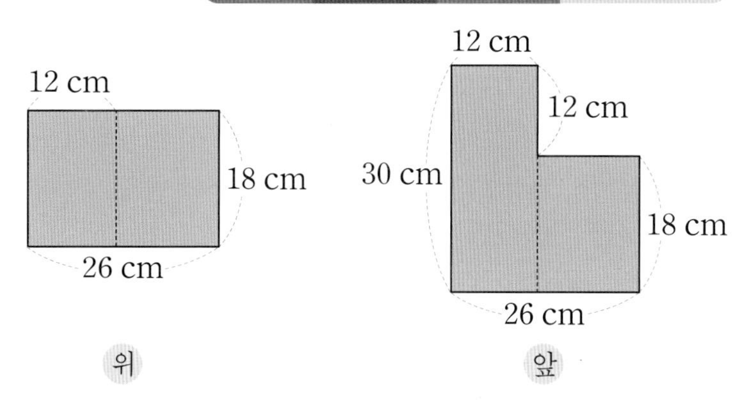

문제 그리기 문제를 읽고, □ 안에 알맞은 수를 써넣으면서 풀이 과정을 계획합니다.(?: 구하고자 하는 것)

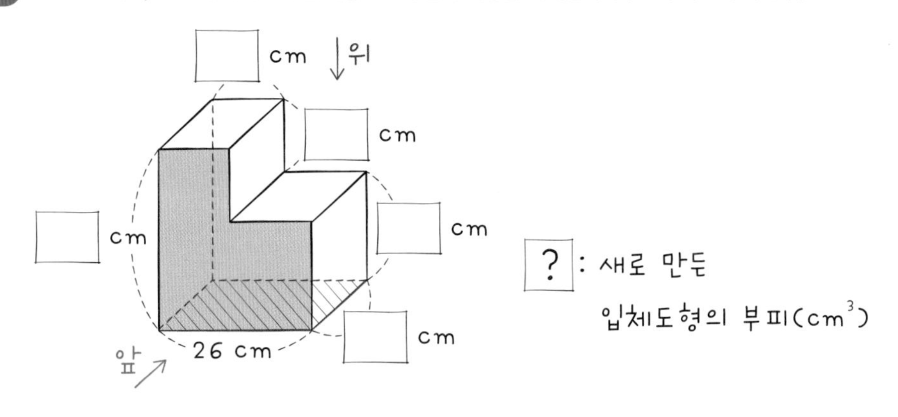

계획-풀기

답 ______

10 오른쪽 그림은 직육면체의 전개도 일부분일 때, 이 전개도로 직육면체를 만들었을 때 이 직육면체의 부피는 몇 cm^3인지 구하세요.

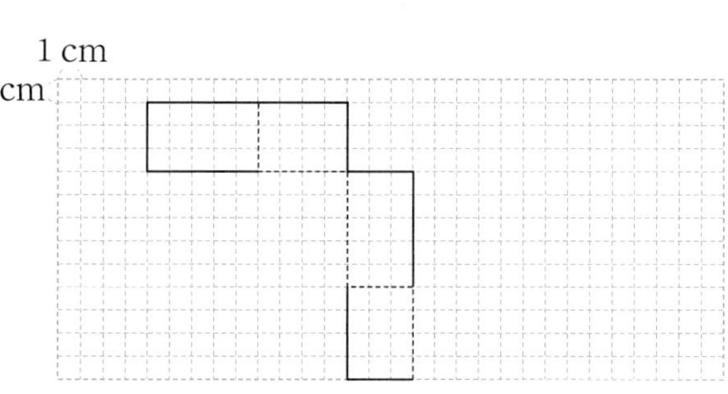

문제 그리기 문제를 읽고, □ 안에 알맞은 수나 말을 써넣으면서 풀이 과정을 계획합니다.(?: 구하고자 하는 것)

주어진 전개도에서 직사각형이 □개이므로 □개를 더 그립니다.

? : 전개도로 만든 직육면체의 □(cm³)

계획-풀기

답 ______

11 주호가 쌓기나무로 직육면체를 만들었는데 동생이 일부를 무너뜨려 오른쪽 그림과 같아졌습니다. 처음 완성했던 쌓기나무는 지금 남아있는 모양에서 최소한의 쌓기나무를 이용해서 만들 수 있는 직육면체 모양입니다. 처음 만들었던 직육면체 모양을 다시 만들기 위해서 필요한 쌓기나무의 수와 그 부피를 구하세요.
(단, 쌓기나무 1개는 한 모서리의 길이가 3 cm인 정육면체입니다.)

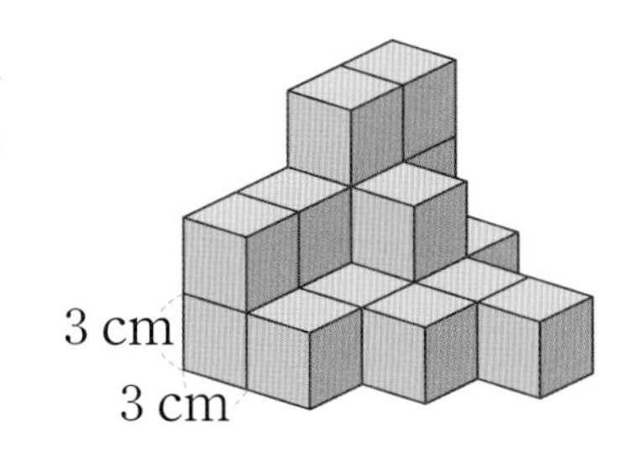

문제 그리기 문제를 읽고, □ 안에 알맞은 수를 써넣으면서 풀이 과정을 계획합니다.(?: 구하고자 하는 것)

위에서 볼 때 각 자리에 있는 쌓기나무의 수

3	□	0	0
□	□	□	□
2	□	□	0
□	1	0	0

쌓기나무의 한 모서리의 길이: □ cm

무너뜨린 후 남은 쌓기나무의 수: □ 개

? : 처음 직육면체 모양으로 만들기 위해서 필요한 쌓기나무의 수와 그 부피

계획-풀기

❶ 무너뜨린 후 남은 쌓기나무와 처음 쌓은 쌓기나무의 수 각각 구하기

❷ 처음 직육면체의 모양으로 다시 만들기 위해서 필요한 쌓기나무의 개수와 그 부피 구하기

답

12 다음은 사각기둥에서 모양이 다른 면에 잉크를 칠해서 도장을 찍은 것인데, 한 면이 빠져 있습니다. 오른쪽 모눈종이에 빠진 면을 그리고, 사각기둥의 겉넓이는 몇 cm^2인지 구하세요.

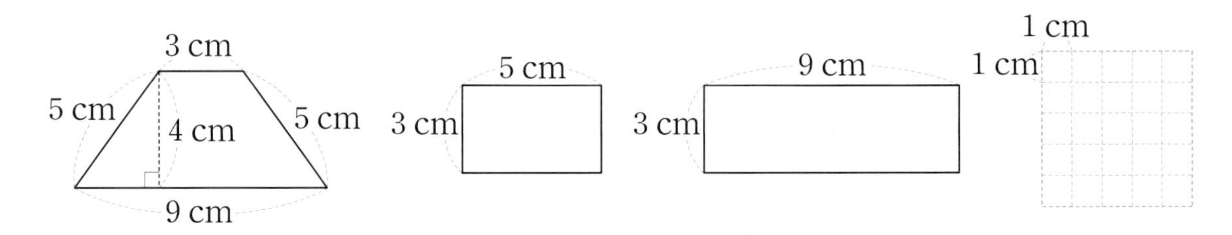

문제 그리기 문제를 읽고, □ 안에 알맞은 수를 써넣으면서 풀이 과정을 계획합니다.(?: 구하고자 하는 것)

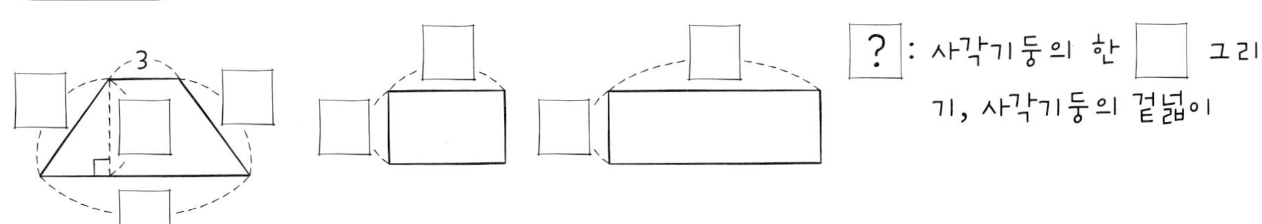

계획-풀기

❶ 빠진 면 그리기

❷ 사각기둥의 겉넓이 구하기

답

13 한 모서리의 길이가 7 cm인 정육면체 모양 그릇에 물을 가득 채워서 직육면체 수조에 14번 부었더니 수조의 $\frac{7}{9}$만큼 채워졌습니다. 몇 번을 더 부어야 가득 찰 수 있는지 구하세요.

문제 그리기 문제를 읽고, □ 안에 알맞은 수를 써넣으면서 풀이 과정을 계획합니다.(?: 구하고자 하는 것)

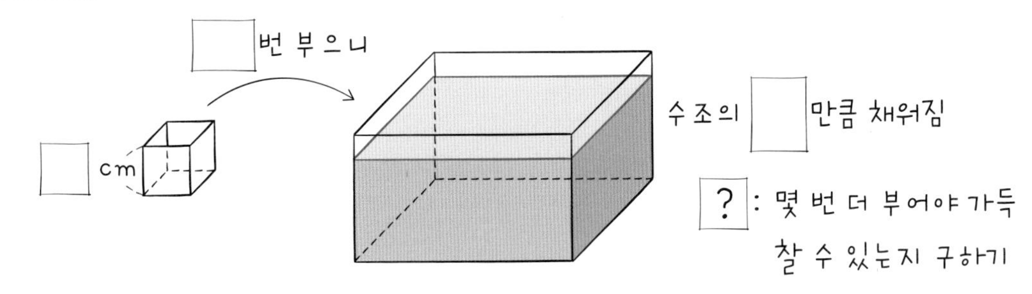

계획-풀기

❶ 수조 부피의 $\frac{7}{9}$에 해당하는 부피 구하기

❷ 수조를 완전히 채우기 위해 필요한 물의 부피 구하기

❸ 정육면체 모양의 그릇으로 몇 번 더 부어야 하는지 구하기

답

14 한 모서리의 길이가 9 cm인 정육면체 모양 블록 5개를 한 면씩 완전히 겹치도록 오른쪽 그림과 같이 'ㄱ'자를 만들어 붙인 후 겉면을 모두 색칠하였습니다. 색칠한 부분의 넓이는 몇 cm^2인지 구하세요.

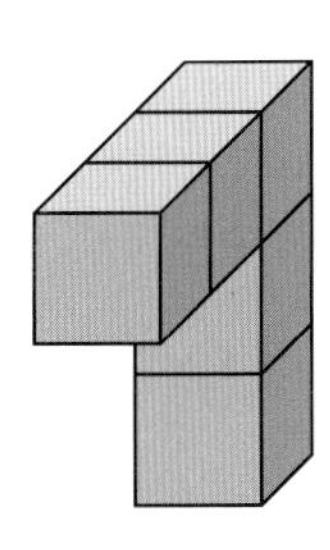

문제 그리기 문제를 읽고, □ 안에 알맞은 수를 써넣으면서 풀이 과정을 계획합니다.(?: 구하고자 하는 것)

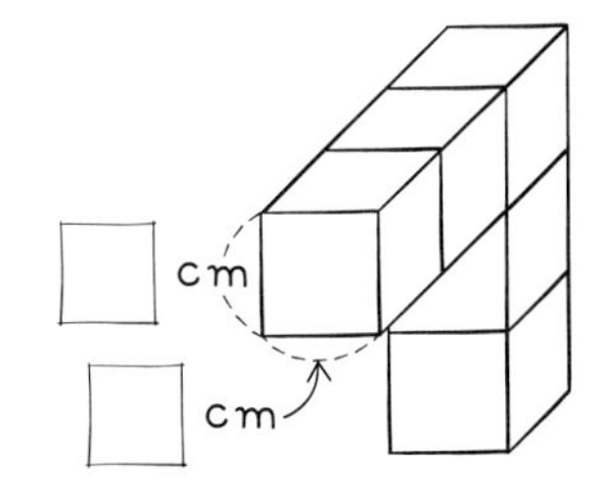

정육면체 개수 : □개

? : 색칠한 부분의 넓이(cm^2)

계획-풀기

❶ 정육면체 한 면의 넓이 구하기

❷ 색칠한 부분의 넓이 구하기

답

15 오른쪽 그림은 정사각형의 4개의 꼭짓점에서 한 변의 길이가 6 cm인 정사각형을 각각 오려내고 남은 모양을 밑면으로 하는 각기둥 모양의 상자입니다. 상자의 겉면에 파란색 투명 시트지를 모두 붙이려고 합니다. 옆면인 직사각형 모양 12개와 십이각형 모양의 두 밑면에 붙이는 14개의 각 시트지의 둘레의 길이의 합이 몇 cm인지 구하세요.

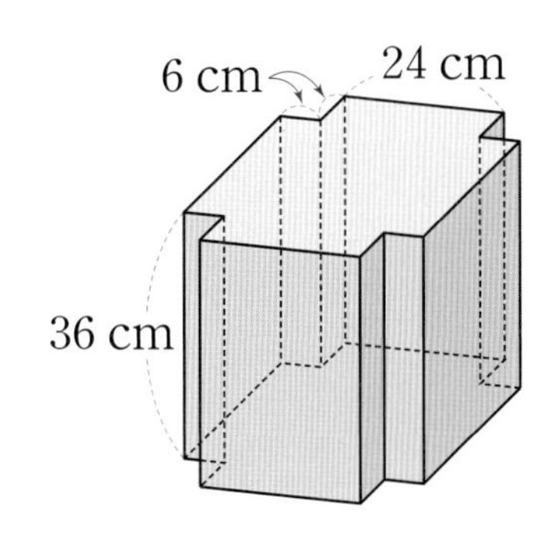

문제 그리기 문제를 읽고, □ 안에 알맞은 수를 써넣으면서 풀이 과정을 계획합니다.(?: 구하고자 하는 것)

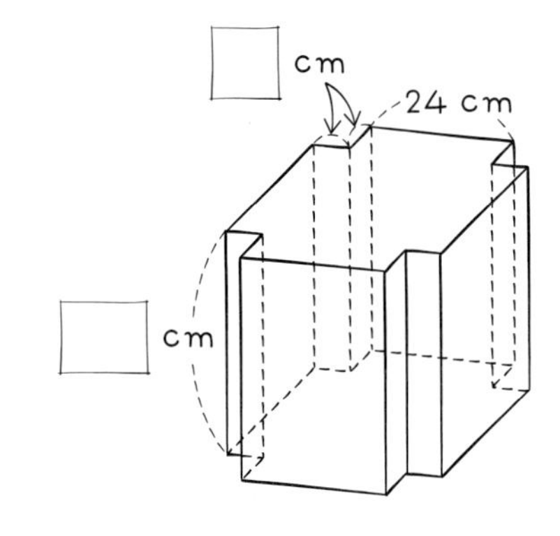

? : 상자에 붙이는 모든 시트(각 면의 모양)의 둘레의 합(cm)

계획-풀기

❶ 상자에 붙이는 시트지 중 서로 다른 모양은 몇 가지 종류이며, 각각 몇 장씩인지 구하기

❷ 시트지 둘레의 길이의 합 구하기

답 ____________

16 오른쪽 전개도를 접어서 만들 수 있는 입체도형의 부피는 몇 cm^3인지 구하세요.

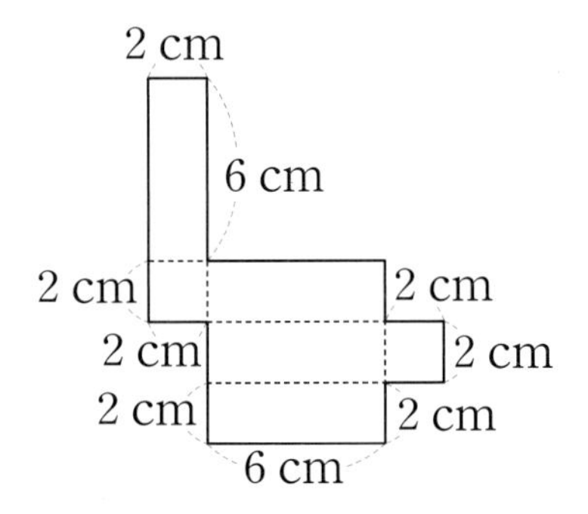

문제 그리기 문제를 읽고, □ 안에 알맞은 수나 말을 써넣으면서 풀이 과정을 계획합니다. (?: 구하고자 하는 것)

전개도를 접었을 때 면의 수 : □개

전개도를 접어서 만든 입체도형 : □각기둥

? : 전개도를 접어서 만들 수 있는 입체도형의 부피(cm^3)

계획-풀기

❶ 입체도형의 겨냥도 그리기

❷ 입체도형의 부피 구하기

답 ____________

17 삼촌은 호진이에게 어항을 만들어 주기로 하고, 직사각형 모양의 두꺼운 유리판들을 잘라내서 변끼리 접착제로 붙여 직육면체 모양의 어항을 만들었습니다. 직육면체의 밑면 하나는 열려있어서 면의 수가 5개입니다. 밑면인 직사각형의 가로는 0.56 m이고, 밑면의 둘레는 1.68 m, 어항의 높이는 64 cm입니다. 이 어항을 만들기 위해 필요한 유리의 모든 면의 넓이는 몇 m^2인지 구하세요.

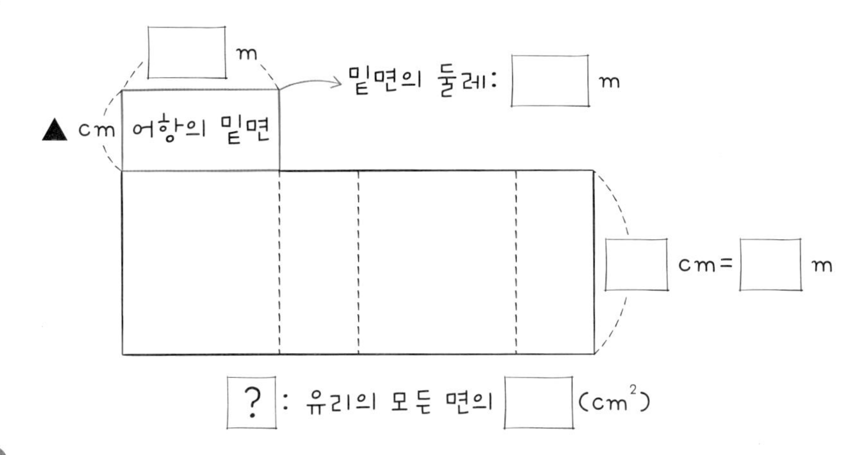

계획-풀기

① 밑면의 세로의 길이 구하기

② 유리의 모든 면의 넓이 구하기

답

18 가로는 5.8 cm, 세로는 8.8 cm인 직사각형 6장이 있습니다. 6장의 직사각형 중 2장을 최대한 적게 잘라내어 이 6장으로 직육면체를 만들고자 할 때, 잘라낸 부분의 넓이의 합은 몇 cm^2인지 구하세요. (단, 전개도는 다양할 수 있으며, 올바른 전개도이면 정답입니다.)

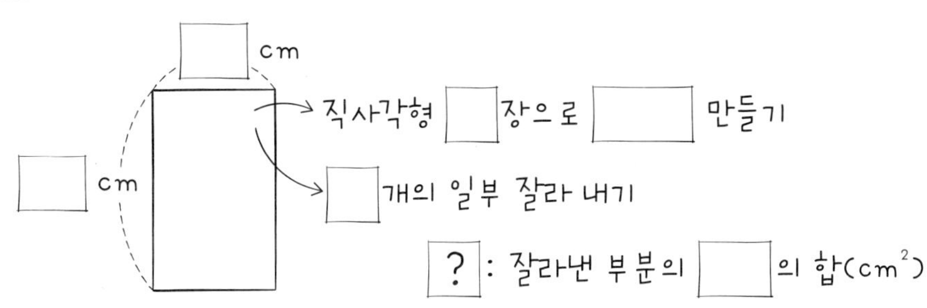

계획-풀기

답

19 오른쪽 입체도형은 한 모서리의 길이가 $1\frac{3}{4}$ cm인 정육면체 모양의 블록을 쌓은 것입니다. 입체도형의 부피는 몇 cm^3인지 구하세요.

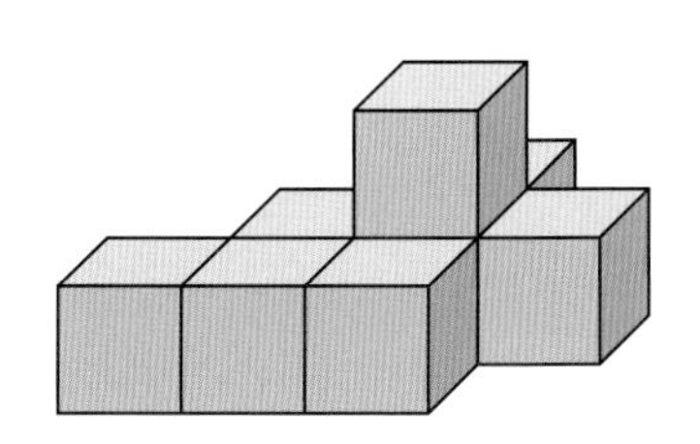

문제 그리기 문제를 읽고, □ 안에 알맞은 수를 써넣으면서 풀이 과정을 계획합니다.(?: 구하고자 하는 것)

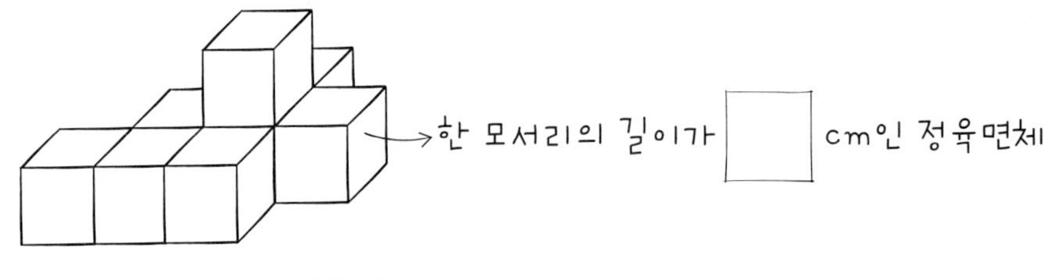

계획-풀기

❶ 블록 1개의 부피 구하기

❷ 입체도형의 부피 구하기

답 ______________________

20 수민이는 한 모서리의 길이가 0.8 cm인 정육면체 모양 블록 6개를 한 면씩 완전히 겹치도록 붙여서 오른쪽 그림과 같은 모양을 만들었습니다. 이 모양을 물감통에 완전히 잠기도록 빠뜨렸을 때, 물감이 묻은 부분의 넓이는 몇 cm^2인지 구하세요.

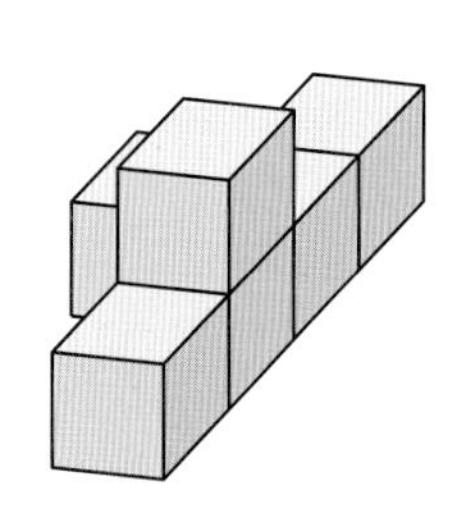

문제 그리기 문제를 읽고, □ 안에 알맞은 수를 써넣으면서 풀이 과정을 계획합니다.(?: 구하고자 하는 것)

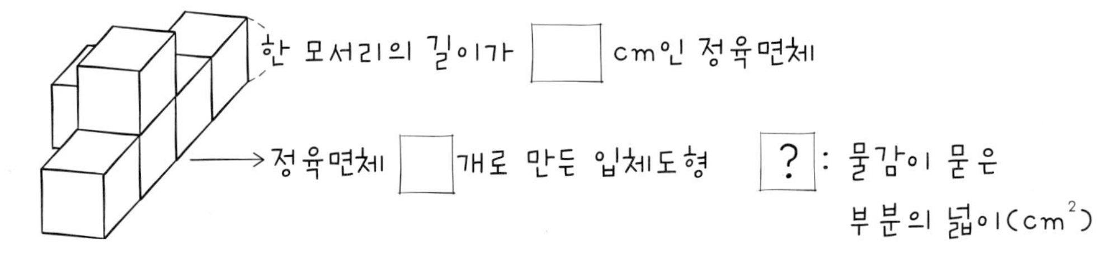

계획-풀기

❶ 물감이 묻은 면의 수 구하기

❷ 물감이 묻은 면의 넓이 구하기

답 ______________________

21 경모는 오른쪽 그림과 같이 색칠한 부분을 밑면으로 하고 높이가 다른 사각기둥 3개로 오른쪽 그림과 같은 할아버지 댁을 모형으로 만들었습니다. 이 모형의 겉넓이는 몇 cm^2인지 구하세요.

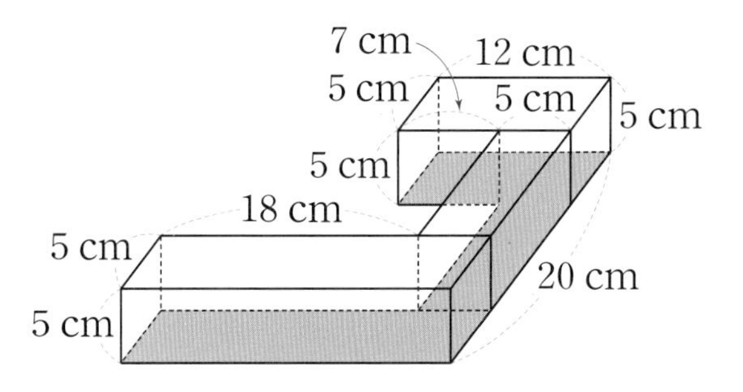

문제 그리기 문제를 읽고, □ 안에 알맞은 수를 써넣으면서 풀이 과정을 계획합니다.(?: 구하고자 하는 것)

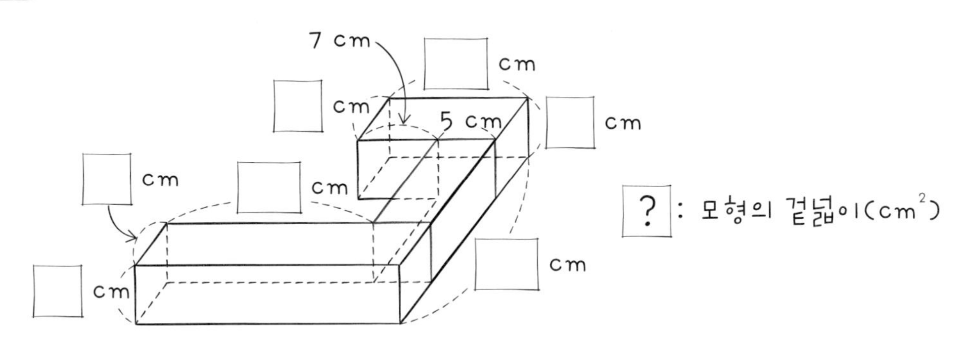

계획-풀기

답

22 정육면체 16개를 사용하여 직육면체를 만들었습니다. 높이는 2층으로 쌓았고, 직육면체의 가로와 세로의 길이가 다르고 직육면체의 부피는 5488 cm^3일 때, 직육면체의 겉넓이를 구하세요.

(단, 가로의 길이가 세로의 길이보다 길며, 세로에는 정육면체가 2개 이상입니다)

문제 그리기 문제를 읽고, □ 안에 알맞은 수를 써넣으면서 풀이 과정을 계획합니다.(?: 구하고자 하는 것)

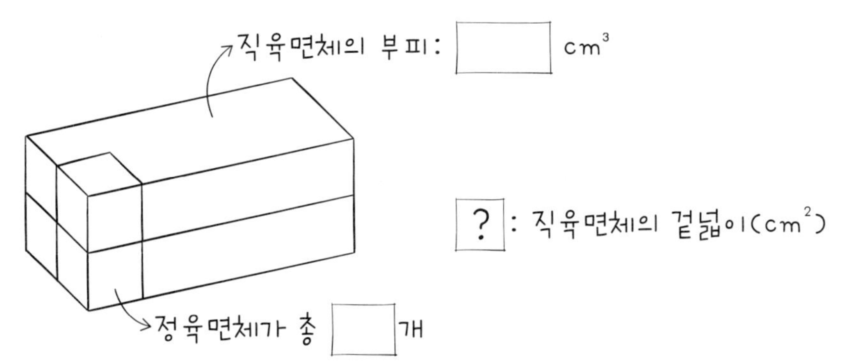

계획-풀기

❶ 직육면체의 가로와 세로, 높이에 놓인 정육면체의 개수 구하기

❷ 정육면체의 한 모서리의 길이 구하기

❸ 직육면체의 겉넓이 구하기

답

23 지환이의 이모께서는 빵을 만들기 위해 버터를 다음과 같이 같은 크기로 자르고, 칼이 닿았던 모든 면에 단팥을 바른다고 합니다. 단팥을 발라야 하는 면의 넓이의 합은 몇 cm^2인지 구하세요.

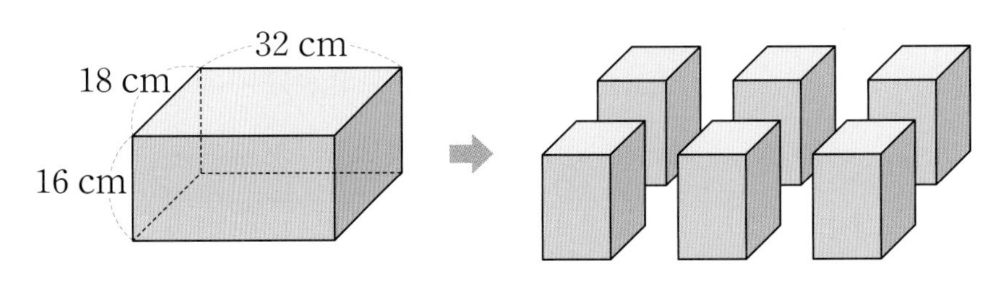

문제 그리기 문제를 읽고, □ 안에 알맞은 수를 써넣으면서 풀이 과정을 계획합니다.(?: 구하고자 하는 것)

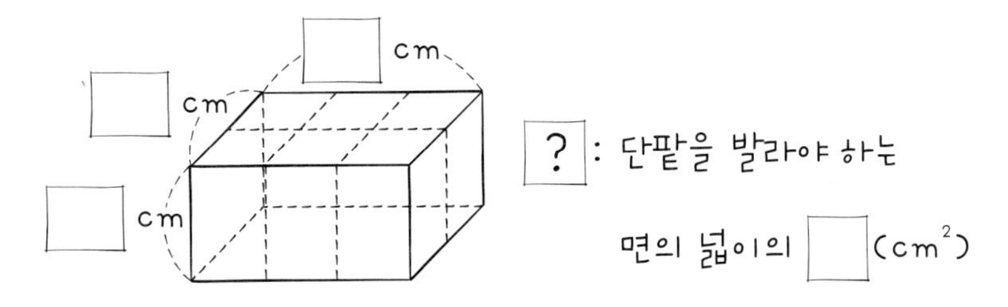

계획-풀기

답

24 크기가 같은 90개의 정육면체 모양의 쌓기나무를 쌓아서 오른쪽 그림과 같이 만들었습니다. 만든 직육면체의 부피가 11250 cm^3이고, 정육면체의 한 면이 30개 있는 면을 밑면으로 할 때 직육면체의 옆넓이를 구하세요.

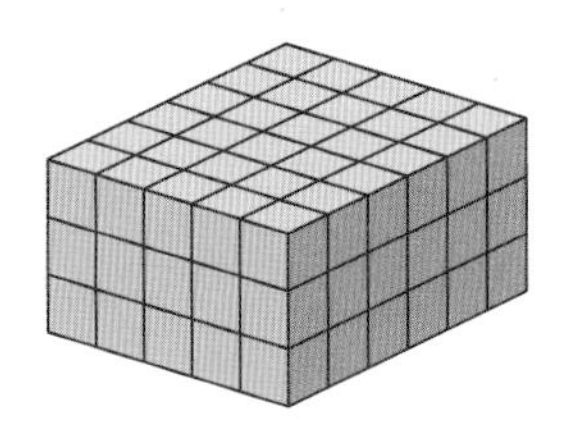

문제 그리기 문제를 읽고, □ 안에 알맞은 수를 써넣으면서 해결 방법을 생각해 봅니다.(?: 구하고자 하는 것)

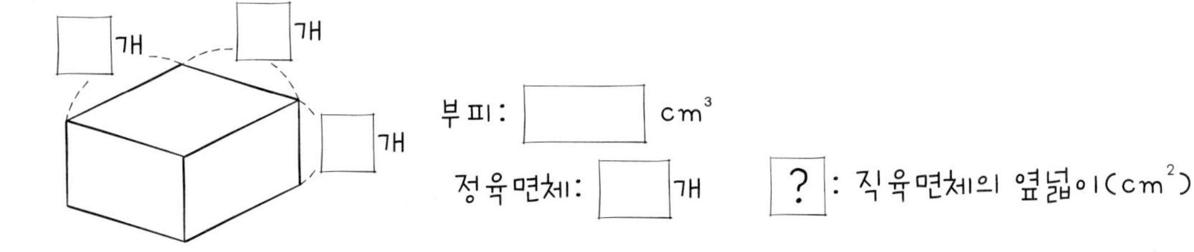

계획-풀기

❶ 정육면체 한 모서리의 길이 구하기

❷ 직육면체의 옆넓이 구하기

답

배우기

문제정보를 복합적으로 나타내기'라는 것이 뭐야?

문제에서 제시하는 정보를 잘 이해해서 정보들 사이의 관계를 이용하면 문제 해결이 쉽다는 것이 참 멋지죠?

정보들 사이의 관계를 어떻게 이용해요?

예를 들어 꽃밭의 넓이를 구하라는 문제인 경우, 꽃밭의 모양이 다각형이고, 그 도형의 각 변의 길이가 주어졌다면 우리는 그 도형을 그리고 각 변의 길이를 표시해서 꽃밭의 넓이를 구하게 되잖아요. 바로 그거예요. 문제에서 제시한 꽃밭의 모양과 길이를 도형으로 그려서 그 관계를 직접 문제를 해결하는데 사용할 수 있잖아요. 그렇게 그림을 그릴 수도 있지만 식으로 나타내서 구할 수도 있어요.

진짜요? 그냥 그리는 거라고요?

반드시 그리는 것은 아니지만 조건이나 그 관계를 그려서 알 수도 있고, 조건에 맞는 식을 세워서 답을 구할 수도 있어요. 그래서 문제 정보를 복합적으로 나타낸다는 전략인 거죠.

1 준희는 다음에서 설명하는 그릇에 물을 가득 채워 직육면체 모양의 어항에 4번 부었더니 어항이 가득 찼습니다. 어항의 가로의 길이는 그릇 밑면의 한 변의 길이의 2배이며, 세로의 길이는 그릇 밑면의 한 변의 길이와 같습니다. 높이는 그릇 높이의 $\frac{2}{3}$일 때, 그릇은 어떤 입체도형인지 쓰고, 그릇의 부피는 몇 cm^3인지 구하세요.

그릇의 모양

- 그릇은 꼭짓점의 개수가 5개인 다각형으로 둘러싸인 입체도형입니다.
- 그릇의 옆면은 밑변의 길이가 50 cm로 모두 합동인 이등변삼각형입니다.
- 옆면은 모두 한 점에서 만나며 그 한 점에서 밑면에 그은 수선의 길이는 63 cm입니다.

문제 그리기 문제를 읽고, □ 안에 알맞은 수를 써넣으면서 풀이 과정을 계획합니다.(?: 구하고자 하는 것)

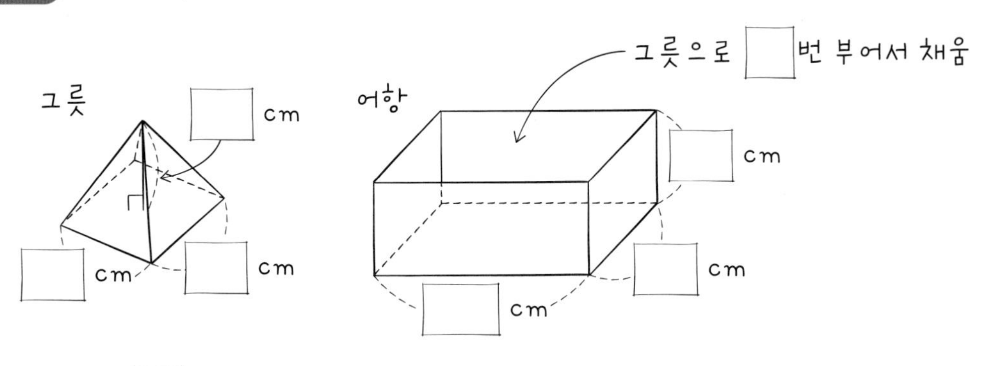

? : 어항의 부피(cm^3)와 그릇은 어떤 입체도형인지 구하기

계획-풀기 틀린 부분에 밑줄을 긋고, 그 부분을 바르게 고친 것을 화살표 오른쪽에 씁니다.

① 어항의 부피 구하기

어항의 가로는 50 cm, 세로는 50 cm이고, 높이는 $63 \times \frac{1}{3} = 21$(cm)입니다.

따라서 어항의 부피는 $50 \times 50 \times 21 = 52500$($cm^3$)입니다.

→

② 그릇은 어떤 입체도형인지 쓰고, 그릇의 부피 구하기

그릇은 옆면이 이등변삼각형이고 꼭짓점이 4개이므로 삼각뿔입니다. 그리고 5번 부어서 어항을 채웠으므로 그릇의 부피는 (어항의 부피)÷(물을 부은 횟수)$= 52500 \div 5 = 10500$(cm^3)입니다.

→

답

확인하기 문제를 풀기 위해 배워서 적용한 전략에 ○표 하세요.

식 만들기 (　　) 문제정보를 복합적으로 나타내기 (　　) 그림 그리기 (　　)

2 현정이는 언니와 엄마와 함께 문구점에서 크기가 다른 직육면체 모양의 상자를 2개 사서 집으로 돌아왔습니다. 현정이는 언니의 상자가 자기의 상자보다 10배는 크다며 울자, 엄마는 실제로 비교해 보자고 하셨습니다. 언니의 상자의 부피가 현정이의 상자의 부피의 약 몇 배인지 소수 첫째 자리에서 반올림하여 구하세요.

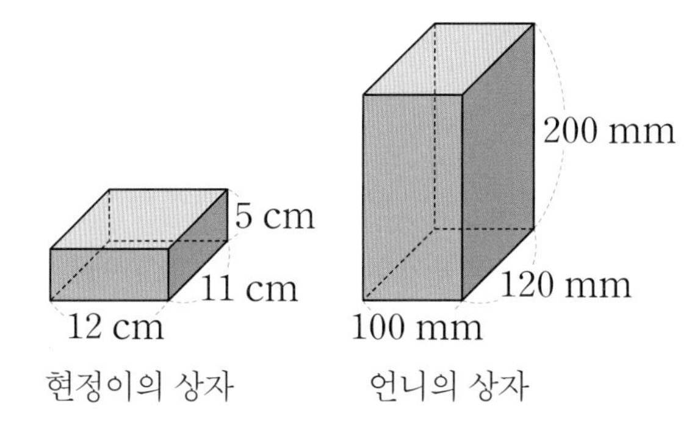

문제 그리기 문제를 읽고, □ 안에 알맞은 수나 말을 써넣으면서 풀이 과정을 계획합니다.(?: 구하고자 하는 것)

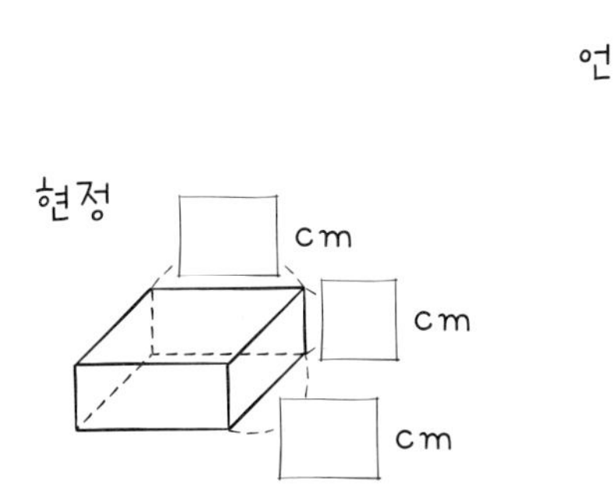

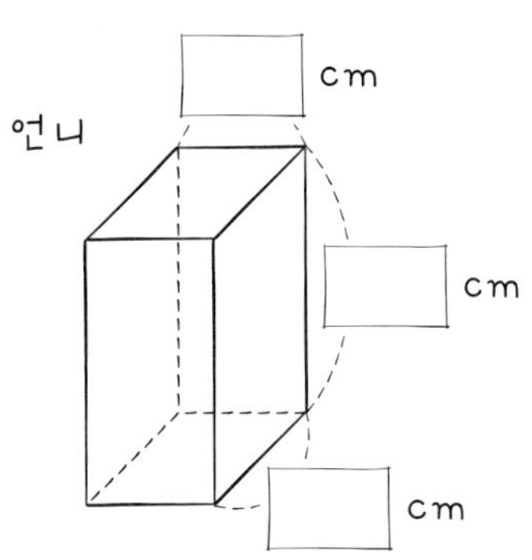

? : 언니의 상자의 부피는 현정이의 상자의 부피의 약 몇 배(소수 □째 자리에서 반올림)

계획-풀기 틀린 부분에 밑줄을 긋고, 그 부분을 바르게 고친 것을 화살표 오른쪽에 씁니다.

❶ (현정이의 상자의 부피)=(밑넓이)×(높이)=$(12\times10)\times5=600(cm^3)$

(언니의 상자의 부피)=(밑넓이)×(높이)=$(100\times120)\times200=12000\times200=2400000(cm^3)$

→

❷ 언니의 상자의 부피는 현정이의 상자의 부피의 $2400000\div600=4000$(배)입니다.

→

답

확인하기 문제를 풀기 위해 배워서 적용한 전략에 ○표 하세요.

식 만들기 ( ) 문제정보를 복합적으로 나타내기 ( ) 그림 그리기 ( )

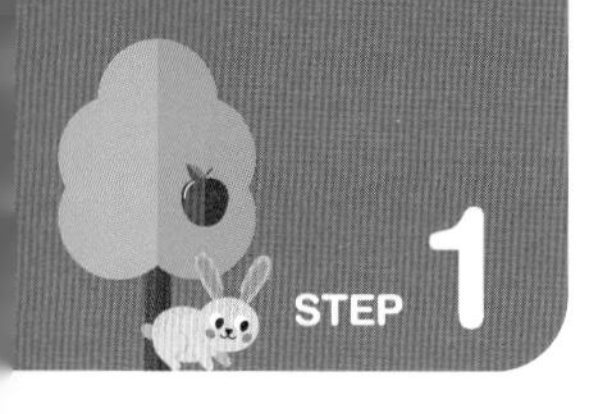

'거꾸로 풀기'라는 것이 뭐야?

'처음 수'에 더하거나 빼고, 아니면 곱하거나 나누어 답을 구했죠? 그런데 그 과정을 답에서부터 거꾸로 계산하면 '처음 수'를 구할 수 있어요. 바로 그 방법이 '거꾸로 풀기'라는 거예요. 구한 답에서부터 출발하여 거꾸로 계산을 해나가는 방법이라고…

어떤 수가 무엇인지 모르는 데 그 수를 구하라고 하면 어떻게 해요?

하하하! 어떤 수에 2를 더해서 5가 되었죠. 그럼 어떤 수가 뭐게요?

너무 쉽죠. 3이잖아요.

어떻게 구했어요?

그거야 뭐 그 수에 3을 더해서 5가 나왔다고 하니까 다시 빼면 되죠.
아! 바로 이 방법이군요. '처음 수'를 □로 해서 식을 쓰고 답에서부터 출발하여 그 과정을 거꾸로 계산해 나가면 '처음 수'를 구할 수 있겠네요?

1 어떤 정육면체의 부피를 4로 나누고 8을 곱하였더니 128 cm^3가 되었습니다. 어떤 정육면체의 한 모서리의 길이는 몇 cm인지 구하세요.

문제 그리기 문제를 읽고, □ 안에 알맞은 수를 써넣으면서 풀이 과정을 계획합니다.(?: 구하고자 하는 것)

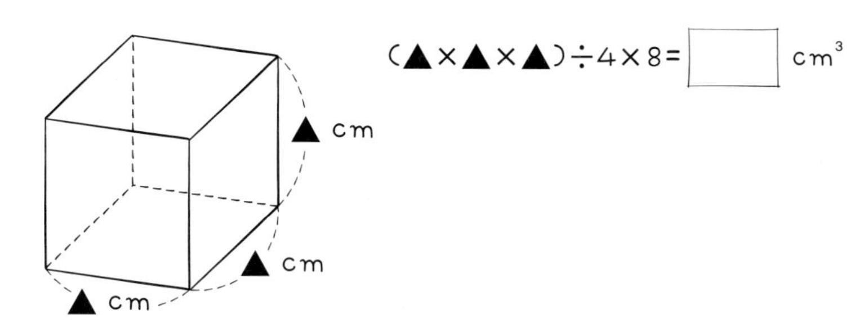

? : 어떤 정육면체의 한 모서리의 길이(cm)

계획-풀기 틀린 부분에 밑줄을 긋고, 그 부분을 바르게 고친 것을 화살표 오른쪽에 씁니다.

❶ 어떤 수를 구하는 식 세우기

어떤 정육면체의 한 모서리의 길이를 ▲cm라 하면

$▲\times6\div4\times8=128$입니다.

→

❷ 정육면체의 한 모서리의 길이 구하기

❶의 계산 과정을 거꾸로 생각하여 계산하면

$▲\times6\div4\times8=128$ ⇨ $▲=128\div8\times4\div6=128\times\frac{1}{8}\times4\times\frac{1}{6}=\frac{32}{3}$이므로

정육면체의 한 모서리의 길이는 $\frac{32}{3}$ cm입니다.

→

답 ____________

확인하기 문제를 풀기 위해 배워서 적용한 전략에 ○표 하세요.

식 만들기 (　　)　　거꾸로 풀기 (　　)　　그림 그리기 (　　)

2 입체도형 가는 밑면이 2개이고 서로 합동이며 옆면은 직사각형입니다. 입체도형 나는 부피가 $176.4\ cm^3$인 삼각기둥이며, 밑면은 밑변의 길이와 높이가 같고 넓이는 $35.28\ cm^2$입니다. 가의 높이는 나의 높이와 같고, 가의 밑면의 한 변의 길이는 나의 밑면의 밑변의 길이와 같습니다. 입체도형 가는 어떤 도형이고, 부피는 몇 cm^3인지 구하세요.

문제 그리기 문제를 읽고, 가 도형을 완성하고, □ 안에 알맞은 수를 써넣으면서 풀이 과정을 계획합니다.(?: 구하고자 하는 것)

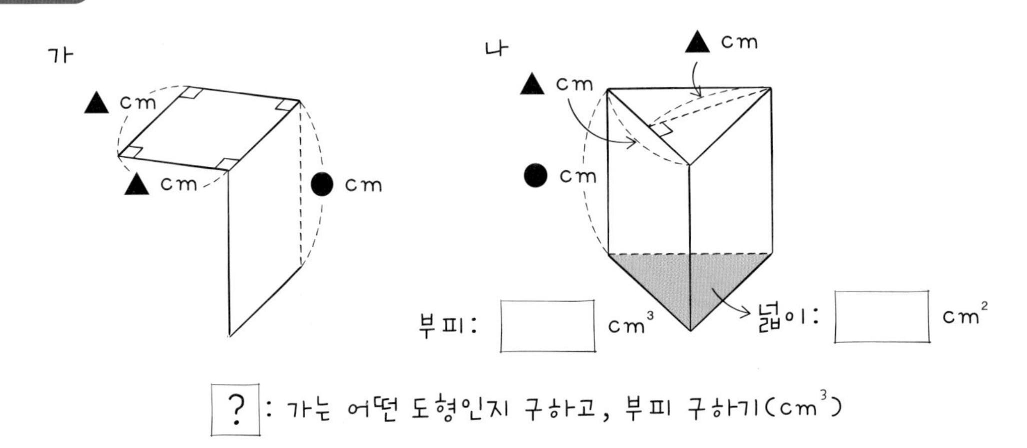

? : 가는 어떤 도형인지 구하고, 부피 구하기(cm^3)

계획-풀기 틀린 부분에 밑줄을 긋고, 그 부분을 바르게 고친 것을 화살표 오른쪽에 씁니다.

1 나의 밑변의 길이를 ▲cm라 할 때 ▲×▲의 값 구하기

삼각기둥 나의 밑변의 길이와 높이가 같으므로
그 길이를 ▲cm라고 하면 ▲×▲÷2=35.28(cm^2)에서 ▲×▲=35.28÷2=17.64(cm^2)입니다.

→

2 삼각기둥의 높이 구하기

삼각기둥의 밑넓이가 $35.28\ cm^2$이고, 부피가 $176.4\ cm^3$이므로 삼각기둥의 높이를 ●cm라 하면
(삼각기둥의 부피)=(밑넓이)×(높이)에서
176.4=35.28×●, ●=176.4×35.28=6223.392(cm)입니다.

→

3 가는 어떤 도형인지 구하고 부피 구하기

입체도형 가는 밑면이 2개이며 옆면이 직사각형이므로 각기둥이고, 옆면이 모두 합동이므로 밑면이 정사각형인 사각기둥입니다. 따라서 사각기둥의 부피는 (밑넓이)×(높이)이고, 가의 한 변의 길이는 나의 밑면의 밑변의 길이와 같고, 나의 높이와 가의 높이가 같으므로 사각기둥의 부피는
▲×▲×●=17.64×6223.392=91110(cm^3)입니다.

→

답 ______

확인하기 문제를 풀기 위해 배워서 적용한 전략에 ○표 하세요.

식 만들기 (　　)　　거꾸로 풀기 (　　)　　그림 그리기 (　　)

내가 수학하기 해보기

문제정보를 복합적으로 나타내기 | 거꾸로 풀기 정답과 풀이 33쪽

1 다음 보기 에서 설명하는 입체도형의 겉넓이는 몇 cm^2인지 구하세요.

보기

- 면은 모두 10개이며, 밑면은 각 모서리를 밑변으로 하는 이등변삼각형 8개로 나눌 수 있고 각 이등변삼각형의 높이는 2.5 cm입니다.
- 옆면은 모두 모양과 크기가 같은 가로 2 cm, 세로 7 cm인 직사각형입니다.
- 밑면은 2개이며 서로 합동이고 평행합니다.

문제 그리기 문제를 읽고, □ 안에 알맞은 수를 써넣으면서 풀이 과정을 계획합니다.(?: 구하고자 하는 것)

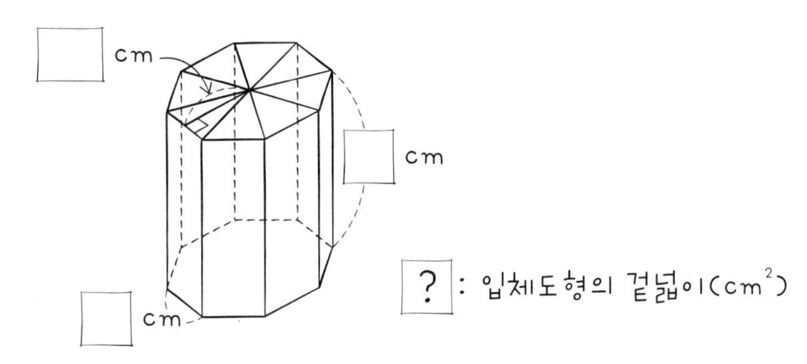

계획-풀기

답 ______

2 오른쪽 그림은 한 모서리의 길이가 3 cm인 정육면체들을 면끼리 완전히 맞대어 규칙에 따라 쌓은 모양입니다. 넷째 입체도형의 겉넓이는 몇 cm^2인지 구하세요.

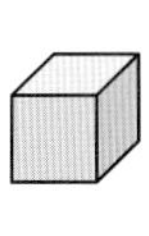
첫째

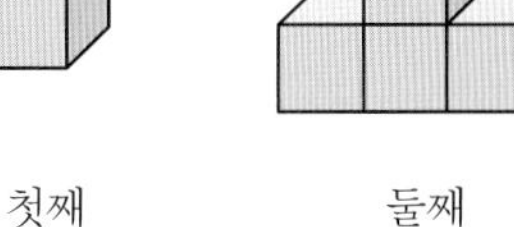
둘째

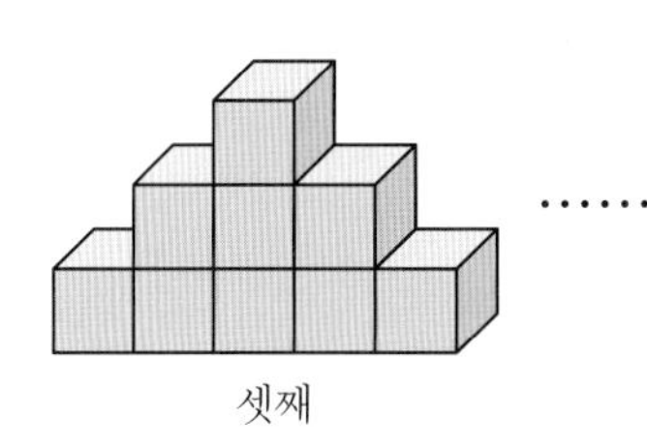
셋째

……

문제 그리기 문제를 읽고, □ 안에 알맞은 수를 써넣으면서 풀이 과정을 계획합니다.(?: 구하고자 하는 것)

층	1층	2층	3층
정육면체의 수	1	1+□	1+□+□

? : 넷째 입체도형의 겉넓이(cm^2)

계획-풀기

답 ______

3 오른쪽 그림은 높이가 같은 5개의 삼각기둥의 면들을 서로 맞대어 붙여서 만든 각기둥을 위에서 본 모양입니다. 밑면은 모두 크기가 다른 정삼각형 5개를 붙여서 만든 것일 때, 가장 큰 정삼각형의 한 변의 길이는 36 cm이고, 모든 정삼각형의 각 한 변의 길이를 더하면 102 cm입니다. 이 입체도형의 밑면의 둘레는 몇 cm인지 구하세요.

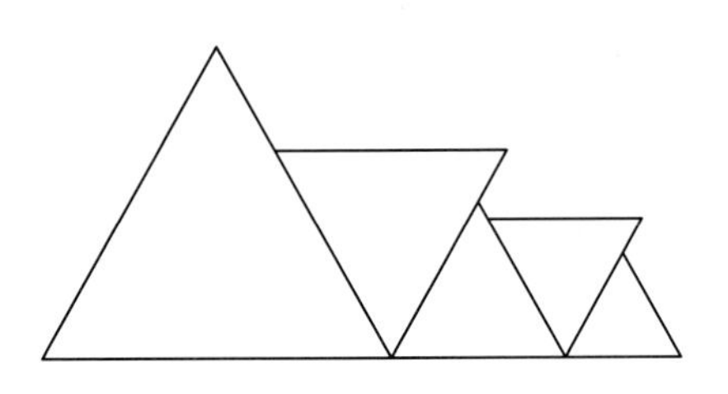

문제 그리기 문제를 읽고, □ 안에 알맞은 수를 써넣으면서 풀이 과정을 계획합니다.(?: 구하고자 하는 것)

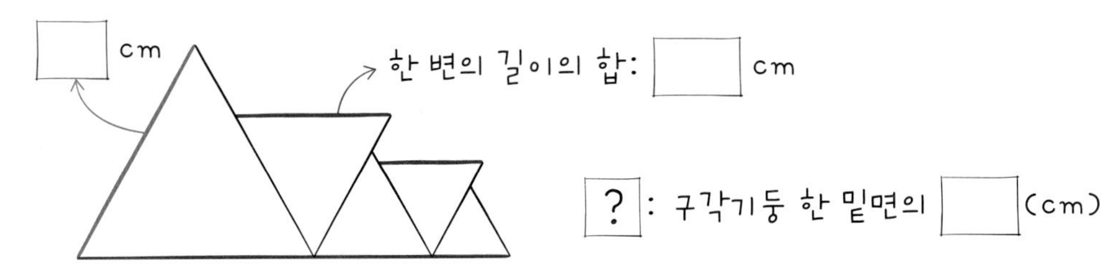

계획-풀기

❶ 밑면의 둘레에서 정삼각형의 각 한 변씩을 제외한 나머지 변들의 길이의 합 구하기

❷ 밑면의 둘레의 길이 구하기

4 직육면체 모양의 우유식빵을 같은 간격으로 5번 잘랐습니다. 오른쪽 그림은 자른 식빵 한 조각일 때, 처음 식빵의 부피는 몇 cm^3인지 구하세요.

17 cm
16.5 cm
3.5 cm

문제를 읽고, □ 안에 알맞은 수를 써넣으면서 풀이 과정을 계획합니다.(?: 구하고자 하는 것)

우유식빵을 □번 자른 한 조각

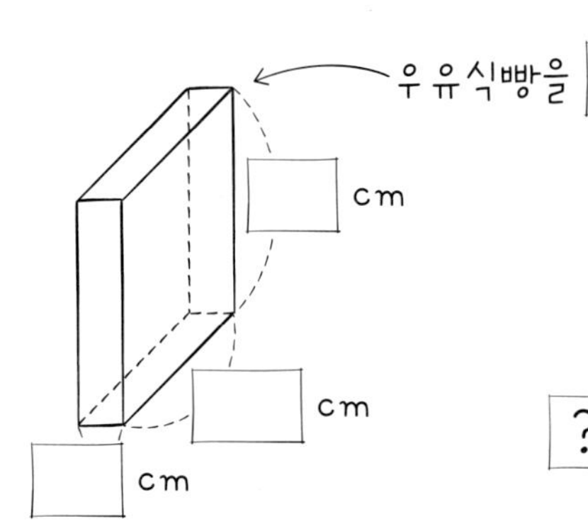

? : 처음 우유식빵의 □(cm^3)

계획-풀기

❶ 전체 조각의 수 구하기

❷ 처음 우유식빵의 부피 구하기

5 옆면의 모양이 오른쪽과 같은 이등변삼각형이고, 밑면이 1개이며 전체 면이 12개인 입체도형이 2개 있습니다. 이 2개의 입체도형을 밑면끼리 완전히 맞대어 붙였을 때, 만들어지는 입체도형의 모서리의 길이의 합을 구하세요.

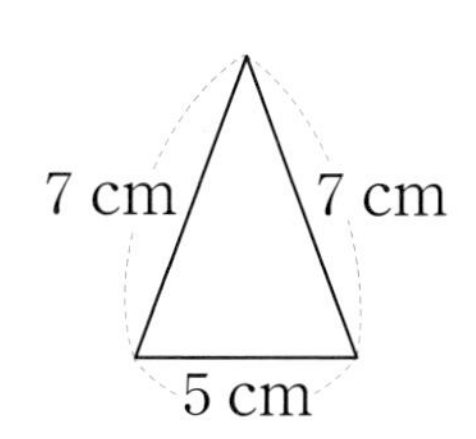

문제 그리기 문제를 읽고, □ 안에 알맞은 수나 말을 써넣으면서 풀이 과정을 계획합니다.(?: 구하고자 하는 것)

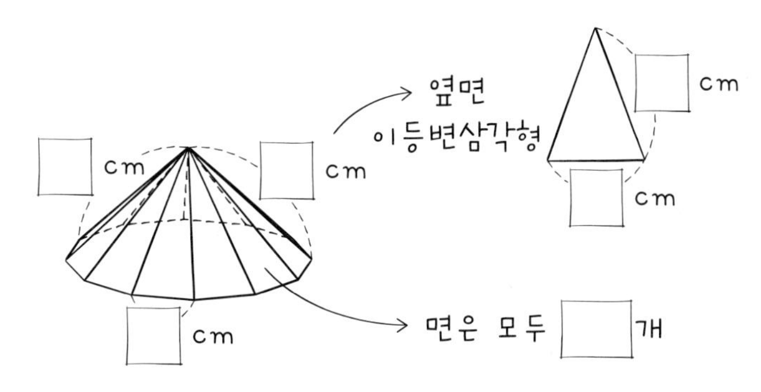

? : 2개의 입체도형의 밑면끼리 맞대어 만든 도형의 □의 길이의 합(cm)

계획-풀기

❶ 두 입체도형의 밑면끼리 맞붙여 만들어진 도형의 면의 수 구하기

❷ 만들어진 입체도형의 모서리의 길이의 합 구하기

답

6 오른쪽 그림은 어느 각기둥의 모양의 건물을 드론으로 위에서 찍은 모양이고, 각 변의 길이는 적힌 부분만 알 수 있습니다. 건물의 높이는 81 m이고, 건물의 옆면에 페인트를 칠하려고 할 때, 페인트를 칠할 부분의 넓이는 몇 m^2인지 구하세요.

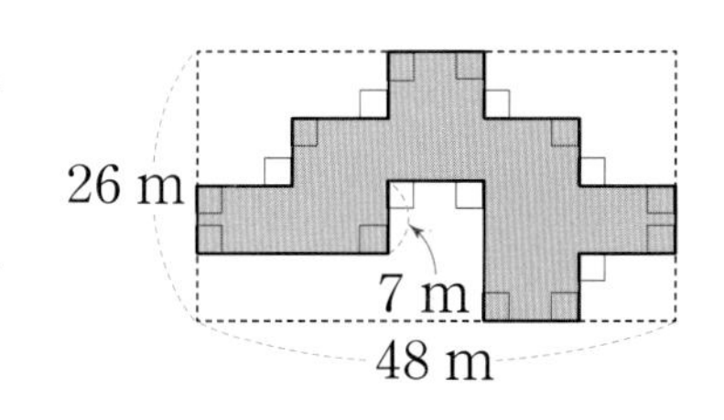

문제 그리기 문제를 읽고, □ 안에 알맞은 수를 써넣으면서 풀이 과정을 계획합니다.(?: 구하고자 하는 것)

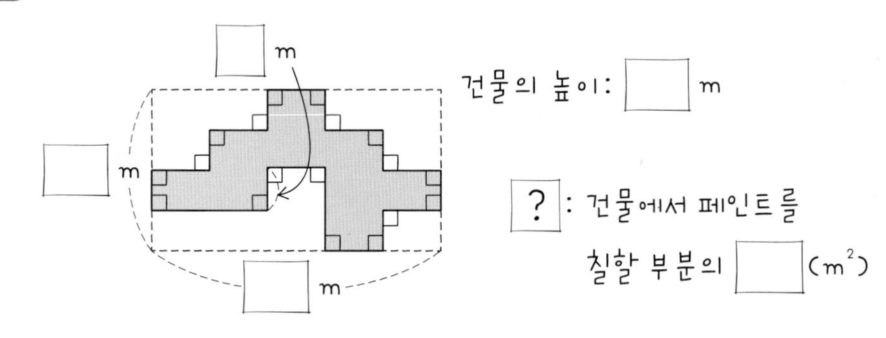

계획-풀기

❶ 건물의 밑면의 둘레 구하기

❷ 건물에서 페인트를 칠할 부분의 넓이 구하기

답

7 할머니께서는 오른쪽 그림과 같은 직육면체 모양의 떡을 만드셨습니다. 하늘색 떡은 그림과 같이 4등분으로 자르고 잘린 면에 모두 팥고물을 바르셨고, 노란색 떡은 그림과 같이 4등분으로 잘라서 잘린 면에 모두 깨고물을 바르셨습니다. 팥고물과 깨고물을 바른 면의 넓이의 합은 몇 cm^2인지 구하세요.

(단, 하늘색과 노란색이 만나는 면에는 고물을 바르지 않습니다.)

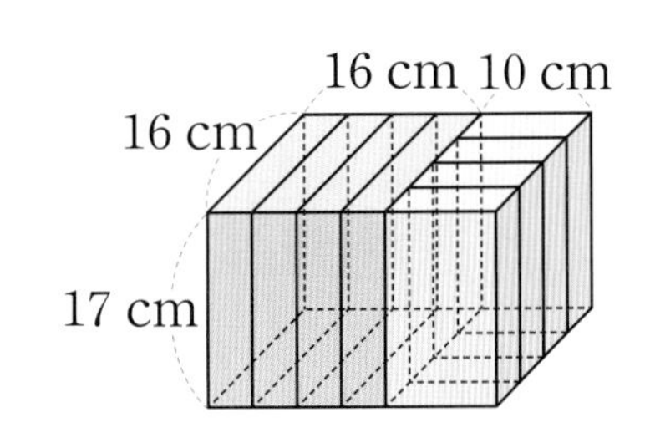

문제 그리기 문제를 읽고, □ 안에 알맞은 수를 써넣으면서 풀이 과정을 계획합니다.(?: 구하고자 하는 것)

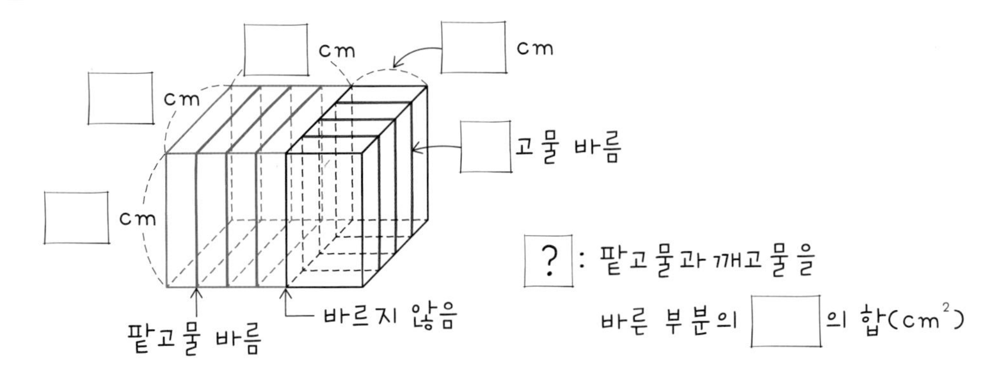

계획-풀기

답

8 오른쪽 그림은 삼각기둥 모양 비누의 밑면인 정삼각형에 선을 그려 정삼각형과 마름모로 나눈 것입니다. 그 선을 따라 사각기둥과 삼각기둥 모양의 비누로 잘랐습니다. 처음 삼각기둥의 밑면의 둘레는 690 mm, 높이는 120 mm일 때, 잘린 사각기둥과 삼각기둥 1개씩의 모서리의 길이의 합은 몇 cm인지 구하세요. (단, 나누어진 정삼각형과 마름모의 한 변의 길이는 모두 같습니다.)

문제 그리기 문제를 읽고, □ 안에 알맞은 수나 말이나 기호를 써넣으면서 풀이 과정을 계획합니다.(?: 구하고자 하는 것)

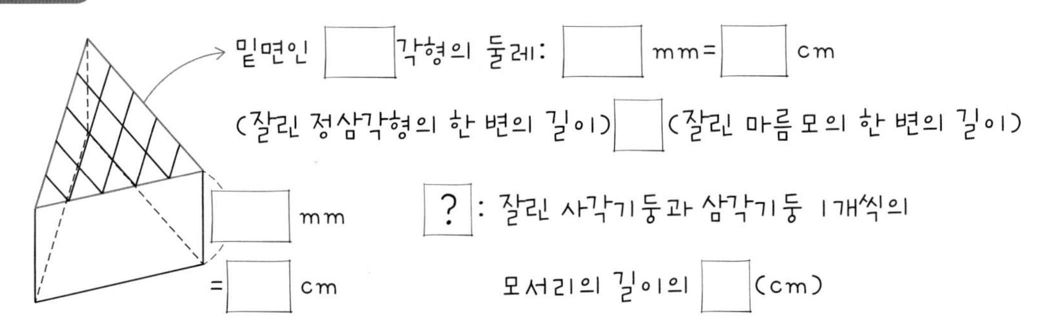

계획-풀기

❶ 작은 정삼각형과 마름모의 한 변의 길이 구하기

❷ 잘린 사각기둥 1개와 삼각기둥 1개의 모서리의 길이의 합 구하기

답

9 오른쪽 그림은 높이가 20 cm인 사각기둥 밑면을 합동인 삼각형 2개와 평행사변형 1개로 자른 모양입니다. 자른 입체도형 3개의 옆면을 완전히 포개어지게 맞대서 밑면이 이등변삼각형인 삼각기둥으로 만들 때, 만든 삼각기둥의 겉넓이는 몇 cm^2인지 구하세요.

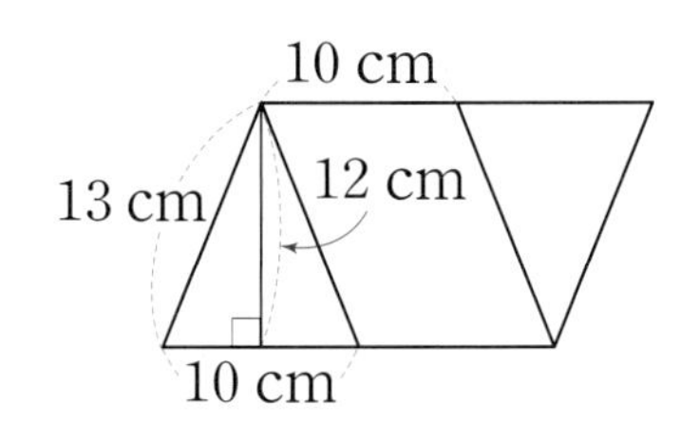

문제 그리기 문제를 읽고, □ 안에 알맞은 수를 써넣으면서 풀이 과정을 계획합니다.(?: 구하고자 하는 것)

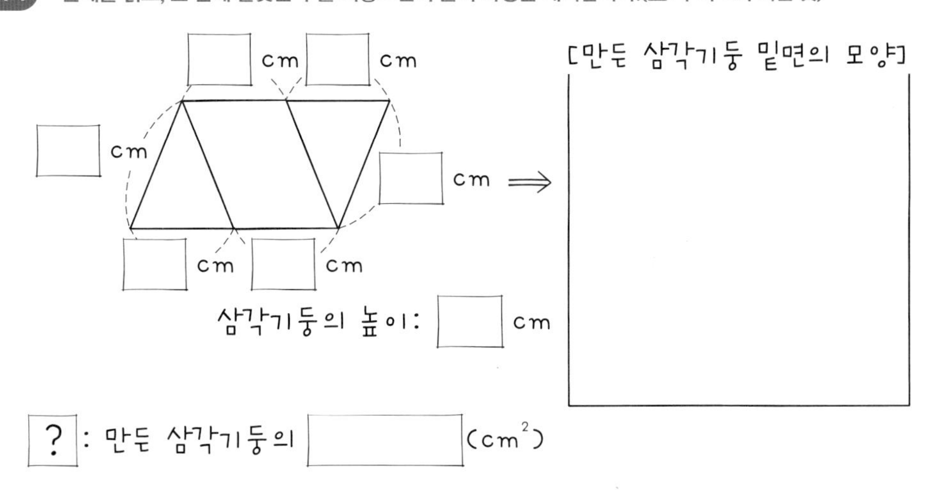

계획-풀기

답

10 오른쪽 그림은 사다리꼴, 정삼각형, 직각삼각형을 각각 밑면으로 하는 각기둥 3개의 각 한 면씩을 서로 완전히 포개어지게 맞대서 밑면이 사다리꼴인 사각기둥을 만든 것입니다. 만든 사각기둥의 부피는 몇 cm^3인지 구하세요.

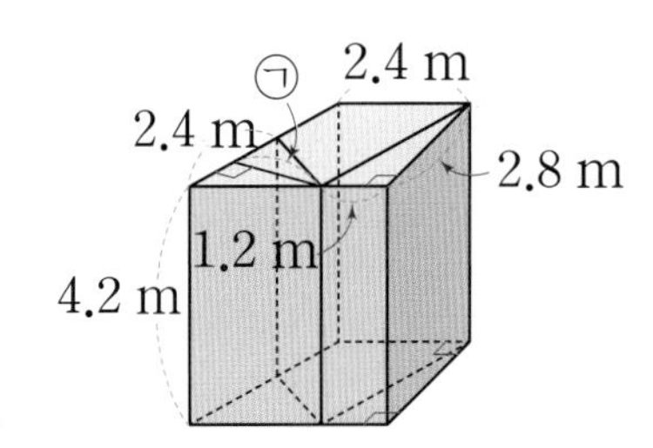

문제 그리기 문제를 읽고, □ 안에 알맞은 수를 써넣으면서 풀이 과정을 계획합니다.(?: 구하고자 하는 것)

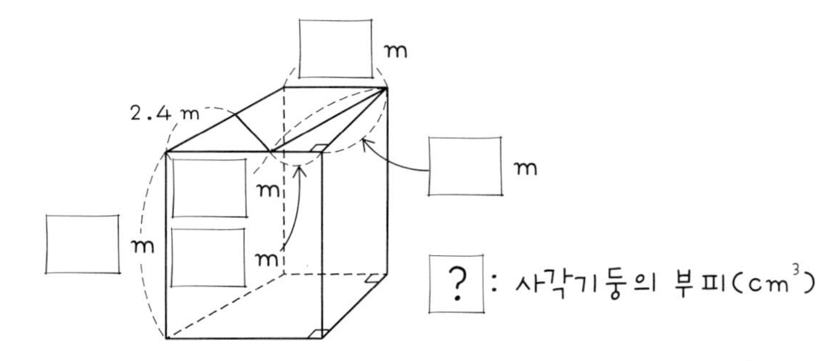

계획-풀기

답

11 오른쪽은 직육면체의 일부를 삼각기둥 모양만큼 잘라내고 남은 입체도형입니다. 이 입체도형의 부피는 몇 m^3인지 구하세요.

40 cm
50 cm
1.5 m
1.5 m
1.4 m

문제 그리기 문제를 읽고, □ 안에 알맞은 수를 써넣으면서 풀이 과정을 계획합니다.
(?: 구하고자 하는 것)

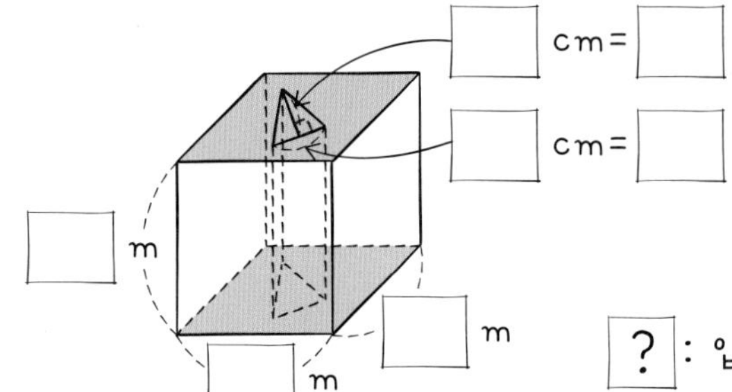

? : 입체도형의 부피(m^3)

계획-풀기

답

12 높이가 16 cm로 일정한 사각기둥이 나열되어 있습니다. 오른쪽에 나열된 분수는 이 사각기둥의 밑면의 가로의 길이를 분모, 세로의 길이를 분자로 나타낸 것입니다. 8번째 사각형을 밑면으로 하는 사각기둥의 부피는 몇 cm^3인지 구하세요. (단, 주어진 분수를 기약분수로 나타내어 가로와 세로의 길이를 구합니다.)

$\frac{1}{5}, \frac{2}{8}, \frac{3}{11}, \frac{4}{14}, \cdots$

문제 그리기 문제를 읽고, □ 안에 알맞은 수를 써넣으면서 풀이 과정을 계획합니다.(?: 구하고자 하는 것)

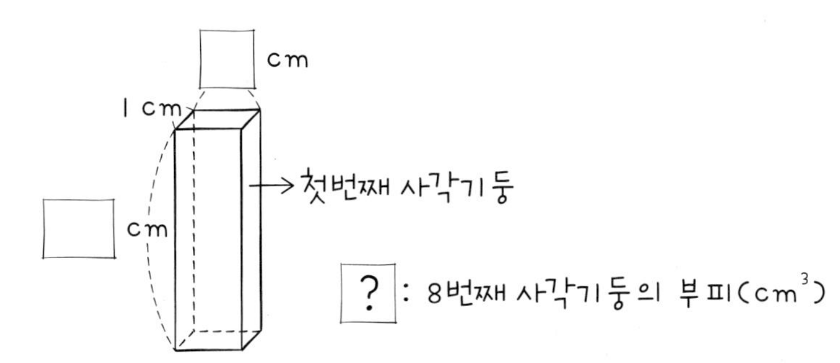

계획-풀기

❶ 규칙을 말로 쓰고 8번째 분수 구하기

❷ 8번째 사각기둥의 부피 구하기

답

13

오른쪽 그림과 같은 직육면체 모양의 블록을 부피가 5.832 m^3인 정육면체 모양의 창고에 최대한 많이 넣으려고 할 때 몇 개까지 들어갈 수 있는지 구하세요. (단, 창고의 한 옆면은 열려 있습니다.)

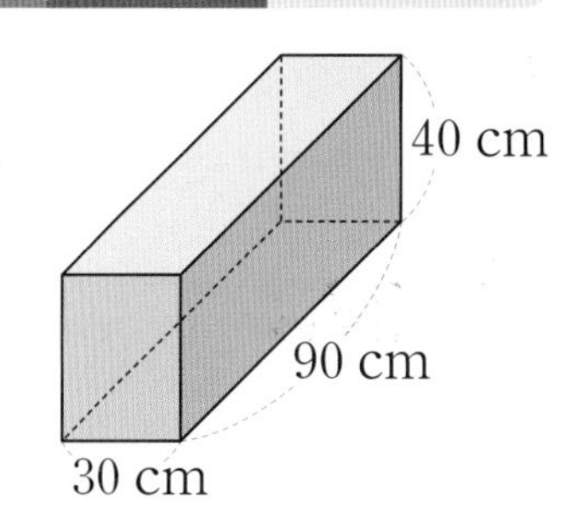

문제 그리기 문제를 읽고, □ 안에 알맞은 수를 써넣으면서 풀이 과정을 계획합니다.
(?: 구하고자 하는 것)

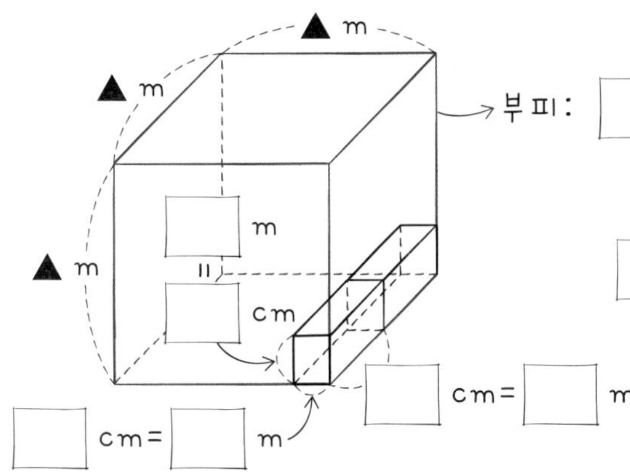

? : 정육면체 모양의 창고에 최대한 들어갈 수 있는 직육면체 블록 수

계획-풀기

❶ 정육면체 창고의 한 모서리의 길이 구하기

❷ 최대로 들어갈 수 있는 직육면체의 개수 구하기

답

14

두 대각선의 길이가 같은 마름모의 두 대각선의 길이를 똑같이 늘여 처음 넓이의 36배인 마름모를 만들었습니다. 새로 만든 마름모의 넓이가 450 cm^2일 때 처음 마름모의 한 대각선 길이는 몇 cm인지 구하세요.

문제 그리기 문제를 읽고, □ 안에 알맞은 수를 써넣으면서 풀이 과정을 계획합니다.(?: 구하고자 하는 것)

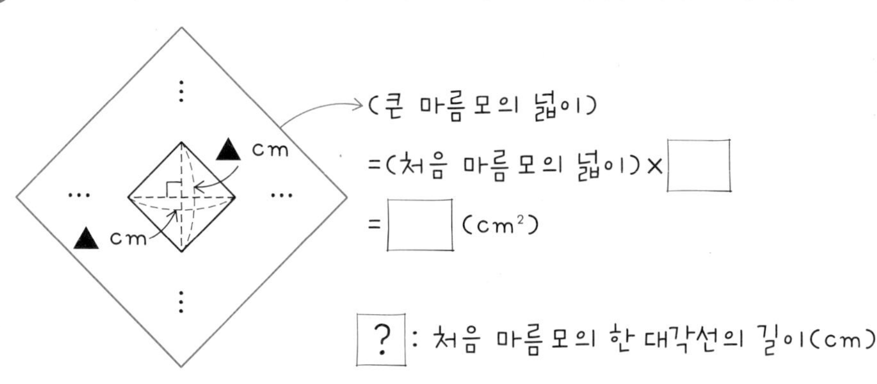

계획-풀기

답

15 오른쪽 그림과 같은 직육면체의 부피가 10368000 cm^3일 때, □안에 알맞은 수를 구하세요.

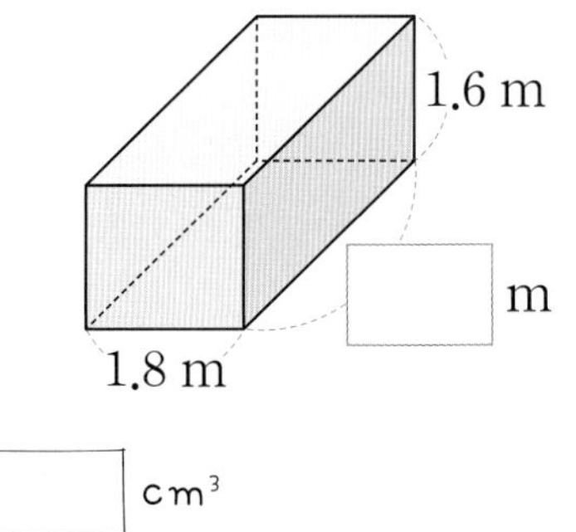

문제 그리기 문제를 읽고, □ 안에 알맞은 수를 써넣으면서 풀이 과정을 계획합니다.
(?: 구하고자 하는 것)

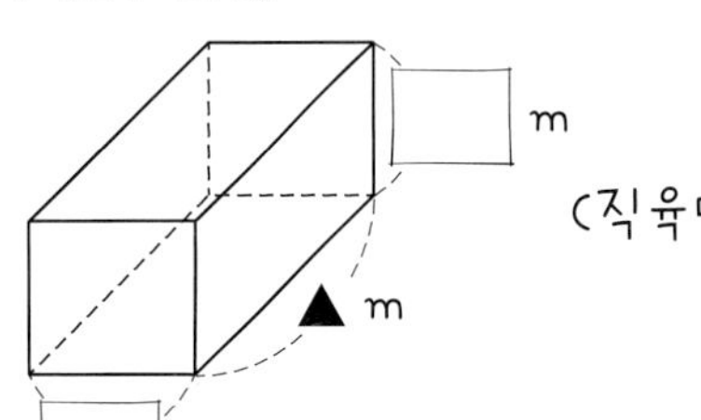

(직육면체의 부피)= □ cm^3

= □ m^3

? : 직육면체의 밑면의 한 □의 길이(m)

계획-풀기

답 ____________

16 현수의 도시락통은 각기둥 모양이며 모서리 수와 면의 수의 합이 30개입니다. 현수의 도시락통의 꼭짓점마다 스티커를 붙이려고 할 때, 필요한 스티커는 몇 장인지 구하세요.

문제 그리기 문제를 읽고, □ 안에 알맞은 수나 말을 써넣으면서 풀이 과정을 계획합니다.(?: 구하고자 하는 것)

…

?

→(모서리의 수)+(면의 수)= □개

? : 스티커의 수(= □의 수)

계획-풀기

❶ 밑면의 변의 수를 ▲개라고 하여 식 세우기

❷ 필요한 스티커의 수 구하기

답 ____________

17 직육면체 모양의 버터를 잘라서 만들 수 있는 가장 큰 정육면체 모양을 만들었습니다. 만든 정육면체 모양 버터의 겉넓이가 96 cm^2이고 남은 직육면체 모양의 버터는 처음 버터 부피의 $\frac{1}{4}$일 때, 처음 버터의 부피는 몇 cm^3인지 대분수로 구하세요.

문제 그리기 문제를 읽고, □ 안에 알맞은 수를 써넣으면서 풀이 과정을 계획합니다.(?: 구하고자 하는 것)

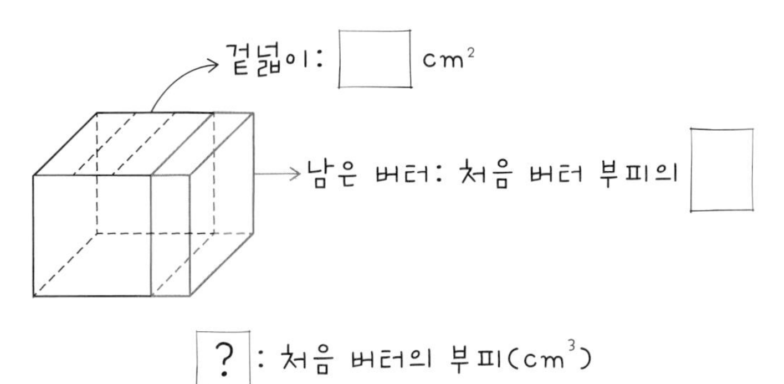

? : 처음 버터의 부피(cm^3)

계획-풀기

❶ 정육면체의 한 모서리의 길이 구하기

❷ 직육면체의 부피 구하기

답

18 밑면이 가, 나와 같고 높이가 10 cm인 2개의 각기둥이 있습니다. 이등변삼각형인 가의 밑변의 길이와 마름모인 나의 길이가 주어지지 않은 한 대각선 길이가 같고 가의 넓이가 608 cm^2일 때, 나를 밑면으로 하는 각기둥의 부피는 몇 cm^3인지 구하세요.

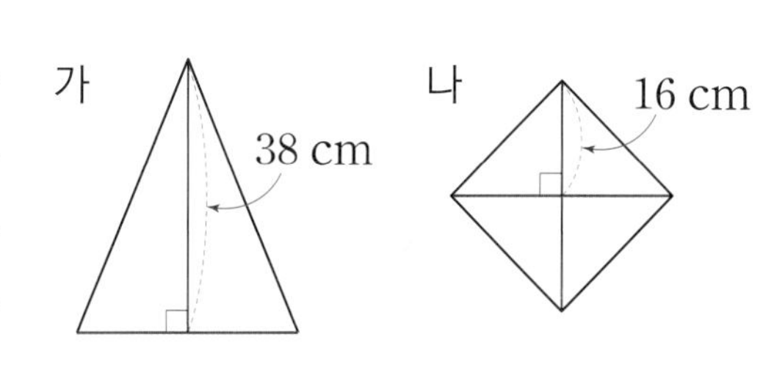

문제 그리기 문제를 읽고, □ 안에 알맞은 수나 말을 써넣으면서 풀이 과정을 계획합니다.(?: 구하고자 하는 것)

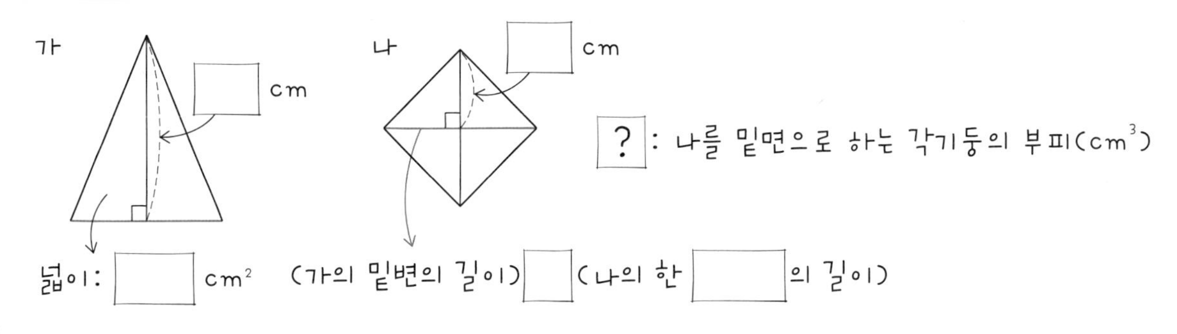

? : 나를 밑면으로 하는 각기둥의 부피(cm^3)

계획-풀기

❶ 가의 밑변의 길이 구하기

❷ 나를 밑면으로 하는 각기둥의 부피 구하기

답

19 오른쪽 삼각기둥의 부피가 24000000 cm^3일 때 □ 안에 알맞은 수를 구하세요.

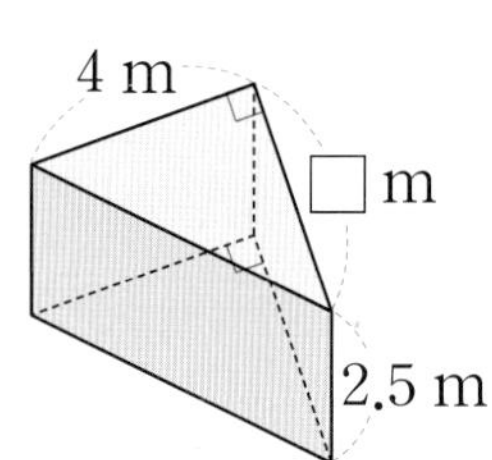

문제 그리기 문제를 읽고, □ 안에 알맞은 수를 써넣으면서 풀이 과정을 계획합니다.
(?: 구하고자 하는 것)

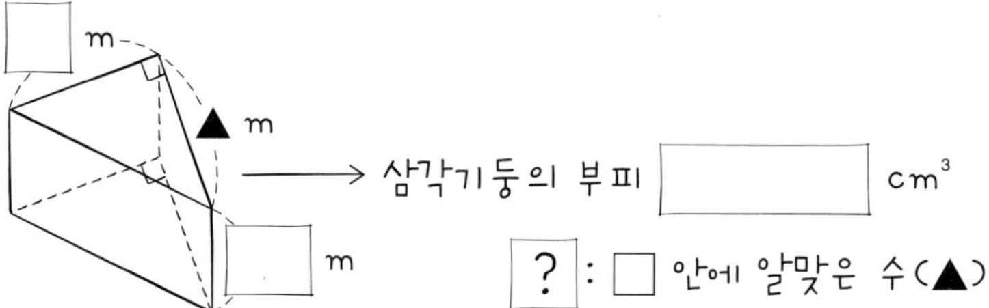

계획-풀기

❶ 삼각기둥의 부피를 m^3로 나타내기

❷ □ 안에 알맞은 수 구하기

답

20 밑면의 모양이 보기와 같은 삼각기둥이 여러 개 있습니다. 다음에 나열된 분수는 나열된 삼각기둥의 높이입니다. 12번째 삼각기둥의 부피를 구하세요. (단, 부피는 단위 없이 수로 구합니다.)

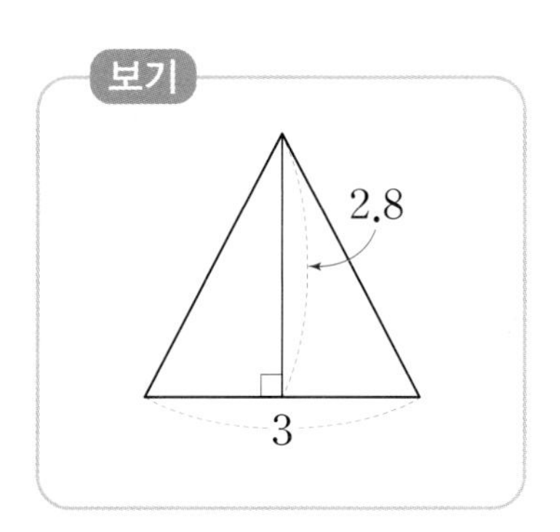

$$\frac{1}{2}, \frac{1}{3}, \frac{2}{3}, \frac{1}{4}, \frac{2}{4}, \frac{3}{4}, \frac{1}{5}, \cdots$$

문제 그리기 문제를 읽고, □ 안에 알맞은 수를 써넣으면서 풀이 과정을 계획합니다.(?: 구하고자 하는 것)

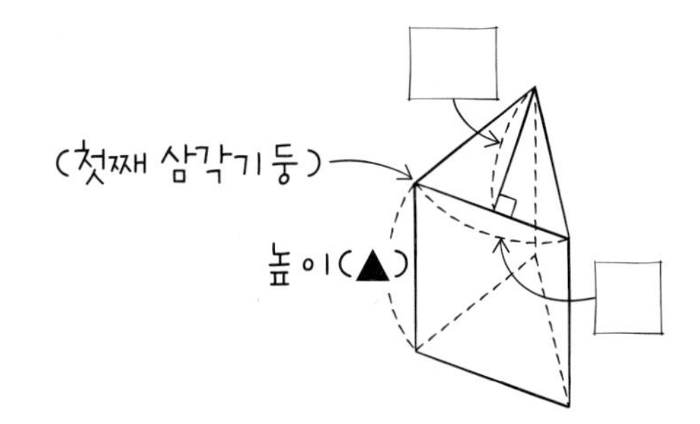

(삼각기둥의 부피)

=(□의 넓이)×(높이)

? : □번째 삼각기둥의 부피

계획-풀기

답

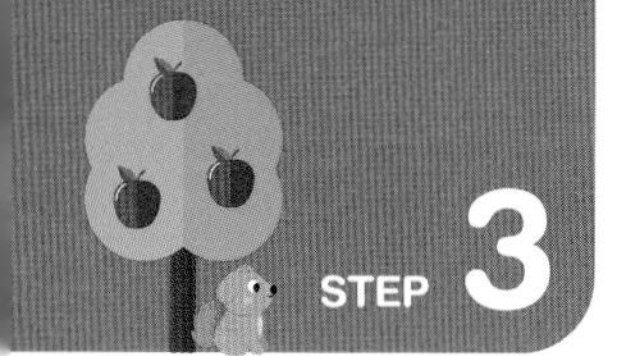

내가 수학하기 한 단계 UP!

식 | 그림 | 단순화 복합적 | 거꾸로

정답과 풀이 38쪽

1 밑면은 둘레가 21.6 m인 정육각형이고, 높이가 5.2 m인 육각기둥이 있습니다. 이 육각기둥을 정삼각형 2개와 합동인 마름모 2개를 각각 밑면으로 하는 각기둥 4개로 잘랐을 때, 그중 삼각기둥 1개와 사각기둥 1개의 모서리의 길이의 합을 구하세요.

문제 그리기 문제를 읽고, □ 안에 알맞은 수나 말을 써넣으면서 풀이 과정을 계획합니다.(?: 구하고자 하는 것)

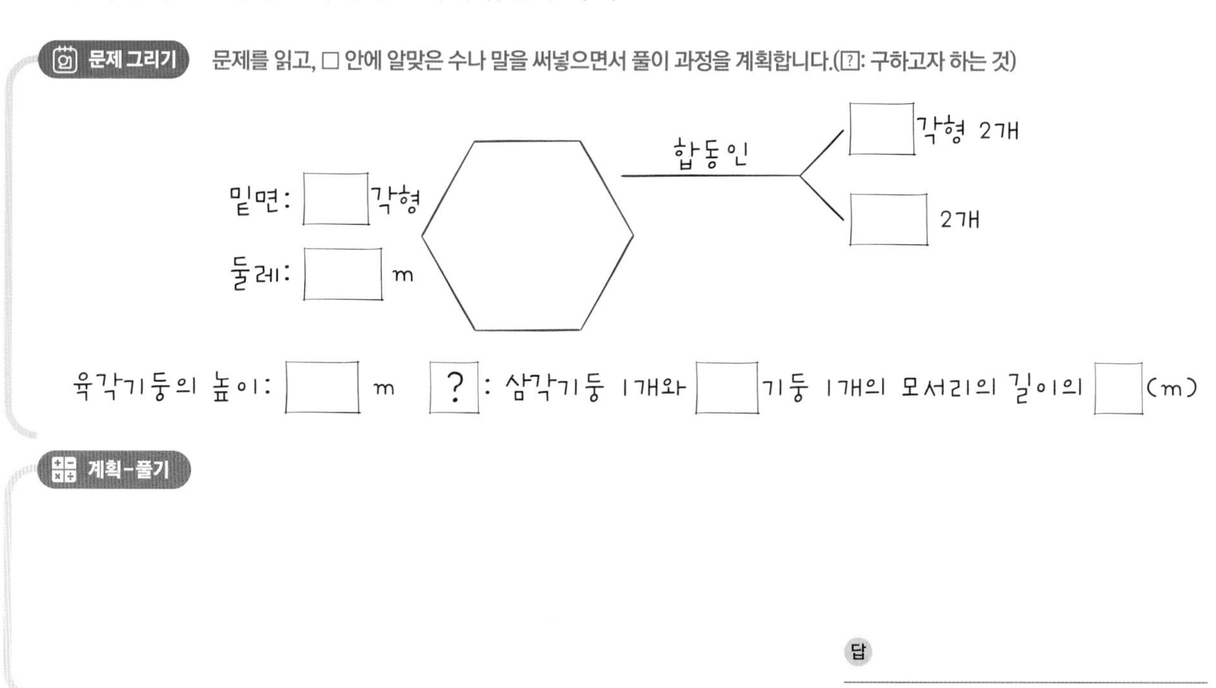

계획-풀기

답

2 세희네 학교 강당에 있는 단상의 모양은 오른쪽 그림의 오각형을 이등분한 하나의 사다리꼴인 색칠한 부분을 밑면으로 한 사각기둥입니다. 단상인 사각기둥의 부피가 10.92 m^3이고, 밑면의 둘레가 10.9 m일 때, 단상의 높이는 몇 m인지 구하세요.

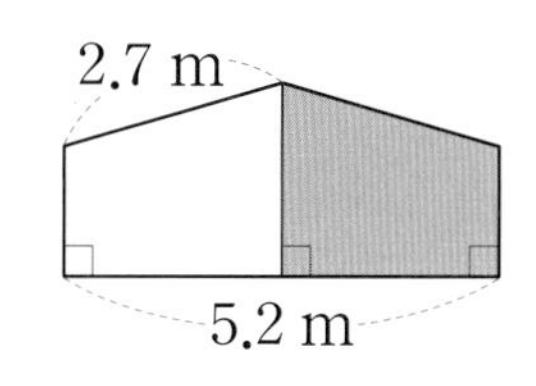

문제 그리기 문제를 읽고, □ 안에 알맞은 수를 써넣으면서 풀이 과정을 계획합니다.(?: 구하고자 하는 것)

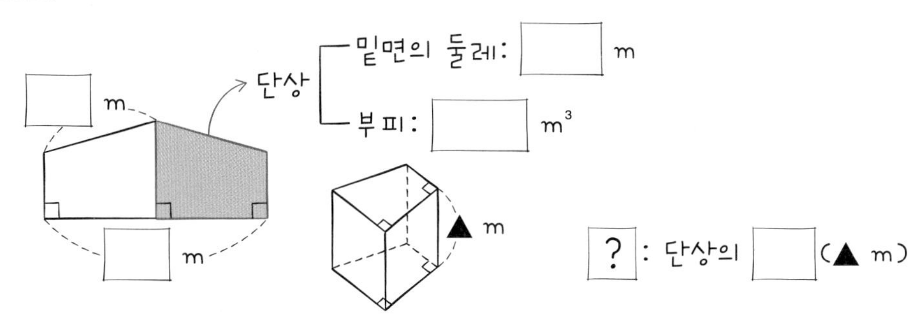

계획-풀기

답

3 오른쪽 사다리꼴의 아랫변의 길이는 윗변의 길이의 2배이고 둘레는 40 cm입니다. 또 사다리꼴의 넓이는 72 cm^2입니다. 이 사다리꼴을 밑면으로 하고 높이가 24 cm인 사각기둥의 전개도를 그릴 때 전개도의 넓이는 몇 cm^2인지 구하세요.

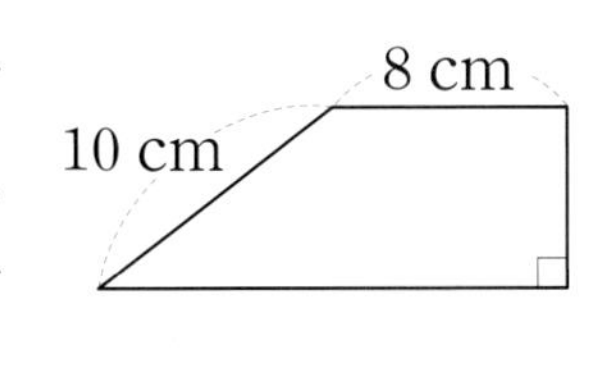

문제 그리기 문제를 읽고, □ 안에 알맞은 수를 써넣으면서 풀이 과정을 계획합니다.(?: 구하고자 하는 것)

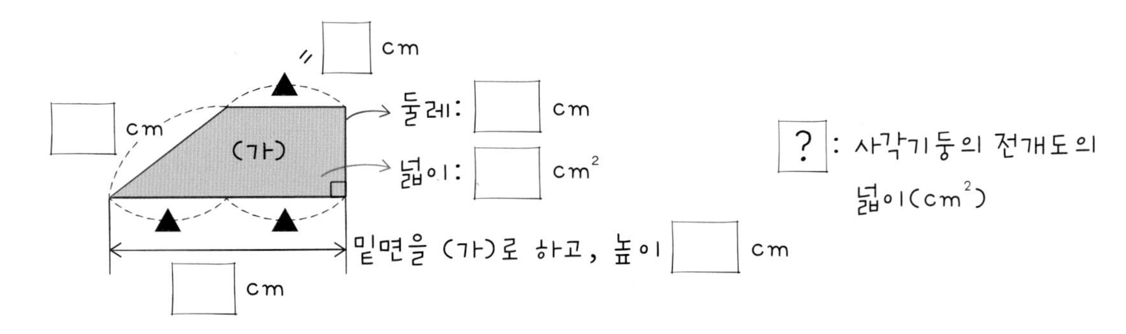

계획-풀기

답 ______________

4 다음과 같이 약속할 때 5▲4의 값을 구하세요.

㉠▲㉡=(한 모서리의 길이가 ㉠인 정육면체의 겉넓이)의 ㉡배

문제 그리기 문제를 읽고, □ 안에 알맞은 수나 기호나 말을 써넣으면서 풀이 과정을 계획합니다.(?: 구하고자 하는 것)

㉠▲㉡=(한 □의 길이가 □인 정육면체의 □)의 □배

? : 5▲□의 값

계획-풀기

답 ______________

5 다음 중 부피가 작은 것부터 차례대로 기호를 쓰세요.

㉠ 한 모서리가 1.2 m인 정육면체의 부피
㉡ 1800000 cm^3
㉢ 1.6 m^3
㉣ 가로, 세로, 높이가 각각 40 cm, 30 cm, 1.3 m인 직육면체의 부피

문제 그리기 문제를 읽고, □ 안에 알맞은 수나 말을 써넣으면서 풀이 과정을 계획합니다.(?: 구하고자 하는 것)

㉠ 한 모서리가 □ m = □ cm인 정육면체의 □ ㉡ □ cm^3

㉢ □ m^3 = □ cm^3 ㉣ □ m = □ cm, □ cm, □ cm 의 부피

? : 부피가 □ 것부터 기호 쓰기

계획-풀기

답

6 정인이는 할아버지와 함께 부피가 33.592 m^3인 직육면체 모양의 닭장을 나무로 만들려고 합니다. 닭장의 밑면의 가로와 세로가 각각 3.4 m, 5.2 m일 때, 닭장의 높이는 몇 m인지 구하세요.
(단, 나무의 두께는 생각하지 않습니다.)

문제 그리기 문제를 읽고, □ 안에 알맞은 수를 써넣으면서 풀이 과정을 계획합니다.(?: 구하고자 하는 것)

직육면체 모양의 닭장의 부피: □ cm^3

▲ m, □ cm, □ m

? : 닭장의 □ (m)

계획-풀기

답

7 오른쪽의 직육면체와 같은 겉넓이를 가지는 정육면체가 있을 때, 이 정육면체의 한 면의 넓이는 몇 cm^2인지 구하세요.

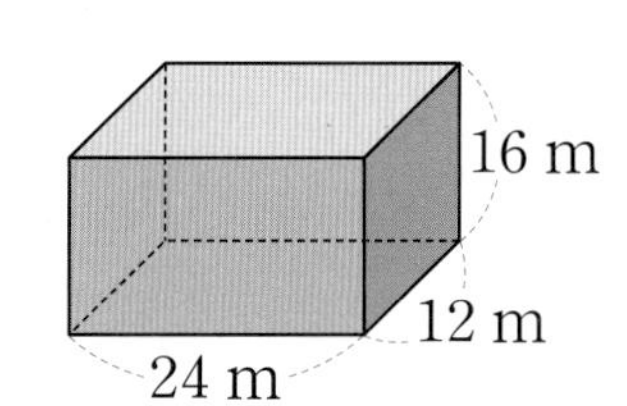

문제 그리기 문제를 읽고, □ 안에 알맞은 수를 써넣으면서 풀이 과정을 계획합니다.(?: 구하고자 하는 것)

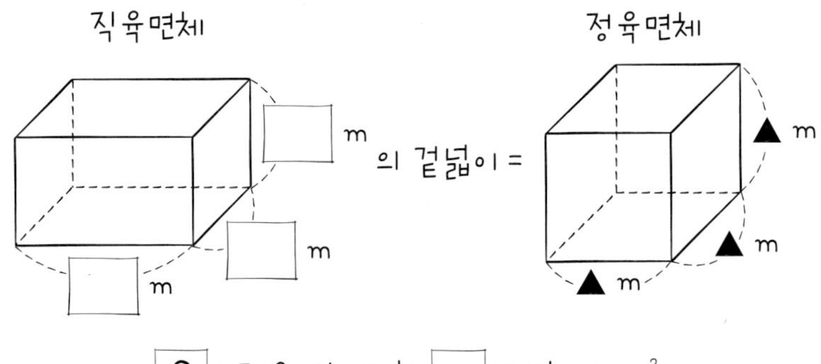

? : 정육면체의 한 □의 넓이(cm^2)

계획-풀기

답

8 면이 10개인 각기둥의 높이는 8 cm이고, 밑면은 한 변의 길이가 5 cm인 정다각형일 때, 이 각기둥의 모든 모서리의 길이의 합은 몇 cm인지 구하세요.

문제 그리기 문제를 읽고, □ 안에 알맞은 수나 말을 써넣으면서 풀이 과정을 계획합니다.(?: 구하고자 하는 것)

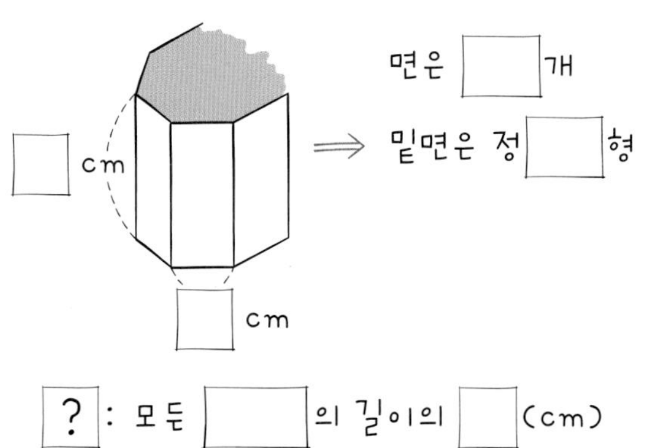

? : 모든 □의 길이의 □(cm)

계획-풀기

답 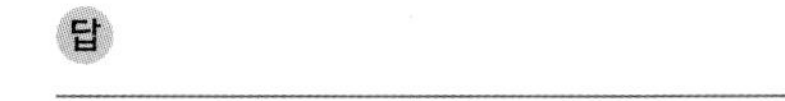

9 오른쪽 그림은 직육면체 모양의 두부에서 정육면체 모양만큼을 잘라 내고 남은 것입니다. 남은 두부의 겉넓이는 몇 cm^2인지 구하세요.

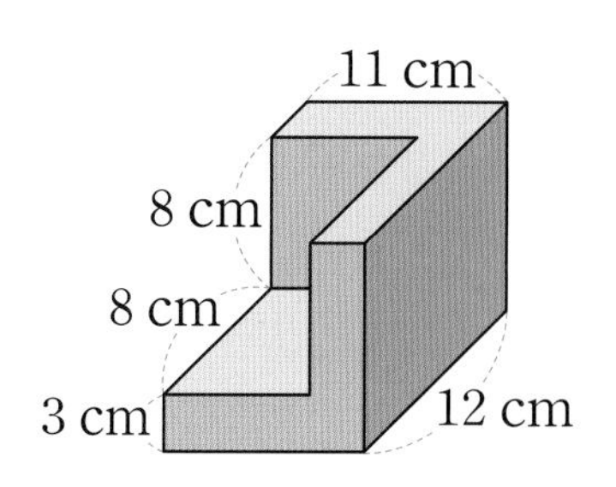

문제 그리기 문제를 읽고, □ 안에 알맞은 수를 써넣으면서 풀이 과정을 계획합니다.(?: 구하고자 하는 것)

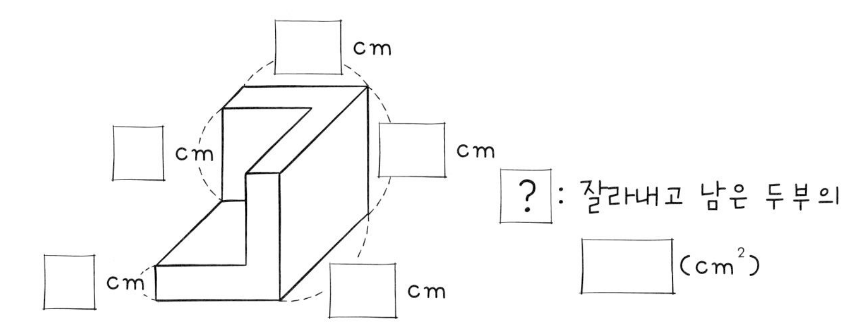

계획-풀기

답

10 오른쪽 그림은 밑면이 정사각형이고, 높이가 15 cm인 사각기둥 3개를 모서리를 맞추고 한 면끼리 맞붙여서 위에서 바라본 모양입니다. 이렇게 새로 만든 입체도형에서 색칠하지 않은 부분을 밑면으로 하는 삼각기둥 모양을 잘라내었다면 남은 부분의 부피는 몇 cm^3인지 구하세요.

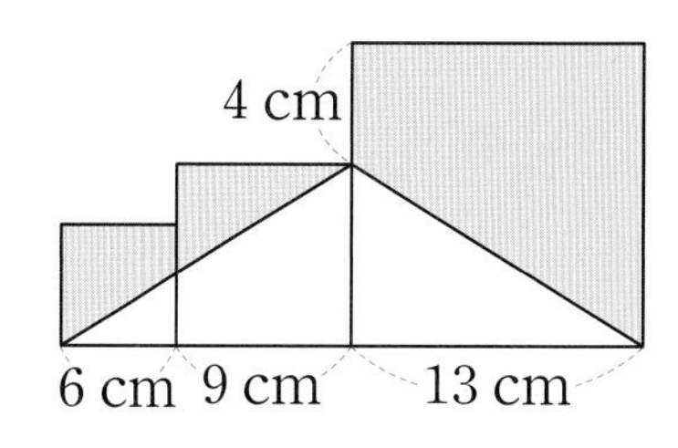

문제 그리기 문제를 읽고, □ 안에 알맞은 수를 써넣으면서 풀이 과정을 계획합니다.(?: 구하고자 하는 것)

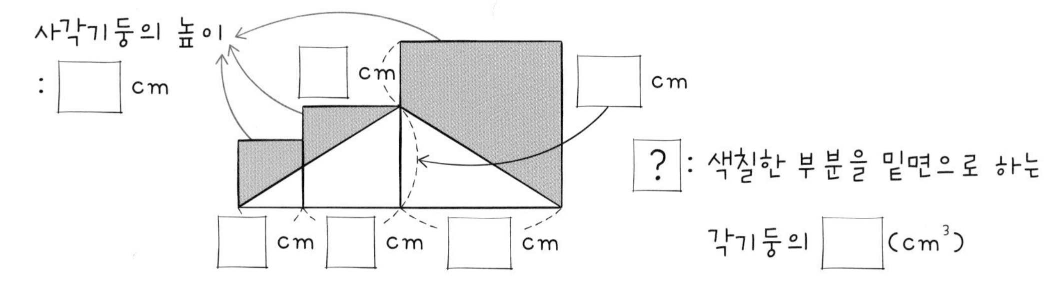

계획-풀기

답

11 오른쪽 그림은 높이가 13 cm인 삼각기둥의 밑면인 이등변삼각형을 합동인 이등변삼각형 2개와 정사각형 1개(㉠), 평행사변형 1개(㉡), 이등변삼각형 1개(㉢)로 나눈 것입니다. 밑면 전체의 넓이가 72 cm^2일 때, 밑면이 ㉢인 삼각기둥의 부피는 몇 cm^3인지 구하세요.

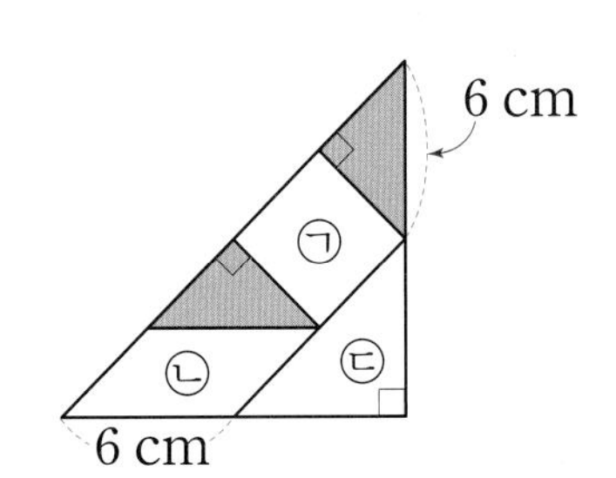

문제 그리기 문제를 읽고, □ 안에 알맞은 수나 기호를 써넣으면서 풀이 과정을 계획합니다.(?: 구하고자 하는 것)

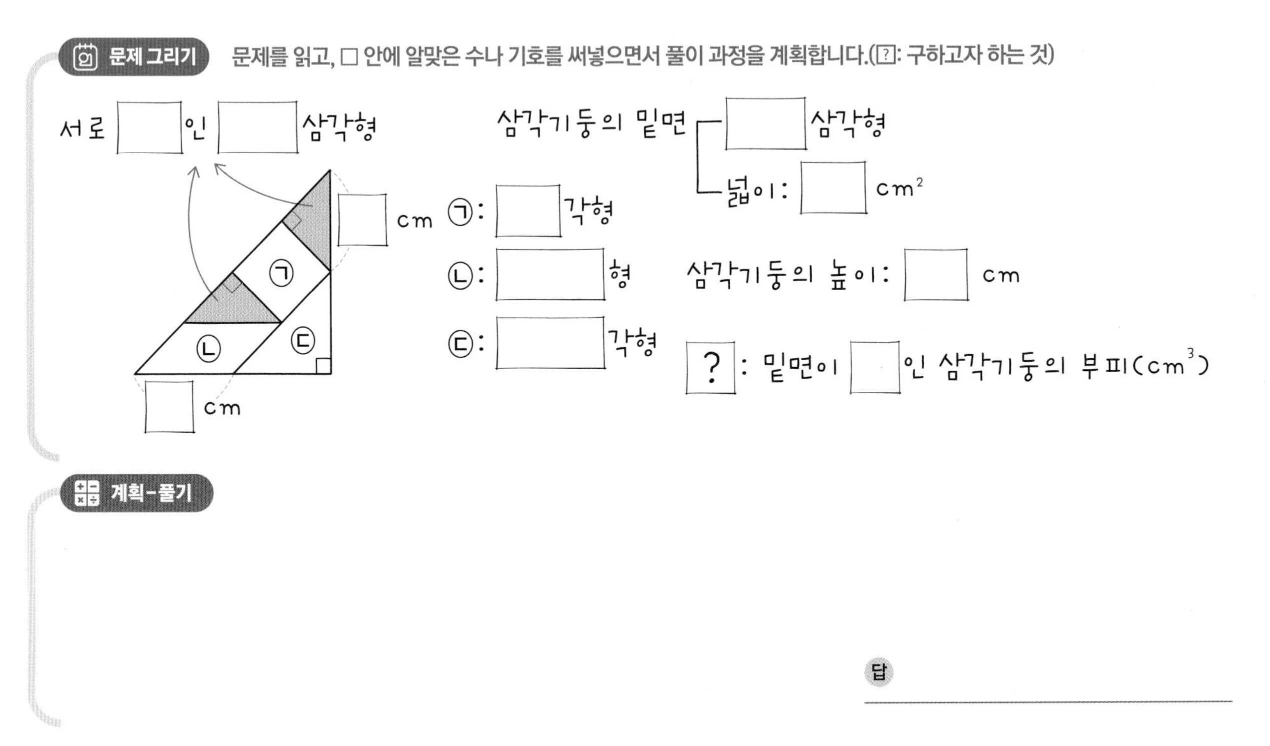

계획-풀기

답

12 오른쪽 직육면체는 크기가 같은 정육면체 140개를 쌓아서 만든 직육면체입니다. 직육면체의 겉넓이가 996 cm^2일 때, 작은 정육면체 한 개의 겉넓이를 구하세요.

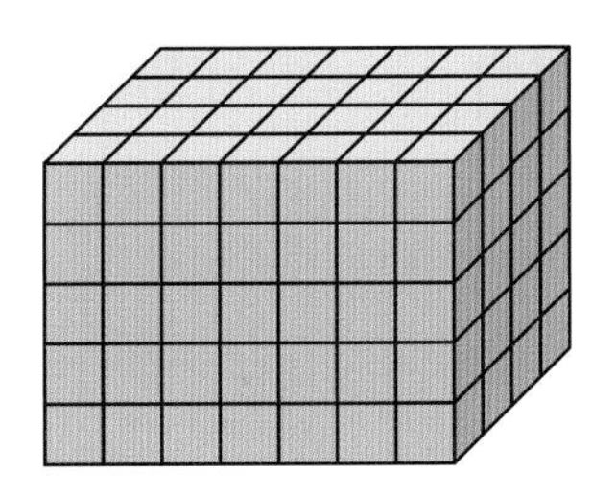

문제 그리기 문제를 읽고, □ 안에 알맞은 수를 써넣으면서 풀이 과정을 계획합니다.(?: 구하고자 하는 것)

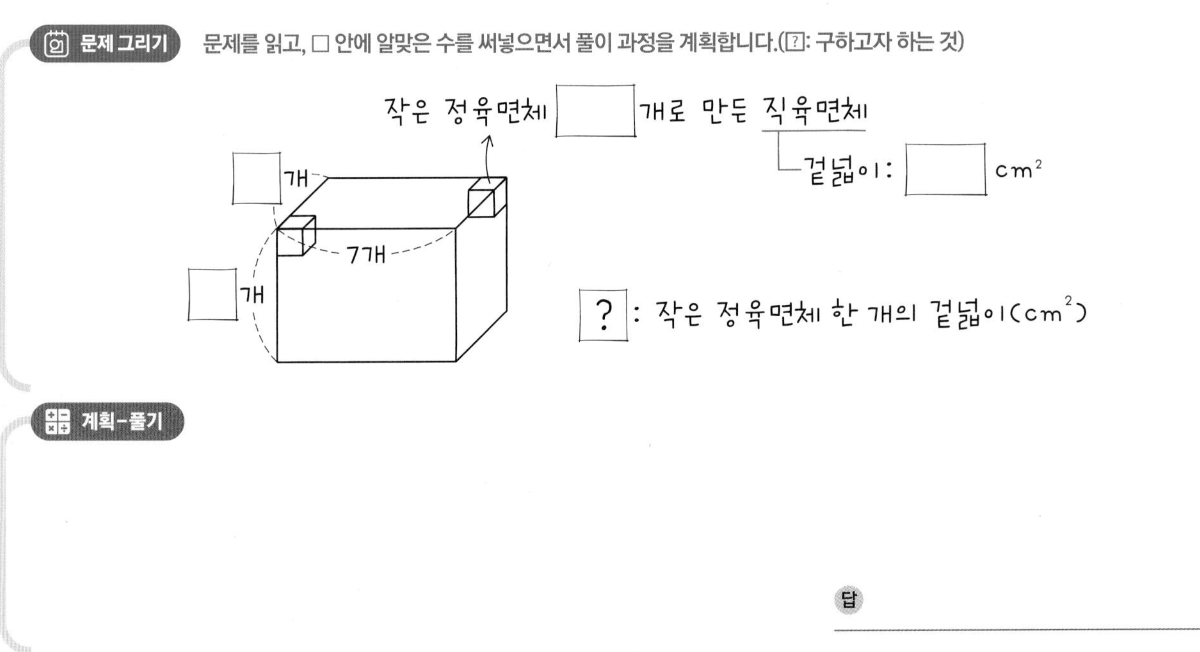

계획-풀기

답

13 오른쪽 그림은 밑면의 모양이 정오각형인 각기둥의 전개도입니다. 이 전개도의 둘레가 126 cm일 때 밑면의 한 변의 길이는 몇 cm인지 구하세요.

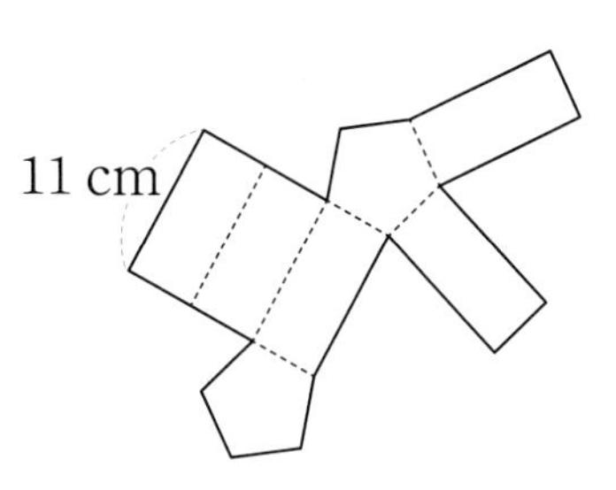

문제 그리기 문제를 읽고, □ 안에 알맞은 수나 말을 써넣으면서 풀이 과정을 계획합니다.(?: 구하고자 하는 것)

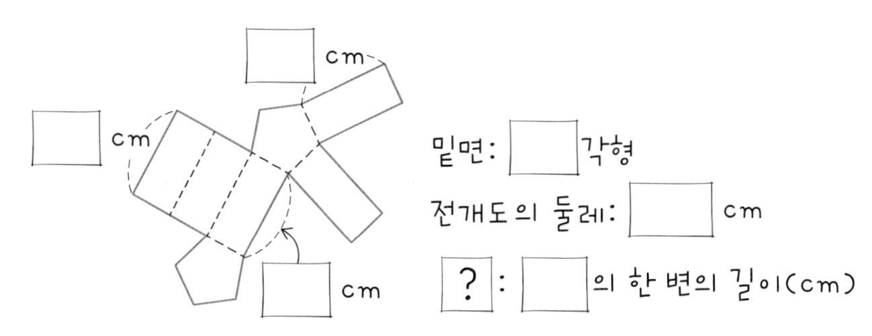

계획-풀기

답

14 오른쪽 그림은 모양과 크기가 같은 정육각형을 밑면으로 하는 육각기둥 6개 면끼리 맞붙여서 만들어진 연필꽂이를 위에서 본 모양입니다. 연필꽂이의 밑면의 둘레가 500 mm이고, 색칠한 정삼각형 모양에만 연필을 꽂을 때, 색칠한 정삼각형의 둘레의 길이의 합은 몇 mm인지 구하세요.

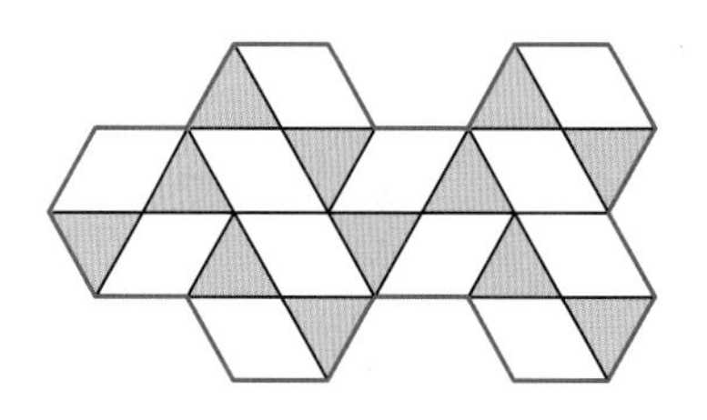

문제 그리기 문제를 읽고, □ 안에 알맞은 수나 말을 써넣으면서 풀이 과정을 계획합니다.(?: 구하고자 하는 것)

□각형을 밑면으로 하는 육각기둥 □개로 만든 연필꽂이

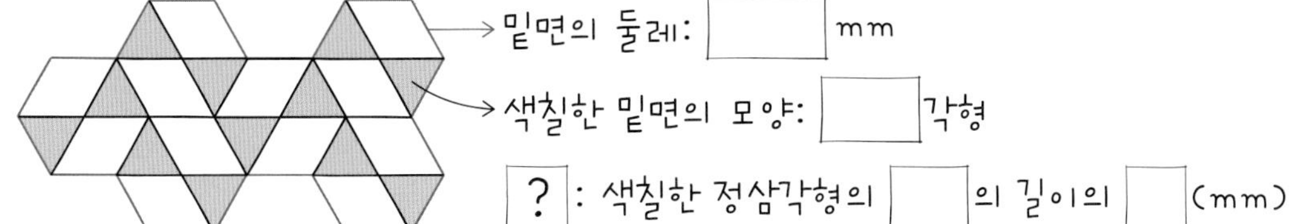

계획-풀기

답

15 오른쪽 그림은 사다리꼴 ㄱㄴㄷㄹ을 삼각형과 평행사변형으로 나눈 것입니다. 변 ㄱㄹ의 길이는 변 ㄱㅁ의 길이의 3배이고, 평행사변형 ㅁㄴㄷㄹ의 넓이는 24 m^2입니다. 높이가 변 ㄱㄹ의 길이와 같고, 사다리꼴 ㄱㄴㄷㄹ을 밑면으로 하는 사각기둥의 부피는 몇 m^3인지 구하세요.

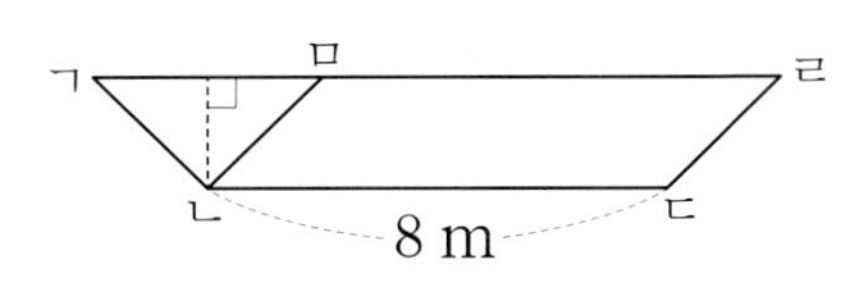

문제 그리기 문제를 읽고, □ 안에 알맞은 수나 기호를 써넣으면서 풀이 과정을 계획합니다.(?: 구하고자 하는 것)

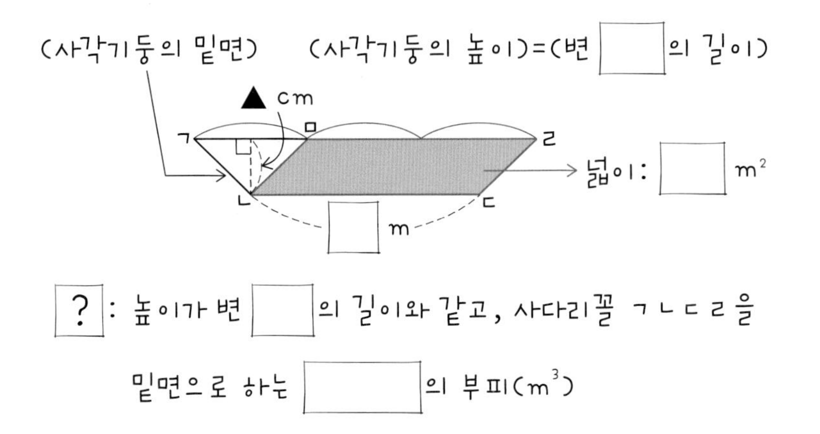

? : 높이가 변 □의 길이와 같고, 사다리꼴 ㄱㄴㄷㄹ을 밑면으로 하는 □의 부피(m^3)

계획-풀기

답

16 오른쪽 입체도형은 크기가 같은 정육면체 27개를 쌓아 만든 입체도형입니다. 쌓은 정육면체의 한 모서리의 길이가 2.4 cm일 때, 이 입체도형의 겉넓이는 몇 cm^2인지 구하세요.

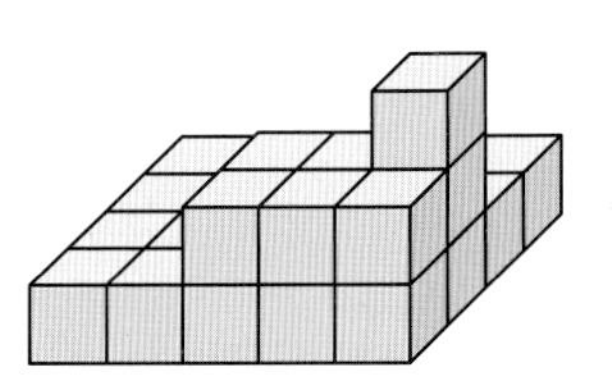

문제 그리기 문제를 읽고, □ 안에 알맞은 수를 써넣으면서 풀이 과정을 계획합니다.(?: 구하고자 하는 것)

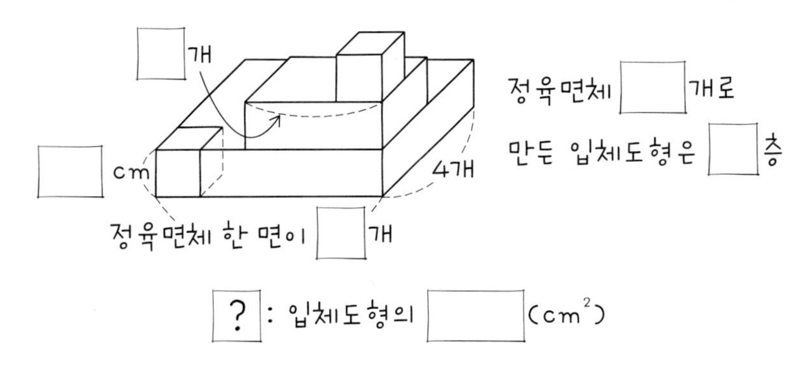

? : 입체도형의 □(cm^2)

계획-풀기

답

정답과 풀이 43쪽

1 오른쪽 직육면체에서 색칠한 면은 넓이가 192 cm^2이고 둘레가 64 cm입니다. 이 직육면체의 겉넓이가 1344 cm^2일 때 부피가 몇 cm^3인지 구하세요.

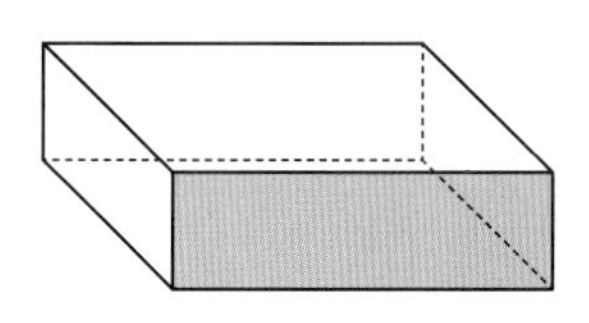

( )

2 민호는 담장을 칠하기 위해 높이가 32 cm인 육각기둥 모양의 페인트 롤러를 만들었습니다. 롤러의 옆면에 모두 페인트를 칠한 후 담장에 놓고 한 방향으로 세 바퀴 굴려서 칠했더니 담장에 칠해진 부분의 넓이가 2688 cm^2였습니다. 이 육각기둥의 모든 모서리의 길이의 합은 몇 cm인지 구하세요.

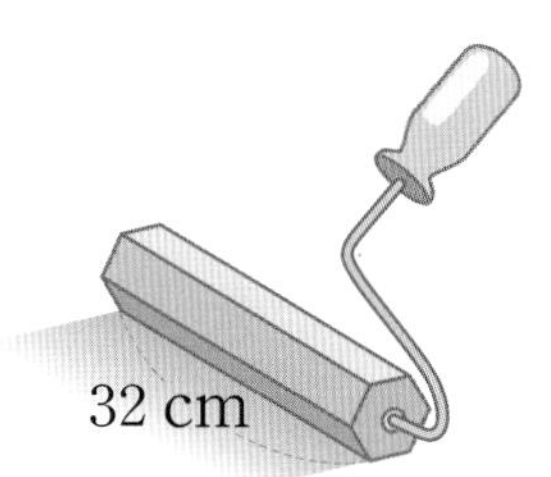

( )

3 밑면이 정다각형인 각기둥의 모서리 개수는 24개입니다. 이 각기둥과 밑면의 모양이 같은 각뿔 2개를 밑면끼리 맞붙여 새로운 입체도형을 만들었을 때, 그 입체도형의 면의 개수와 모서리 개수의 합을 구하세요.

(　　　　　　　　)

4 한 영화에서 불이 번지고 있는 방 안에는 오른쪽 그림과 같은 수조가 있었습니다. 수조에서 좀 떨어져 있던 영화 주인공은 밖으로 나갈 수 없었고 불길로 수조 가까이에도 갈 수 없었습니다. 물을 넘치게 하기 위해 먼저 장난감 자동차 5대를 수조 안에 던졌더니 물이 수조에 가득찼습니다. 그 후 주변 물건을 더 던져 물이 넘치게 했을 때, 이 수조의 부피는 몇 cm^3인지 구하세요.

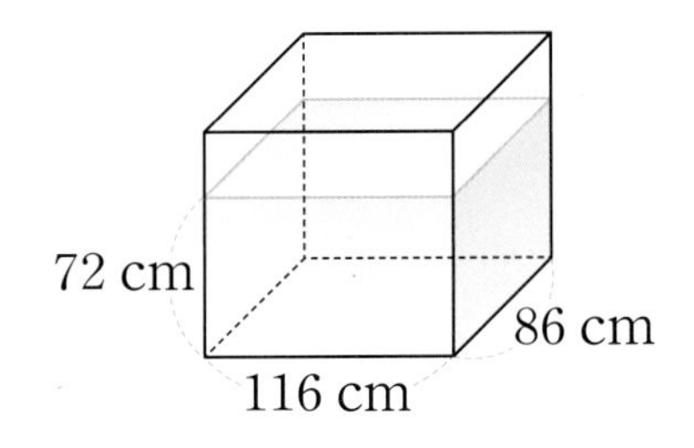

(단, 수조의 물은 장난감 자동차 1대를 넣을 때마다 2 cm씩 올라갔습니다.)

(　　　　　　　　)

말랑말랑 수학

정답과 풀이 44쪽

각기둥과 각뿔의 구성 요소의 개수

각기둥에서
- (꼭짓점의 수)=(한 밑면의 변의 수)$\times 2$
- (면의 수)=(한 밑면의 변의 수)$+2$
- (모서리의 수)=(한 밑면의 변의 수)$\times 3$

각뿔에서
- (꼭짓점의 수)=(한 밑면의 변의 수)$+1$
- (면의 수)=(한 밑면의 변의 수)$+1$
- (모서리의 수)=(한 밑면의 변의 수)$\times 2$

1 다음과 같은 상자에 어떤 수를 넣으면 주어진 조건에 따라 경로가 나옵니다. 처음 어떤 수를 넣은 후 나온 수를 다시 넣었더니 나온 수가 육각기둥과 삼각뿔의 꼭짓점의 수의 합과 같았습니다. 처음 넣은 어떤 수가 될 수 있는 자연수를 모두 구하세요.

㉠ 3으로 나눠서 나머지가 0이면 1을 더합니다.
㉡ 3으로 나눠서 나머지가 1이면 3을 더합니다.
㉢ 3으로 나눠서 나머지가 2이면 1를 뺍니다.

( )

2 해달 형제가 있습니다. 형이 모은 조개를 자신의 주머니와 동생1과 동생2 주머니에 저장해 놓으려고 합니다. 형 주머니에는 모은 조개의 $\frac{1}{3}$을 넣고 2개를 더 넣었습니다. 동생1의 주머니에는 남은 조개의 절반을 넣고 1개를 더 넣었습니다. 동생2의 주머니에는 남은 조개의 $\frac{3}{4}$을 넣고 3개를 더 넣었더니 남은 조개는 1개였습니다. 형이 모은 조개의 수는 □각기둥의 모서리의 수와 같다고 할 때, □의 값을 구하세요.

( )

3 일어날 수 있는 사건의 가짓수를 경우의 수라고 합니다. 다음 그림은 밑면은 정사각형, 옆면은 모양과 크기가 모두 같은 이등변삼각형인 사각뿔 모양의 스탠드입니다. 노란색과 초록색 물감 중 한 가지 또는 두 가지를 이용하여 사각뿔의 다섯 면을 색칠하여 서로 다른 스탠드를 만들고자 합니다. 몇 가지의 다른 스탠드를 만들 수 있는지 구하세요. (단, 돌렸을 때 같은 모양은 같은 모양입니다.)

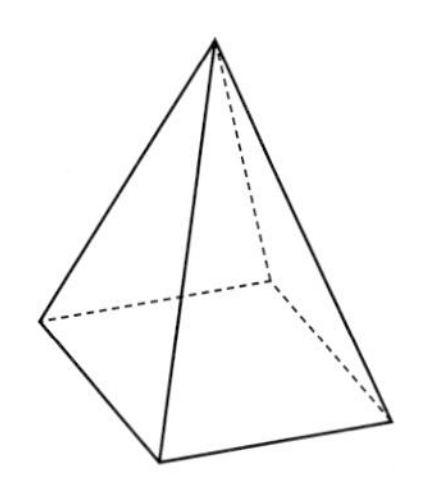

(　　　　　　　　　　　)

단원 연계

5학년 1학기

평균과 가능성
- 사건이 일어날 가능성을 말과 수로 표현 및 비교
- 자료를 통한 가능성 예측, 가능성에 근거한 판단
- 평균의 의미 이해 및 계산과 적용

6학년 1학기

비와 비율
- 두 양의 크기를 비교하는 상황을 통해 비의 개념을 이해, 두 양의 관계를 비 표현
- 비율을 분수, 소수, 백분율로 나타내기

여러 가지 그래프
- 문제 설정에 맞는 자료 수집 및 정리하여 막대그래프, 꺾은선그래프, 띠그래프와 원그래프 중 적절한 그래프 표현 및 해석

6학년 2학기

비례식과 비례배분
- 비례식 개념 및 그 성질 이해
- 비례배분 개념 이해 및 적용

이 단원에서 사용하는 전략

- 식 만들기
- 표 만들기
- 그림 그리기
- 문제정보 복합적으로 나타내기
- 예상하고 확인하기

PART 3

변화와 관계 자료와 가능성

관련 단원 비와 비율 | 여러 가지 그래프

개념 떠올리기

비와 비율, 백분율의 의미는?

1 민희네 반 학생들이 좋아하는 색을 다음과 같은 표로 내었을 때, 다음 중 표에 대한 설명 중 틀린 것을 모두 고르세요.

좋아하는 색	파랑	노랑	주황	초록	분홍	합계
학생 수(명)	6	2	4	5	8	25

① 파랑을 좋아하는 학생 수에 대한 노랑을 좋아하는 학생 수의 비는 1 : 3입니다.

② 분홍을 좋아하는 학생 수와 초록을 좋아하는 학생 수의 비는 8 : 5입니다.

③ 노랑을 좋아하는 학생 수에 대한 초록을 좋아하는 학생 수의 비율은 $\frac{2}{5}$입니다.

④ 분홍을 좋아하는 학생 수의 노랑을 좋아하는 학생 수에 대한 백분율은 37.5 %입니다.

⑤ 전체 학생 수에 대한 노랑을 좋아하는 학생 수의 비율은 0.08입니다.

2 주어진 비의 기준량, 비교하는 양, 비율, 백분율을 구하여 빈 곳에 알맞은 수를 써넣으세요.

(단, 비율은 진분수나 가분수로 나타내세요.)

비	기준량	비교하는 양	비율	백분율(%)
7:2				
4에 대한 3의 비				
9의 5에 대한 비				
2와 25의 비				

개념 적용

우리 동네에는 파랑, 빨강, 노랑 젤리 가게가 모여 있는데, 한 봉지에 여러 젤리들이 섞여 있어요. 다른 젤리보다 사과 젤리를 가장 많이 넣어서 주는 가게가 어디일까요?

가게마다 한 봉지의 젤리 수가 다 달라서 사과 젤리의 수만 비교해서는 안 되고, 비율을 비교해야해요. 한 봉지 젤리 수에 대한 사과 젤리 수의 비율을 비교해야죠. 전체 젤리 수에 대한 사과 젤리 수의 비율이 파랑 가게는 $\frac{3}{5}$, 빨강 가게는 $\frac{2}{5}$, 노랑 가게는 $\frac{4}{5}$네요.

아하! 사과 젤리가 많이 든 봉지를 파는 가게는 노랑 가게이군요.

비율과 백분율은 어떻게 활용되요?

3 동네에 있는 작은 공원 두 곳 가운데 더 한산한 곳에서 놀고자 할 때, 지난주 기록을 바탕으로 어느 공원으로 가면 되는지 구하세요.

	청 공원	백 공원
넓이(km^2)	0.35	0.42
사람 수(명)	256	498

( )

4 경주마들은 평균적으로 1시간에 약 64 km에서 70 km 정도를 달립니다. 그러나 2008년 서러브레드라는 말은 어떤 경주에서 1시간 동안 70.76 km씩을 달렸다고 합니다. 서러브레드는 1초에 몇 m를 달린 것인지 구하세요. (단, 반올림하여 소수 첫째 자리까지 나타내세요.)

( )

5 다음 삼각형들 중 밑변의 길이에 비해서 높이가 가장 높은 삼각형의 기호를 쓰세요.

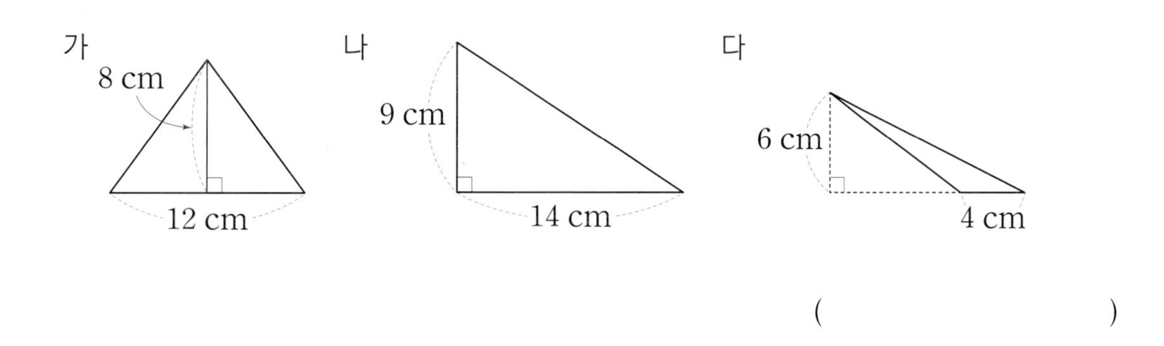

( )

6 가, 나, 다 모양의 집에서 색칠한 부분은 마당입니다. 전체 집의 넓이에 대한 마당의 넓이의 백분율이 몇 %씩인지 각각 구하세요. (단, 반올림하여 일의 자리까지 나타내세요.)

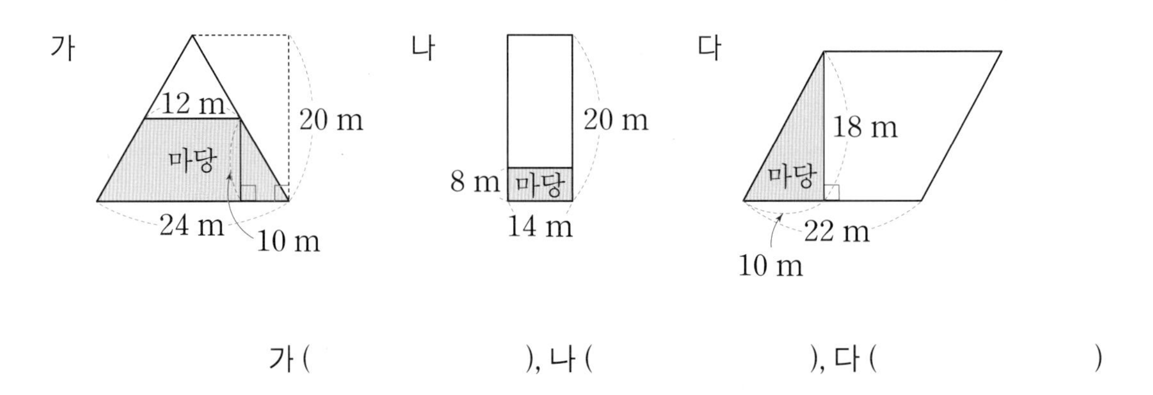

가 (　　　　　　), 나 (　　　　　　), 다 (　　　　　　)

7 가로의 길이에 대한 세로의 길이의 비율이 0.4인 직사각형을 모두 고르세요.

㉠ 가로의 길이가 54 cm이고, 세로의 길이가 108 cm인 직사각형
㉡ 가로의 길이가 세로의 길이의 0.4배입니다.
㉢ 세로의 길이는 가로의 길이의 40%입니다.
㉣ 세로의 길이가 0.7 m이고, 가로의 길이가 2.8 m입니다.
㉤ 가로의 길이가 15 cm일 때, 세로의 길이는 6 cm입니다.

(　　　　　　)

개념 적용

지난 번에 제가 가지고 싶다고 했던 청바지를 어제부터 30% 할인한대요!

그래요? 그 바지가 30000원이라고 했었죠? 그럼 할인하면 얼마죠?

30000원의 30%는 $30000 \times \frac{30}{100} = 9000$(원)이니까
할인된 가격은 $30000 - 9000 = 21000$(원)이에요.

비율을 그래프로 나타낼 수도 있다고?

[8~10] 작년과 재작년 무지개 과수원에서 수확한 전체 과일 수에 대한 각 과일의 수의 비율이 같았으며, 그 비율을 다음과 같이 띠그래프로 나타냈습니다. 물음에 답하세요.

무지개 과수원의 과일

0 10 20 30 40 50 60 70 80 90 100(%)

사과 (45 %)	딸기 (30 %)	배 (15 %)	키위 (10 %)

8 사과의 수는 배의 수의 몇 배인지 구하세요.

( )

9 작년에 수확한 과일이 36000개일 때, 딸기는 몇 개인지 구하세요.

( )

10 재작년에 수확한 배가 2700개라고 할 때, 키위는 몇 개인지 구하세요.

( )

개념 적용

인구 변화에 대한 뉴스 봤어요?

물론이죠. 전 너무 놀라서 그 기사를 사진으로 찍었어요. 2060년의 인구 연령대별 인구수를 띠그래프로 나타내서 비교했던 기사였거든요. 여기 보세요. 2020년에는 고령인구의 수가 전체 인구 수의 15.7%였는데, 2060년에는 100-(8+48)=44(%)예요.

연령대별 인구 구성비 (2060년)

(유소년 0~14세, 생산가능인구 15~64세, 고령인구 65세 이상)

0 10 20 30 40 50 60 70 80 90 100(%)

유소년 (8 %)	생산가능인구 (48 %)	고령인구

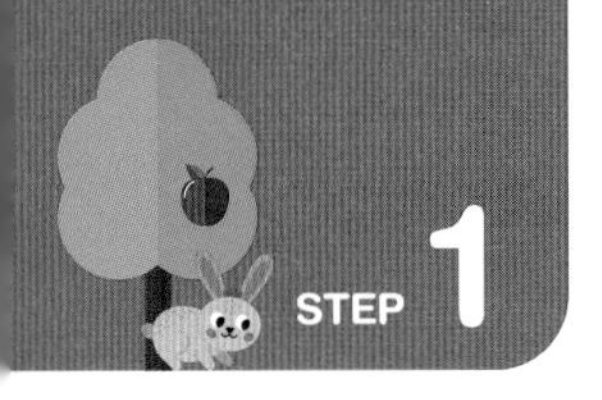

식 만들기 정답과 풀이 45쪽

식을 세워! 식을 ~

문제를 읽고 정확하게 이해한 후에 어떻게 풀지를 되도록 식으로 나타낸 뒤 계산한다면 좀 더 쉽게 구할 수 있습니다.

식을 쓰는 것이 귀찮아서 저는 그냥 계산해서 답을 써요.

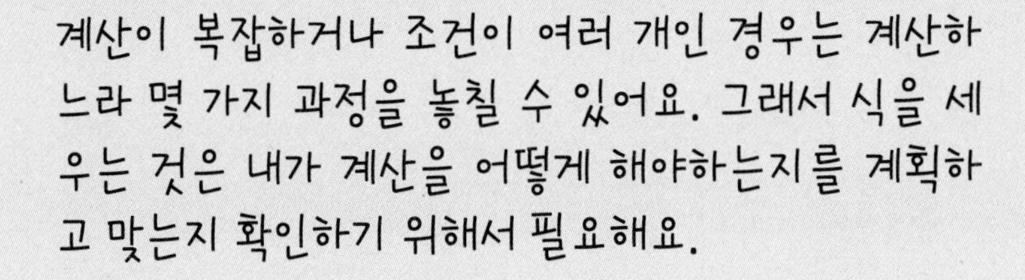

계획이요??

네. 문제에 글이 너무 많거나 수가 크거나 분수의 경우처럼 복잡해도 식을 세우면 어떻게 풀어야 할지 한눈에 보이는 경우가 많거든요.

이제부터는 식을 세워서 풀어봐야겠어요.

1 소연이는 인터넷에서 '맛있게 코코아 타기' 방법이 '우유 200 mL에 코코아 가루 30 g 섞기'라는 것을 보고, 우유 500 mL 전부를 사용하여 맛있는 코코아를 만들려고 합니다. 이때 코코아 가루를 몇 g 넣어야 하는지 구하세요.

문제 그리기 문제를 읽고, □ 안에 알맞은 수를 써넣으면서 풀이 과정을 계획합니다.(?: 구하고자 하는 것)

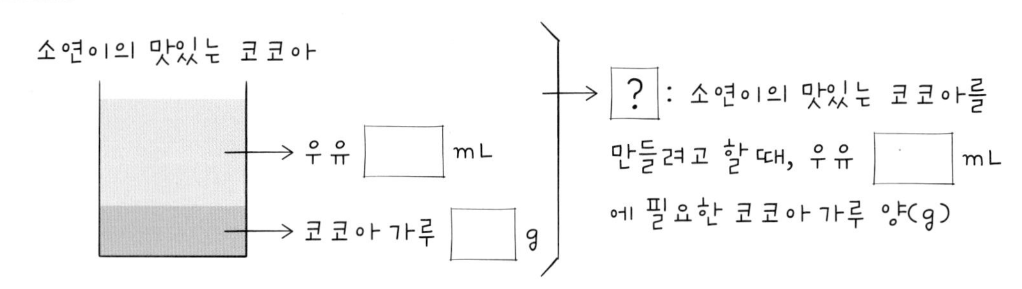

계획-풀기 틀린 부분에 밑줄을 긋고, 그 부분을 바르게 고친 것을 화살표 오른쪽에 씁니다.

❶ 우유의 양에 대한 코코아 가루의 양의 비율을 분수로 나타내기

(우유의 양에 대한 코코아 가루의 양의 비율)$=\frac{(\text{우유의 양})}{(\text{코코아 가루의 양})}=\frac{200}{30}=\frac{20}{3}$

→

❷ 우유 500 mL로 코코아를 만들 때 필요한 코코아 가루의 양 구하기

(코코아 가루의 양)=(우유 양에 대한 코코아 가루의 양의 비율)÷(우유의 양)

$=\frac{20}{3}\div 500=\frac{20}{3}\times\frac{1}{500}=\frac{1}{75}$ (g)

→

답

확인하기 문제를 풀기 위해 배워서 적용한 전략에 ○표 하세요.

식 만들기 (　　)　　그림 그리기 (　　)　　표 만들기 (　　)

2 다음은 정아네 학교 6학년 2반과 3반 학급의 줄넘기 수를 줄넘기의 색깔별로 조사하여 나타낸 띠그래프입니다. 줄넘기 수는 2반이 56개, 3반이 52개일 때 노란색 줄넘기가 더 많은 반은 어느 반인지 구하세요. (단, 부서진 줄넘기도 상태에 따라 소수로 표현하여 조사하였습니다.)

학급 줄넘기의 색깔별 수

2반	빨강 (30 %)	노랑 (▲ %)	파랑 (40 %)	기타 (18 %)
3반	빨강 (34 %)	노랑 (16 %)	파랑 (35 %)	기타 (15 %)

문제 그리기 문제를 읽고, □ 안에 알맞은 수나 말을 써넣으면서 풀이 과정을 계획합니다.(?: 구하고자 하는 것)

					전체 줄넘기 수
2반	빨강 (30 %)	노랑 (▲ %)	파랑(□ %)	기타 (18 %)	□개
3반	빨강(□ %)	노랑 (16 %)	파랑(□ %)	기타 (15 %)	□개

? : 어느 반이 □색 줄넘기의 수가 더 많은지 구하기

계획-풀기 틀린 부분에 밑줄을 긋고 그 부분을 바르게 고치면서 답을 구합니다.

❶ 2반의 줄넘기 중 노란색 줄넘기의 수 구하기

2반 줄넘기 중 노란색 줄넘기 수의 비율은 $100-(30+40+18)=32(\%)$ ⇨ 0.32입니다.

(2반 노란 줄넘기 수)=(2반 줄넘기 수)×(2반 줄넘기 중 노란색 줄넘기 수의 비율)

$=55\times0.32=17.6$(개)

→

❷ 3반의 줄넘기 중 노란색 줄넘기의 수 구하기

3반 줄넘기 중 노란 줄넘기 수의 비율을 소수로 나타내면 24(%) ⇨ 0.24입니다.

(3반 노란 줄넘기 수)=(3반 줄넘기 수)×(3반 줄넘기 수에 대한 노란색 줄넘기 수의 비율)

$=55\times0.24=13.2$(개)

→

❸ 어느 반의 노란색 줄넘기가 더 많은지 구하기

2반이 17.6개이고 3반이 13.2개이므로 2반이 3반보다 더 많습니다.

→

답 ____________

확인하기 문제를 풀기 위해 배워서 적용한 전략에 ○표 하세요.

식 만들기 (　　)　　그림 그리기 (　　)　　표 만들기 (　　)

표 만들기?

문제에서 변화되는 양이 2개일 때, 그 변화되는 양들을 표로 나타내면 문제에서 구하고자 하는 것을 어떻게 구해야 할지를 발견하게 됩니다. 또한 이 전략은 다른 전략의 보조 전략으로 사용될 수 있습니다.

표는 두 양 사이의 어떤 규칙성을 찾아서 그것을 이용해서 답을 구할 때 사용하면 편해요.

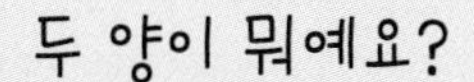

예를 들면, 물건을 살 때 그 물건을 1개, 2개, 3개, … 사면 그 가격이 1배, 2배, 3배, …로 변할 때, 물건의 수와 가격이 두 양이에요.

아하. 알겠어요. 그러면 두 양과 그 관계를 어떻게 찾아요?

문제를 잘 읽고, 먼저 변화되는 것들을 찾아야 해요. 그다음 어떻게 변화되는지를 생각하는 거죠. 그것을 기록할 칸을 미리 정하는 것이 바로 표를 그리는 것이고! 해 볼까요?!

1 스웨덴의 어느 자동차는 2시간 동안 최대 1126 km까지 달릴 수 있다고 합니다. 긴 시베리아 횡단 철도는 약 9288 km로 지구 둘레의 약 $\frac{1}{4}$일 때, 이 자동차가 최대 빠르기로 이 철도를 주행한다면 약 몇 시간과 몇 시간 사이의 시간이 걸리는지 자연수로 구하세요.

문제 그리기 문제를 읽고, □ 안에 알맞은 수나 말을 써넣으면서 풀이 과정을 계획합니다.(?: 구하고자 하는 것)

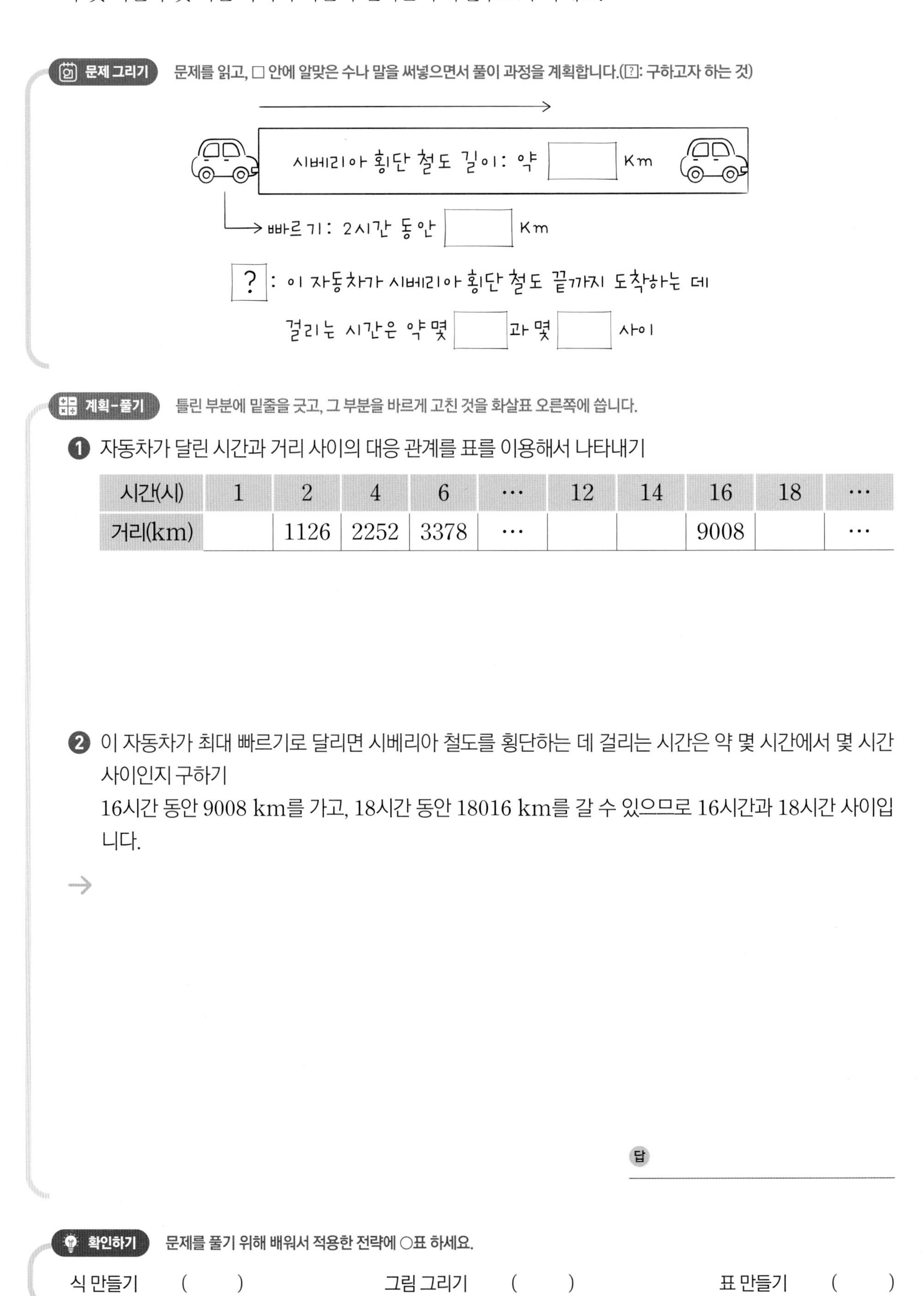

계획-풀기 틀린 부분에 밑줄을 긋고, 그 부분을 바르게 고친 것을 화살표 오른쪽에 씁니다.

① 자동차가 달린 시간과 거리 사이의 대응 관계를 표를 이용해서 나타내기

시간(시)	1	2	4	6	…	12	14	16	18	…
거리(km)		1126	2252	3378	…			9008		…

② 이 자동차가 최대 빠르기로 달리면 시베리아 철도를 횡단하는 데 걸리는 시간은 약 몇 시간에서 몇 시간 사이인지 구하기

16시간 동안 9008 km를 가고, 18시간 동안 18016 km를 갈 수 있으므로 16시간과 18시간 사이입니다.

→

답

확인하기 문제를 풀기 위해 배워서 적용한 전략에 ○표 하세요.

식 만들기 ( ) 그림 그리기 ( ) 표 만들기 ( )

2 다음은 우리나라의 100 m^2당 생산하는 쌀의 양을 1년 단위로 나타낸 그림그래프입니다. 2018년부터 2021년까지의 쌀 생산량의 합이 2050 kg일 때 2021년은 2018년부터 2021년까지의 쌀 생산량의 몇 %인지 소수 첫째 자리에서 반올림하여 구하세요.

연도별 쌀 생산량

연도(년)	생산량(kg)
2018	
2019	
2020	
2021	

100 kg
10 kg
1 kg

문제 그리기 문제를 읽고, □ 안에 알맞은 수를 써넣으면서 풀이 과정을 계획합니다.(?: 구하고자 하는 것)

2018	2019	2020	2021
□	□	□	▲

쌀 생산량의 합: □ kg

? : □년부터 □년까지의 쌀 생산량에 대한 2021년 쌀 생산량의 백분율(%)

계획-풀기 표를 완성하고, 틀린 부분에 밑줄을 긋고, 그 부분을 바르게 고친 것을 화살표 오른쪽에 씁니다.

❶ 그림그래프를 표로 나타내기

은 100 kg을 나타내고, 은 10 kg을 나타내고, 은 1 kg을 나타냅니다.

연도별 쌀 생산량

연도(년)	2018	2019	2020	2021	합계
생산량(kg)				▲	

❷ 2021년의 쌀 생산량은 몇 kg인지 구하기

2021년의 쌀 생산량을 ▲ kg이라고 하면

(전체 쌀 생산량의 합)$=5240+5130+4830+$▲$=20500$(kg)이므로 ▲$=5030$입니다.

→

❸ 전체 쌀 생산량에 대한 2021년 쌀 생산량의 백분율 구하기

(2021년 쌀 생산량의 백분율)=(2021년 쌀 생산량)÷(전체 쌀 생산량)

$=5030\div20500=0.2453\cdots(\%)$

→

답

확인하기 문제를 풀기 위해 배워서 적용한 전략에 ○표 하세요.

식 만들기 (　　)　　그림 그리기 (　　)　　표 만들기 (　　)

그림 그리기?

문제를 해결할 때 사용하는 전략인 '그림 그리기'는 문제정보를 그림으로 나타내어 자신이 그린 그림 속에서 문제를 어떻게 해결해야 하는가를 생각해 낼 수 있는 방법입니다.

그림 그리기 전략은 문제를 그림으로 나타내는 거야.

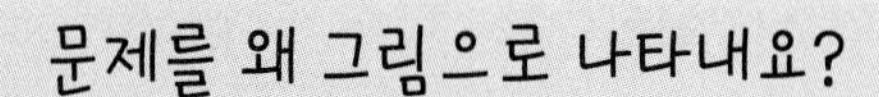

문제를 왜 그림으로 나타내요?

문제를 잘 읽고 문제정보를 선이나 띠, 원 등 그리고 싶은 형태에 다 표시를 하면서 풀이 방법을 생각해 낼 수 있거든요. 그림을 그리면서 잘 살펴보면 어떻게 풀어야 할지를 찾을 수 있어요.

문제의 정보를 그림으로 나타내면 풀이 방법을 찾을 수 있다고요? 저도 해봐야 겠어요.

1 넓이가 544 km^2인 전체 땅 중 289 km^2만큼을 농장으로 만들려고 합니다. 전체 땅이 오른쪽 그림과 같을 때 만들 농장의 넓이만큼을 색칠한다면 작은 삼각형 몇 개에 색칠을 해야 하는지 구하세요.

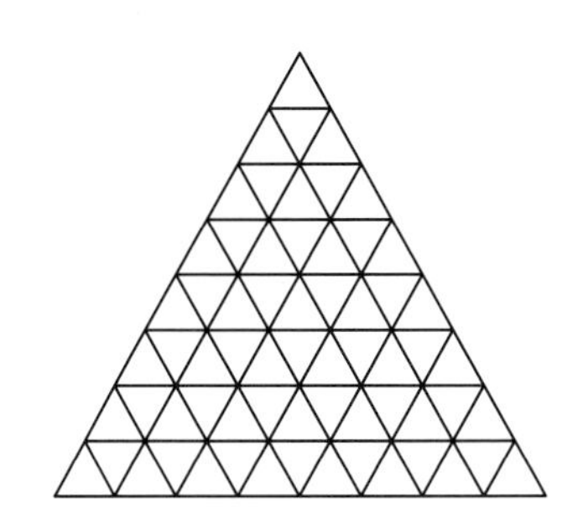

문제 그리기 문제를 읽고, □ 안에 알맞은 수를 써넣으면서 풀이 과정을 계획합니다.(?: 구하고자 하는 것)

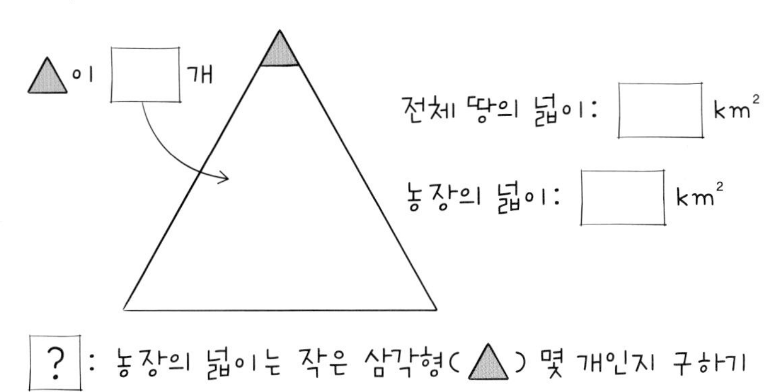

계획-풀기 틀린 부분에 밑줄을 긋고, 그 부분을 바르게 고친 것을 화살표 오른쪽에 씁니다.

❶ 작은 삼각형 1개의 넓이 구하기

전체 땅이 32개의 삼각형으로 이루어져 있으므로 기준량은 작은 삼각형의 개수이고, 비교하는 양은 전체 땅이므로 작은 삼각형 1개의 넓이는 $\frac{544}{32}=17(km^2)$입니다.

→

❷ 농장의 넓이만큼 색칠하기

작은 삼각형 1개의 넓이가 17 km^2이고, 농장의 넓이는 289 km^2이므로 작은 삼각형 $289 \div 17=17$(개)를 색칠하면 됩니다.

→

답 ____________

확인하기 문제를 풀기 위해 배워서 적용한 전략에 ○표 하세요.

식 만들기 (   )   그림 그리기 (   )   표 만들기 (   )

2 기주 어머니는 작년에 마늘장아찌를 담그기 위해서 간장 800 g에 설탕 500 g을 섞어서 간장 설탕물을 만드셨습니다. 올해도 같은 비율을 적용하여 간장 480 g으로 간장 설탕물을 만드신다고 할 때, 필요한 설탕의 양은 몇 g인지 구하고, 간장의 양에 대한 설탕의 양은 몇 %인지 구하세요.

문제 그리기 문제를 읽고, □ 안에 알맞은 수를 써넣으면서 풀이 과정을 계획합니다.(?: 구하고자 하는 것)

(작년)

간장 + 설탕 ⟺ 같은 비율 ⟺ 간장 설탕

□ g □ g □ g ▲ g

? : 올해 필요한 □의 양(g)과 □의 양에 대한 □의 양의 백분율(%)

계획-풀기 틀린 부분에 밑줄을 긋고, 그 부분을 바르게 친 것을 화살표 오른쪽에 씁니다.

❶ 간장이 480 g일 때 필요한 설탕의 양 구하기

문제 그리기에서 설탕의 양을 구하기 위하여 480을 4등분하고 그중에서 2개의 양을 구하면 됩니다. 따라서 $480 \div 4 \times 2 = 240$(g)이므로 간장 480 g에는 설탕 240 g이 필요합니다.

→

❸ 간장의 양에 대한 설탕의 양의 비율이 몇 %인지 구하기

간장 480 g에 설탕 240 g이 녹아있는 것과 같으므로 백분율은 $\frac{240}{480} \times 100 = 50(\%)$입니다.

→

답

확인하기 문제를 풀기 위해 배워서 적용한 전략에 ○표 하세요.

식 만들기 (　　)　　그림 그리기 (　　)　　표 만들기 (　　)

1 우리나라 2022년 출생아 수는 23000명으로 2021년보다 3.9 % 줄었고, 2023년 출생아 수는 2022년보다 8.1 %가 줄었을 때, 2023년 출생아 수는 몇 명인지 구하세요.

문제 그리기 문제를 읽고, □ 안에 알맞은 수를 써넣으면서 풀이 과정을 계획합니다.(?: 구하고자 하는 것)

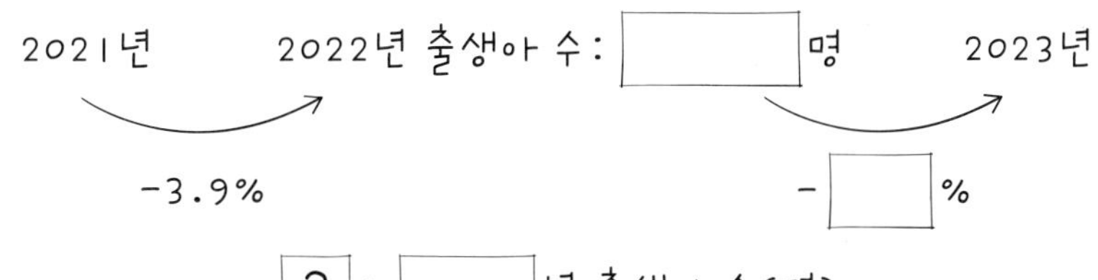

? : □년 출생아 수(명)

계획-풀기

답 ______

2 설탕물 ㉮, ㉯, ㉰가 있습니다. 민영이와 철용이가 더 달콤한 설탕물이 어떤 것인가에 대하여 이야기 할 때, 올바른 말을 하는 사람은 누구인지 구하세요.

㉮ 설탕 60 g, 물 440 g
㉯ 설탕 20 g, 물 105 g
㉰ 설탕 54 g과 물을 섞은 설탕물 360 g

민영: 설탕의 양을 기준량, 물의 양을 비교하는 양으로 비율을 나타내면

㉮ $\frac{440}{60}=\frac{22}{3}$, ㉯ $\frac{105}{20}=\frac{21}{4}$,

㉰ $\frac{360-54}{54}=\frac{17}{3}$이므로 ㉮가 제일 달아!

철용: 물의 양을 기준량, 설탕의 양을 비교하는 양으로 비율을 나타내면

㉮ $\frac{60}{440}=\frac{3}{22}$, ㉯ $\frac{20}{105}=\frac{4}{21}$,

㉰ $\frac{54}{360-54}=\frac{3}{17}$이므로 ㉯가 제일 달아!

문제 그리기 문제를 읽고 □ 안에 알맞은 수나 말을 써넣으면서 생각 해결 방법을 해 봅니다. 구하려는 것을 ?로 나타냅니다.

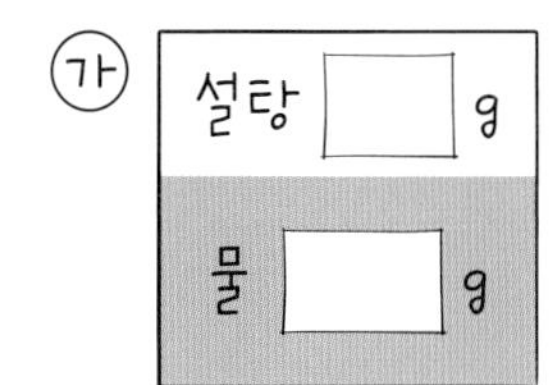

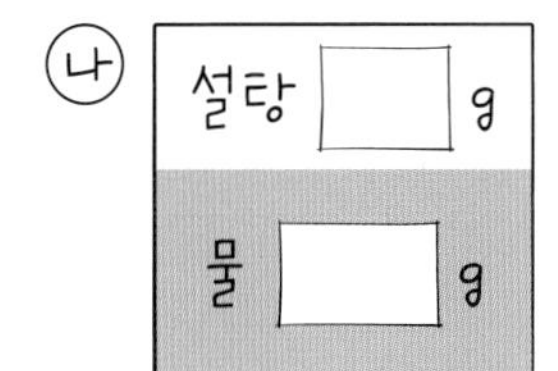

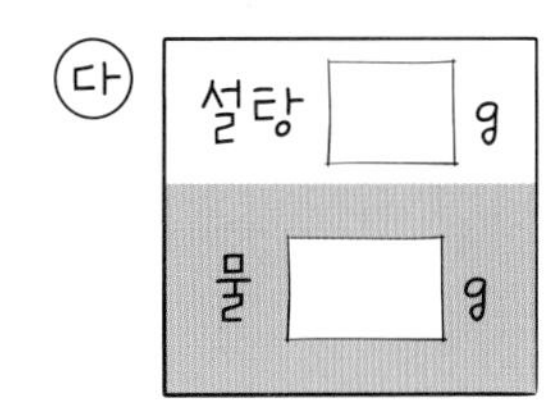

? : □ 말을 한 사람

계획-풀기

답 ______

3 이집트의 피라미드는 사각뿔의 형태로 옆면의 모서리는 모두 정확하게 동서남북을 가리키며 각도도 정확해서 매우 경이롭습니다. 12월 말인 동지 무렵 그림자 길이에 대한 피라미드 높이의 비율이 1.83일 때, 그림자의 길이가 86 m라면 피라미드의 높이는 몇 m인지 구하세요.

문제 그리기 문제를 읽고, □ 안에 알맞은 수나 말을 써넣으면서 풀이 과정을 계획합니다.(?: 구하고자 하는 것)

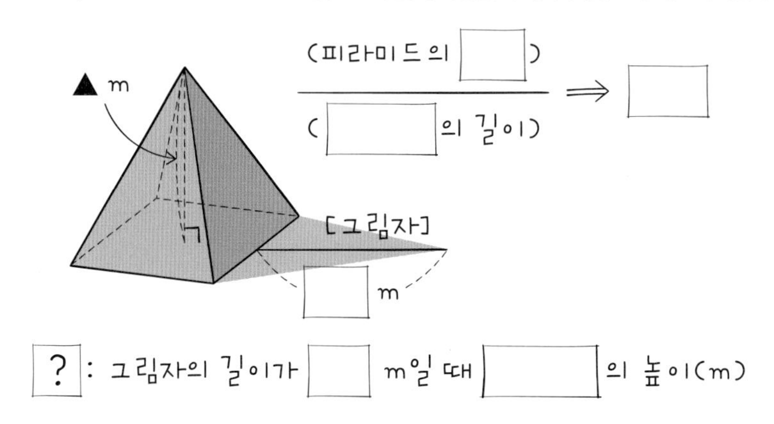

? : 그림자의 길이가 □ m일 때 □의 높이(m)

계획-풀기

답 ______

4 기술로 변화하는 미래 농업은 자동화, 무인화에 대한 속도를 가하고 있습니다. 2018년에는 바퀴형 벼농사용 제초 로봇을 개발하여 50분 안에 1000 m^2의 논의 잡초를 제거할 수 있게 되었습니다. 7820 m^2 토지를 이 로봇으로 제초한다면 몇 시간 몇 분이 걸리는지 구하세요.

문제 그리기 문제를 읽고, □ 안에 알맞은 수를 써넣으면서 풀이 과정을 계획합니다.(?: 구하고자 하는 것)

50분 ⟶ 논 □ m^2의 잡초 제거

? : 논 □ m^2의 잡초를 이 로봇으로 제거하는데 걸리는 시간(몇 시간 몇 분)

계획-풀기

❶ 1분에 몇 m^2의 토지를 로봇으로 제초할 수 있는지 구하기

❷ 7820 m^2의 토지를 제초하는 데 걸리는 시간 구하기

답 ______

5 민영이 어머니는 준비된 재료로 맛있는 스콘을 구우셨습니다. 전체 재료는 660 g이고 각 재료의 구성비가 다음 띠그래프와 같을 때, 밀가루는 몇 g인지 구하세요.

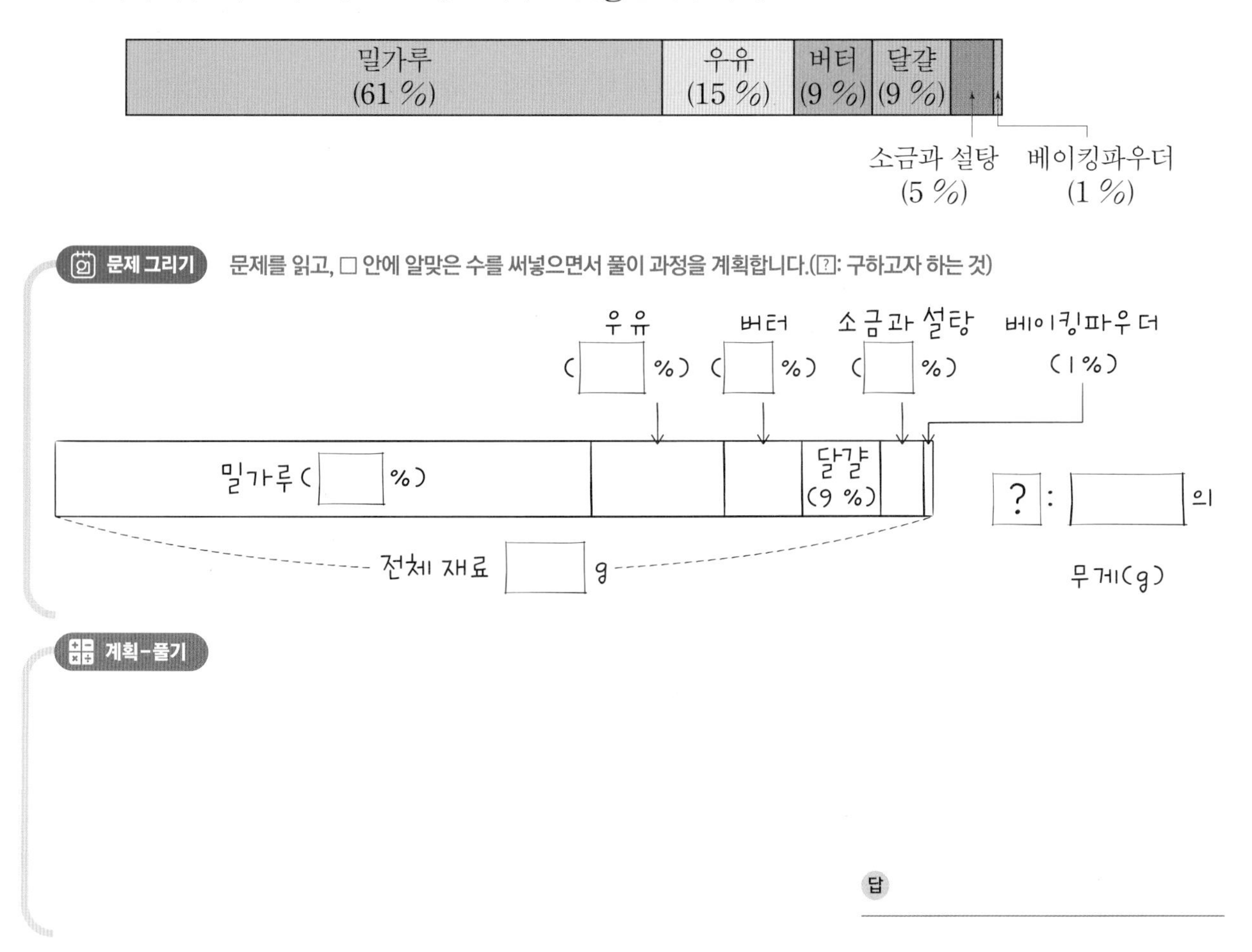

계획-풀기

답

6 서울은 인구 수가 약 940만 명이고, 땅의 넓이는 약 605 km^2이므로 서울은 땅 1 km^2에 약 15537명이 살고 있습니다. 경기도 부천은 땅의 넓이가 약 53 km^2이고, 1 km^2 안에 사는 인구의 수는 약 15094명입니다. 부천의 전체 인구 수가 약 몇 명인지 구하세요. (단, 만의 자리에서 반올림합니다.)

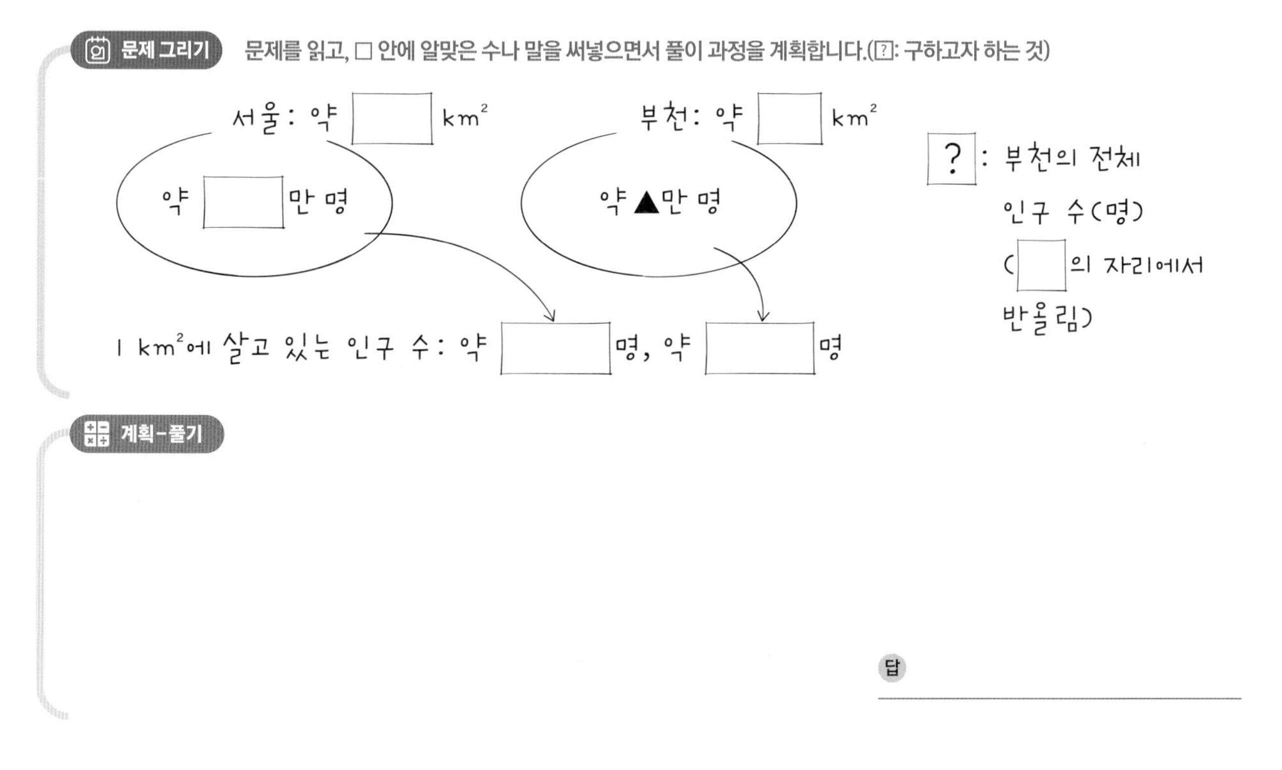

계획-풀기

답

7 오른쪽 원그래프는 어느 캠프에 참가한 1000명 학생들을 대상으로 일주일 동안 아침 식사 횟수를 조사하여 나타낸 것이고, 아래 띠그래프는 매일 아침 식사하는 학생들을 대상으로 식사 메뉴를 조사하여 나타낸 것입니다. 매일 아침 한식을 먹는 학생들이 몇 명인지 구하세요.

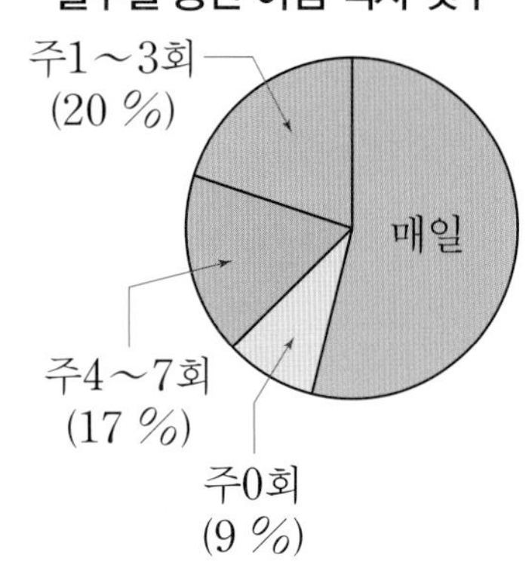

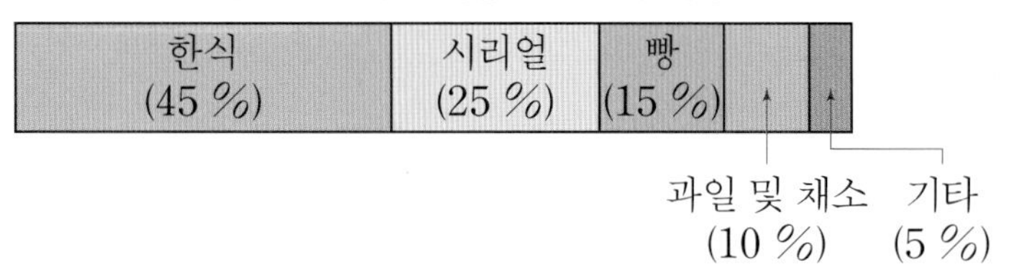

문제 그리기 문제를 읽고, □ 안에 알맞은 수나 말을 써넣으면서 풀이 과정을 계획합니다.(?: 구하고자 하는 것)

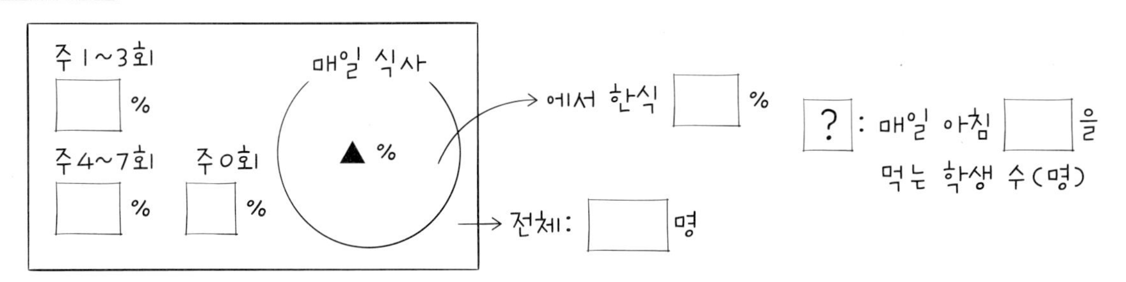

계획-풀기

❶ 매일 아침 식사하는 학생 수 구하기

❷ 매일 아침 한식을 먹는 학생 수 구하기

답

8 다음은 초등학생 3학년부터 6학년 학생들이 좋아하는 간식을 조사하여 나타낸 띠그래프입니다. 조사한 학생이 600명일 때 빵을 좋아하는 학생 수를 구하세요.

초등학생이 좋아하는 간식

치킨 (36.5 %)	피자 (24 %)	과일 (13.5 %)	빵	기타 (17.5 %)

문제 그리기 문제를 읽고, □ 안에 알맞은 수나 말을 써넣으면서 풀이 과정을 계획합니다.(?: 구하고자 하는 것)

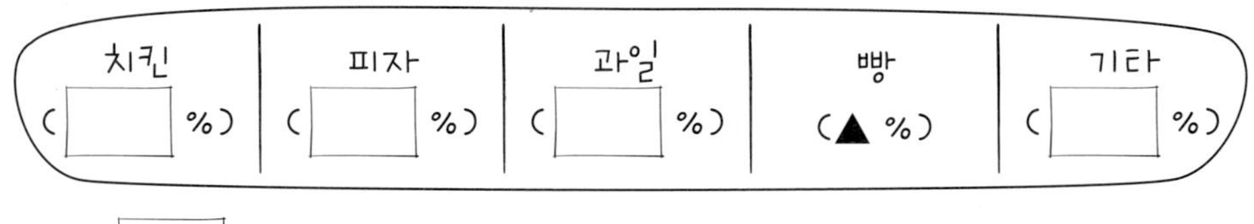

전체: □ 명

? : □ 을 좋아하는 학생 수(명)

계획-풀기

답

9 현영이는 재활용 A4 용지로 만든 작품 전시회에 가서 정육면체 상자를 쌓아 1, 2, 3, …과 같이 번호로 배열 순서가 매겨진 작품을 보았습니다. A4 용지 넓이가 623.7 cm^2이고 A4 용지 1장으로 상자 2개를 만들 때, 5번 작품 만드는 데 몇 cm^2의 A4 용지가 필요한지 구하세요.

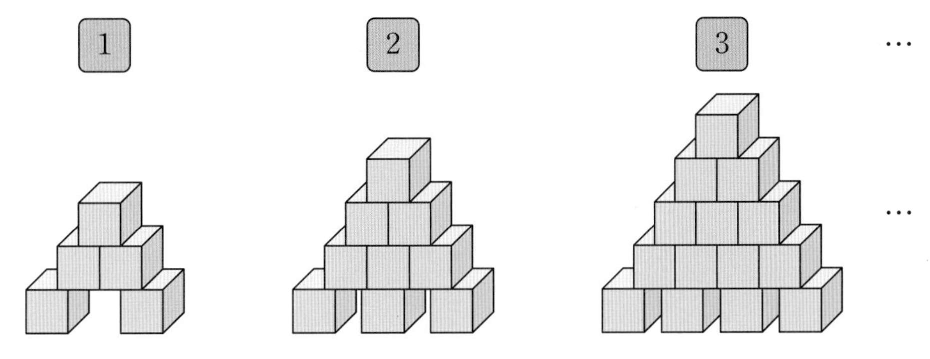

문제 그리기 문제를 읽고, □ 안에 알맞은 수나 말을 써넣으면서 풀이 과정을 계획합니다.(?: 구하고자 하는 것)

번호	1	2	3	…
상자 수(개)	1+2+2	1+2+□+□	1+2+3+□+□	…

A4 용지의 넓이: □ cm^2, ? : □번 작품을 만드는 데 필요한 A4 용지의 □(cm^2)

계획-풀기

❶ 5번 작품을 만드는 데 필요한 상자 수 구하기

❷ 5번 작품을 만드는 데 필요한 A4 용지의 넓이 구하기

답

10 높이와 밑변의 길이의 비가 7 : 6이고 밑변의 길이는 2의 배수인 삼각형이 있습니다. 이 삼각형의 넓이가 525 cm^2일 때, 삼각형의 높이와 밑변의 길이는 각각 몇 cm인지 구하세요.

문제 그리기 문제를 읽고, □ 안에 알맞은 수나 말을 써넣으면서 풀이 과정을 계획합니다.(?: 구하고자 하는 것)

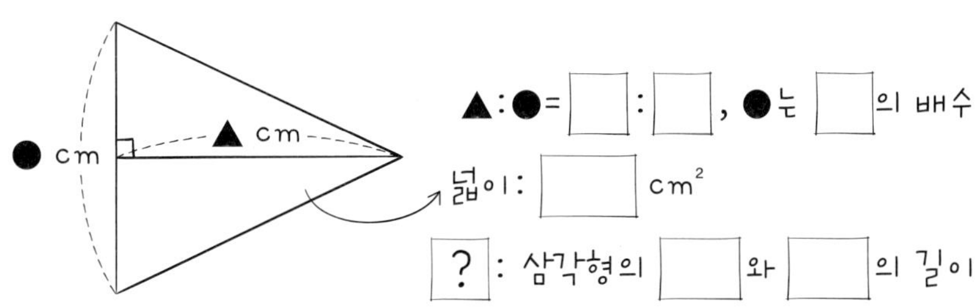

계획-풀기

답

11 민지는 연두 띠 25 cm와 초록 띠 9 cm를 연결해서 리본을 만들었습니다. 현지도 연두 띠 길이에 대한 초록 띠 길이의 비율을 민지와 같게 하여 리본을 만들려고 할 때, 연두 띠 2 m에 연결할 초록 띠의 길이는 몇 m인지 구하세요.

문제 그리기 문제를 읽고, □ 안에 알맞은 수를 써넣으면서 풀이 과정을 계획합니다.(?: 구하고자 하는 것)

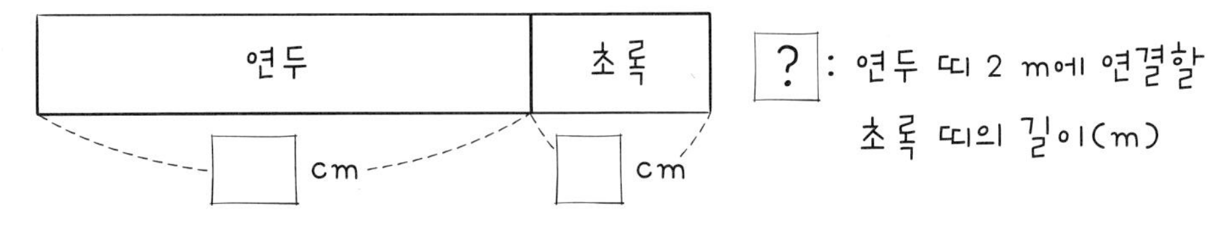

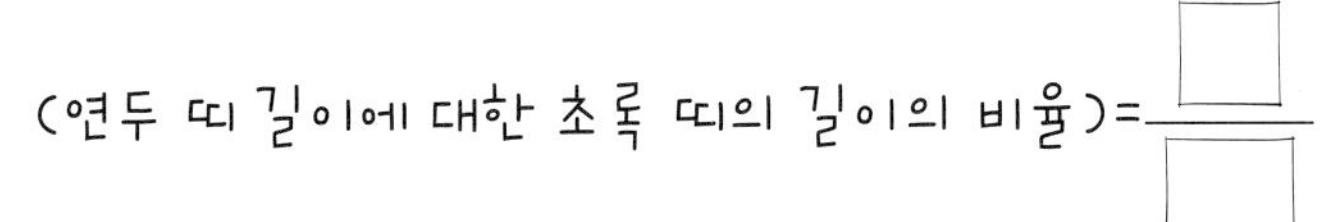

계획-풀기

❶ 연두 띠 길이와 초록 띠의 길이를 표로 나타내기

연두(cm)	25	⋯	100	125	150	175		⋯
초록(cm)	9	⋯						⋯

❷ 연두 띠 2 m와 연결할 초록 띠의 길이 구하기

답

12 초등학교 학생 200명을 대상으로 희망 직업을 조사한 결과를 띠그래프로 나타냈습니다. 희망 직업의 학생 수를 ♠ 100명, ♠ 10명, ♠ 1명으로 나타내는 스티커를 이용하여 그림그래프로 나타내려고 합니다. 필요한 스티커는 몇 장인지 구하세요.

희망 직업

운동 선수 (20 %)	교사 (14 %)	유투버 (12 %)	의사 (12 %)	경찰 (10 %)	기타 (32 %)

문제 그리기 문제를 읽고, □ 안에 알맞은 수를 써넣으면서 풀이 과정을 계획합니다.(?: 구하고자 하는 것)

전체: □ 명

운동 선수 (40명)	교사 (□ 명)	유투버 (□ 명)	의사 (□ 명)	경찰 (□ 명)	기타 64명

?: 희망 직업의 학생 수를 스티커로 나타낼 때 필요한 □ 수(장)

계획-풀기

답

13 철영이네 집 근처 옷 가게에서 모든 봄옷을 동일한 비율로 할인판매 합니다. 14000원인 셔츠를 13000원에 판매할 때, 56000원인 원피스는 얼마에 판매하는지 구하세요.

문제 그리기 문제를 읽고, □ 안에 알맞은 수를 써넣으면서 풀이 과정을 계획합니다.(?: 구하고자 하는 것)

□원인 셔츠 —할인→ □원

? : □원인 원피스의 판매 가격(원)

계획-풀기

❶ 표 완성하기

옷 가격(원)	14000	28000			…
할인(원)	1000	2000			…
판매(원)	13000	26000			…

❷ 56000원인 원피스의 판매 가격 구하기

답

14 우리 동네에는 가로와 세로의 길이의 비가 9 : 5이고 둘레가 1960 m인 직사각형 모양의 정원이 있습니다. 이 정원의 넓이는 몇 m²인지 구하세요.

문제 그리기 문제를 읽고, □ 안에 알맞은 수나 말을 써넣으면서 풀이 과정을 계획합니다.(?: 구하고자 하는 것)

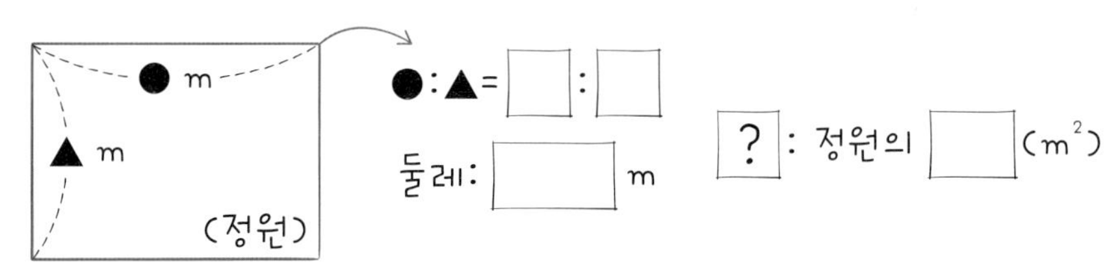

계획-풀기

❶ 가로와 세로의 길이의 합 구하기

❷ 표 완성하기

가로(m)	9	…	585	594	603	612	621	630	…
세로(m)	5	…	325	330					…
가로+세로(m)	14	…	910	924					…

❸ 정원의 넓이 구하기

답

15 생활이 편리해지면서 쓰레기 발생량은 늘어 더 이상 쓰레기를 매립할 수 없게 된다고 합니다. 어느 해 발생한 쓰레기의 발생 유형과 양을 조사하여 나타낸 막대그래프입니다. 막대그래프를 보고 띠그래프로 나타내세요. (단, 백분율은 반올림하여 일의 자리까지 나타냅니다.)

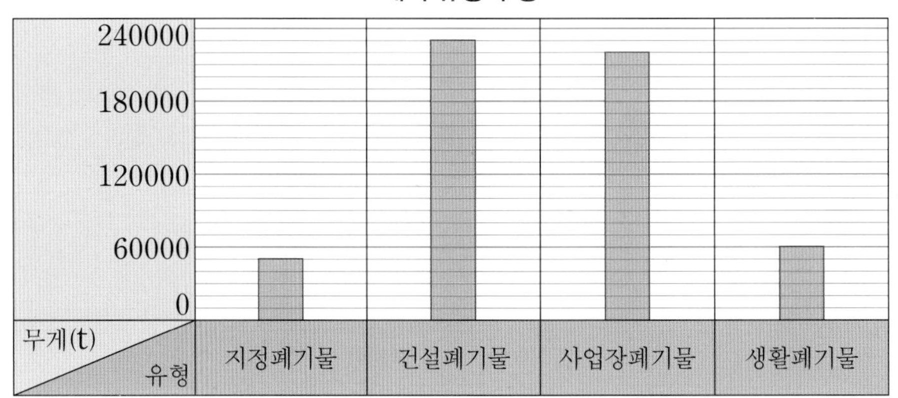

문제 그리기 문제를 읽고, □ 안에 알맞은 수를 써넣으면서 풀이 과정을 계획합니다.(?: 구하고자 하는 것)

지정 50000t 건설 230000t 사업장 □t 생활 □t 전체 □t

? : 띠그래프로 나타내기

계획-풀기

쓰레기 유형과 양

0 10 20 30 40 50 60 70 80 90 100(%)

16 민희는 오른쪽 그림과 같이 직육면체의 모양의 선물상자를 리본으로 묶었습니다. 상자 밑면의 가로의 길이에 대한 세로의 길이의 비율이 $\frac{7}{4}$이고, 밑면의 넓이는 1008 cm^2입니다. 높이는 세로의 길이와 같고, 매듭의 길이가 30 cm일 때, 선물상자를 묶은 리본의 길이는 몇 cm인지 구하세요.

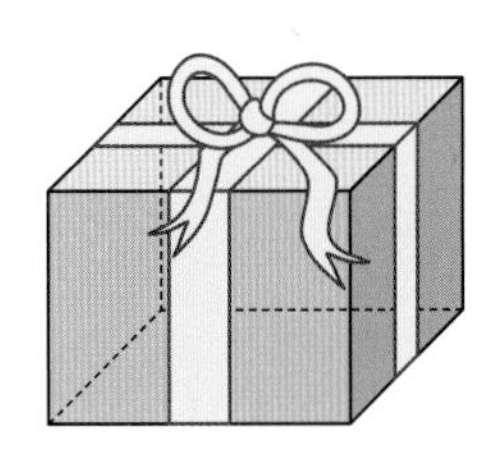

문제 그리기 문제를 읽고, □ 안에 알맞은 수를 써넣으면서 풀이 과정을 계획합니다.(?: 구하고자 하는 것)

(가로의 길이에 대한 세로의 길이의 비율) = $\frac{\square}{\square}$

? : 리본의 길이(cm)

밑면의 넓이: □ cm^2, (높이)=(세로의 길이), 매듭의 길이: □ cm

계획-풀기

답

17 옆면의 모양은 모두 오른쪽과 같은 직사각형이고, 옆면이 8개인 각기둥이 있습니다. 이 각기둥의 이름을 쓰고, 겉넓이는 몇 cm^2인지 구하세요. (단, 각기둥의 한 밑면의 넓이는 108 cm^2입니다.)

4 cm
7 cm

문제 그리기 문제를 읽고, □ 안에 알맞은 수나 말을 써넣으면서 풀이 과정을 계획합니다.(?: 구하고자 하는 것)

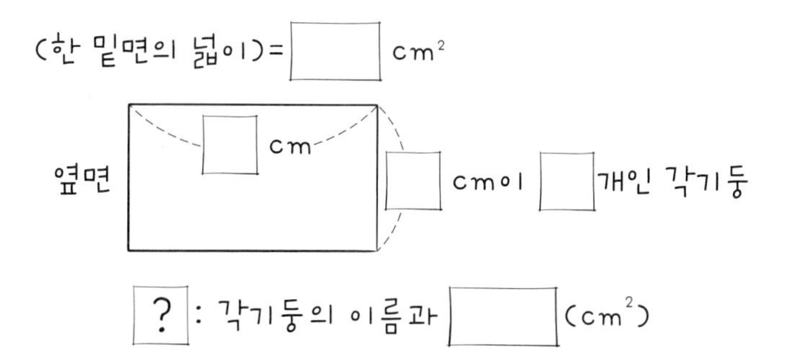

계획-풀기

❶ 각기둥을 그리고 각 모서리의 길이 표시하기

❷ 각기둥의 이름과 겉넓이 구하기

답

18 한 모서리의 길이가 2 cm인 정육면체 모양의 초콜릿 16조각을 쌓아 포장지를 가장 적게 사용할 수 있는 상자 모양으로 만들어 포장하려고 합니다. 초콜릿 조각들로 쌓은 상자 모양의 겉넓이가 몇 cm^2인지 구하세요. (단, 포장을 하면서 포장지의 겹쳐지는 부분은 생각하지 않습니다).

문제 그리기 문제를 읽고, □ 안에 알맞은 수나 말을 써넣으면서 풀이 과정을 계획합니다.(?: 구하고자 하는 것)

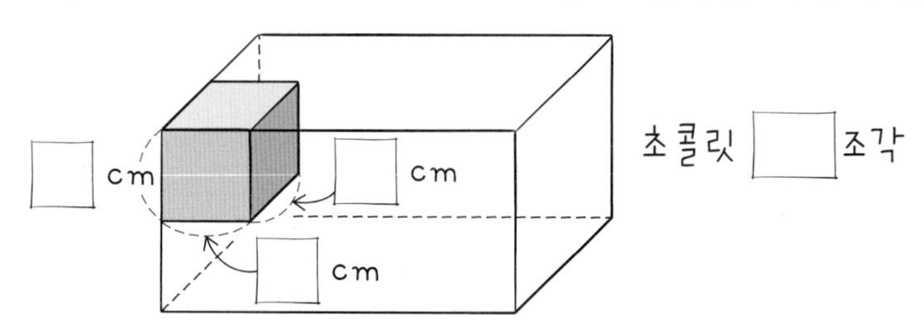

? : 포장지를 가장 □ 사용할 수 있도록 초콜릿을 쌓은 상자 모양의 □ (cm²)

계획-풀기

❶ 초콜릿 16조각으로 겉넓이가 가장 작은 상자 모양 그리기

❷ 상자 모양의 겉넓이 구하기

답

19 한 변의 길이가 3 cm인 쌓기나무로 오른쪽과 같은 직육면체를 만들고 바닥에 닿은 면을 제외한 모든 면을 초록색으로 칠했습니다. 두 면 이상이 색칠된 쌓기나무의 색칠된 면의 넓이는 모두 몇 cm^2인지 구하세요.

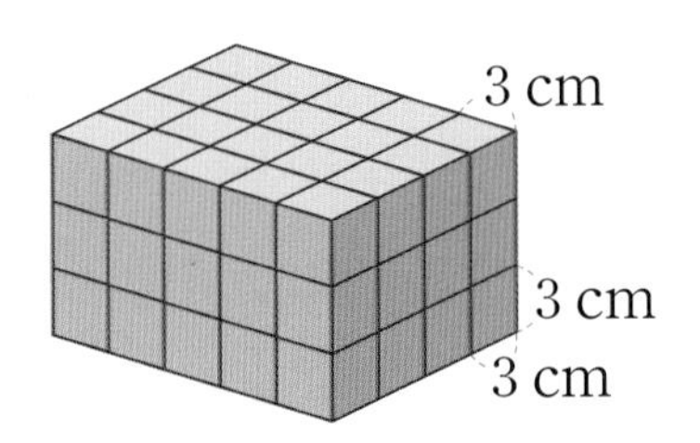

문제 그리기 문제를 읽고, □ 안에 알맞은 수나 말을 써넣으면서 풀이 과정을 계획합니다.(?: 구하고자 하는 것)

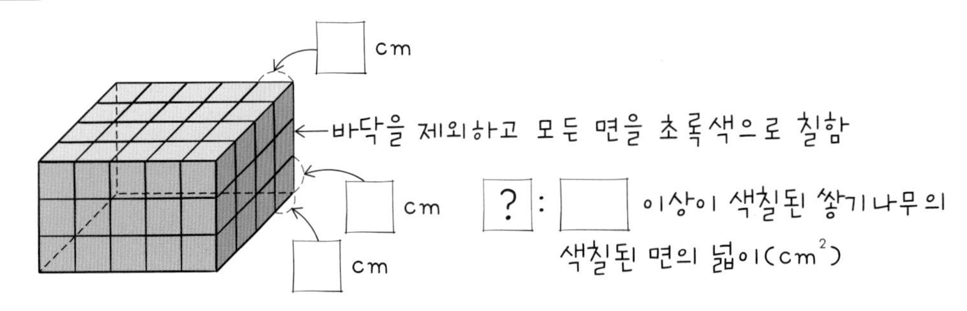

계획-풀기

❶ 2면 이상 색칠된 쌓기나무의 색칠된 면의 수 구하기

❷ 2면 이상 색칠된 쌓기나무의 색칠된 면의 넓이 구하기

답 ____________

20 현우가 딴 딸기의 무게에 대한 민지가 딴 딸기의 무게의 비율은 $\frac{2}{5}$일 때, 민지가 딴 딸기에서 벌레가 먹은 딸기의 무게 150 g과 싱싱한 딸기의 무게의 비는 1 : 5였습니다. 민지와 현우가 딴 딸기는 모두 몇 g인지 구하세요.

문제 그리기 문제를 읽고, □ 안에 알맞은 수나 말을 써넣으면서 풀이 과정을 계획합니다.(?: 구하고자 하는 것)

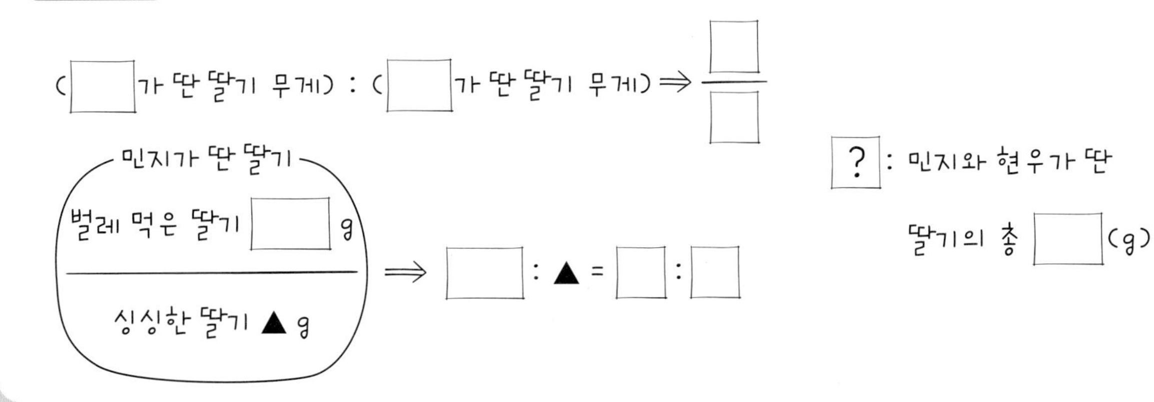

계획-풀기

❶ 민지가 딴 딸기의 양 구하기

❷ 민지와 현우가 딴 딸기의 양은 모두 몇 g인지 구하기

답 ____________

21 현조는 높이가 14 cm인 육각기둥 모양의 연필꽂이를 만들었습니다. 연필꽂이의 밑면은 오른쪽과 같은 사다리꼴 2개의 가장 긴 변끼리 맞대어 만든 육각형일 때, 육각기둥의 옆면의 넓이는 몇 cm^2인지 구하세요.

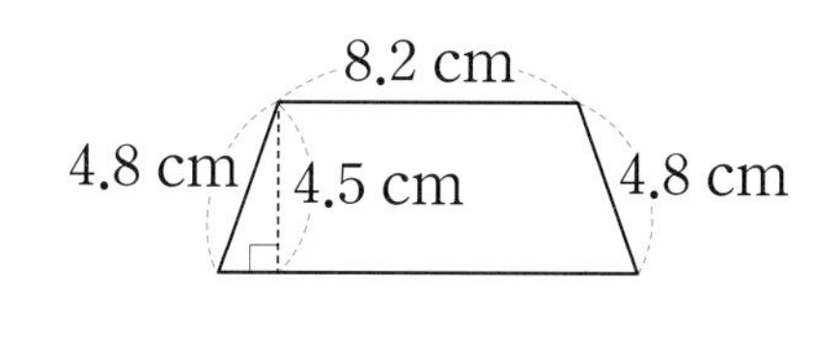

문제 그리기 문제를 읽고, □ 안에 알맞은 수나 말을 써넣으면서 풀이 과정을 계획합니다.(?: 구하고자 하는 것)

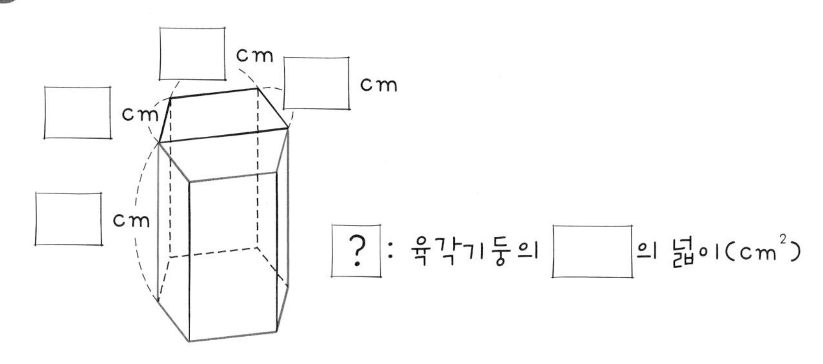

계획-풀기

❶ 육각기둥의 전개도 그리기

❷ 옆면의 넓이 구하기

22 주미는 정삼각형 모양 타일 25개를 사용하여 오른쪽과 같은 나무 모양을 만들었습니다. 전체 타일 수에 대하여 60 %만큼을 색칠하려고 할 때, 정삼각형 타일 몇 개를 색칠해야 하는지 구하세요.

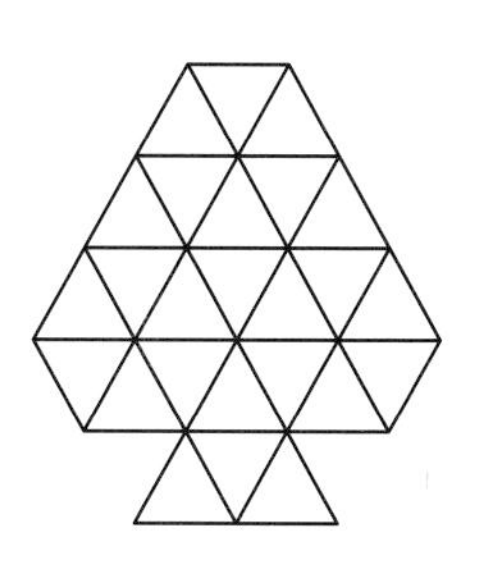

문제 그리기 문제를 읽고, □ 안에 알맞은 수나 말을 써넣으면서 풀이 과정을 계획합니다.(?: 구하고자 하는 것)

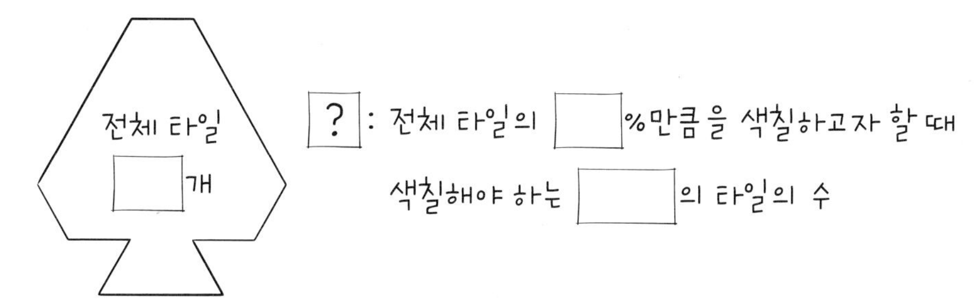

계획-풀기

❶ 전체에 대한 색칠할 부분의 비율을 기약분수로 나타내기

❷ 색칠해야 하는 정삼각형의 타일의 수 구하기

답

23 떨어진 높이의 60 %만큼 다시 튀어 오르는 공이 있습니다. 처음 공을 떨어뜨려서 땅에서 첫 번째 튀어 오른 공의 높이가 15 m라고 할 때, 공이 4번째 튀어 오른 높이는 몇 cm인지 구하세요.

문제 그리기 문제를 읽고, □ 안에 알맞은 수를 써넣으면서 풀이 과정을 계획합니다.(?: 구하고자 하는 것)

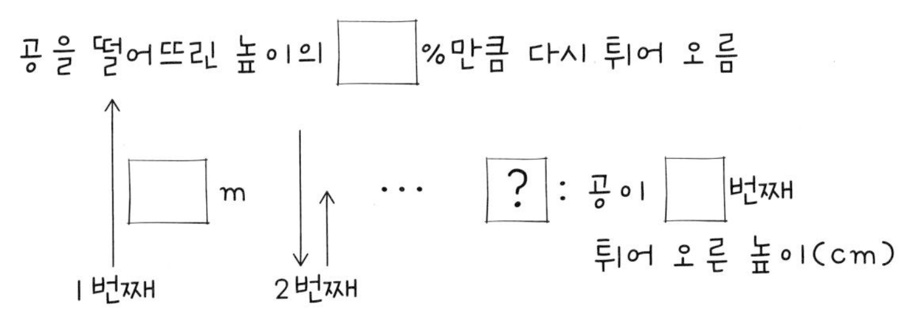

계획-풀기

답

24 오른쪽 큰 정삼각형의 넓이가 192 cm^2일 때, 전체 넓이의 75 %의 넓이가 몇 cm^2인지 구하고, 그 넓이에 해당되는 작은 정삼각형을 색칠하세요. (단, 작은 정삼각형들은 모두 크기와 모양이 같습니다.)

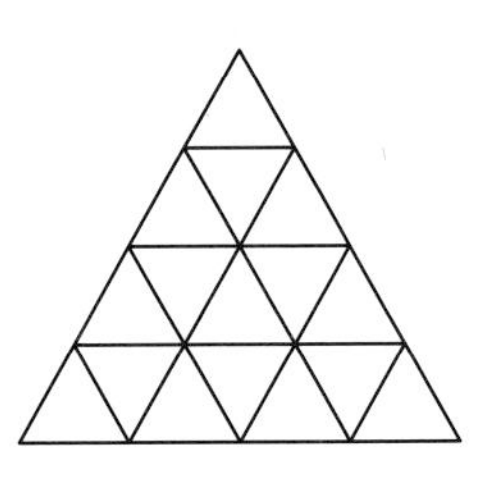

문제 그리기 문제를 읽고, □ 안에 알맞은 수를 써넣으면서 풀이 과정을 계획합니다.(?: 구하고자 하는 것)

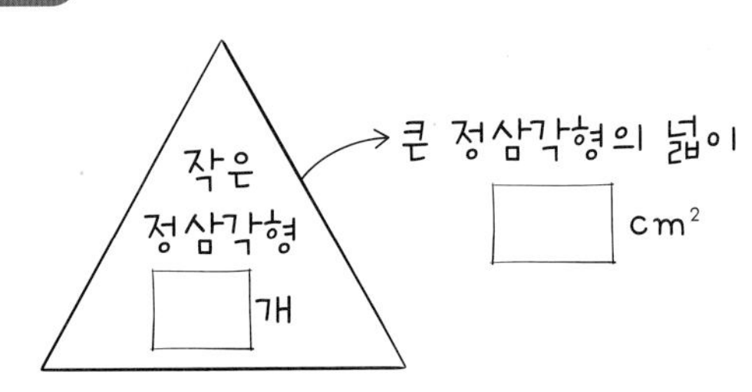

? : 전체 넓이의 □%
부분의 넓이(cm^2)를
구하고 색칠하기

계획-풀기

❶ 작은 정삼각형 1개의 넓이 구하기

❷ 전체 삼각형의 75 %의 작은 정삼각형의 개수 구하기

❸ 75%만큼의 넓이 구하고 색칠하기

답

정답과 풀이 53쪽

'문제정보를 복합적으로 나타내기'라는 것이 뭐야?

본 교재에서는 문제에서 제시하는 조건과 정보를 이용하여 어떤 하나의 식을 세워서 풀거나 그림이나 표만을 이용하는 것이 아니라 '예상하고 확인하기' 식이나 표를 이용하기, 그림 그리기 등을 사용하는 전략을 이렇게 부르고자 합니다.

문제 조건을 이용하지 않는 문제가 있나요?

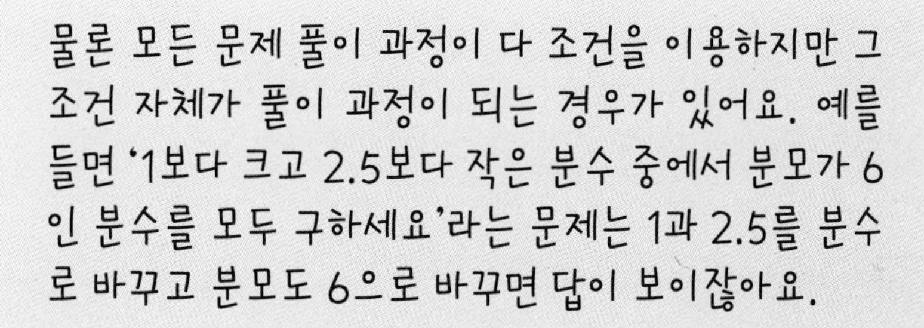

물론 모든 문제 풀이 과정이 다 조건을 이용하지만 그 조건 자체가 풀이 과정이 되는 경우가 있어요. 예를 들면 '1보다 크고 2.5보다 작은 분수 중에서 분모가 6인 분수를 모두 구하세요'라는 문제는 1과 2.5를 분수로 바꾸고 분모도 6으로 바꾸면 답이 보이잖아요.

해볼게요. 조건에 따라 분수를 바꾸고 구하고자 하는 수를 ▲로 나타내면 $\frac{6}{6}<▲<\frac{25}{10}=\frac{5}{2}=\frac{15}{6}$가 되니까 진짜 그러네요.

하지만 조건에 맞는 식을 세울 수 없는 경우도 있어요. 여러 조건을 생각해야 하는 경우도 있고, 그림으로 표현해서 상황을 나타낸 후에 식을 세울 수 있는 경우도 있어요. 그래서 문제 정보를 복합적으로 나타낸다는 전략인 거죠.

1 흰색 물감과 파란색 물감을 섞어서 하늘색을 만들려고 합니다. 흰색 물감 8 g에 파란색 물감 12 g을 섞어 하늘색 ㉠을, 흰색 물감 6 g에 파란색 물감 10 g을 섞어 하늘색 ㉡을 만들었을 때, ㉠과 ㉡ 중 더 진한 하늘색(파란색에 더 가까운 색)의 기호를 쓰세요.

문제 그리기 문제를 읽고, □ 안에 알맞은 수를 써넣으면서 풀이 과정을 계획합니다.(?: 구하고자 하는 것)

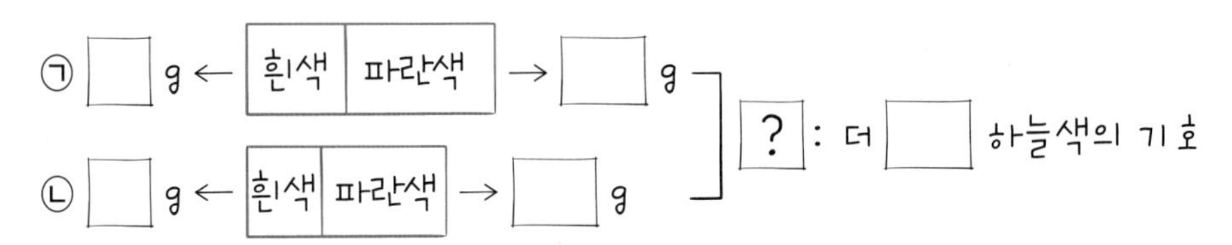

계획-풀기 틀린 부분에 밑줄을 긋고, 그 부분을 바르게 고친 것을 화살표 오른쪽에 씁니다.

❶ ㉠, ㉡의 흰색에 대한 파란색의 비율 구하기

흰색에 대한 파란색의 비율이 ㉠은 $8:12 \Rightarrow \frac{8}{12}=\frac{2}{3}$이고, ㉡은 $6:10 \Rightarrow \frac{6}{10}=\frac{3}{5}$입니다.

→

❷ 어느 하늘색이 더 진한지 구하기

기약분수로 나타낸 두 비율의 크기를 비교하면 $\frac{2}{3}>\frac{3}{5}$이므로 ㉠ 하늘색이 더 진합니다.

→

답

확인하기 문제를 풀기 위해 배워서 적용한 전략에 ○표 하세요.

단순화하기 (　　) 문제정보를 복합적으로 나타내기 (　　) 예상하고 확인하기 (　　)

2 민지는 신문 읽기 동아리 모임방에서 2020년부터 5년 단위로 예상되는 60대 이상의 1인 가구 수를 다음과 같이 그림그래프로 나타낸 게시판을 보았습니다. 1인 가구 수가 가장 많은 해에 대한 가장 적은 해의 가구 수의 비율을 몇 %인지 버림하여 소수 첫째 자리까지 구하세요.

연도별 예상되는 1인 가구 수

연도	1인 가구 수
2020	
2025	
2030	
2035	
2040	

100만 명 10만 명 1만 명

문제 그리기 문제를 읽고, □ 안에 알맞은 수나 말을 써넣으면서 풀이 과정을 계획합니다.(?: 구하고자 하는 것)

연도(년)	2020	□	□	□	□
1인 가구 수(만 명)	□	□	□	□	□

? : 1인 가구 수가 가장 □ 해에 대한 가장 □ 해의 가구 수의 백분율 (버림하여 소수 첫째 자리까지 구하기)

계획-풀기 틀린 부분에 밑줄을 긋고, 그 부분을 바르게 고친 것을 화살표 오른쪽에 씁니다.

❶ 1인 가구 수가 가장 많은 해와 가장 적은 해의 가구 수 구하기
1인 가구 수가 가장 적은 해는 큰 그림의 수가 가장 많은 2040년이고, 가구 수는 49만 명입니다.
1인 가구 수가 가장 많은 해는 큰 그림의 수가 가장 적은 2020년이며, 가구 수는 27만 명입니다.

→

❷ 1인 가구 수가 가장 많은 해에 대한 가장 적은 해의 가구 수의 백분율 구하기
(1인 가구 인구 수가 가장 많은 해에 대한 가장 적은 해의 가구 수의 백분율)
$=490000 \div 270000 \times 100 = 181.4(\%)$

→

답

확인하기 문제를 풀기 위해 배워서 적용한 전략에 ○표 하세요.

단순화하기 (　　) 문제정보를 복합적으로 나타내기 (　　) 예상하고 확인하기 (　　)

예상하고 확인하기

문제를 읽고 답을 미리 예상하고 그 답이 조건에 맞는지를 확인하는 과정으로 답을 구하는 전략입니다. 물론 예상한 답이 조건에 맞지 않는다면 예상했던 답을 기준으로 수를 늘어거나 줄일지를 선택해서 다시 예상하고 확인하는 과정을 반복해서 그 답이 조건에 맞을 때까지 반복하는 것입니다.

답을 먼저 예상한다고요? 아무 수나 예상해 보는 거예요?

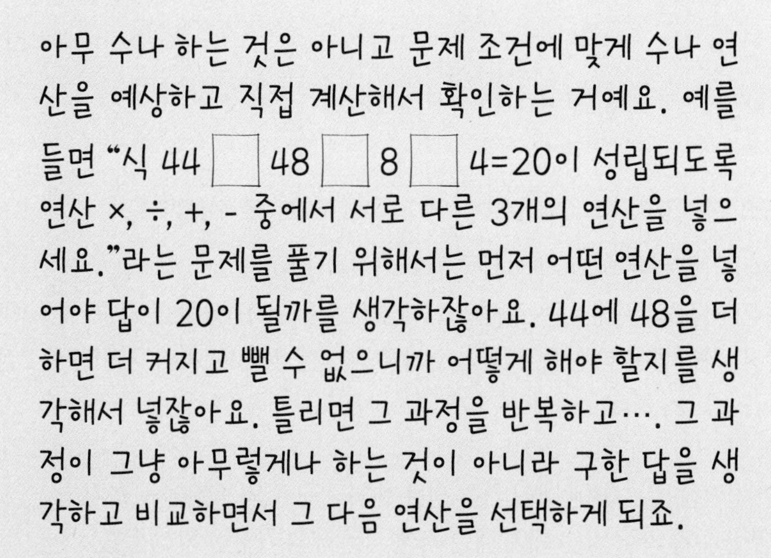

아무 수나 하는 것은 아니고 문제 조건에 맞게 수나 연산을 예상하고 직접 계산해서 확인하는 거예요. 예를 들면 "식 44 □ 48 □ 8 □ 4=20이 성립되도록 연산 ×, ÷, +, - 중에서 서로 다른 3개의 연산을 넣으세요."라는 문제를 풀기 위해서는 먼저 어떤 연산을 넣어야 답이 20이 될까를 생각하잖아요. 44에 48을 더하면 더 커지고 뺄 수 없으니까 어떻게 해야 할지를 생각해서 넣잖아요. 틀리면 그 과정을 반복하고…. 그 과정이 그냥 아무렇게나 하는 것이 아니라 구한 답을 생각하고 비교하면서 그 다음 연산을 선택하게 되죠.

그렇군요. 44에서 48을 뺄 수 없으니까 48을 8로 나눈 수를 빼거나 해야 20을 만들 수 있으니까요. 오호. '예상하고 확인하기'라는 전략은 답을 예상하고, 확인해서 틀리면 다시 예상하고 확인하면서 답을 찾아가는 거군요!

1 오른쪽은 한 모서리의 길이가 2 cm인 쌓기나무 12개를 쌓아 만든 모양입니다. 쌓기나무 ㉠~㉦ 중에서 빼도 위, 앞, 옆에서 본 모양이 변하지 않게 하면서 부피를 가장 작게 만들 수 있는 경우 뺄 수 있는 쌓기나무를 모두 구하고 그때 부피와 처음 쌓기나무 부피의 비를 구하세요.

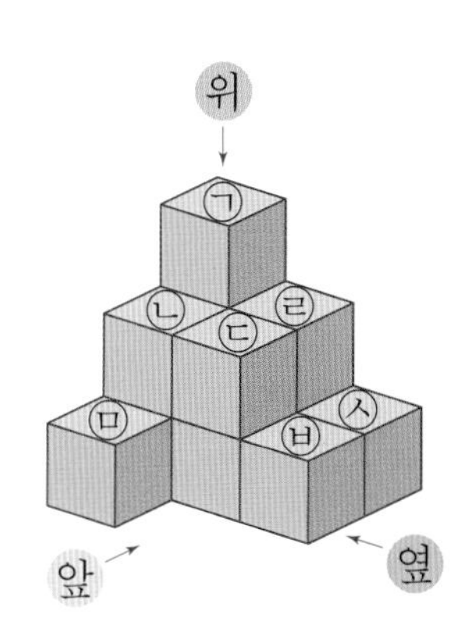

문제 그리기 문제를 읽고, □ 안에 알맞은 수나 말을 써넣으면서 풀이 과정을 계획합니다.(?: 구하고자 하는 것)

위 쌓기나무 수   앞   옆

3	□	□
□	□	□
□		

? : 위, 앞, 옆 모양이 변하지 않게 뺄 수 있는 쌓기나무와 그때 부피와 처음 부피의 □

전체: □개 → 한 모서리의 길이: □ cm

계획-풀기 단계별로 예상하고 확인하면서 답을 구합니다.

❶ 쌓기나무를 빼내기 전의 부피와 위, 앞, 옆에서 본 모양 그리기
위와 앞, 그리고 옆에서 본 모양은 다음과 같습니다.

위   앞   옆

❷ 쌓기나무를 빼낸 후의 위, 앞, 옆에서 본 모양 확인하기
[예상1] 쌓기나무 ㉠을 빼낸 후 앞에서 본 모양을 예상하고 확인합니다.

→

[예상2] 쌓기나무 ㉡이나 ㉢이나 ㉣을 빼낸 모양을 예상하고 확인합니다.

→

[예상3] 쌓기나무 ㉤이나 ㉥이나 ㉦을 빼낸 모양을 예상하고 확인합니다.

→

답

확인하기 문제를 풀기 위해 배워서 적용한 전략에 ○표 하세요.

단순화하기 ( ) 문제정보를 복합적으로 나타내기 ( ) 예상하고 확인하기 ( )

2 밑변의 길이와 높이의 비가 7 : 9이고 넓이가 283.5 cm^2인 삼각형이 있습니다. 이 삼각형을 밑면으로 하고 삼각기둥의 높이가 밑면인 삼각형의 높이와 같은 삼각기둥의 부피는 몇 cm^3인지 구하세요.

문제 그리기 문제를 읽고, □ 안에 알맞은 수나 말을 써넣으면서 풀이 과정을 계획합니다.(?: 구하고자 하는 것)

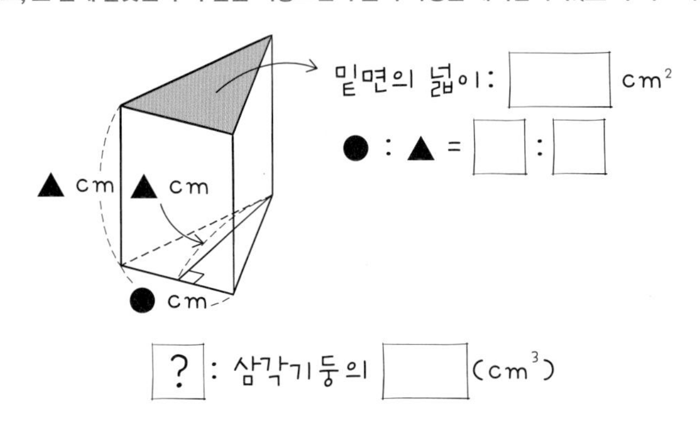

계획-풀기 틀린 부분에 밑줄을 긋고, 그 부분을 바르게 고친 것을 화살표 오른쪽에 씁니다.

❶ 삼각형의 밑변의 길이와 높이를 예상하고 확인하기

[예상1] (밑변의 길이) : (높이) = 7 : 9 = 14 : 18이므로 밑변의 길이를 14 cm, 높이를 18 cm로 예상하면 (삼각형의 넓이) = 14 × 18 = 252(cm^2)이므로 틀립니다.

→

[예상2] (밑변의 길이) : (높이) = 7 : 9 = 21 : 27이므로 밑변의 길이를 21 cm, 높이를 27 cm로 예상하면 (삼각형의 넓이) = 21 × 27 = 567(cm^2)이므로 틀립니다.

→

[예상3] (밑변의 길이) : (높이) = 7 : 9 = 28 : 36이므로 밑변의 길이를 28 cm, 높이를 36 cm로 예상하면 (삼각형의 넓이) = 28 × 36 = 1008(cm^2)이므로 맞습니다.

→

❷ 삼각기둥의 부피 구하기

삼각기둥의 높이는 밑면의 높이와 같으므로 부피를 구하면 28 × 36 × 36 = 36288(cm^3)입니다.

→

답 ____________________

확인하기 문제를 풀기 위해 배워서 적용한 전략에 ○표 하세요.

단순화하기 (　　)　문제정보를 복합적으로 나타내기 (　　)　예상하고 확인하기 (　　)

내가 수학하기 해보기

문제정보를 복합적으로 나타내기 | 예상하고 확인하기 정답과 풀이 54쪽

1 철민이네 시골집 정원 전체의 $\frac{2}{7}$에는 장미가 심어져 있고 나머지의 $\frac{9}{10}$에는 어머니가 좋아하시는 큰금계국과 은초롱꽃이 5 : 4로 심어져 있습니다. 큰금계국과 은초롱꽃이 심어진 땅의 넓이의 합이 189 m^2일 때, 전체 정원의 넓이와 큰금계국이 심어진 땅의 넓이는 몇 m^2인지 각각 구하세요.

문제 그리기 문제를 읽고, □ 안에 알맞은 수나 말을 써넣으면서 풀이 과정을 계획합니다.(?: 구하고자 하는 것)

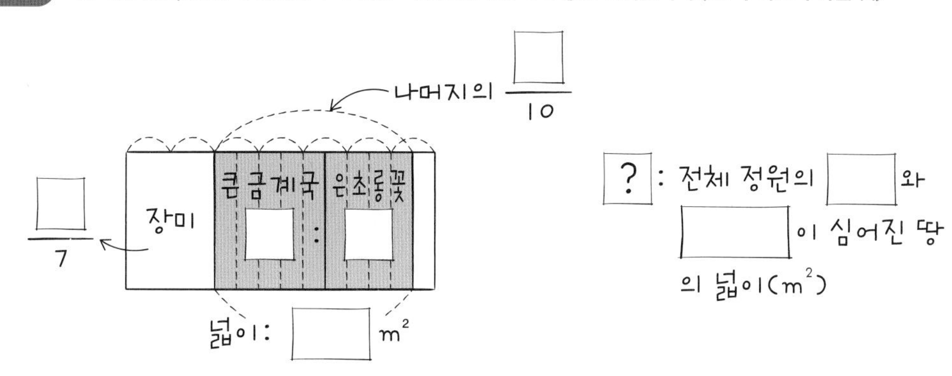

계획-풀기

❶ 전체 정원의 넓이 구하기

❷ 큰금계국이 심어진 정원의 넓이 구하기

답

2 용희는 다음과 같이 물과 오렌지를 섞어서 만든 주스 중 가장 진한 오렌지 주스를 먹으려고 합니다. ㉮, ㉯, ㉰ 중 어느 주스를 먹어야 하는지 구하세요.

㉮ 오렌지 70 g, 물 430 g　　㉯ 오렌지 20 g, 물 105 g　　㉰ 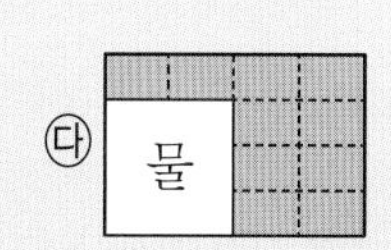

문제 그리기 문제를 읽고, □ 안에 알맞은 수나 말을 써넣으면서 풀이 과정을 계획합니다.(?: 구하고자 하는 것)

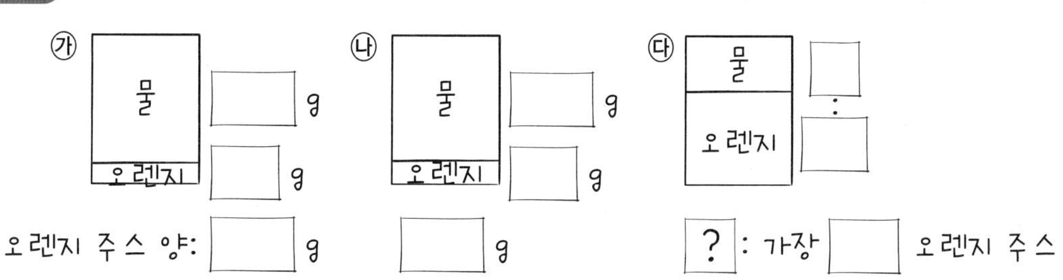

계획-풀기

답

3 아울렛에서 파는 셔츠와 바지의 정가와 판매 가격이 다음과 같습니다. 셔츠와 바지 중에서 할인율이 더 높은 것은 어느 것인지 구하세요.

	정가(원)	할인 판매 가격(원)
셔츠	48000	42800
바지	52000	48600

문제 그리기 문제를 읽고, □ 안에 알맞은 수나 말을 써넣으면서 풀이 과정을 계획합니다.(?: 구하고자 하는 것)

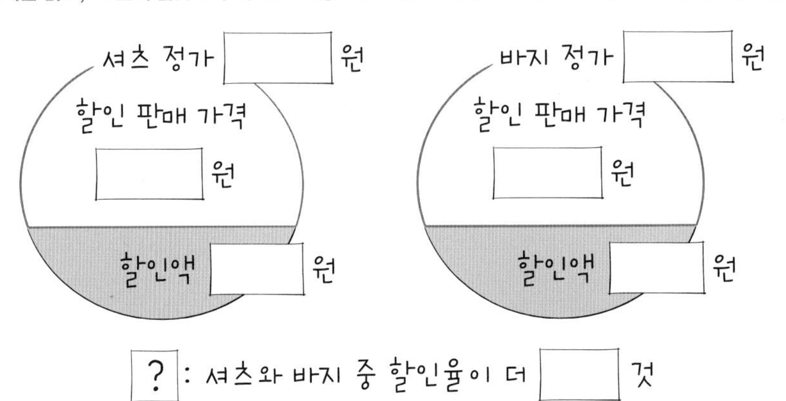

계획-풀기

답

4 파랑 과일가게에서 작년에는 키위 4개를 9600원에 팔았는데, 올해는 키위 5개를 14250원에 판다고 합니다. 올해 키위 한 개의 가격은 작년 가격의 몇 %만큼 올랐는지 구하세요.

문제 그리기 문제를 읽고, □ 안에 알맞은 수나 말을 써넣으면서 풀이 과정을 계획합니다.(?: 구하고자 하는 것)

작년 키위 □개를 □원

올해 키위 □개를 □원

?: 올해 키위 □개의 가격은 □ 가격의 몇 %만큼 올랐는지 구하기

계획-풀기

❶ 작년과 올해 키위 1개의 가격 구하기

❷ 올해 키위 1개의 가격은 작년 가격의 몇 %만큼 올랐는지 구하기

답

5 영호네 학교에서 전교생들이 원하는 재료와 주제를 선택하여 그림을 그리려고 합니다. 학교에서는 미리 학생들이 선택할 재료를 조사하여 다음과 같은 띠그래프로 나타내었습니다. 수채화 물감을 선택한 학생들이 140명일 때, 크레파스를 선택한 학생은 몇 명인지 구하세요.

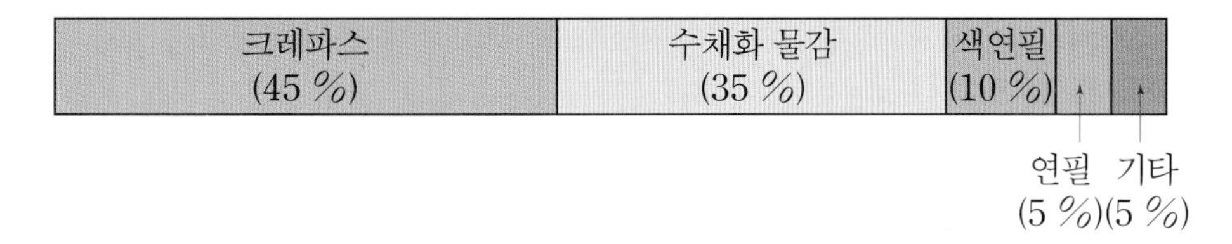

문제 그리기 문제를 읽고, □ 안에 알맞은 수나 말을 써넣으면서 풀이 과정을 계획합니다.(?: 구하고자 하는 것)

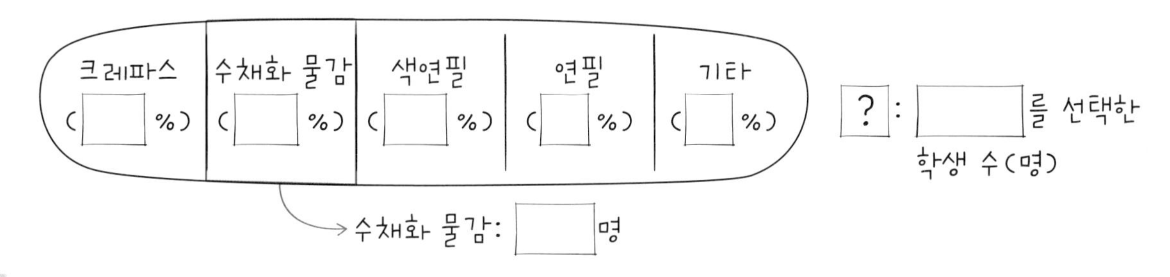

계획-풀기

❶ 전체 학생 수 구하기

❷ 크레파스를 선택한 학생 수 구하기

답 ____________

6 광진이네 학교 바자회에서 6학년 학생들이 음식을 팔기로 했습니다. 오른쪽 그림은 6학년 학생들이 팔기를 원하는 먹거리를 조사하여 나타낸 원그래프일 때, 떡볶이를 원하는 학생 수는 아이스크림을 원하는 학생 수의 몇 배인지 구하세요.

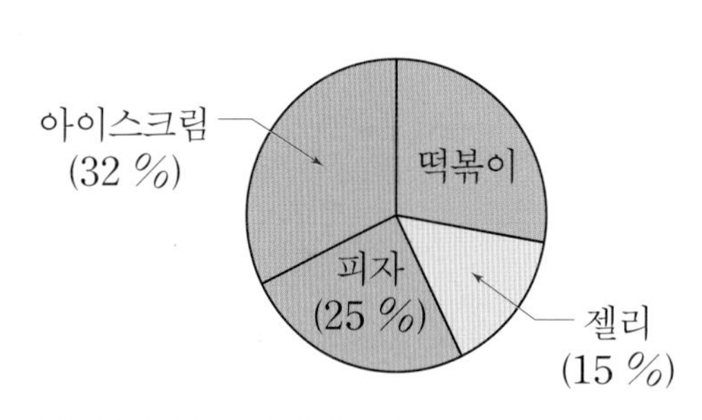

문제 그리기 문제를 읽고, □ 안에 알맞은 수나 말을 써넣으면서 풀이 과정을 계획합니다.(?: 구하고자 하는 것)

아이스크림 (%)	피자 (%)	젤리 (%)	떡볶이 (▲ %)

? : □를 원하는 학생 수는 □을/를 원하는 학생 수의 몇 배

계획-풀기

❶ 떡볶이를 선택한 학생 수의 백분율 구하기

❷ 떡볶이를 원하는 학생 수는 아이스크림을 원하는 학생 수의 몇 배인지 구하기

답 ____________

7 형우는 초콜릿을 좋아합니다. 세모 쿠키와 네모 쿠키 중 초콜릿이 더 많이 함유된 쿠키를 먹으려고 합니다. 어느 쿠키가 초콜릿이 함유된 비율이 더 높은지 구하세요.

	무게(g)	초콜릿(g)
세모 쿠키(30개)	1260	189
네모 쿠키(30개)	1140	159.6

문제 그리기 문제를 읽고, □ 안에 알맞은 수나 말을 써넣으면서 풀이 과정을 계획합니다.(?: 구하고자 하는 것)

세모 쿠키(30개) □ g

초콜릿 □ g

네모 쿠키(30개) □ g

초콜릿 □ g

? : 초콜릿이 함유된 비율이 더 □ 쿠키

계획-풀기

답

8 수영이는 서울에 있는 산의 높이를 조사하여 소수 첫째 자리에서 반올림하여 다음과 같이 그림그래프로 나타내고 '조사한 산 중 가장 높은 산에 대한 가장 낮은 산의 높이의 비율을 기약분수로 나타내세요.'라는 문제를 만들었습니다. 수영이가 만든 문제에 대한 답으로 구하세요.

산의 높이

산	높이
북한산	▲▲▲▲▲▲▲▲ ▲▲▲ ▲▲▲▲▲▲
인왕산	▲▲▲ ▲▲▲ ▲▲▲▲▲▲▲▲
관악산	▲▲▲▲▲▲ ▲▲▲▲ ▲▲
용마산	▲▲▲ ▲▲▲▲ ▲▲▲▲▲▲▲▲

▲ 100 m ▲ 10 m ▲ 1 m

문제 그리기 문제를 읽고, 표의 빈칸과 □ 안에 알맞은 수나 말을 써넣으면서 풀이 과정을 계획합니다.(?: 구하고자 하는 것)

북한산	인왕산	관악산	용마산

(단위: m)

? : 가장 □ 산에 대한 가장 □ 산의 높이의 비율(기약분수)

계획-풀기

답

9 모든 변의 길이가 자연수인 사다리꼴의 넓이가 857.5 cm^2이고 이 사다리꼴의 윗변과 아랫변의 길이의 합과 높이의 비가 7 : 5일 때, 이 사다리꼴의 높이는 몇 cm인지 구하세요.

문제 그리기 문제를 읽고, □ 안에 알맞은 수나 말을 써넣으면서 풀이 과정을 계획합니다.(?: 구하고자 하는 것)

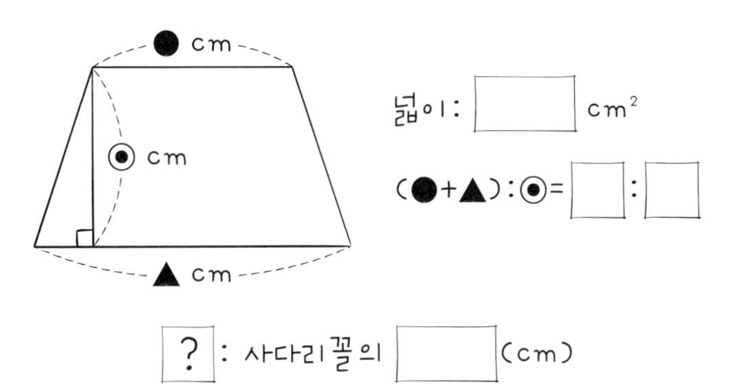

계획-풀기

① 윗변과 아랫변의 길이의 합과 높이의 곱 구하기

② 윗변과 아랫변의 길이의 합과 높이의 비가 7 : 5인 길이를 예상하고 확인하기

답

10 어느 화원에서 튤립을 판매합니다. 매년 일정한 비율로 꽃값이 오르며, 매해 같은 비율로 5월마다 할인 판매를 합니다. 어느 해 5월 정가가 7000원인 튤립 한 다발을 할인해서 5700원에 판매했을 때, 올해 정가가 42000원인 튤립 한 다발은 얼마에 할인 판매하였는지 구하세요.

문제 그리기 문제를 읽고, □ 안에 알맞은 수나 말을 써넣으면서 풀이 과정을 계획합니다.(?: 구하고자 하는 것)

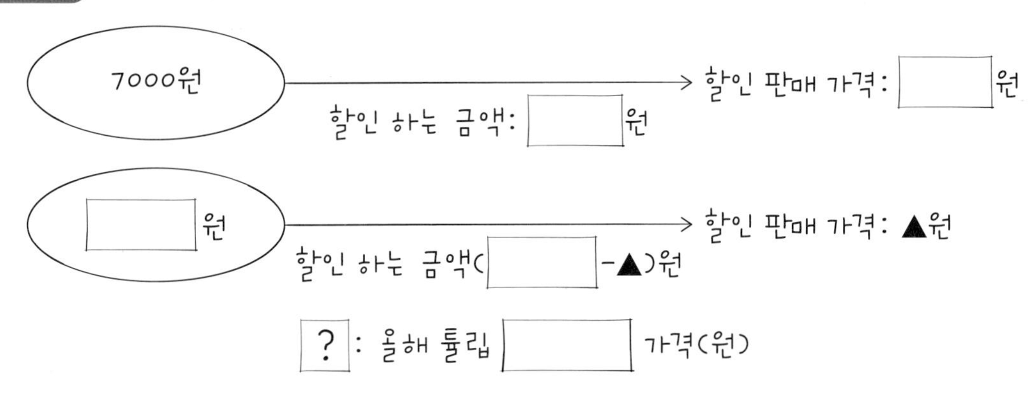

계획-풀기

① 표를 이용하여 할인 판매 가격 구하기

② 할인율을 예상하고 확인하며 풀기

답

11 두 자연수 ㉠과 ㉡이 보기 와 같을 때, ㉠과 ㉡의 비가 $1:3$이 되도록 ○ 안에 × 또는 ÷를 넣으세요.

보기

㉠$=2\frac{2}{5}$ ○ 4 ○ $\frac{3}{5}$　　　　㉡$=\frac{2}{3}$ ○ 2 ○ 9

문제 그리기 문제를 읽고, □ 안에 알맞은 수나 기호를 써넣으면서 풀이 과정을 계획합니다.(?: 구하고자 하는 것)

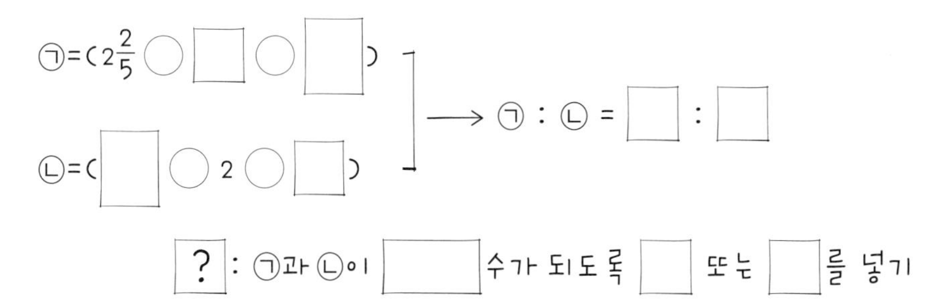

계획-풀기

❶ ㉠과 ㉡의 값이 자연수가 되기 위한 연산 기호 구하기

❷ ㉠과 ㉡의 비가 $1:3$이 되기 위한 연산 기호 구하기

답 ____________

12 누리 초등학교 6학년 학생들의 장래 희망을 조사한 결과를 띠그래프로 나타냈을 때, 장래 희망이 운동 선수인 학생 수와 교사인 학생 수의 비는 $5:3$입니다. 유투버인 학생 수와 의사인 학생 수는 같고, 그 수는 교사인 학생 수보다 적습니다. 전체 학생 수에 대한 장래 희망이 의사인 학생 수의 비율을 백분율로 구하세요.

(단, 전체 학생 수는 100명이고, 직업별 학생 수는 모두 짝수이며 각각 10명 초과입니다.)

문제 그리기 문제를 읽고, □ 안에 알맞은 수나 말을 써넣으면서 풀이 과정을 계획합니다.(?: 구하고자 하는 것)

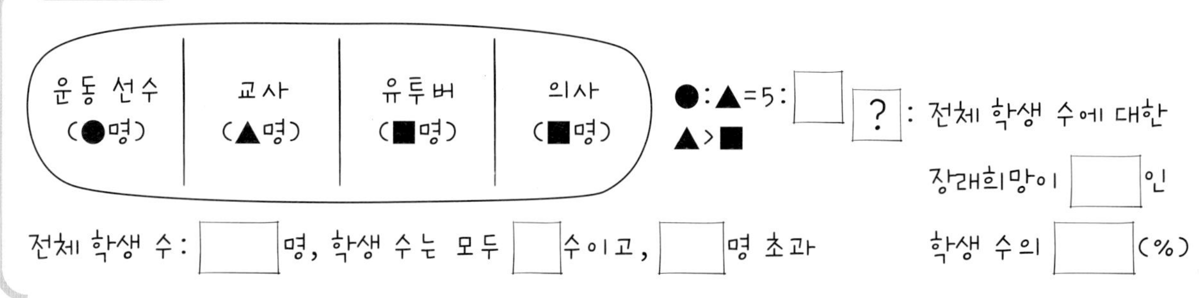

계획-풀기

❶ 운동 선수와 교사에 대한 비가 $5:3$이 되는 경우를 예상하고 확인하기

❷ 전체 학생 수에 대한 의사인 학생 수의 백분율 구하기

답 ____________

13 경미는 학급 학생들이 좋아하는 계절을 조사하여 원그래프로 나타낸 공책에 코코아를 쏟아서 가을의 비율만 보이고 다른 숫자는 알아볼 수 없었습니다. 경미는 여름을 좋아하는 학생과 겨울을 좋아하는 학생 수의 비가 2 : 1이며, 그들의 합이 학급 전체의 72% 초과라는 것을 기억할 때, 봄을 좋아하는 학생 수의 백분율을 구하세요.

(단, 봄을 좋아하는 학생 수의 백분율은 두 자리 수입니다.)

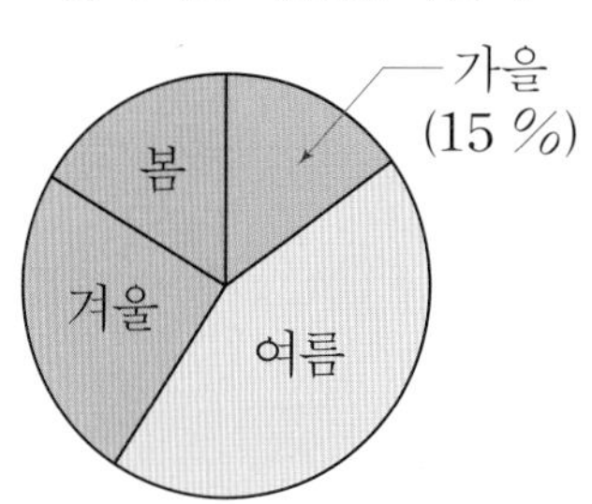

문제 그리기 문제를 읽고, □ 안에 알맞은 수나 말을 써넣으면서 풀이 과정을 계획합니다.(?: 구하고자 하는 것)

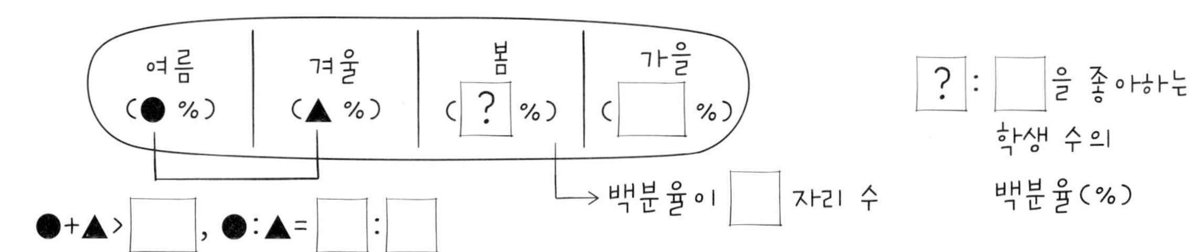

계획-풀기

① 여름과 겨울을 좋아하는 학생 수를 예상하고 확인하기

② 봄을 좋아하는 학생 수의 백분율 구하기

답

14 장미 정원은 직사각형 모양으로 가로와 세로의 길이의 비가 9 : 5이고 둘레가 1960 m이고, 잔디 정원은 사다리꼴 모양으로 윗변과 아랫변의 길이는 장미 정원의 가로와 세로의 길이와 각각 같고, 높이는 잔디 정원의 아랫변의 길이와 같을 때, 장미 정원의 넓이와 잔디 정원의 넓이의 비를 구하세요.

문제 그리기 문제를 읽고, □ 안에 알맞은 수나 말을 써넣으면서 풀이 과정을 계획합니다.(?: 구하고자 하는 것)

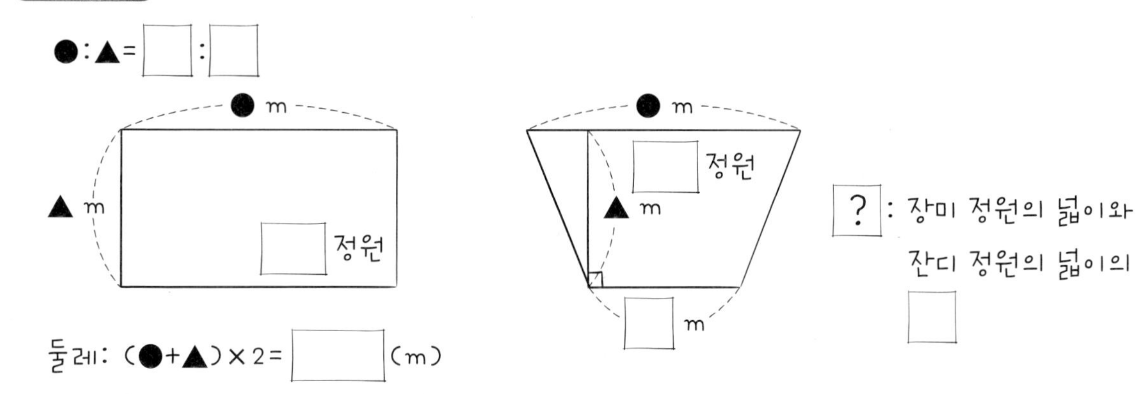

계획-풀기

답

15 오른쪽은 부피가 6615 cm^3인 직육면체 모양의 상자입니다. 밑면의 가로와 세로의 길이의 비는 5 : 7이고 높이는 세로의 길이와 같을 때, 가로의 길이는 몇 cm인지 구하세요. (단, 가로와 세로의 길이는 자연수입니다.)

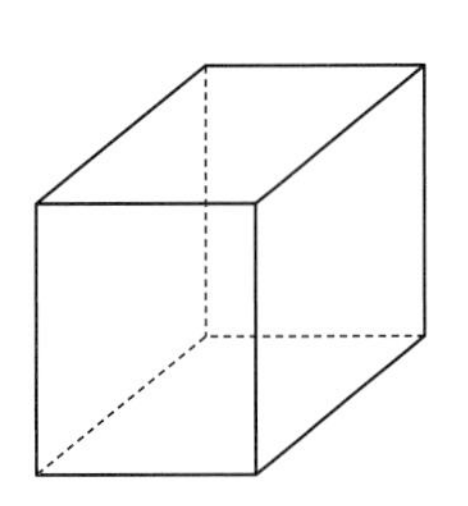

문제 그리기 문제를 읽고, □ 안에 알맞은 수나 말 또는 기호를 써넣으면서 풀이 과정을 계획합니다.(?: 구하고자 하는 것)

□ cm

★ cm

▲ cm

부피 : □ cm^3

▲ : ★ = □ : □

? : □의 길이(cm)

계획-풀기

답

16 수학 시간에 6학년 학생들은 취미를 조사하여 전체 길이가 80 cm인 띠그래프를 그렸습니다. 취미 항목은 운동, 독서, 그림, 기타로 나뉘며, 모든 백분율은 자연수입니다. 운동은 독서의 백분율의 1.5배이고, 독서와 그림의 백분율의 비는 2 : 1일 때, 운동의 백분율을 구하세요.

(단, 기타는 28 %입니다.)

문제 그리기 문제를 읽고, □ 안에 알맞은 수나 말을 써넣으면서 풀이 과정을 계획합니다.(?: 구하고자 하는 것)

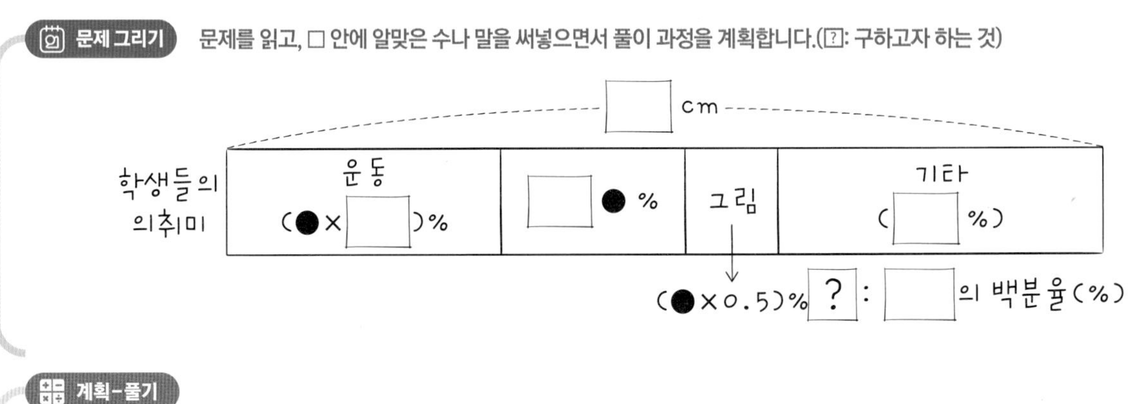

계획-풀기

❶ 운동, 독서, 그림의 백분율의 합 구하기

❷ 운동의 백분율 구하기

답

내가 수학하기 한 단계 UP!

식 | 표 | 그림 복합적 | 예상확인　정답과 풀이 58쪽

1 민수는 어제 240쪽짜리 역사책을 사서 전체의 20 %를 읽었고, 오늘은 친구 생일이 있어서 전체의 0.1만큼을 읽었고, 내일은 전체의 15 %를 읽을 것을 계획했습니다. 민수가 내일까지 계획대로 읽는다면 몇 쪽이 남는지 구하세요.

문제 그리기　문제를 읽고, □ 안에 알맞은 수나 말을 써넣으면서 풀이 과정을 계획합니다.(?: 구하고자 하는 것)

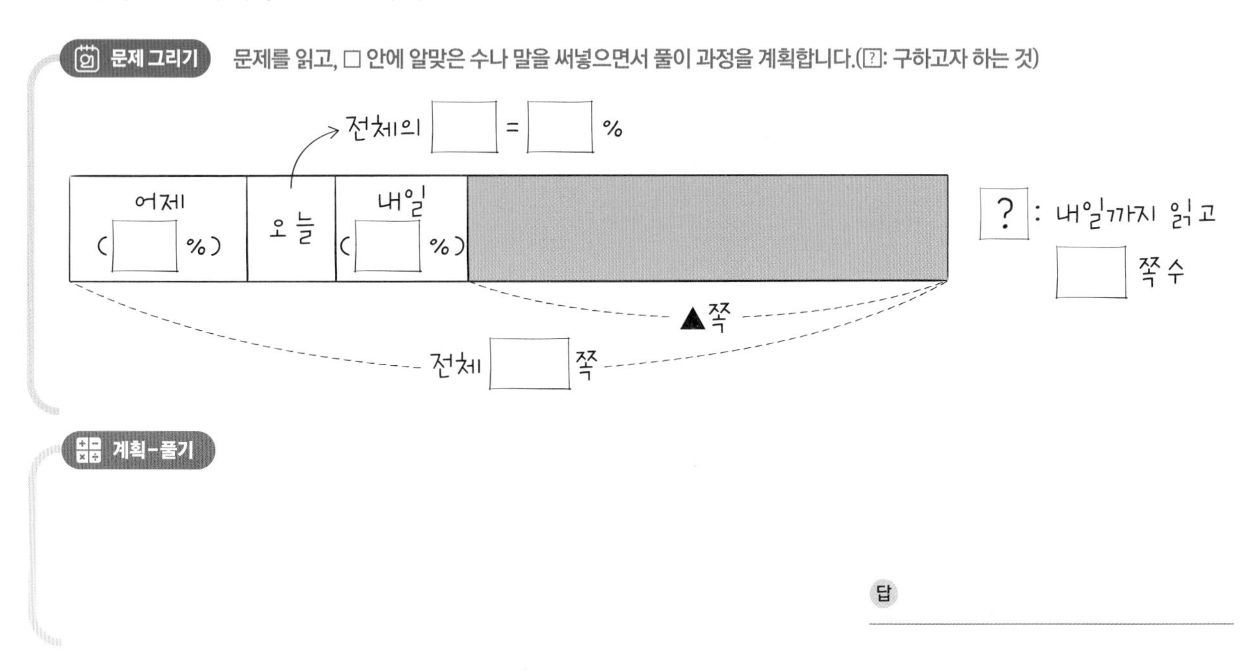

계획-풀기

답

2 다음은 콜롬비아 장미 수입량을 연도별로 나타낸 그림그래프입니다. 이 그래프를 길이가 90 cm인 띠그래프로 나타내려고 할 때 2022년과 2023년 장미 수입량의 길이의 차는 몇 cm인지 구하세요.

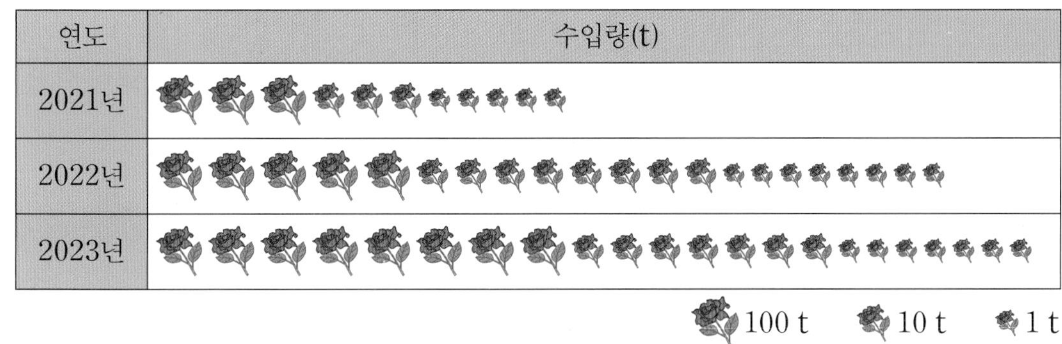

문제 그리기　문제를 읽고, □ 안에 알맞은 수나 말을 써넣으면서 풀이 과정을 계획합니다.(?: 구하고자 하는 것)

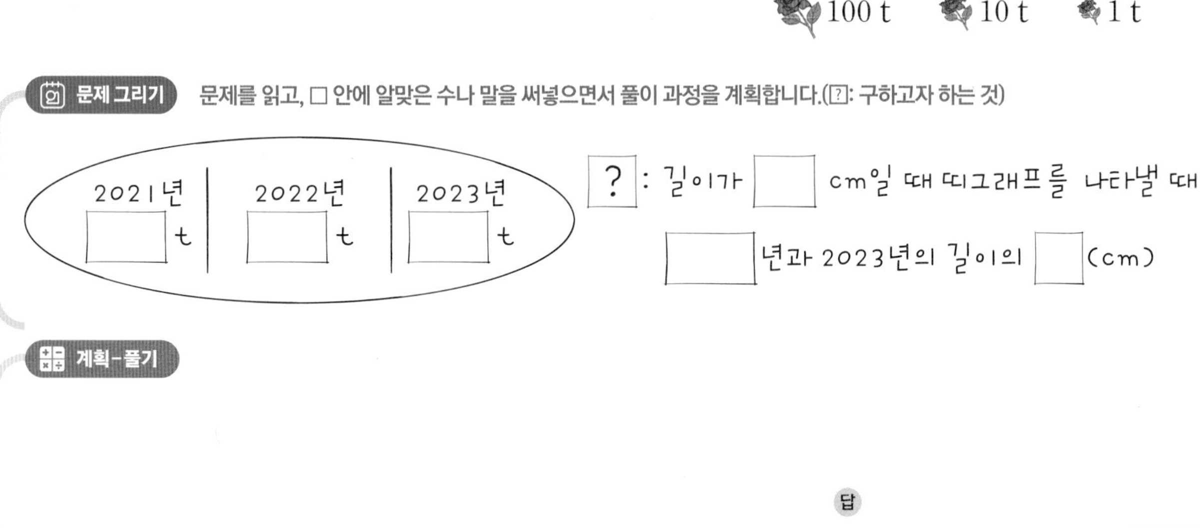

계획-풀기

답

3 어느 초등학교의 학생 수는 300명입니다. 그중 6학년 학생은 전체의 0.15이고, 6학년 남학생은 6학년 학생의 40 %일 때, 6학년 여학생은 몇 명인지 구하세요.

문제 그리기 문제를 읽고, □ 안에 알맞은 수나 말을 써넣으면서 풀이 과정을 계획합니다.(?: 구하고자 하는 것)

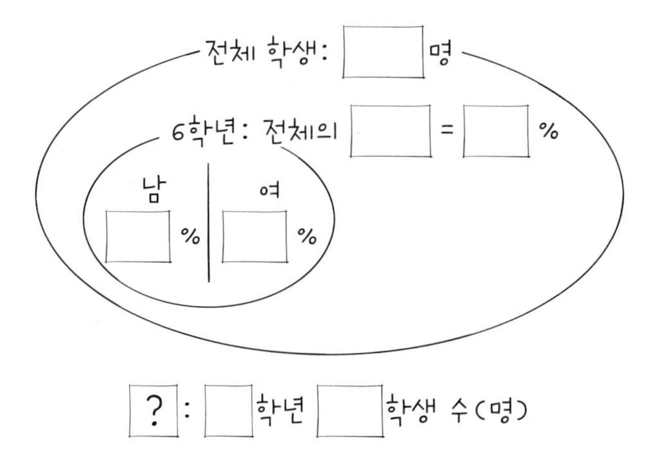

? : □학년 □학생 수(명)

계획-풀기

답

4 과일가게에서 지난달에는 아보카도 3개에 9840원에 팔았고, 이번 달에는 아보카도 5개를 12000원에 팝니다. 이번 달 아보카도 한 개의 가격은 지난달 아보카도 한 개의 가격보다 몇 %가 내렸는지 구하세요. (단, 백분율을 반올림하여 자연수로 구합니다.)

문제 그리기 문제를 읽고, □ 안에 알맞은 수나 말을 써넣으면서 풀이 과정을 계획합니다.(?: 구하고자 하는 것)

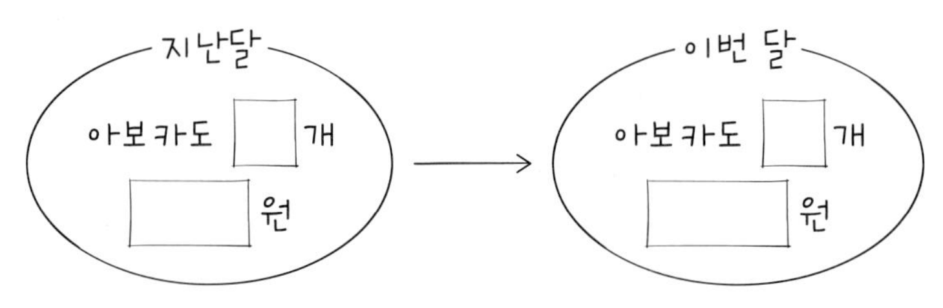

? : □달 아보카도 1개의 가격은 □달 아보카도 1개의 가격보다 몇 %가 내렸는지 구하기

계획-풀기

답

5 오른쪽 그림은 오각형을 똑같이 나누고 색칠한 것입니다. 그런데 등분한 선들 가운데 두 선분이 지워졌습니다. 색칠한 부분의 넓이가 $7\frac{1}{5}$ cm^2일 때 전체 오각형의 넓이는 몇 cm^2인지 구하세요.

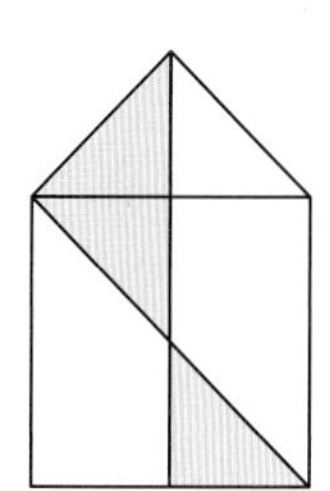

문제 그리기 문제를 읽고, □ 안에 알맞은 수나 말을 써넣으면서 풀이 과정을 계획합니다.(?: 구하고자 하는 것)

색칠한 부분의 넓이: □ cm^2

↓

전체를 똑같이 나누는 선 완성

? : 전체 오각형의 □ (cm^2)

계획-풀기

답

6 아프리카의 뾰족코 개구리는 1번에 뛰거나 3번 연속 뛰기를 합니다. 뾰족코 개구리가 3번 연속 뛴 거리는 10.2 m입니다. '한 번에 뛴 거리'에 대한 '3번 연속 뛴 거리'의 비율은 $\frac{51}{26}$일 때, 61.4 m를 완주하기 위해 뾰족코 개구리가 3번 연속 뛰기와 1번에 뛰기를 각각 최소한 몇 번씩 뛰어야 하는지 구하세요. (단, 완주 거리를 딱 맞춰야 합니다.)

문제 그리기 문제를 읽고, □ 안에 알맞은 수나 말을 써넣으면서 풀이 과정을 계획합니다.(?: 구하고자 하는 것)

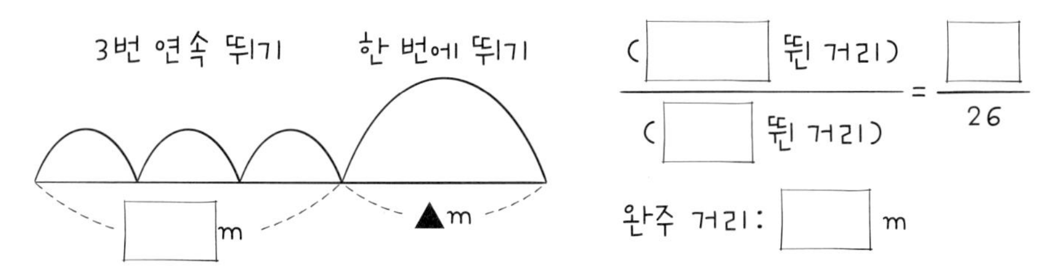

? : 61.4 m를 완주하기 위해 뾰족코 개구리가 3번 연속 뛰기와 1번에 뛰기를 □ 뛴 수(번)

계획-풀기

답

7 오른쪽은 크기가 같은 정삼각형들을 붙여 만든 사다리꼴입니다. 전체에 대한 색칠한 부분의 넓이가 80 %가 되게 하려면 정삼각형 몇 개를 색칠해야 하는지 구하고 색칠하세요.

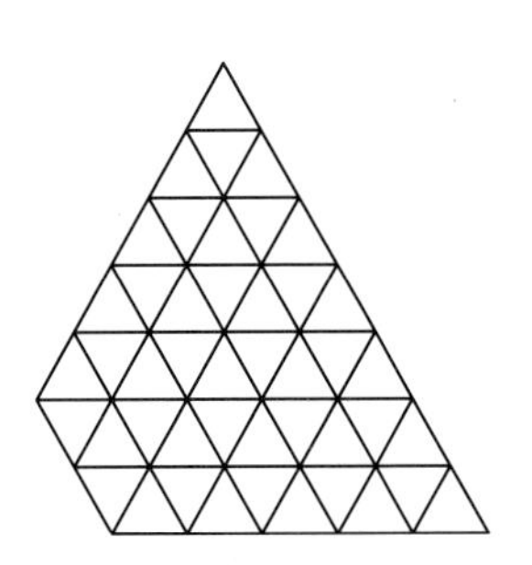

문제 그리기 문제를 읽고, □ 안에 알맞은 수를 써넣으면서 풀이 과정을 계획합니다.(?: 구하고자 하는 것)

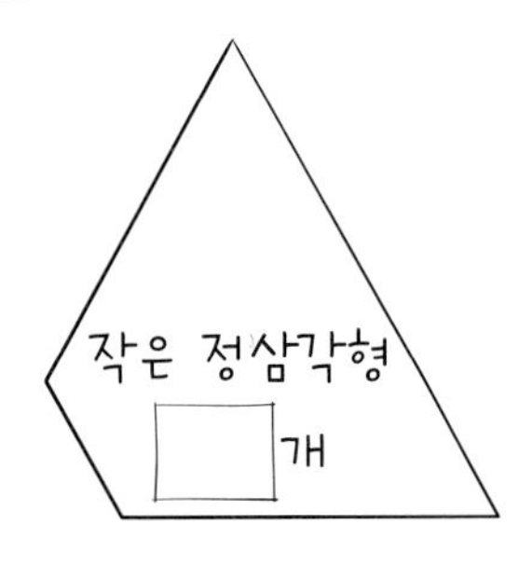

? : 사다리꼴의 □ %는 정삼각형이 몇 개인지 구하고, 그 부분 색칠하기

계획-풀기

답

8 그린 화원에서는 지난주 판매되었던 인기별 꽃 종류를 조사하여 4위까지를 다음과 같이 표로 나타내어 붙여놓았습니다. 표를 보고 원그래프로 나타내세요.

(단, 소수 첫째 자리에서 반올림하여 나타냅니다.)

지난주 꽃 판매량

꽃	장미	튤립	은방울	백합	합계
꽃 수(송이)	90	60	30	24	204

문제 그리기 문제를 읽고, □ 안에 알맞은 수나 말을 써넣으면서 풀이 과정을 계획합니다.(?: 구하고자 하는 것)

꽃	장미	튤립	은방울	백합	합계
꽃 수(송이)	90	□	□	□	□

? : □ 그래프로 나타내기(소수 □ 자리에서 반올림)

계획-풀기

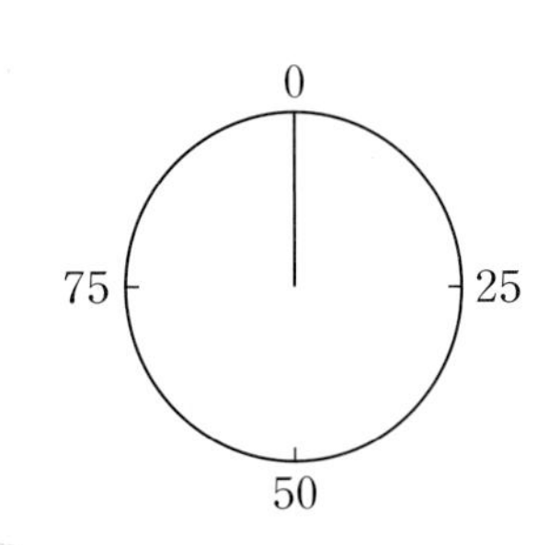

9 어떤 빵집에서는 기본 소금빵과 먹물 소금빵, 그리고 치즈 소금빵을 하루에 185개 만든다고 합니다. 기본 소금빵은 치즈 소금빵보다 23개 더 많고, 치즈 소금빵과 먹물 소금빵 수의 비는 7 : 4일 때, 치즈 소금빵의 수를 구하세요.

문제 그리기 문제를 읽고, □ 안에 알맞은 수나 말을 써넣으면서 풀이 과정을 계획합니다.(?: 구하고자 하는 것)

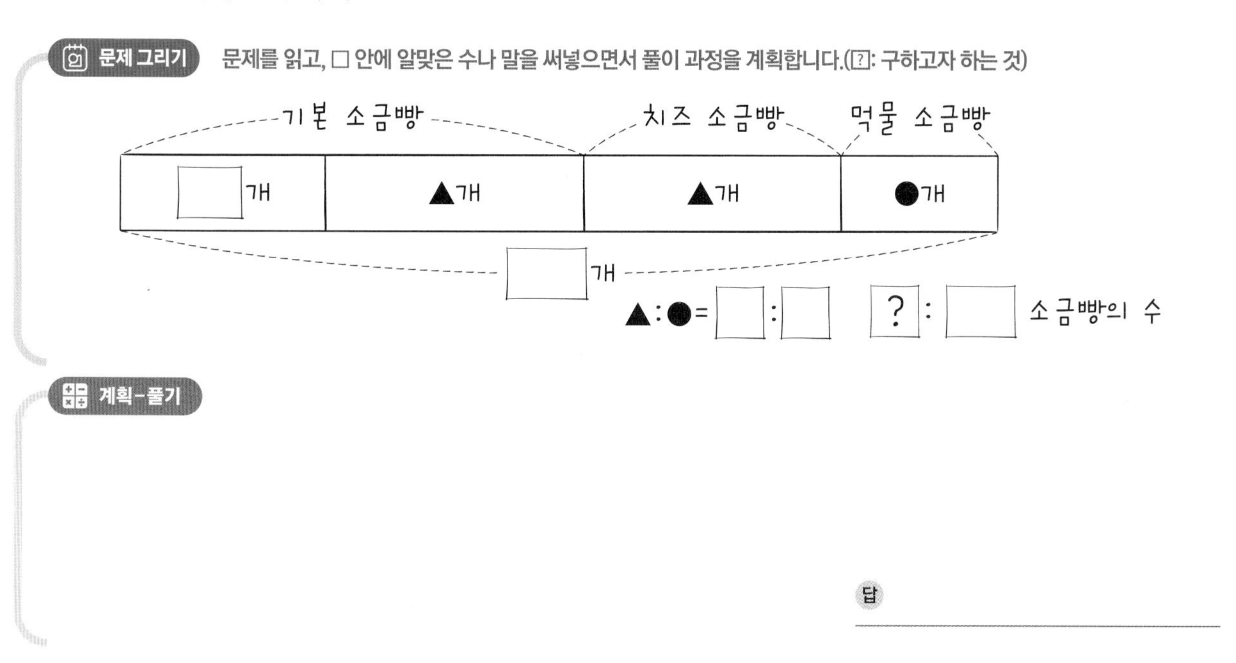

계획-풀기

답

10 소민이의 집은 32층 아파트의 24층입니다. 어느 날 엘리베이터가 고장이 나서 소민이는 계단으로 올라갔습니다. 1층에서 8층까지 쉬지 않고 올라가는 데 10분이 걸린 후 1분 쉬고, 그 다음 층부터는 8개 층을 올라가고 1분씩 쉬었습니다. 또한 9층부터는 8개씩 층을 올라갈 때, 걸리는 시간은 그전 8개 층을 올라가는 데 걸렸던 시간의 20 %씩 더 걸렸다고 할 때, 소민이가 24층까지 올라가는 데 몇 분 몇 초 걸렸는지 구하세요. (단, 소민이 집의 층에서는 쉬지 않습니다.)

문제 그리기 문제를 읽고, □ 안에 알맞은 수를 써넣으면서 풀이 과정을 계획합니다.(?: 구하고자 하는 것)

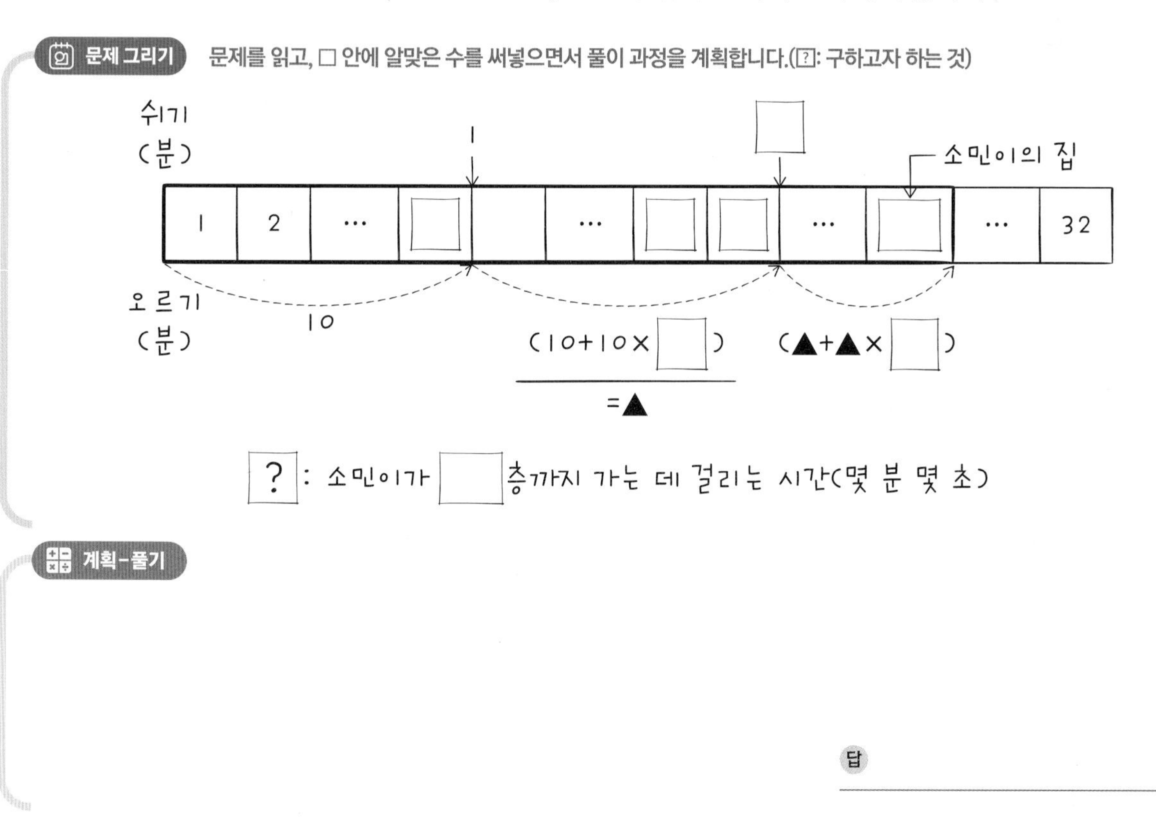

계획-풀기

답

11 호영이는 우유 798 g에 딸기청 114 g을 섞어 딸기 라떼 912 g을 만들어서 잘 섞은 다음 컵에 120 g을 따라놓았습니다. 처음 만든 딸기 라떼에 대한 딸기청의 비율을 백분율로 구하고, 딸기 라떼 120 g에 녹아 있는 딸기청은 몇 g인지 구하세요.

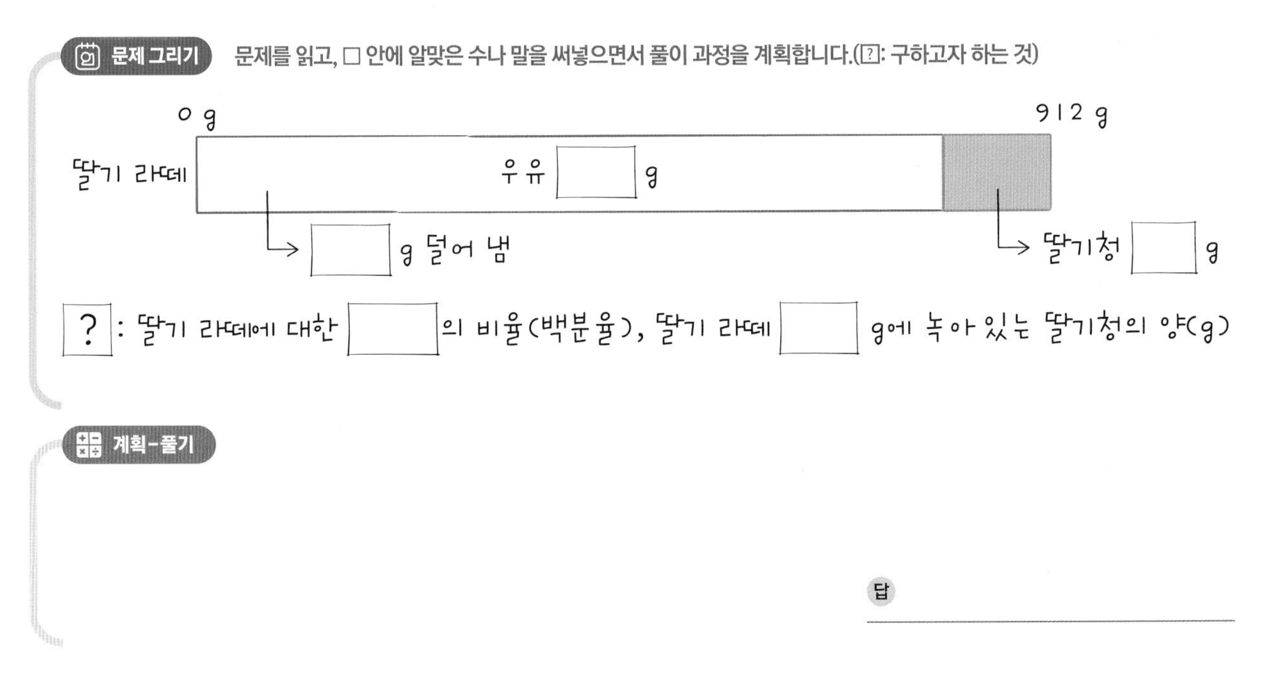

12 다음과 같이 띠 테이프를 처음에는 행으로 2줄, 열로 1줄을 놓고, 띠 테이프가 만나는 곳마다 핀을 꽂았습니다. 다음 그림과 같이 일정하게 띠 테이프와 핀을 연결할 때, 9번째에 사용한 핀 개수에 대한 1번째에 사용한 핀 개수의 비율을 기약분수로 나타내세요.

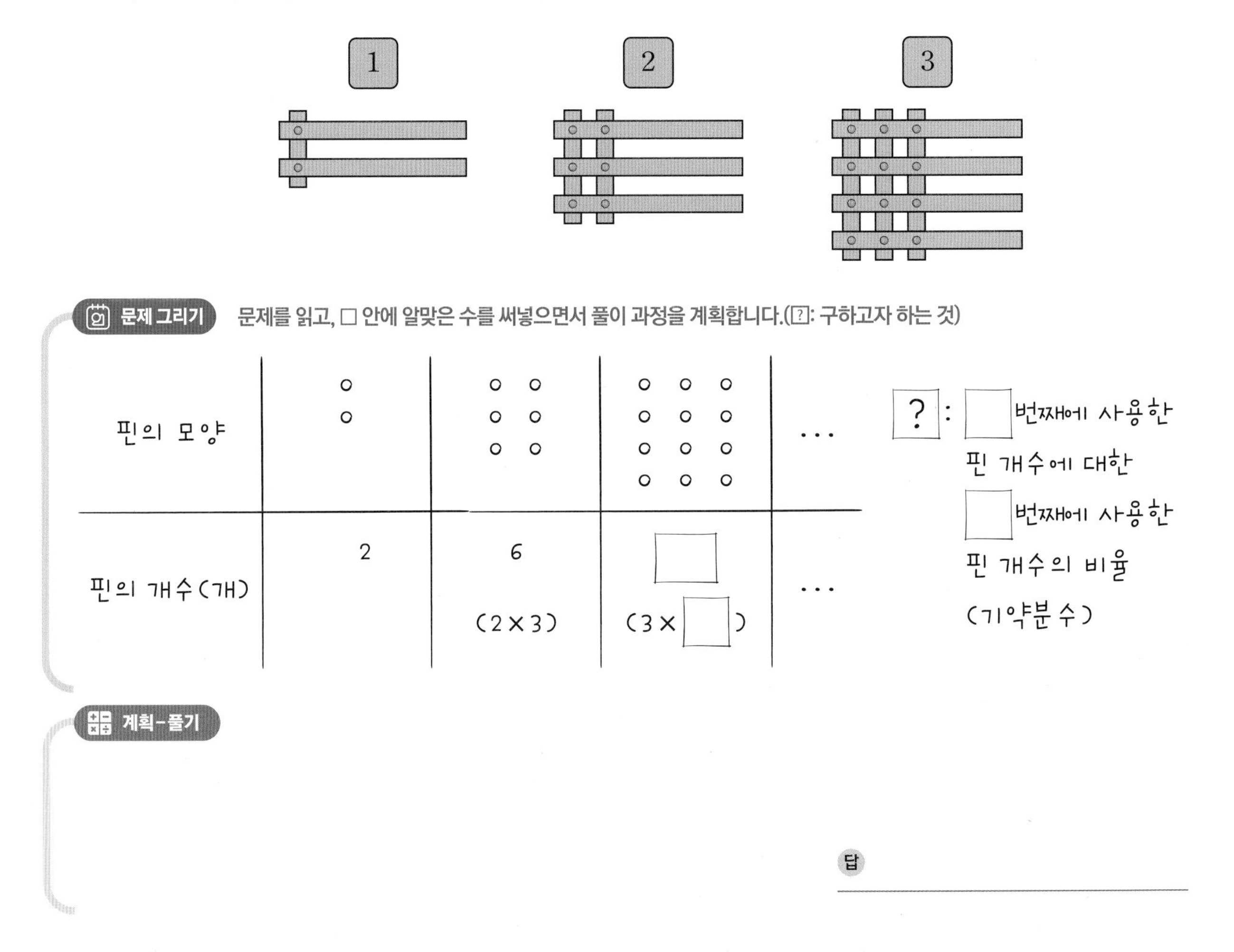

13 어느 놀이공원에서 작년에는 자유권 4장을 48000원에 팔았고, 올해는 자유권 3장을 42000원에 팔고 있습니다. 올해 자유권 1장의 가격은 작년 가격의 약 몇 %만큼 올랐는지 소수 첫째 자리에서 반올림하여 자연수로 나타내세요.

문제 그리기 문제를 읽고, □ 안에 알맞은 수나 말을 써넣으면서 풀이 과정을 계획합니다.(?: 구하고자 하는 것)

(작년) → (올해)

자유권 4장 □ 원 자유권 3장 □ 원

? : □ 자유권 1장의 가격의 □ 자유권 1장 가격에 대한 백분율(%)

계획-풀기

답

14 검은 숲과 하얀 숲이 마주 보고 있습니다. 두 숲의 대나무의 성장 속도를 조사하여 다음과 같은 표로 나타냈을 때, 검은 숲 대나무의 1시간당 자라는 길이에 대한 하얀 숲 대나무의 1시간당 자라는 길이의 비율을 기약분수인 가분수로 나타내세요. (단, 같은 숲에 있는 대나무들의 성장 속도는 모두 일정합니다.)

검은 숲과 하얀 숲의 대나무 성장 속도

숲	검은 숲		하얀 숲	
시간(시간)	24	48	32	64
길이(cm)	36	72	56	112

문제 그리기 문제를 읽고, □ 안에 알맞은 수나 말을 써넣으면서 풀이 과정을 계획합니다.(?: 구하고자 하는 것)

같은 숲은 모두 일정하게 자람

검은 숲	□ 시간 → 36 cm	하얀 숲	32시간 → □ cm

? : □ 숲 대나무의 1시간당 자라는 길이에 대한 □ 숲 대나무의 1시간당 자라는 길이의 비율(기약분수인 가분수)

계획-풀기

답

15 다음 표는 가, 나, 다 세 자동차의 휘발유 사용량에 대한 주행 거리(연비)를 나타낸 것입니다. 연비가 가장 좋은 자동차에 대한 연비가 가장 안 좋은 자동차의 연비의 비율을 기약분수로 나타내세요.

자동차별 연비

자동차	가	나	다
휘발유(L)	3.2	2.5	4.5
거리(km)	57.6	38.25	75.15

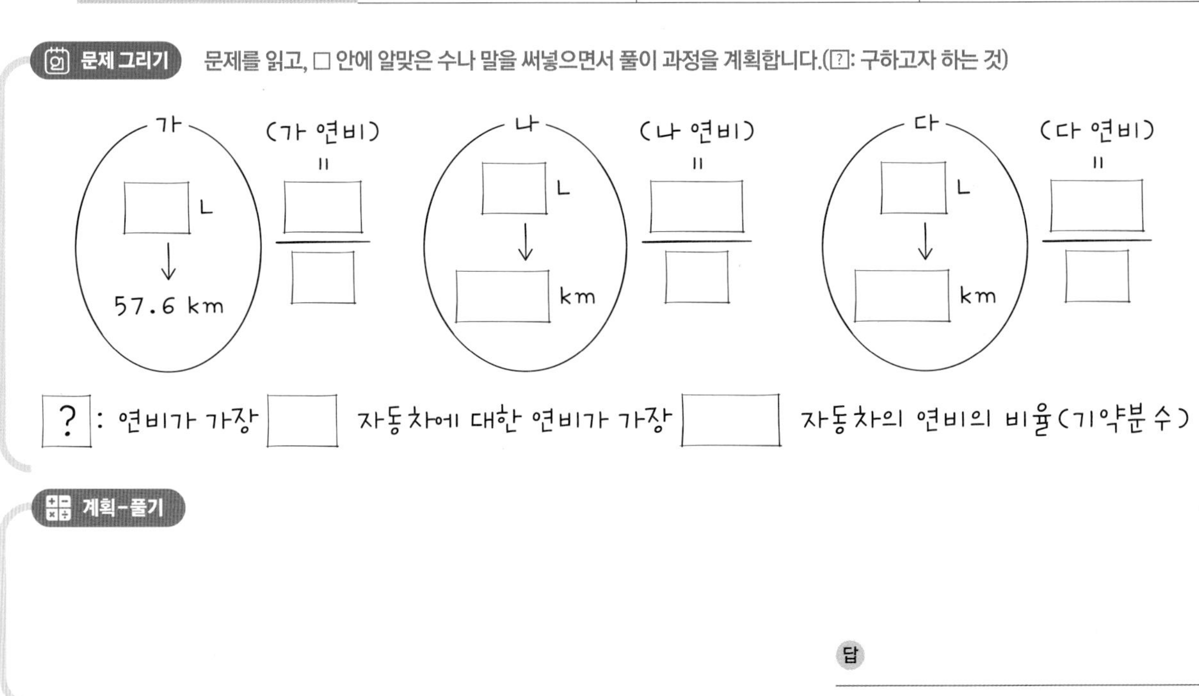

계획-풀기

답

16 쿠키 3개가 한 봉지에 들어 있고 가격은 11400원입니다. 요즘 행사가 있어서 쿠키 1봉지를 산 영수증을 3일 안에 가져오면 30% 할인권이나 쿠키 1개를 준다고 할 때, 32000원으로 쿠키를 가장 많이 살 수 있는 방법을 구하세요.

(단, 할인해서 쿠키를 사고 받은 영수증은 할인권을 주지 않고, 돈은 남아도 됩니다.)

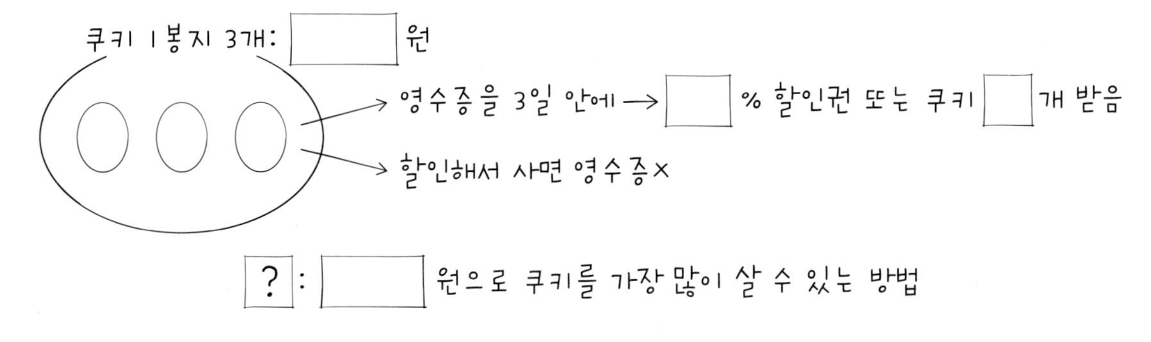

계획-풀기

답

거뜬히 해내기

정답과 풀이 62쪽

1 오른쪽 표는 카드와 무늬의 넓이를 나타낸 것입니다. 다음 그림의 나열 순서와 같이 300장을 빈틈없이 나열해서 직사각형을 만들 때, 만들어진 전체 직사각형의 넓이에 대한 ♡♡♡ 카드의 ♡가 차지하는 넓이의 합의 비율을 소수로 나타내세요.

모양	넓이
(카드)	15
■	1
△	$\frac{1}{2}$
●	$\frac{4}{5}$
♡	$\frac{3}{4}$

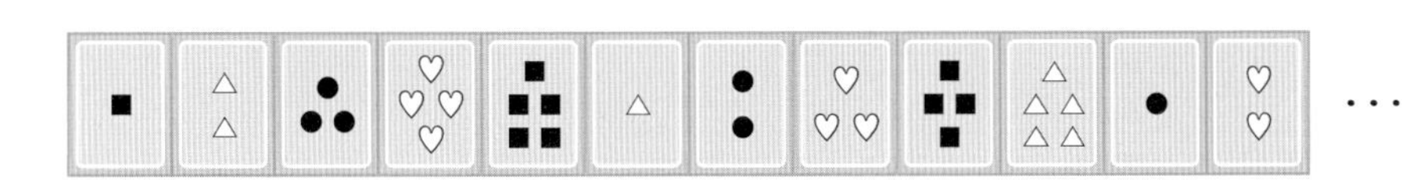

(　　　　　　　　　　　　)

2 인영이네 과수원에서 작년 나무 종류와 그 나무의 과일 수를 조사하여 그림그래프와 띠그래프로 나타냈습니다. 올해 사과나무는 25그루, 배나무는 35그루를 더 늘리고, 자두나무는 10그루를 줄였을 때, 올해 과수원의 종류별 나무 수를 띠그래프로 나타내세요.

작년 종류별 나무 수

나무	나무 수(그루)
사과	(큰 나무 그림 8개)
배	
자두	
기타	

(큰 나무) 10그루　(작은 나무) 1그루

작년 종류별 나무 수

사과나무 (40 %)	배나무 (25 %)	자두 (20 %)	기타 (15 %)

올해 종류별 나무 수

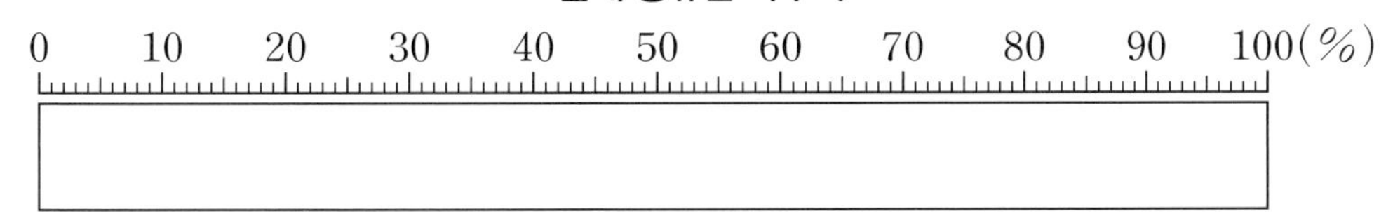

3 '오즈의 마법사'의 도로시가 만난 토네이도는 2.5시간 동안 1000 km를 움직이며, 산을 만날 때마다 1시간당 이동 거리가 25 %씩 줄어든다고 합니다. 이 토네이도가 같은 속력으로 도로시의 집을 싣고 오즈까지 움직이면서 산을 3곳을 통과하고 멈추었다면 처음 토네이도의 1시간당 이동 거리에 대한 마지막 산을 통과한 후의 1시간당 이동 거리의 비율을 소수로 나타내세요.

(단, 비율은 올림하여 소수 첫째 자리까지 나타냅니다.)

( )

4 어느 캠프에서 초등학생 4000명에게 방학 동안 가고 싶은 장소를 조사해서 그 학생 중 다른 나라를 가고 싶은 남녀 학생별 가고 싶은 나라를 조사하여 다음과 같이 원그래프로 나타내었습니다. 다른 나라에 가고 싶은 남녀 학생 수가 같을 때 일본에 가고 싶은 학생은 모두 몇 명인지 구하세요.

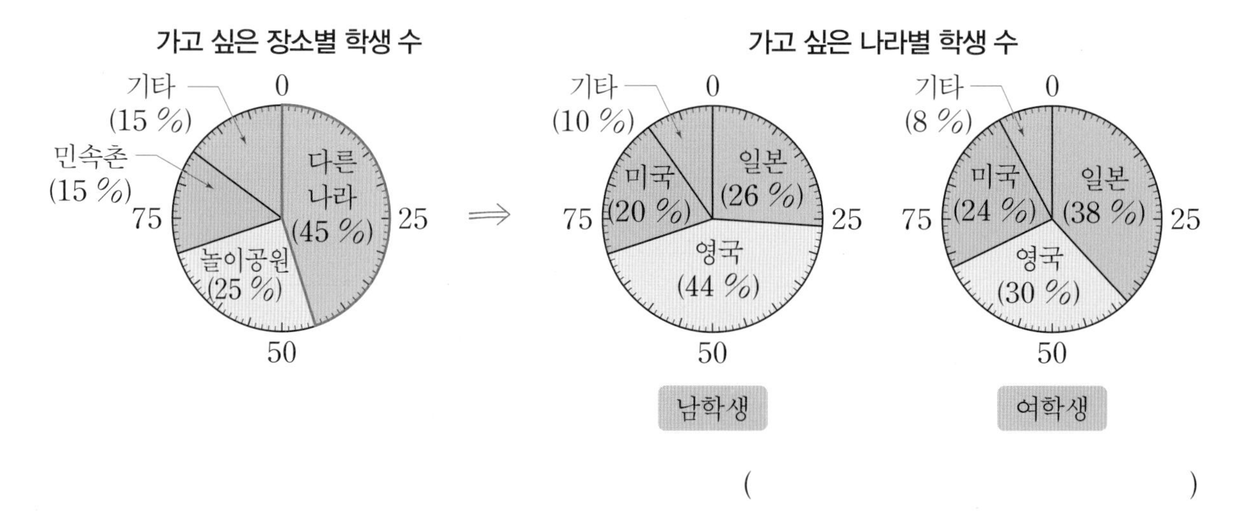

( )

수학적 의사소통(기호) 비와 비율 ─ : 와 %

한 양이 다른 양의 몇 배인지와 같이 두 양을 비교하는 개념이 비이며 기호로는 ':'를 사용합니다. 나눗셈 기호인 ÷에서 가운데 막대를 제거한 기호 : 는 ㉠ : ㉡으로 표현되고, 그 의미는 "㉠이 ㉡의 몇 배"라는 것을 의미하며 이를 분수나 소수 (㉠ : ㉡$=\frac{㉠}{㉡}$) 로 나타낸 개념이 비율입니다. 기호를 읽는 법은 다음과 같습니다.

㉠ : ㉡ = (비교하는 양) : (기준량) 비율은 기준량에 대한 비교하는 양의 크기
㉠ 대 ㉡
㉠과 ㉡의 비
㉠의 ㉡에 대한 비
㉡에 대한 ㉠의 비

1 해달 가족과 수달 가족의 대화를 보고 해달 가족과 수달 가족이 가족 수에 맞게 조개를 나눠 가지기 위해 두 가족은 몇 개씩 조개를 나눠 가지면 되는지 구하세요.

해달 가족과 수달 가족이 조개더미를 가운데 두고 이야기합니다.
해달 가족: 우리 모두 힘을 모아 조개를 96개나 모았어. 우리 해달 가족은 3마리이고, 수달 가족은 5마리잖아. 그러면 몇 개씩 나눠가져야 하지?
수달 가족: 두 가족이니까 그냥 둘로 나눠 가지면 어떨까? 96÷2=48(개)씩 말이야.
해달 가족: 너희 가족 수와 우리 가족 수가 다른데?

(　　　　　　　　)

2 걸리버는 배가 침몰하면서 키가 작은 사람들이 살고 있는 릴리퍼트라는 나라로 가게 되었습니다. 걸리버의 키는 180 cm이고, 릴리퍼트의 사람들은 모두 키가 15 cm였습니다. 처음에는 걸리버를 적으로 대했지만 걸리버가 릴리퍼트와 다른 적국과의 전쟁을 도와서 승리하게 되자 걸리버에게 신발과 바지를 선물하려고 합니다. 릴리퍼트 사람들의 신발과 바지의 길이는 각각 3 cm와 6 cm이고, 릴리퍼트 사람들의 키와 다른 신체 부위의 비를 그대로 적용하여 걸리버의 신발과 바지를 만든다면, 걸리버의 신발과 바지의 길이는 각각 몇 cm인지 구하세요.

( )

3 물을 찾기 위해서 걸리버가 내린 섬은 큰 사람들이 사는 나라 브롭딩낵이었습니다. 이 섬사람들은 키가 2160 cm인 사람들이었습니다. 이곳에서도 문제 **2**의 릴리퍼트 사람들과 같은 키에 대한 신발의 길이의 비율로 필요한 물건의 크기를 결정하고 있습니다. 브롭딩낵 사람들의 신발의 길이와 바지의 길이를 백분율을 사용하여 각각 구하세요.

( )

매스두잉

정답과 풀이

정답과 풀이

PART 1
수와 연산

분수의 나눗셈 | 소수의 나눗셈

개념 떠올리기 12~14쪽

1 답 $\frac{4}{5}$

2 ❶ 몫이 1보다 큰 경우는 나누어지는 수가 나누는 수보다 큰 경우이며, 몫이 1보다 작은 경우는 나누어지는 수가 나누는 수보다 작은 경우입니다.

답 몫이 1보다 큰 경우: ㉡, ㉢, ㉣
몫이 1보다 작은 경우: ㉠

❷ ㉠ $7\div9=\frac{7}{9}$ ㉡ $13\div3=\frac{13}{3}=4\frac{1}{3}$

㉢ $40\div7=\frac{40}{7}=5\frac{5}{7}$

㉣ $17\div14=\frac{17}{14}=1\frac{3}{14}$이므로

몫이 작은 것부터 쓰면 ㉠, ㉣, ㉡, ㉢입니다.

답 ㉠, ㉣, ㉡, ㉢

3 답 (위에서부터) 3, 12 / $\frac{1}{4}$, $\frac{1}{20}$ / $\frac{1}{5}$, $\frac{1}{35}$ / $\frac{1}{▲}$

4 답 $3\frac{2}{5}$ / 68, 1, 68, 17, 3, 2

5 답 $\frac{972}{100}\div6=\frac{972\div6}{100}=\frac{162}{100}=1.62$

6 답

```
   13.5             13.05
6 )78.3          6 )78.3
   6                6
   18               18
   18      ➡       18
     30               30
     30               30
      0                0
```

7 답 ❶ 16.5 ❷ 1.65

8 ㉠ 1.75 ㉡ 2.3 ㉢ 5.375 ㉣ 4.5
⇨ ㉢>㉣>㉡>㉠

답 ㉢, ㉣, ㉡, ㉠

STEP 1 내가 수학하기 배우기

식 만들기

16~17쪽

1

문제 그리기

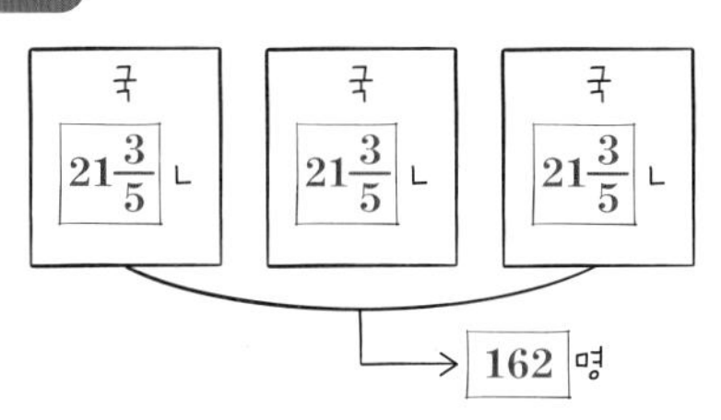

? : 1 명에게 줄 수 있는 국의 양(L)

계획-풀기

❶ (한 통에 들어 있는 국의 양)×(국 통의 수)
$=21\frac{3}{5}\times4=86\frac{2}{5}$(L)

→ $21\frac{3}{5}\times3=\frac{108}{5}\times3=\frac{324}{5}=64\frac{4}{5}$(L)

❷ (한 명에게 주어야 하는 국의 양)
=(전체 국의 양)÷(글짓기 참여자 수)
$=86\frac{2}{5}\div160=\frac{5}{432}\times\frac{1}{160}=\frac{1}{432}\times\frac{1}{32}=\frac{1}{13824}$(L)

→ $64\frac{4}{5}\div162=\frac{324}{5}\times\frac{1}{162}=\frac{2}{5}$ (또는 0.4)(L)

답 $\frac{2}{5}$ L 또는 0.4 L

확인하기

식 만들기 (○)

2

문제 그리기

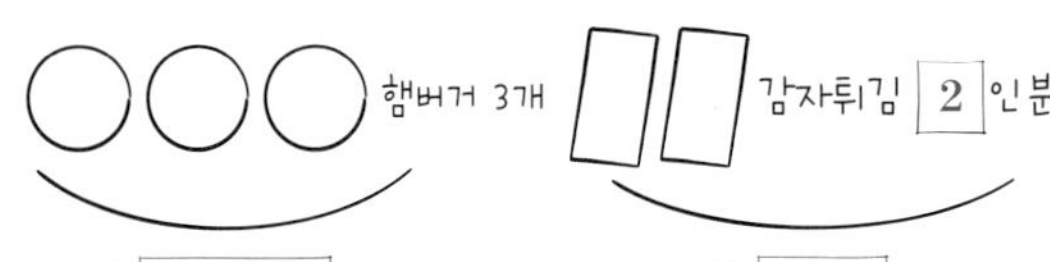

물 14788.5 L　　물 46.8 L

? : 햄버거 1 개와 감자튀김 1 인분을 만들기 위해 필요한 물의 양(L)

계획-풀기

❶ (햄버거 1개를 만드는 데 필요한 물의 양)
=(햄버거 4개를 만드는 데 필요한 물의 양)÷4
=14788.5÷4=3697.125(L)

→ (햄버거 3개를 만드는 데 필요한 물의 양)÷3
=14788.5÷3=4929.5(L)

(감자튀김 1인분 만드는 데 필요한 물의 양)
=(감자튀김 3인분 만드는 데 필요한 물의 양)÷3
=46.8÷3=15.6(L)

→ (감자튀김 2인분 만드는 데 필요한 물의 양)÷2
=46.8÷2=23.4(L)

❷ (햄버거 1개를 만드는 데 필요한 물의 양)
+(감자튀김 1인분을 만드는 데 필요한 물의 양)
=3697.125+15.6=3712.725(L)

→ 4929.5+23.4=4952.9(L)

답 4952.9 L

확인하기

식 만들기 (○)

STEP 1 **내가 수학하기 배우기** 거꾸로 풀기 19~20쪽

1

문제 그리기

평행사변형의 넓이가 $32\frac{3}{4}$ cm²일 때, 사다리꼴의 높이를 ▲ cm라고 합니다.

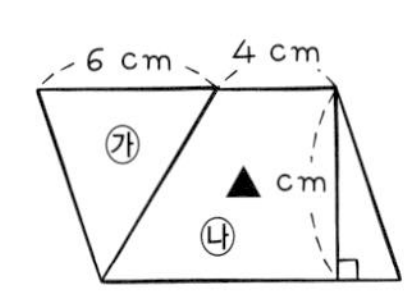

? : 사다리꼴 ㉯의 높이(▲)와 넓이

계획-풀기

❶

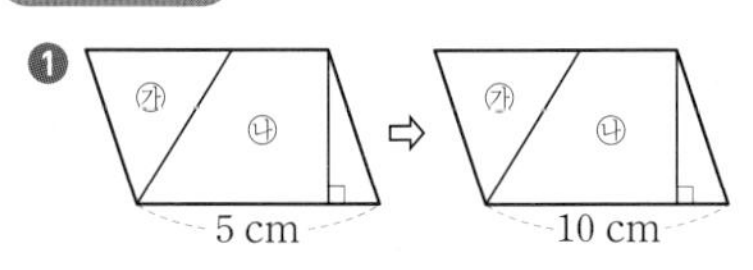

❷ 사다리꼴의 높이 구하기
사다리꼴의 높이를 ▲ cm라 하면
$5\times▲=32\frac{3}{4}$,
$▲=32\frac{3}{4}\div5=\frac{131}{4}\times\frac{1}{5}=\frac{131}{20}=6\frac{11}{20}$(cm)

→ $10\times▲=32\frac{3}{4}$,
$▲=32\frac{3}{4}\div10=\frac{131}{4}\times\frac{1}{10}=\frac{131}{40}=3\frac{11}{40}$(cm)

❸ (사다리꼴의 넓이)=((윗변)+(아랫변))×(높이)
$=(4+5)\times6\frac{11}{20}=9\times\frac{131}{20}$
$=\frac{1179}{20}=58\frac{19}{20}$(cm²)

→ ((윗변)+(아랫변))×(높이)÷2
$=(4+10)\times3\frac{11}{40}\div2=14\times\frac{131}{40}\times\frac{1}{2}$
$=\frac{917}{40}=22\frac{37}{40}$(cm²)

답 **높이: $3\frac{11}{40}$ cm, 넓이: $22\frac{37}{40}$ cm²**

확인하기

거꾸로 풀기 (○)

2

문제 그리기

(소금물의 양)×17= 664.7 (g)

? : (소금물의 양) ÷ 17

계획-풀기

❶ 소금물의 양을 □ g이라 할 때, □÷17=663.2입니다.
→ □×17=664.7

❷ □×17=664
□=664×17=1128
→ □×17=664.7, □=664.7÷17=39.1

❸ 보고서에 바르게 적어야 할 몫: 1128×17=19200(g)
→ 39.1÷17=2.3(g)

답 2.3 g

확인하기

거꾸로 풀기 (○)

STEP 1 **내가 수학하기 배우기** 그림 그리기

22~23쪽

1

문제 그리기

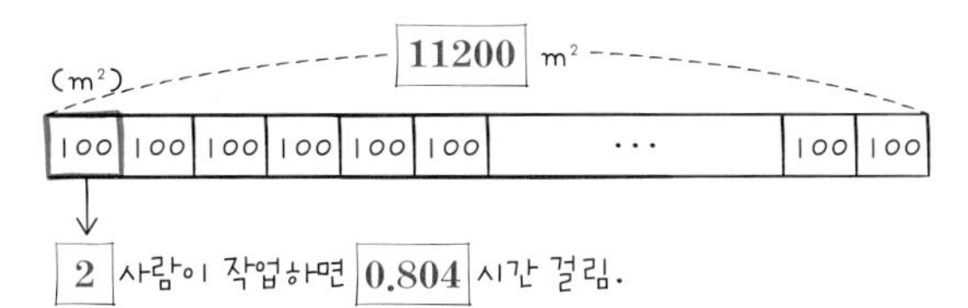

? : 11200 m²의 사과 농지를 한 사람이 작업하는 데 걸리는 날수(일)

계획-풀기

❶ (한 사람이 사과 농지 $100\ \mathrm{m}^2$를 착색 관리 하는 데 걸리는 시간)

$=1.205\div2=0.6025$(시간)

→ $0.804\div2=0.402$(시간)

❷ 사과 농지 $11200\ \mathrm{m}^2$는 사과 농지 $100\ \mathrm{m}^2$의

$11200\times100=120000$(배)입니다.

→ $11200\div100=112$(배)

❸ ($11200\ \mathrm{m}^2$에서 1명이 착색 관리를 하는 데 걸리는 시간)

=($100\ \mathrm{m}^2$에서 1명이 착색 관리를 하는 데 걸리는 시간) $\times120000\div24$

$=0.6025\times120000\div24=72300\div24=3012.5$(일)

→ ($100\ \mathrm{m}^2$에서 1명이 착색 관리 하는 데 걸리는 시간) $\times112\div24$

$=0.402\times112\div24=45.024\div24=1.876$(일)

답 1.876일

확인하기

그림 그리기 (○)

2

문제 그리기

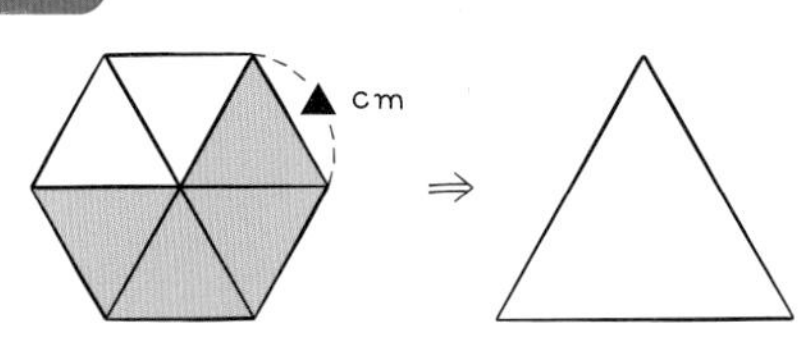

(정육각형의 둘레)=▲× 6 = $38\frac{3}{5}$ (cm)

? : 작은 정삼각형 4 개로 만든 큰 정삼각형의 둘레(cm)

계획-풀기

❶ (정육각형의 한 변의 길이)

$=36\frac{3}{4}\div6=\frac{147}{4}\times\frac{1}{6}=\frac{49}{8}=6\frac{1}{8}$(cm)

→ $38\frac{3}{5}\div6=\frac{193}{5}\times\frac{1}{6}=\frac{193}{30}=6\frac{13}{30}$(cm)

❷

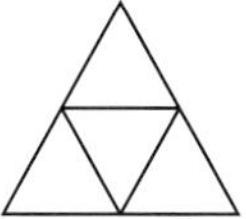

❸ (큰 정삼각형의 둘레)

=(작은 정삼각형의 한 변의 길이)×9

$=6\frac{1}{8}\times9=\frac{49}{8}\times9=\frac{441}{8}=55\frac{1}{8}$(cm)

→ 6, $6\frac{13}{30}\times6=\frac{193}{30}\times6=\frac{193}{5}=38\frac{3}{5}$(cm)

답 $38\frac{3}{5}$ cm

확인하기

그림 그리기 (○)

STEP 2 **내가 수학하기 해보기** 식, 거꾸로, 그림

24~35쪽

1

문제 그리기

당근 $2\frac{5}{8}$ kg ← 7 일 동안

↘ ↙

3 식구가 똑같이

? : 민주가 1 일 동안 먹어야 할 당근의 무게(kg)

계획-풀기

❶ 민주네 식구가 하루에 먹어야 할 당근의 무게 구하기

(민주네 식구가 하루에 먹어야 할 당근의 무게)

=(전체 당근의 무게)÷(일주일의 날수)

$=2\frac{5}{8}\div7=\frac{21}{8}\div7=\frac{21\div7}{8}=\frac{3}{8}$(kg)

❷ 민주가 하루에 먹어야 할 당근의 무게 구하기

(민주가 하루에 먹어야 할 당근의 무게)

=(민주가 하루에 먹어야 할 당근의 무게)÷(식구의 수)

$=\frac{3}{8}\div3=\frac{3\div3}{8}=\frac{1}{8}$(kg)

답 $\frac{1}{8}$ kg

2

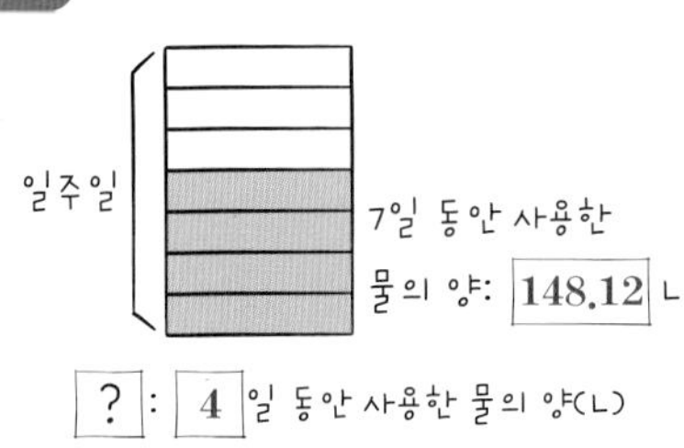

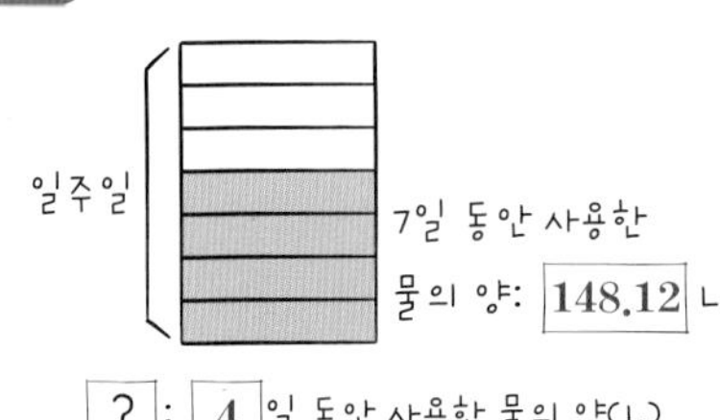

계획-풀기

❶ 하루 동안 사용한 물의 양 구하기
(하루 동안 사용한 물의 양)
=(일주일 동안 사용한 물의 양)÷(일주일의 날수)
$=148.12\div7=21.16(\text{L})$

❷ 4일 동안 사용한 물의 양 구하기
(4일 동안 사용한 물의 양)
=(하루 동안 사용한 물의 양)×4
$=21.16\times4=84.64(\text{L})$

답 **84.64 L**

3

문제 그리기

형우네 마당의 넓이: 9 m²
? : 형우가 치운 마당의 넓이(대분수)(m²)

계획-풀기

❶ 마당을 8등분한 것 중 한 부분의 넓이 구하기
(마당 한 부분의 넓이)
=(전체 마당의 넓이)÷(마당을 똑같이 나눈 수)
$=9\div8=\frac{9}{8}=1\frac{1}{8}(\text{m}^2)$

❷ 형우가 꽃잎을 치운 마당의 넓이 구하기
(형우가 꽃잎을 치운 마당의 넓이)
=(마당 한 부분의 넓이)×(형우가 치운 마당의 부분의 수)
$=1\frac{1}{8}\times3=\frac{9}{8}\times3=\frac{27}{8}=3\frac{3}{8}(\text{m}^2)$

답 $3\frac{3}{8}$ **m²**

4

문제 그리기

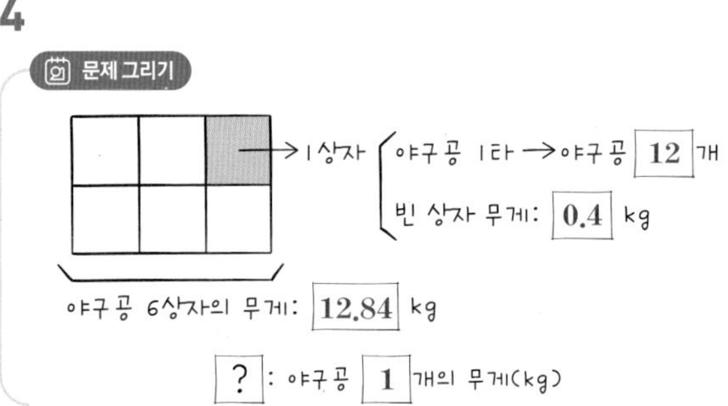

계획-풀기

❶ 야구공 1상자의 무게 구하기
(야구공 1상자의 무게)
=(야구공 6상자의 무게)÷(상자 수)
$=12.84\div6=2.14(\text{kg})$

❷ 야구공 12개의 무게 구하기
(야구공 12개의 무게)
=(야구공 1상자의 무게)−(빈 상자의 무게)
$=2.14-0.4=1.74(\text{kg})$

❸ 야구공 1개의 무게 구하기
(야구공 1개의 무게)
=(야구공 12개의 무게)÷(야구공의 수)
$=1.74\div12=0.145(\text{kg})$

답 **0.145 kg**

5

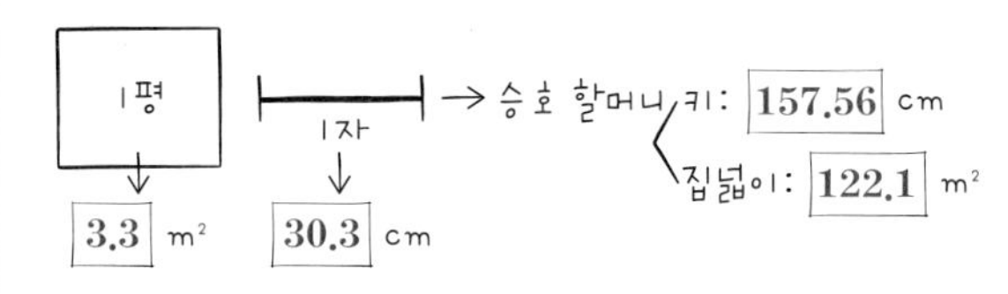

계획-풀기

❶ 할머니의 집은 몇 평인지 구하기
(할머니의 집의 평수)=(할머니의 집의 넓이)÷(1평의 넓이)
$=122.1\div3.3=37$(평)

❷ 할머니의 키는 몇 자인지 구하기
(할머니의 키)÷(1자의 길이)
$=157.56\div30.3=5.2$(자)

답 **할머니의 집: 37평, 할머니의 키: 5.2자**

6

문제 그리기

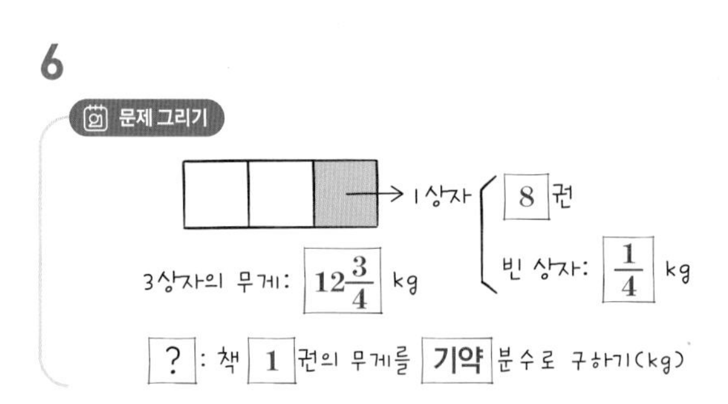

계획-풀기

❶ 책을 넣은 1상자의 무게 구하기

(책 1상자의 무게)

=(책 3상자의 무게)÷(상자 수)

$=12\frac{3}{4}\div 3=\frac{51}{4}\div 3=\frac{17}{4}=4\frac{1}{4}$(kg)

❷ 책 8권의 무게 구하기

(책 8권의 무게)=(책 1상자의 무게)−(빈 상자의 무게)

$=4\frac{1}{4}-\frac{1}{4}=4$(kg)

❸ 책 1권의 무게 구하기

(책 1권의 무게)=(책 8권의 무게)÷8

$=4\div 8=\frac{4}{8}=\frac{1}{2}$(kg)

답 $\frac{1}{2}$ kg

7

문제 그리기

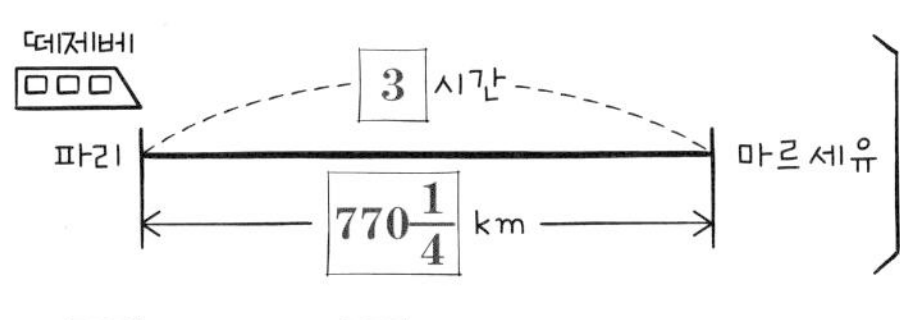

? : 떼제베가 5 시간 동안 가는 거리(km)

계획-풀기

❶ 떼제베가 1시간 동안 가는 거리 구하기

(떼제베가 1시간 동안 가는 거리)

=(떼제베가 움직인 거리)÷(걸린 시간)

$=770\frac{1}{4}\div 3=\frac{3081}{4}\div 3=\frac{1027}{4}=256\frac{3}{4}$(km)

❷ 떼제베가 5시간 동안 가는 거리 구하기

(떼제베가 5시간 동안 가는 거리)

=(떼제베가 1시간 동안 가는 거리)×5

$=256\frac{3}{4}\times 5=\frac{1027}{4}\times 5=\frac{5135}{4}=1283\frac{3}{4}$(km)

답 $1283\frac{3}{4}$ km

8

문제 그리기

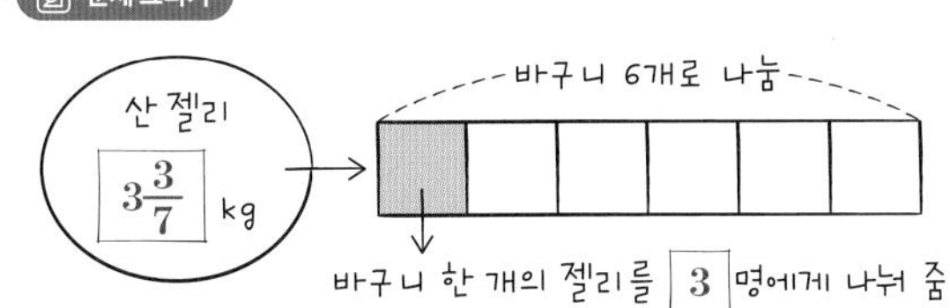

? : 1 명에게 나눠 주는 젤리의 무게(kg)

계획-풀기

❶ 한 바구니에 담긴 젤리의 무게 구하기

(한 바구니에 담긴 젤리의 무게)

=(전체 젤리의 무게)÷(바구니의 수)

$=3\frac{3}{7}\div 6=\frac{24}{7}\times\frac{1}{6}=\frac{4}{7}$(kg)

❷ 한 사람에게 나눠 주는 젤리의 무게 구하기

(한 사람에게 나눠 주는 젤리의 무게)

=(젤리 한 바구니의 무게)÷(사람 수)

$=\frac{4}{7}\div 3=\frac{4}{7}\times\frac{1}{3}=\frac{4}{21}$(kg)

답 $\frac{4}{21}$ kg

9

문제 그리기

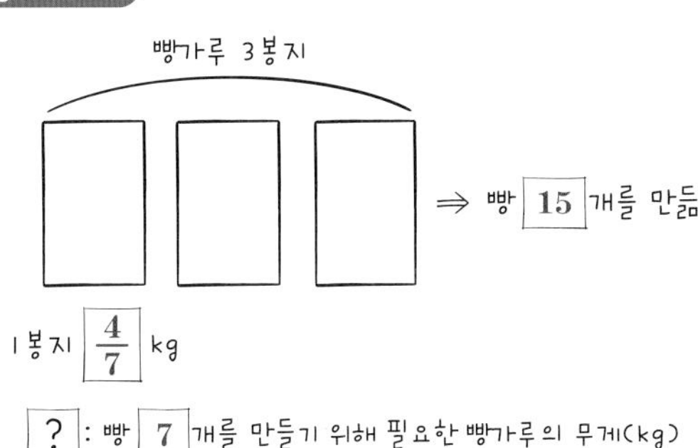

계획-풀기

❶ 빵 1개를 만드는 데 필요한 빵가루의 무게 구하기

(빵 1개를 만드는 데 필요한 빵가루)

=(빵가루 전체 무게)÷(만든 빵 수)

$=\frac{4}{7}\times 3\div 15=\frac{12}{7}\times\frac{1}{15}=\frac{4}{35}$(kg)

❷ 빵 7개를 만드는 데 필요한 빵가루의 무게 구하기

(빵 7개를 만드는 데 필요한 빵가루의 무게)

=(빵 1개를 만드는 데 필요한 빵가루의 무게)×(만드는 빵 수)

$=\frac{4}{35}\times 7=\frac{4}{5}$(kg)

답 $\frac{4}{5}$ kg

10

문제 그리기

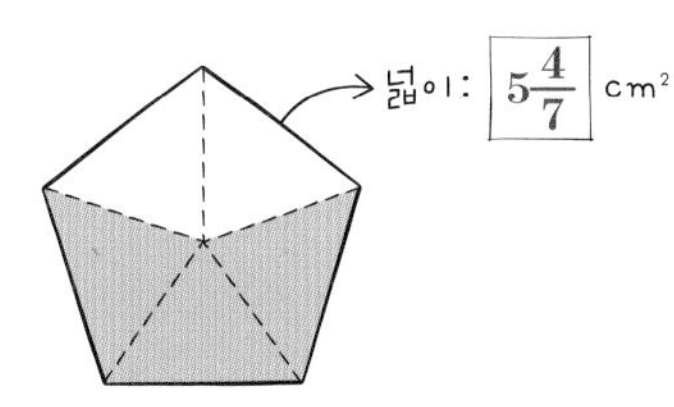

? : 색칠한 부분의 넓이(cm²)

계획-풀기

❶ 정오각형을 5등분 했을 때 한 부분의 넓이 구하기

$5\frac{4}{7}\div5=\frac{39}{7}\times\frac{1}{5}=\frac{39}{35}=1\frac{4}{35}(cm^2)$

❷ 색칠한 부분의 넓이 구하기

$1\frac{4}{35}\times3=\frac{39}{35}\times3=\frac{117}{35}=3\frac{12}{35}(cm^2)$

답 $3\frac{12}{35}$ cm²

11

문제 그리기

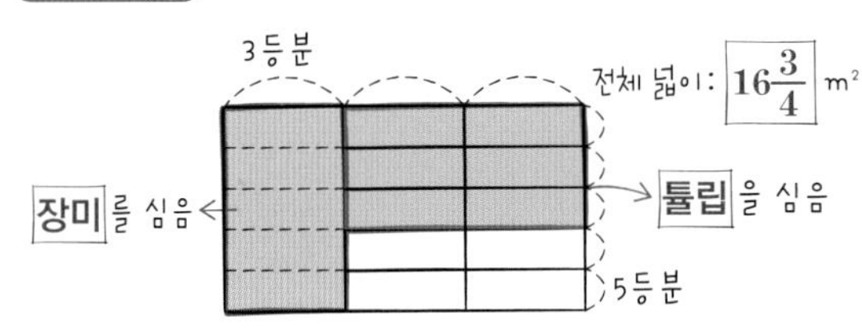

?: 아무 것도 심지 않은 부분의 넓이(m²)

계획-풀기

❶ 문제 그리기를 참고하여 꽃밭을 15등분 했을 때 한 부분의 넓이 구하기

$16\frac{3}{4}\div15=\frac{67}{4}\times\frac{1}{15}=\frac{67}{60}=1\frac{7}{60}(m^2)$

❷ 아무 것도 심지 않은 부분의 넓이 구하기

$1\frac{7}{60}\times4=\frac{67}{60}\times4=\frac{67}{15}=4\frac{7}{15}(m^2)$

답 $4\frac{7}{15}$ m²

12

문제 그리기

어떤 수: ▲

▲×17= 209.78

?: 바르게 계산한 몫을 반올림하여 소수 첫째 자리까지 구하기

계획-풀기

❶ 어떤 수 구하기

(어떤 수)=209.78÷17=12.34

❷ 바르게 계산한 몫 구하기

(바르게 계산한 몫)=(어떤 수)÷17

=12.34÷17

=0.72…

⇨0.7

답 0.7

13

문제 그리기

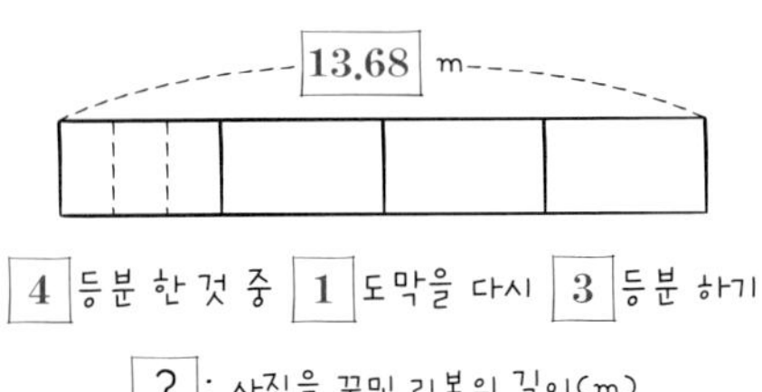

4 등분 한 것 중 1 도막을 다시 3 등분 하기

?: 사진을 꾸민 리본의 길이(m)

계획-풀기

❶ 리본을 4등분 한 것 중 1도막의 길이 구하기

(리본을 4등분 한 것 중 1도막의 길이)

=(리본 전체의 길이)÷4

=13.68÷4=3.42(m)

❷ 잘라낸 1도막을 3등분 한 것 중 1도막의 길이 구하기

(잘라낸 1도막을 3등분 한 것 중 1도막의 길이)

=(리본을 4등분 한 것 중 1도막의 길이)÷3

=3.42÷3=1.14(m)

답 1.14 m

14

문제 그리기

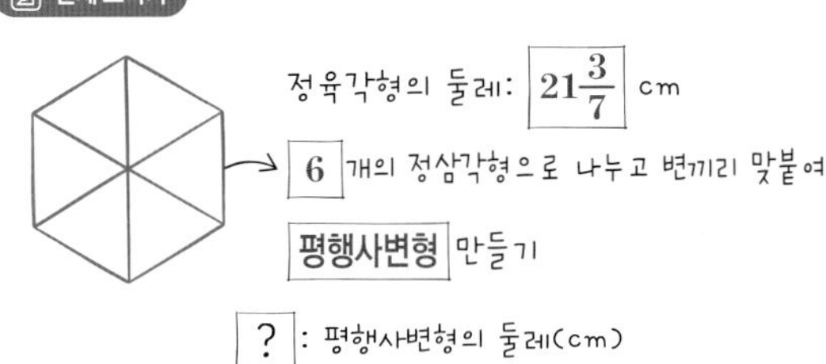

?: 평행사변형의 둘레(cm)

계획-풀기

❶ 정육각형의 한 변의 길이 구하기

(정육각형의 한 변의 길이)

=(정육각형의 둘레)÷(정육각형의 변의 수)

$=21\frac{3}{7}\div6=\frac{150}{7}\times\frac{1}{6}=\frac{25}{7}=3\frac{4}{7}(cm)$

❷ 평행사변형을 그리고, 둘레의 길이 구하기

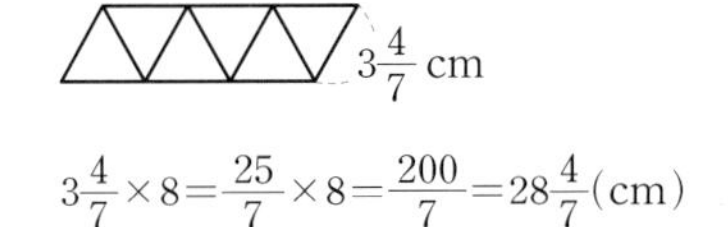

$3\frac{4}{7}\times8=\frac{25}{7}\times8=\frac{200}{7}=28\frac{4}{7}(cm)$

답 $28\frac{4}{7}$ cm

15

문제 그리기

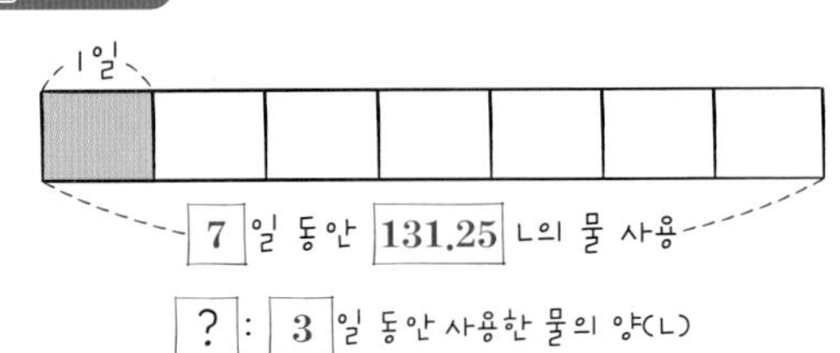

?: 3 일 동안 사용한 물의 양(L)

계획-풀기

❶ 하루 동안 사용한 물의 양 구하기

(하루 동안 사용한 물의 양)

=(일주일 동안 사용한 물의 양)÷(일주일의 날수)

$=131.25\div7=18.75$(L)

❷ 3일 동안 사용한 물의 양 구하기

(3일 동안 사용한 물의 양)

=(하루 동안 사용한 물의 양)×(날수)

$=18.75\times3=56.25$(L)

답 **56.25 L**

16

문제 그리기

♠×5= $8\frac{3}{14}$

♠×♥÷ 3 = $8\frac{3}{7}$

? : ♠과 ♥의 값(기약분수)

계획-풀기

❶ ♠의 값 구하기

$♠\times5=8\frac{3}{14}$, $♠=8\frac{3}{14}\div5=\frac{\overset{23}{\cancel{115}}}{14}\times\frac{1}{\underset{1}{\cancel{5}}}=\frac{23}{14}=1\frac{9}{14}$

❷ ♥의 값 구하기

$♠\times♥\div3=8\frac{3}{7}$, $1\frac{9}{14}\times♥\div3=8\frac{3}{7}$

$♥=8\frac{3}{7}\times3\div1\frac{9}{14}=\frac{59}{\underset{1}{\cancel{7}}}\times\frac{\overset{2}{\cancel{14}}}{23}\times3=\frac{354}{23}=15\frac{9}{23}$

답 **$♠=1\frac{9}{14}$, $♥=15\frac{9}{23}$**

17

문제 그리기

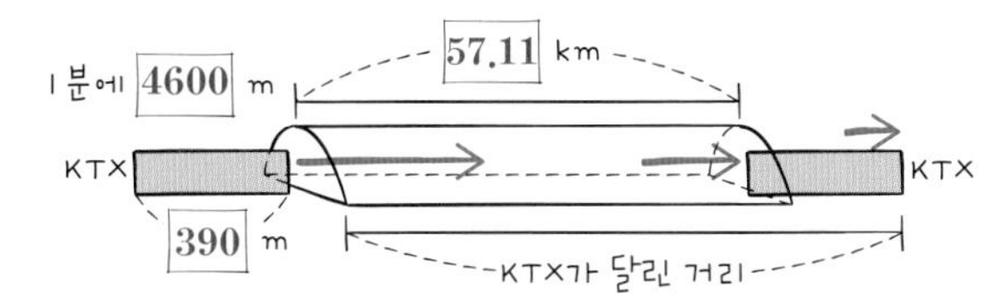

? : KTX가 터널을 완전히 통과하는 데 걸리는 시간(초)

계획-풀기

❶ KTX가 터널을 완전히 통과하기 위해 달리는 거리 구하기

(KTX가 터널을 완전히 통과하기 위해 달리는 거리)

=(열차의 길이)+(터널의 길이)

$=390+57110=57500$(m)

❷ KTX가 터널을 완전히 통과하는 데 걸리는 시간 구하기

(KTX가 터널을 완전히 통과하는 데 걸리는 시간)

=(달린 거리)÷(1분 동안 가는 거리)

$=57500\div4600=12.5$(분)

⇨ $12.5\times60=750$(초)

답 **750초**

18

문제 그리기

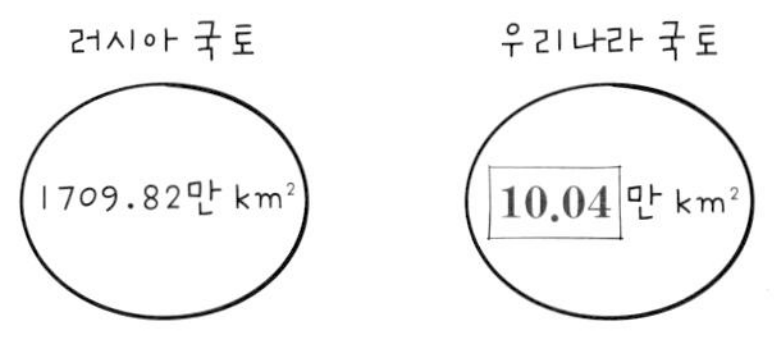

? : 러시아 국토가 우리나라 국토의 몇 배인지 소수 셋째 자리에서 반올림

계획-풀기

$1709.82\div10.04=170.3007\cdots$ ⇨ 170.3(배)

↑ 소수 셋째 자리에서 반올림

답 **170.3배**

19

문제 그리기

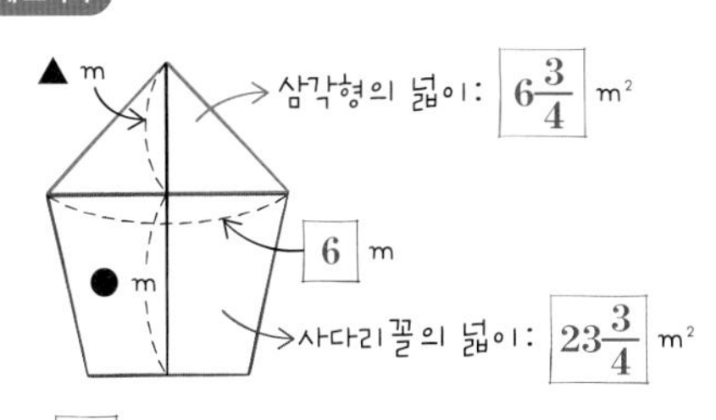

? : 삼각형의 높이(▲)와 사다리꼴의 높이(●)

계획-풀기

❶ 삼각형의 높이 구하기

삼각형의 높이를 ▲ m라고 하면

(삼각형의 넓이)=(밑변의 길이)×(높이)÷2

$6\frac{3}{4}=6\times▲\div2$,

$▲=6\frac{3}{4}\times2\div6=\frac{27}{4}\times2\times\frac{1}{6}=\frac{9}{4}=2\frac{1}{4}$(m)

❷ 사다리꼴의 높이 구하기

사다리꼴의 높이를 ● m라고 하면

(사다리꼴의 넓이)=((윗변)+(아랫변))×(높이)÷2

$23\frac{3}{4}=(6+4)\times●\div2$,

$●=23\frac{3}{4}\times2\div10=\frac{95}{4}\times2\times\frac{1}{10}=\frac{19}{4}=4\frac{3}{4}$(m)

답 **삼각형의 높이: $2\frac{1}{4}$ m, 사다리꼴의 높이: $4\frac{3}{4}$ m**

20

문제 그리기

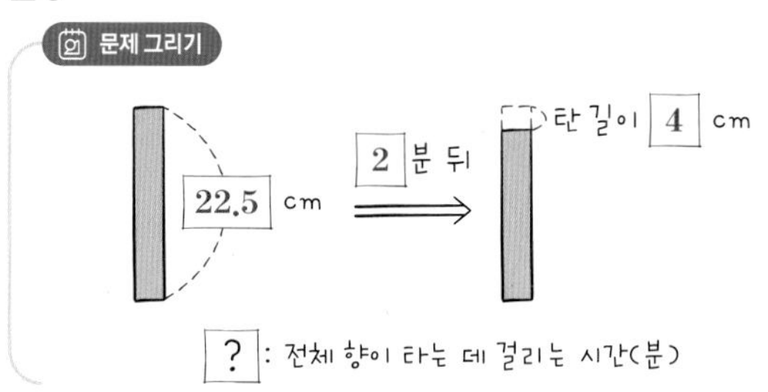

? : 전체 향이 타는 데 걸리는 시간(분)

계획-풀기

❶ 향이 1분 동안 탄 길이 구하기

(향이 1분 동안 탄 길이)=(탄 길이)÷(탄 시간)

$=4\div2=2(\text{cm})$

❷ 향이 모두 타는 데 걸리는 시간 구하기

(향이 모두 타는 데 걸리는 시간)

=(전체 길이)÷(1분 동안 탄 길이)

$=22.5\div2=11.25$(분)

답 **11.25분**

21

문제 그리기

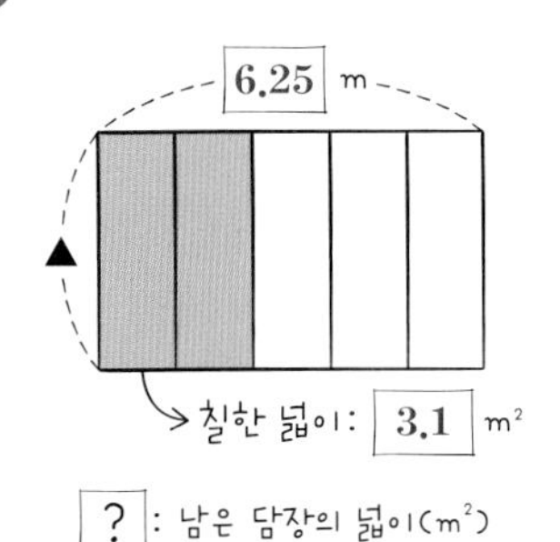

? : 남은 담장의 넓이(m^2)

계획-풀기

❶ 담장의 높이 구하기

담장의 높이를 ▲ m라고 할 때,

(칠한 담장의 넓이)=(전체 넓이)÷5×2

$3.1=(6.25\times▲)\div5\times2$, $(6.25\times▲)\div5\times2=3.1$

$6.25\times▲\times\frac{1}{5}\times2=3.1$, $6.25\times\frac{1}{5}\times2\times▲=3.1$

$2.5\times▲=3.1$, $▲=1.24$

❷ 남은 담장의 넓이 구하기

(남은 담장의 넓이)

=(전체 담장의 넓이)−(칠한 담장의 넓이)

$=(6.25\times1.24)-3.1$

$=7.75-3.1=4.65(\text{m}^2)$

답 **4.65 m²**

22

문제 그리기

123 층 / 1층

2917 개의 계단 ⇒ 우승자 — 남: 19.8분, 여: 24.6 분

? : 남자와 여자 우승자가 1 분 동안 오른 계단 수(자연수)

계획-풀기

❶ 남자 우승자가 1분 동안 오른 계단 수 구하기

(남자 우승자가 1분 동안 오른 계단 수)

=(오른 계단 수)÷(오른 시간)

$=2917\div19.8=147.3\cdots$

⇨ 147(개)

❷ 여자 우승자가 1분 동안 오른 계단 수 구하기

(여자 우승자가 1분 동안 오른 계단 수)

=(오른 계단 수)÷(오른 시간)

$=2917\div24.6=118.5\cdots$

⇨ 119(개)

답 **남자 우승자 : 147개, 여자 우승자: 119개**

23

문제 그리기

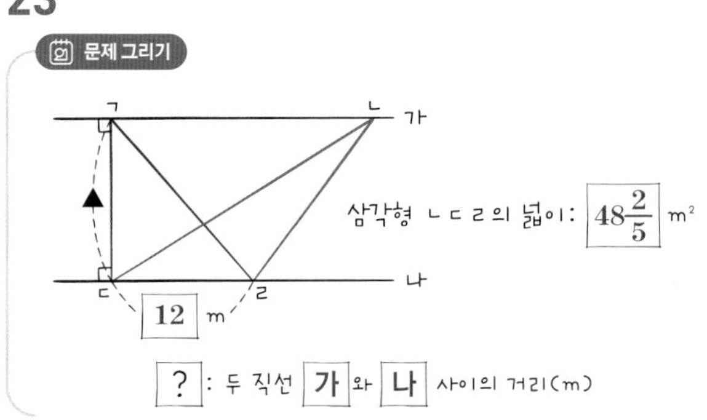

? : 두 직선 가 와 나 사이의 거리(m)

계획-풀기

삼각형의 높이를 ▲ m라고 하면

(삼각형 ㄱㄷㄹ의 넓이)=(삼각형 ㄴㄷㄹ의 넓이)

=(밑변)×(높이)÷2

$48\frac{2}{5}=12\times▲\div2$, $12\times▲\div2=48\frac{2}{5}$

$48\frac{2}{5}\times2\div12=\frac{\overset{121}{\cancel{242}}}{5}\times\overset{1}{\cancel{2}}\times\frac{1}{\underset{\underset{3}{\cancel{6}}}{\cancel{12}}}=\frac{121}{15}=8\frac{1}{15}(\text{m})$

(두 직선 사이의 거리)=(선분 ㄱㄷ의 길이)$=8\frac{1}{15}$ m

답 $8\frac{1}{15}$ **m**

24

문제 그리기

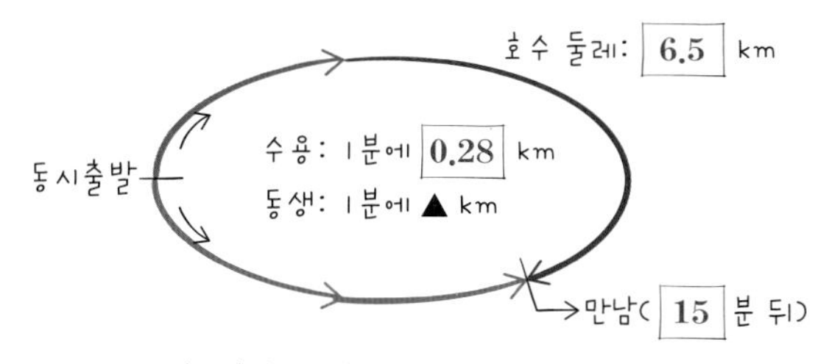

? : 동생이 1분 동안 간 거리(km)

계획-풀기

❶ (수용이가 15분 동안 간 거리)=(1분 동안 간 거리)×(시간)
$=0.28\times15=4.2$(km)

❷ (동생이 15분 동안 간 거리)=(전체 거리)−(수용이가 간 거리)
$=6.5-4.2=2.3$(km)
(동생이 1분 동안 간 거리)=(동생이 15분 동안 간 거리)÷15
$=2.3\div15=0.153\cdots$
⇨ 0.15(km)

답 0.15 km

확인하기

단순화하기 (○)

STEP 1 내가 수학하기 **배우기** 단순화하기

37~38쪽

1

문제 그리기

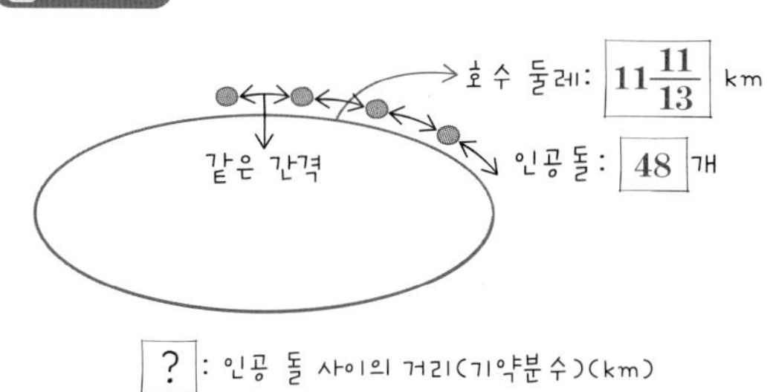

? : 인공 돌 사이의 거리(기약분수)(km)

계획-풀기

❶ 인공 돌이 3개이면 인공 돌 사이의 간격은 4개이고, 인공 돌이 4개이면 간격은 5개입니다.

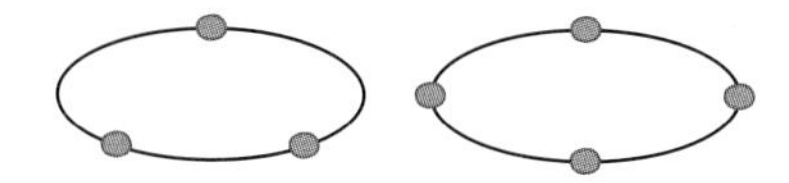

(간격의 수)=(인공 돌의 수)+1

→ 3개, 4개, (간격의 수)=(인공 돌의 수)

❷ 인공 돌이 48개이므로 간격의 수는 49개입니다. 따라서 인공 돌 사이의 거리는 다음과 같습니다.
(인공 돌 사이의 거리)
=(호수의 둘레)÷(인공 돌 사이의 간격 수)
$=11\frac{11}{13}\div49=\frac{154}{13}\times\frac{1}{49}=\frac{22}{91}$(km)

→ 48개, $11\frac{11}{13}\div48=\frac{154}{13}\times\frac{1}{48}=\frac{77}{312}$(km)

답 $\frac{77}{312}$ km

확인하기

단순화하기 (○)

2

문제 그리기

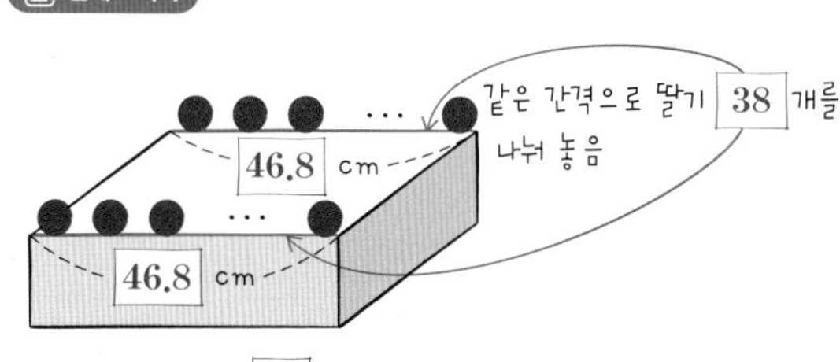

? : 딸기 사이의 간격(cm)

계획-풀기

❶ 딸기 3개 ① ② 딸기 4개 ① ② ③

딸기를 3개 놓으면 딸기와 딸기 사이의 간격은 3+1=4(군데)이고, 딸기를 4개 놓으면 딸기와 딸기 사이의 간격은 4+1=5(군데)입니다.
따라서 딸기 사이의 간격의 수는 딸기 수보다 1 큰 수입니다.

→ 3−1=2(군데), 4−1=3(군데), 작은 수

❷ 케이크 윗면의 긴 변에 딸기 38개를 놓아야 하고 긴 변이 1개이므로 한 긴 변에 놓는 딸기의 수는 38개이며, 간격의 수는 38+1=39(군데)입니다.

→ 2개, 38÷2=19(개), 19−1=18(군데)

❸ (딸기와 딸기 사이의 거리)
=(케이크 윗면의 긴 변의 길이)÷(딸기와 딸기 사이의 간격 수)
$=46.8\div39=1.2$(cm)

→ $46.8\div18=2.6$(cm)

답 2.6 cm

확인하기

단순화하기 (○)

STEP 1 내가 수학하기 배우기 문제정보를 복합적으로 나타내기

40~41쪽

1

문제 그리기

$3\frac{3}{16} \times \triangle \div 6 <$ 100

→ 자연수

? : △에 알맞은 자연수

계획-풀기

❶ $3\frac{3}{16} \times \triangle \div 6$

$= \frac{54}{16} \times \triangle \times \frac{1}{6} = \frac{54}{16} \times \frac{1}{6} \times \triangle = 4 \times \frac{1}{6} \times \triangle = \frac{2}{3} \times \triangle$

→ $\frac{51}{16} \times \triangle \times \frac{1}{6} = \frac{51}{16} \times \frac{1}{6} \times \triangle = \frac{17}{32} \times \triangle$

❷ 문제에서 제시한 조건은 계산 결과가 20보다 작은 자연수입니다. 따라서 식은 다음과 같습니다.

$\frac{2}{3} \times \triangle < 20$

→ 100보다, $\frac{17}{32} \times \triangle < 100$

❸ $\frac{2}{3} \times \triangle < 20$에서 $\frac{2}{3} \times \triangle$가 자연수가 되기 위해서 △는 3의 배수가 되어야 합니다.

따라서 △는 $\frac{2}{3} \times 3 = 2$, $\frac{2}{3} \times 6 = 4$, …, $\frac{2}{3} \times 27 = 18$이므로 △의 값은 3, 6, 9, 12, 15, 18입니다.

→ $\frac{17}{32} \times \triangle < 100$, $\frac{17}{32} \times \triangle$, 32의 배수,

$\frac{17}{32} \times 32 = 17$, $\frac{17}{32} \times (32 \times 2) = 34$, …,

$\frac{17}{32} \times (32 \times 5) = 85$

이므로 △의 값은 32, 64, 96, 128, 160입니다.

답 **32, 64, 96, 128, 160**

확인하기

문제정보를 복합적으로 나타내기 (○)

2

문제 그리기

8, 5, 6, 3, 4

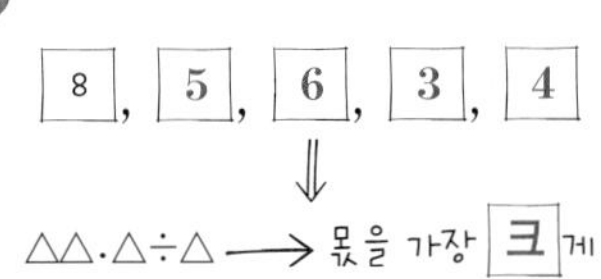

? : 만든 나눗셈식의 가장 큰 몫(소수 셋째 자리에서 반올림)

계획-풀기

❶ 나누어지는 수가 작을수록, 그리고 나누는 수가 클수록 몫이 커집니다.

따라서 가장 큰 몫을 구하기 위한 나눗셈식은 $34.5 \div 8$입니다.

→ 나누어지는 수가 클수록, 나누는 수가 작을수록, $86.5 \div 3$

❷ (나눗셈식의 가장 큰 몫) $= 34.5 \div 8 = 4.3125 \Rightarrow 4.31$

→ $86.5 \div 3 = 28.833 \cdots \Rightarrow 28.83$

답 **28.83**

확인하기

문제정보를 복합적으로 나타내기 (○)

STEP 1 내가 수학하기 배우기 규칙성 찾기

43~44쪽

1

문제 그리기

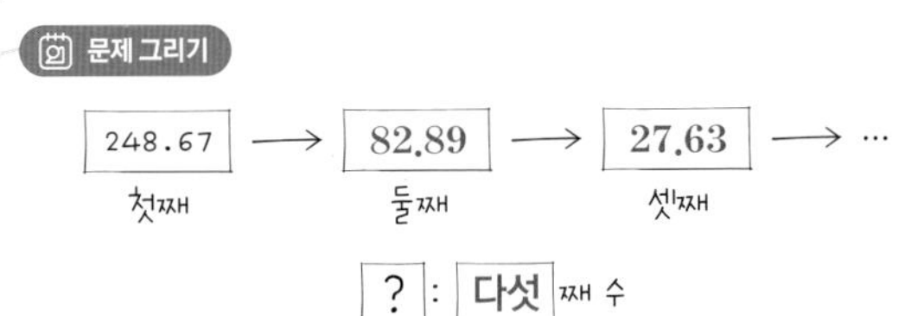

? : 다섯째 수

계획-풀기

❶ $27.63 \times 4 = 82.89$이고, $82.89 \times 4 = 248.67$입니다.

따라서 규칙성을 말로 표현하면 "앞의 수에 4를 곱하면 다음 수가 된다."입니다.

→ $248.67 \div 3 = 82.89$, $82.89 \div 3 = 27.63$,

앞의 수를 3으로 나누면 다음 수가 됩니다.

❷ ❶에서 구한 규칙을 적용하여 넷째 수와 다섯째 수를 구하면 다음과 같습니다.

넷째 수: $27.63 \times 4 = 110.52$

다섯째 수: $110.52 \times 4 = 442.08$

→ $27.63 \div 3 = 9.21$, $9.21 \div 3 = 3.07$

답 **3.07**

확인하기

규칙성 찾기 (○)

2

문제 그리기

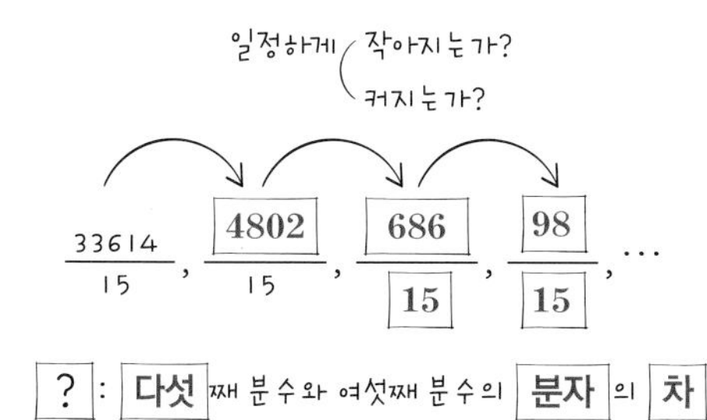

계획-풀기

❶ 분모는 변하지 않고, 분자는 작아지므로 분자에서 일정하게 어떤 자연수를 빼거나 어떤 자연수로 나눈 것입니다.

$33614 \div ▲ = 4802$, $4802 \div ▲ = 686$, $686 \div ▲ = 98$이므로 ▲$=8$입니다.

→ ▲$=7$

❷ 다섯째 분수: $\frac{98}{15} \div 8 = \frac{98}{15} \times \frac{1}{8} = \frac{49}{60}$,

여섯째 분수: $\frac{49}{60} \div 8 = \frac{49}{60} \times \frac{1}{8} = \frac{49}{480}$

→ $\frac{98}{15} \div 7 = \frac{98 \div 7}{15} = \frac{14}{15}$, $\frac{14}{15} \div 7 = \frac{14 \div 7}{15} = \frac{2}{15}$

❸ (다섯째 분수와 여섯째 분수의 분모의 차)

$=480-60=420$

→ 분자, $14-2=12$

답 12

확인하기

규칙성 찾기 (○)

STEP 2 내가 수학하기 해보기

단순화, 복합적, 규칙성

45~56쪽

1

문제 그리기

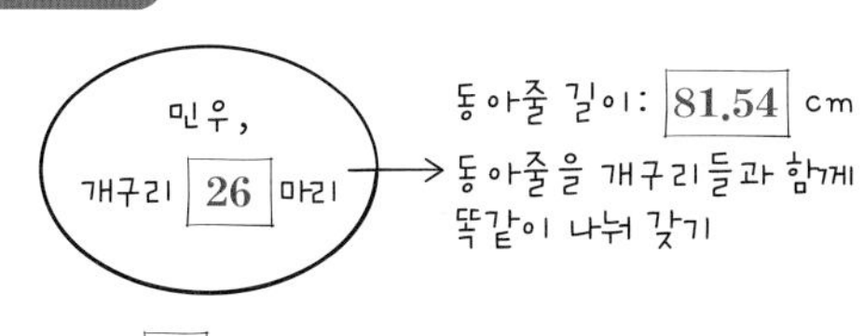

계획-풀기

❶ 동아줄을 똑같이 나누기 위한 식 세우기

개구리 26마리와 민우가 동아줄 81.54 cm를 똑같이 나눠 가져야 하므로 $81.54 \div 27$과 같이 식을 세웁니다.

❷ 민우가 말해야 하는 수 구하기

$81.54 \div 27 = 3.02$

답 3.02

2

문제 그리기

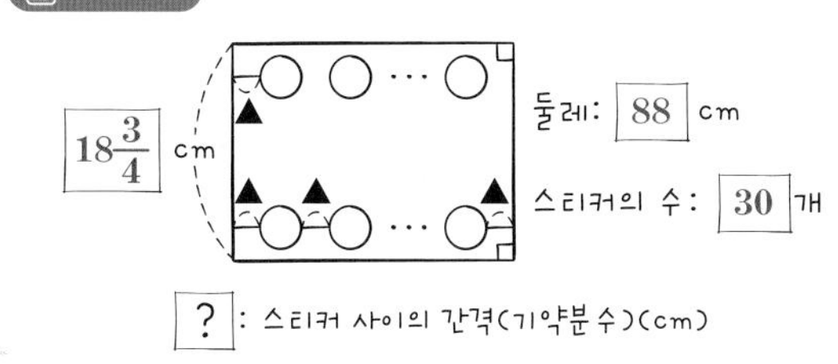

계획-풀기

❶ 일기장의 둘레가 88 cm이고, 세로의 길이가 $18\frac{3}{4}$ cm이므로 가로의 길이는 다음과 같습니다.

(가로)=(직사각형의 둘레)÷2−(세로)

$=(88 \div 2) - 18\frac{3}{4} = 44 - 18\frac{3}{4} = 25\frac{1}{4}$(cm)

❷ 스티커가 2개이면 간격은 3개이고, 스티커가 3개이면 간격은 4개입니다. 따라서 간격의 수는 스티커의 수보다 1 큽니다. 스티커 30개를 가로 두 줄로 붙여야 하므로 하나의 가로줄에 붙이는 스티커의 수는 $30 \div 2 = 15$(개)이며, 간격의 수는 16개입니다.

❸ (간격의 길이)=(가로의 길이)÷(간격의 수)

$=25\frac{1}{4} \div 16 = \frac{101}{4} \times \frac{1}{16}$

$=\frac{101}{64} = 1\frac{37}{64}$(cm)

답 $1\frac{37}{64}$ cm

3

문제 그리기

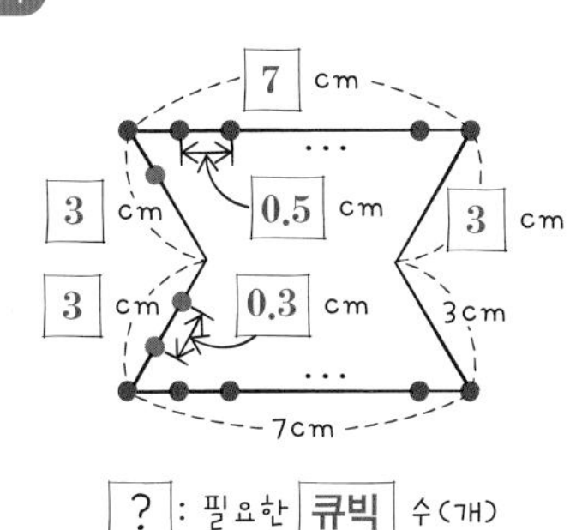

계획-풀기

❶ 브로치의 전체 간격 수 구하기

7 cm짜리 변에서 큐빅 사이의 간격은 $7 \div 0.5 = 14$(군데)이므로 두 개의 변에서는 $14 \times 2 = 28$(군데)이며, 3 cm짜리 변에서 큐빅 사이의 간격은 $3 \div 0.3 = 10$(군데)이므로 4개의 변에서는 $10 \times 4 = 40$(군데)입니다.

따라서 전체 간격은 $28 + 40 = 68$(군데)입니다.

❷ 브로치 둘레에 붙일 큐빅 수 구하기

브로치 둘레의 간격 수와 큐빅 수는 같으므로 필요한 큐빅의 수는 68개입니다.

답 68개

4

문제 그리기

미정 ⟶ 머리카락 30 일 동안 1.5 cm 자람

영진 ⟶ 머리카락 365 일 동안 21.9 cm 자람

? : 미정이와 영진이의 1 일 동안 자란 머리카락 길이(cm)

계획-풀기

❶ 미정이의 1일 동안 자란 머리카락의 길이 구하기

$1.5 \div 30 = 0.05$(cm)

❷ 영진이의 1일 동안 자란 머리카락의 길이 구하기

$21.9 \div 365 = 0.06$(cm)

답 **미정: 0.05 cm, 영진: 0.06 cm**

5

문제 그리기

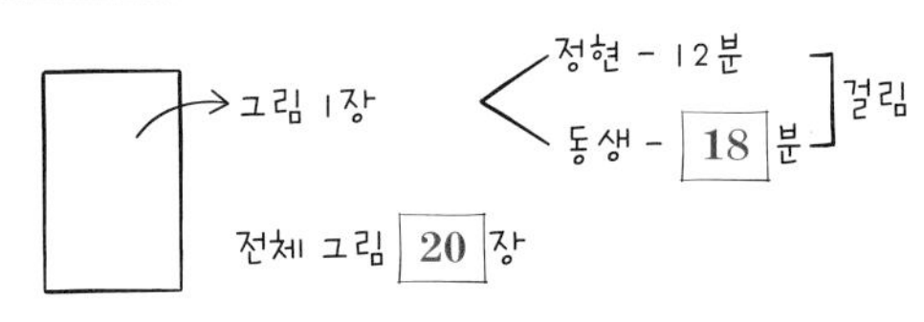

? : 정현이와 동생이 곰돌이 20 장을 함께 색칠하는 데 걸리는 시간(분)

계획-풀기

❶ 그림 1장을 모두 색칠하는 일의 양을 1이라고 할 때 1분 동안 두 사람이 각각 색칠하는 양을 기약분수로 나타내기

그림 1장을 모두 색칠하는 일의 양을 1이라고 하면 정현이는 1장을 모두 색칠하는 데 12분이 걸리므로 1분 동안 완성하는 일의 양은 $1 \div 12 = \frac{1}{12}$이고, 동생은 18분 걸리므로 1분 동안 색칠하는 일의 양은 $1 \div 18 = \frac{1}{18}$입니다.

❷ 두 사람이 함께 1분 동안 색칠하는 양을 기약분수로 나타내기

두 사람이 1분 동안 색칠하는 일의 양은

$\frac{1}{12} + \frac{1}{18} = \frac{3}{36} + \frac{2}{36} = \frac{5}{36}$입니다.

❸ 두 사람이 20장을 모두 색칠하는 데 걸리는 시간 구하기

두 사람이 20장을 모두 색칠하는 데

$20 \div \frac{5}{36} = 20 \times \frac{36}{5} = 144$(분)이 걸립니다.

답 **144분**

6

문제 그리기

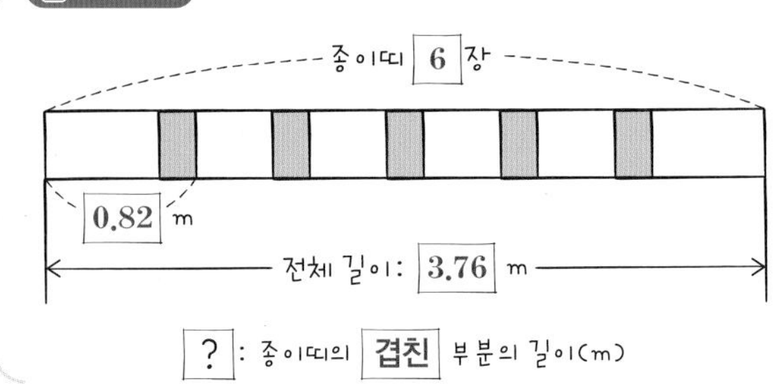

? : 종이띠의 겹친 부분의 길이(m)

계획-풀기

종이띠 6장을 이어 붙이면 겹치는 부분이 5곳입니다.

(겹친 부분의 길이)

$=$((종이띠 6장의 길이)$-$(전체 길이))$\div$(겹친 부분의 수)

$=(0.82 \times 6 - 3.76) \div 5 = (4.92 - 3.76) \div 5$

$= 1.16 \div 5 = 0.232$(m)

답 **0.232 m**

7

문제 그리기

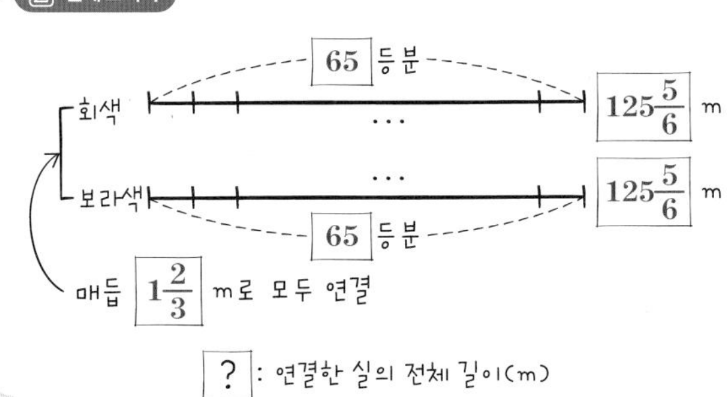

? : 연결한 실의 전체 길이(m)

계획-풀기

❶ 각 실의 1등분의 길이 구하기

(1등분의 길이)$=$(실의 길이)$\div$(등분 수)

$= 125\frac{5}{6} \div 65 = \frac{755}{6} \times \frac{1}{65}$

$= \frac{151}{78} = 1\frac{73}{78}$(m)

❷ 전체 길이 구하기

(매듭의 수)$=$(전체 등분 수)-1

$=(65+65)-1=129$(개)

(전체 길이)

$=$(1등분의 길이)$\times$(등분 수)$-$(1 매듭 길이)$\times$(매듭 수)

$= 1\frac{73}{78} \times 130 - 1\frac{2}{3} \times 129 = \frac{151}{78} \times 130 - \frac{5}{3} \times 129$

$= \frac{755}{3} - \frac{645}{3} = \frac{755-645}{3} = \frac{110}{3} = 36\frac{2}{3}$(m)

답 **$36\frac{2}{3}$ m**

8

문제 그리기

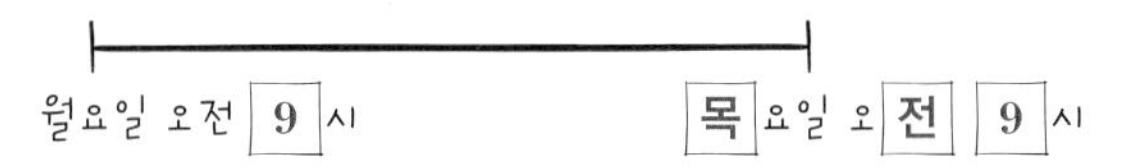

월요일 오전 9 시 — 목 요일 오 전 9 시

?: 목 요일 오전 9 시에 기진이의 시계가 가리키는 시각

계획-풀기

❶ 하루에 몇 분씩 늦어지는지 구하기

기진이의 시계는 $3\times7=21$(일) 동안 48.3분씩 늦어집니다.

(하루에 늦어지는 시간)=(늦어진 시간)÷(기간)

$=48.3\div21=2.3$(분)

❷ 목요일 오전 9시에 기진이의 시계가 가리키는 시각 구하기

하루에 2.3분씩 늦어지므로 월요일에서 목요일까지 3일 동안 $2.3\times3=6.9$(분)이 늦어집니다.

0.9분은 $0.9\times60=54$(초)이므로 목요일 9시까지 6분 54초가 늦어집니다.

따라서 기진이의 시계는 목요일 오전 9시에

오전 9시−6분 54초=오전 8시 53분 6초를 가리킵니다.

답 **오전 8시 53분 6초**

9

문제 그리기

$6\frac{6}{7}\div$ 8 < ★ < $8\frac{2}{9}$ ÷ 2

?: ★에 알맞은 자연수 의 개수

계획-풀기

$6\frac{6}{7}\div8=\frac{48}{7}\div8=\frac{6}{7}$

$8\frac{2}{9}\div2=\frac{74}{9}\div2=\frac{37}{9}=4\frac{1}{9}$

$\frac{6}{7}<★<4\frac{1}{9}$인 자연수 ★은 1, 2, 3, 4이므로 모두 4개입니다.

답 **4개**

10

문제 그리기

5. 6 (소수 둘째 자리에서 반올림 함)

5) 27.♠ 3

?: 1에서 9까지의 자연수 중에서 ♠에 알맞은 값

계획-풀기

27.♠3÷5의 몫이 소수 둘째 자리에서 반올림해서 5.6이 되기 위해서는 그 몫이 5.6보다 큰 경우와 작은 경우가 있습니다.

❶ 5.6보다 큰 경우는 다음 세로셈과 같이 $5\times6=30$이므로 불가능합니다.

```
    5.6
5)27.♠3
  25
   2♠
   30  ←5×6=30(×)
```

❷ 몫이 5.6보다 작은 경우

```
    5.5□
5)27.♠3
  25
   2♠
   25
  (♠−5)3
```

♠=1, 2, 3, 4, 5, 6, 7인 경우는 소수 둘째 자리에서 반올림이 되지 않습니다.

♠=8, 9인 경우에 소수 둘째 자리에서 반올림이 됩니다.

답 **8, 9**

11

문제 그리기

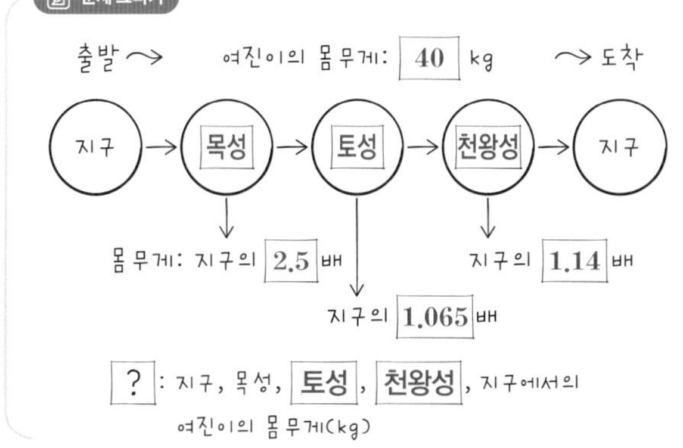

?: 지구, 목성, 토성, 천왕성, 지구에서의 여진이의 몸무게(kg)

계획-풀기

❶ 각 행성에서의 여진이의 몸무게 구하기

(목성에서 여진이의 몸무게)$=40\times2.5=100$(kg)

(토성에서 여진이의 몸무게)$=40\times1.065=42.6$(kg)

(천왕성에서 여진이의 몸무게)$=40\times1.14=45.6$(kg)

❷ 여행 순서로 각 행성에서의 몸무게 구하기

(지구) → (목성) → (토성) → (천왕성) → (지구) 순서이므로

몸무게 변화는 40 → 100 → 42.6 → 45.6 → 40입니다.

답 **40 kg, 100 kg, 42.6 kg, 45.6 kg, 40 kg**

12

문제 그리기

산♥들 $=\frac{산+들}{들}=$ (산 + 들) ÷ 들

?: $\frac{7}{3}$ ♥ 7 의 값

계획-풀기

$\frac{7}{3}♥7=\left(\frac{7}{3}+7\right)\div7=\left(\frac{7}{3}+\frac{21}{3}\right)\times\frac{1}{7}$

$=\frac{\overset{4}{\cancel{28}}}{3}\times\frac{1}{\underset{1}{\cancel{7}}}=\frac{4}{3}=1\frac{1}{3}$

답 $1\frac{1}{3}$

13

문제 그리기

민영이의 수: 2, 3, [4], [5] → 몫을 가장 [작]게 만듦

준하의 수: [1], [2], [3], 6 → 몫을 가장 [작]게 만듦

[?]: 이긴 사람

계획-풀기

❶ 민영이와 준하가 구한 몫 각각 구하기

민영의 몫: $23.4\div5=4.68$

준하의 몫: $12.3\div6=2.05$

❷ 누가 이겼는지 구하기

$4.68>2.05$이므로 준하가 이겼습니다.

답 준하

14

문제 그리기

▲: [두] 자리 자연수

$3\frac{[3]}{[8]}\div[3]\times$▲ ⟹ 자연수

[?]: ▲의 개수

계획-풀기

$3\frac{3}{8}\div3\times$▲$=\frac{\overset{9}{\cancel{27}}}{8}\times\frac{1}{\underset{1}{\cancel{3}}}\times$▲$=\frac{9}{8}\times$▲

$\frac{9}{8}\times$▲가 자연수가 되기 위해서는 ▲가 8의 배수가 되어야 합니다.

따라서 두 자리 수인 ▲는 $8\times2=16$, $8\times3=24$, $8\times4=32$, ⋯, $8\times12=96$이므로 모두 11개입니다.

답 11개

15

문제 그리기

$\frac{2}{3}=[2]\div[3]$

△$=\left[6\frac{2}{13}\right]$, ▽$=[8]$, $\frac{△}{▽}=$△$[\div]$▽

[?]: $\frac{△}{▽}$를 계산한 값을 반올림하여 소수 [둘째] 자리까지 구하기

계획-풀기

△$=6\frac{2}{13}=\frac{80}{13}$, ▽$=8$이므로

$\frac{△}{▽}=△\div▽=\frac{80}{13}\div8=\frac{80\div8}{13}=\frac{10}{13}$

$=10\div13=0.769\cdots$이므로

반올림하여 소수 둘째 자리까지 나타내면 0.77입니다.

답 0.77

16

문제 그리기

수직선에서 주현이네 집을 [0]으로 정하면 다음과 같습니다.

주현이네 집: 0, 진흔이네 집: $\left[78\frac{3}{5}\right]$, 약국: ㉠, 준하네 집: $\left[122\frac{5}{7}\right]$

[?]: [주현]이네 집에서 [약국](㉠)까지의 거리

계획-풀기

❶ 준하네 집에서 진훈이네 집까지의 거리 구하기

(준하네 집에서 진훈이네 집까지의 거리)

=(주현이네 집에서 준하네 집까지의 거리)

−(주현이네 집에서 진훈이네 집까지의 거리)

$=122\frac{5}{7}-78\frac{3}{5}=(122-78)+\left(\frac{5}{7}-\frac{3}{5}\right)$

$=44+\left(\frac{25}{35}-\frac{21}{35}\right)=44\frac{4}{35}$

❷ 주현이네 집에서 약국까지의 거리 구하기

(주현이네 집에서 약국까지의 거리)

=(주현이네 집에서 진훈이네 집까지의 거리)

+(진훈이네 집에서 약국까지 거리)

$=78\frac{3}{5}+\left(44\frac{4}{35}\div4\right)=78\frac{3}{5}+11\frac{1}{35}$

$=78\frac{21}{35}+11\frac{1}{35}=89\frac{22}{35}$

답 $89\frac{22}{35}$

17

문제 그리기

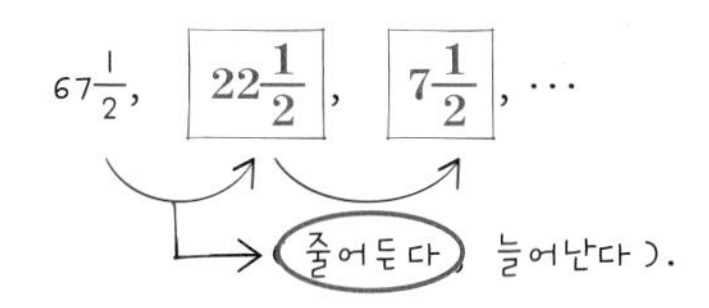

? : 5 번째 분수를 기약분수로 나타내기

계획-풀기

❶ 규칙 찾기

$67\frac{1}{2}-22\frac{1}{2}=45$, $22\frac{1}{2}-7\frac{1}{2}=15$

줄어드는 수가 다르므로 뺄셈을 이용한 규칙은 아닙니다.

$67\frac{1}{2}=\frac{135}{2}$, $22\frac{1}{2}=\frac{45}{2}$에서 $\frac{135}{2}\div3=\frac{45}{2}$이고,

$\frac{45}{2}\div3=\frac{15}{2}=7\frac{1}{2}$이므로 앞의 수를 3으로 나누면 뒤의 수가 되는 규칙입니다.

❷ 4번째 수와 5번째 수 구하기

4번째 수: $7\frac{1}{2}\div3=\frac{15}{2}\div3=\frac{5}{2}$

5번째 수: $\frac{5}{2}\div3=\frac{5}{2}\times\frac{1}{3}=\frac{5}{6}$

답 $\frac{5}{6}$

18

문제 그리기

◇	3.2	6.4	9.6	⋯	㉠	㉡
◎	4	8	12	⋯	32	㉢

⇒ ◎는 4 의 2배, 3배, ⋯로 커집니다.

? : ㉠, ㉡, ㉢에 알맞은 수

계획-풀기

❶ ◇와 ◎의 대응 관계를 말과 식으로 나타내기

$3.2\div4=6.4\div8=9.6\div12=\cdots=0.8$입니다.

식으로 나타내면 '◎×0.8=◇'이고, 말로 나타내면 '◎의 0.8배는 ◇이다.'입니다.

❷ ㉠, ㉡, ㉢에 알맞은 수 구하기

㉠$=32\times0.8=25.6$, ㉢$=4\times9=36$, ㉡$=36\times0.8=28.8$

답 ㉠: 25.6, ㉡: 28.8, ㉢: 36

19

문제 그리기

$1\frac{2}{3}$	$2\frac{3}{4}$	$3\frac{4}{5}$	$4\frac{5}{6}$	⋯

$3\frac{1}{2}$	$4\frac{2}{3}$	$5\frac{3}{4}$	$6\frac{4}{5}$	⋯

? : 두 대분수의 진분수 부분의 곱이 $\frac{25}{26}$인 두 대분수

계획-풀기

대응되는 진분수들은 분모와 분자가 각각 위쪽 분수가 아래쪽 분수보다 1 크고, 자연수 부분은 위쪽 분수는 (분자)−1, 아래쪽 분수는 (분자)+2입니다.

진분수 부분의 곱은

$\frac{2}{3}\times\frac{\cancel{1}^{1}}{\cancel{2}_{1}}, \frac{3}{4}\times\frac{\cancel{2}^{1}}{\cancel{3}_{1}}, \frac{4}{5}\times\frac{\cancel{3}^{1}}{\cancel{4}_{1}}, \frac{5}{6}\times\frac{\cancel{4}^{1}}{\cancel{5}_{1}}, \cdots$

⇨ $\frac{1}{3}, \frac{2}{4}, \frac{3}{5}, \frac{4}{6}, \cdots$

이므로 위쪽 분수의 분자 부분과 아래쪽 분수의 분모 부분이 약분이 되며, 분모와 분자의 차가 2가 됩니다.

기약분수 $\frac{25}{26}$의 분모와 분자의 차는 1이므로 차가 2가 되려면 분모와 분자에 2를 곱합니다. ⇨ $\frac{25\times2}{26\times2}=\frac{50}{52}$

진분수의 곱의 규칙을 적용하면 $\frac{50}{52}=\frac{51}{52}\times\frac{50}{51}$이므로 위쪽 대분수와 아래쪽 대분수는 각각 $50\frac{51}{52}$, $52\frac{50}{51}$입니다.

답 $50\frac{51}{52}$, $52\frac{50}{51}$

20

문제 그리기

6◆5 = $6\frac{6}{5}\div6=1\frac{1}{5}$

9◆4 = $9\frac{9}{4}\div9=1\frac{1}{4}$

? : 8◆7의 값

계획-풀기

(앞의 수)◆(뒤의 수)는 (대분수)÷(자연수)를 나타내며, 이때 대분수의 자연수 부분과 분자는 (앞의 수)이고 분모는 (뒤의 수)입니다. 나누는 (자연수)는 (앞의 수)를 나타냅니다.

8◆7$=8\frac{8}{7}\div8=\frac{64}{7}\times\frac{1}{8}=\frac{8}{7}=1\frac{1}{7}$

[다른 풀이]

6◆5$=1\frac{1}{5}$, 9◆4$=1\frac{1}{4}$이므로, 답의 규칙은 $1\frac{1}{(뒤의\ 수)}$이므로

8◆7$=1\frac{1}{7}$입니다.

답 $1\frac{1}{7}$

21

문제 그리기

0.8, 0.64, [0.512], [0.4096], ⋯

[?] : [0.8]을 [26]번 곱했을 때 소수 [26]째 자리의 숫자

계획-풀기

❶ [규칙1]

0.8을 1번 곱했을 때, 소수점 이하 자리 수는 1개이고,

0.8을 2번 곱했을 때, 소수점 이하 자리 수는 2개이고,

0.8을 3번 곱했을 때, 소수점 이하 자리 수는 3개, ⋯입니다.

⇨ 0.8을 곱한 횟수와 소수점 이하 자리 수의 개수는 같습니다.

[규칙2]

$0.\underline{8}$, $0.8\times0.8=0.6\underline{4}$, $0.8\times0.8\times0.8=0.51\underline{2}$,

$0.8\times0.8\times0.8\times0.8=0.409\mathbf{6}$,

$0.8\times0.8\times0.8\times0.8\times0.8=0.3276\underline{8}$ ⋯

⇨ 0.8을 곱한 횟수가 반복할 때, 소수 끝 자릿수의 숫자는 8, 4, 2, 6이 반복됩니다.

❷ 0.8을 26번 곱하면 소수점 이하 자리는 26개이며, 소수점 아래 26번째 자리 숫자는 $26\div4=6\cdots\underline{2}$에서 8, 4, 2, 6 중 2번째 수인 4입니다.

답 **4**

22

문제 그리기

$(1, \frac{4}{3})$, ([$\frac{1}{2}$], [$\frac{2}{3}$]), ([$\frac{1}{3}$], [$\frac{4}{9}$]), ([$\frac{15}{16}$], ▲), ⋯

[?] : 윗면에 [$\frac{15}{16}$]를 쓰면 앞면에 나타나는 수

계획-풀기

❶ 두 수 사이의 대응 규칙을 말로 쓰기

$1\times\frac{4}{3}=\frac{4}{3}$, $\frac{1}{2}\times\frac{4}{3}=\frac{2}{3}$, $\frac{1}{3}\times\frac{4}{3}=\frac{4}{9}$

⇨ 윗면의 수에 $\frac{4}{3}$를 곱한 수가 앞면에 나타나는 규칙입니다.

❷ 윗면에 $\frac{15}{16}$를 쓰면 앞면에 나타나는 수 구하기

$\frac{15}{16}\times\frac{4}{3}=\frac{5}{4}=1\frac{1}{4}$

답 $\mathbf{1\frac{1}{4}}$

23

문제 그리기

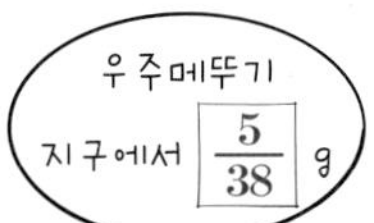

* 달에서의 무게는 지구의 [$\frac{1}{6}$]배, 화성에서는 지구의 [$\frac{19}{50}$]배

⇒지구→[화성]→[유리별]→[달]→[유리별]→지구

[?] : 지구로 돌아왔을 때의 우주 메뚜기의 무게(g)

계획-풀기

지구에서 $\frac{5}{38}$ g인 우주 메뚜기가 화성으로 가면 $\frac{5}{38}\times\frac{19}{50}=\frac{1}{20}$(g)이고, 그 다음 장소인 유리별에서는 무게가 같으므로 $\frac{1}{20}$ g입니다. 유리별에서 다른 별로 이동하면 무게는 지구에서 다른 별로 이동한 것과 같으므로 달에서는 $\frac{1}{20}\times\frac{1}{6}=\frac{1}{120}$(g)이고 다시 유리별로 가면 무게가 같으므로 $\frac{1}{120}$ g입니다. 마지막에 지구로 돌아와도 유리별과 무게가 같으므로 $\frac{1}{120}$ g이 됩니다.

답 $\mathbf{\frac{1}{120}}$ g

24

문제 그리기

$\frac{3}{2}$, $\frac{3}{4}$, [$\frac{1}{2}$], [$\frac{3}{8}$], [$\frac{3}{10}$], [$\frac{1}{4}$]

규칙: (앞의 분수)÷(어떤 자연수)

[?] : [48]번째의 기약분수

계획-풀기

① 첫째 수는 $\frac{3}{2}$이고, 둘째 수는 $\frac{3}{4}$이므로 '$\frac{★}{△}$÷(자연수)'를 '(앞의 분수)÷2'로 추측합니다.

⇨ (셋째 수)=(둘째 수)÷2=$\frac{3}{4}\div2=\frac{3}{8}$이므로 성립하지 않습니다.

② 첫째 수는 $\frac{3}{2}$이고, 둘째 수는 $\frac{3}{4}$이므로 '$\frac{★}{△}$÷(자연수)'를 '$\frac{3}{2}$÷(순서 수)'로 추측합니다.

⇨ (첫째 수)=$\frac{3}{2}\div1=\frac{3}{2}$, (둘째 수)=$\frac{3}{2}\div2=\frac{3}{4}$,

(셋째 수)=$\frac{3}{2}\div3=\frac{3}{2}\times\frac{1}{3}=\frac{1}{2}$,

(넷째 수)=$\frac{3}{2}\div4=\frac{3}{2}\times\frac{1}{4}=\frac{3}{8}$,

(다섯째 수)=$\frac{3}{2}\div5=\frac{3}{2}\times\frac{1}{5}=\frac{3}{10}$,

(여섯째 수)=$\frac{3}{2}\div6=\frac{3}{2}\times\frac{1}{6}=\frac{1}{4}$

따라서 규칙은 $\frac{3}{2}$÷(순서 수)입니다.

⇨ (48번째 수)=$\frac{3}{2}$÷(순서 수)=$\frac{3}{2}\div48=\frac{3}{2}\times\frac{1}{48}=\frac{1}{32}$

답 $\mathbf{\frac{1}{32}}$

1 식 만들기

문제 그리기

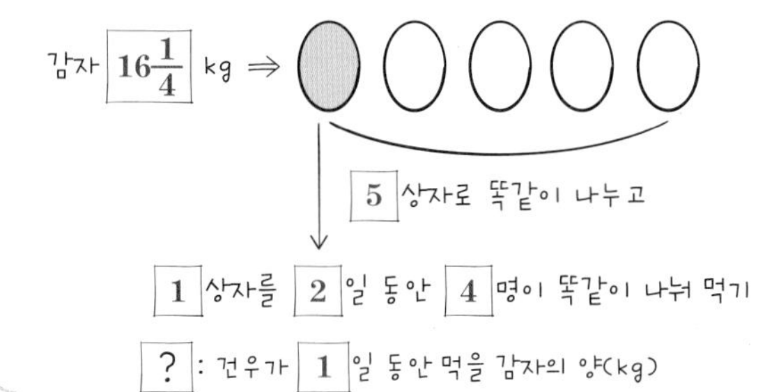

계획-풀기

❶ 한 상자의 감자의 양 구하기

$16\frac{1}{4}\div5=\frac{65}{4}\times\frac{1}{5}=\frac{13}{4}=3\frac{1}{4}$(kg)

❷ 건우가 하루 동안 먹을 감자의 양 구하기

(건우가 하루 동안 먹을 감자의 양)

=(한 상자의 감자의 양)÷(먹는 기간)÷(먹는 사람 수)

$=3\frac{1}{4}\div2\div4=\frac{13}{4}\times\frac{1}{2}\times\frac{1}{4}=\frac{13}{32}$(kg)

답 $\frac{13}{32}$ kg

2 거꾸로 풀기

문제 그리기

바르게 계산: (고기 한 봉지의 양) ÷ 6

↓

잘못 계산: (고기 한 봉지의 양) × 6 = $32\frac{4}{7}$ (kg)

? : 사자에게 바르게 주어야 하는 고기의 양(kg)

계획-풀기

❶ 고기 한 봉지의 양 구하기

(고기 한 봉지의 양)$\times6=32\frac{4}{7}$

(고기 한 봉지의 양)$=32\frac{4}{7}\div6=\frac{\overset{38}{\cancel{228}}}{7}\times\frac{1}{\underset{1}{\cancel{6}}}=\frac{38}{7}=5\frac{3}{7}$(kg)

❷ 사자에게 바르게 주어야 하는 고기의 양 구하기

(고기 한 봉지의 양)$\div6=5\frac{3}{7}\div6=\frac{\overset{19}{\cancel{38}}}{7}\times\frac{1}{\underset{3}{\cancel{6}}}=\frac{19}{21}$(kg)

답 $\frac{19}{21}$ kg

3 식 만들기

문제 그리기

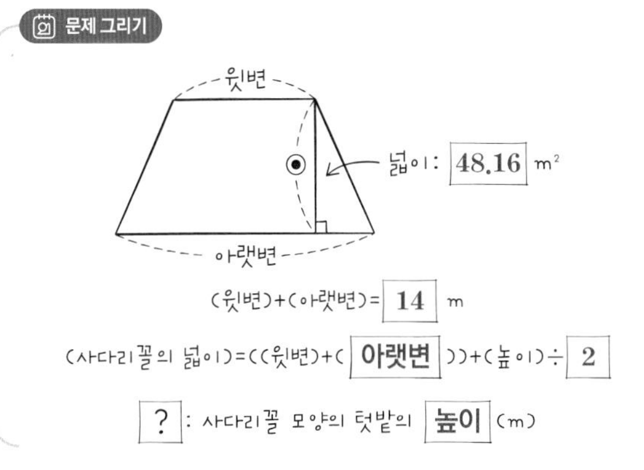

(윗변)+(아랫변)= 14 m

(사다리꼴의 넓이)=((윗변)+(아랫변))×(높이)÷ 2

? : 사다리꼴 모양의 텃밭의 높이 (m)

계획-풀기

((윗변)+(아랫변))×(높이)÷2=(사다리꼴의 넓이)

높이를 ◉라고 하면 14×◉÷2=48.16

14×◉=48.16×2

◉=48.16×2÷14=6.88(m)

답 6.88 m

4 단순화하기

문제 그리기

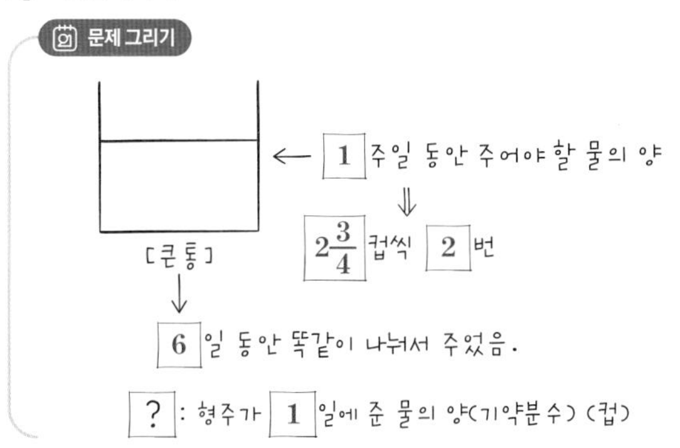

? : 형주가 1 일에 준 물의 양(기약분수) (컵)

계획-풀기

❶ 일주일 동안 주어야 할 물의 양 구하기

$2\frac{3}{4}\times2=\frac{11}{4}\times2=\frac{11}{2}=5\frac{1}{2}$(컵)

❷ 형주가 하루에 준 물의 양 구하기

$5\frac{1}{2}\div6=\frac{11}{2}\times\frac{1}{6}=\frac{11}{12}$(컵)

답 $\frac{11}{12}$컵

5 문제정보를 복합적으로 나타내기

문제 그리기

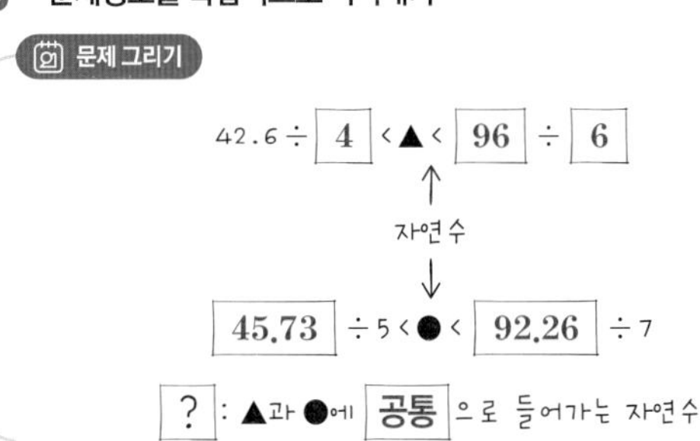

? : ▲과 ●에 공통 으로 들어가는 자연수

계획-풀기

❶ $46.6 \div 4 < ▲ < 96 \div 6$

$11.65 < ▲ < 16$

자연수 ▲는 12, 13, 14, 15입니다.

❷ $45.73 \div 5 < ● < 92.26 \div 7$

$9.146 < ● < 13.18$

자연수 ●는 10, 11, 12, 13입니다.

❸ ▲와 ●에 공통으로 들어가는 수는 12, 13이므로 당번인 친구 두 명의 번호는 12번, 13번입니다.

답 **12번, 13번**

6 식 만들기

문제 그리기

수 카드 2, 3, 5, 8 중에서 3장을 뽑아

△○/□ ÷13의 몫을 가장 크게

? : 몫과 남은 수의 곱 (기약분수)

계획-풀기

❶ △○/□ ÷13의 값 구하기

△○/□를 크게 할수록 몫이 크므로 △○/□ $=8\frac{2}{3}$입니다.

⇨ $8\frac{2}{3} \div 13 = \frac{\overset{2}{\cancel{26}}}{3} \times \frac{1}{\underset{1}{\cancel{13}}} = \frac{2}{3}$

❷ 몫과 남은 수의 곱 구하기

$\frac{2}{3} \times 5 = \frac{10}{3} = 3\frac{1}{3}$

답 $3\frac{1}{3}$

7 그림 그리기

문제 그리기

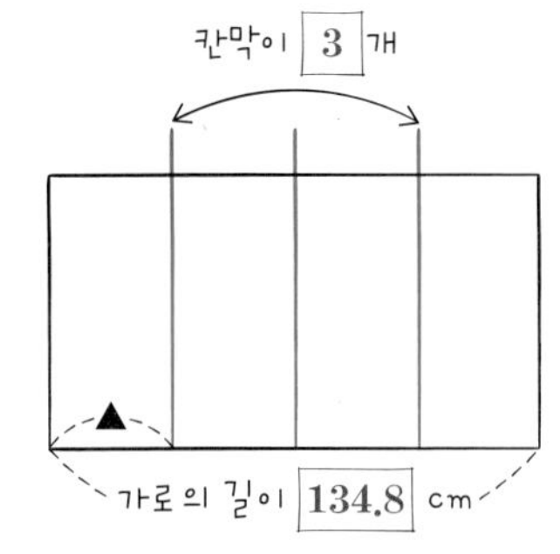

? : 책꽂이 가로에 똑같은 간격으로 칸막이 3 개를 설치할 때 간격(▲)(cm)

계획-풀기

❶ 칸막이 3개를 만들기 위한 가로의 등분 수 구하기

칸막이를 3개 그리면 가로는 4등분이 됩니다.

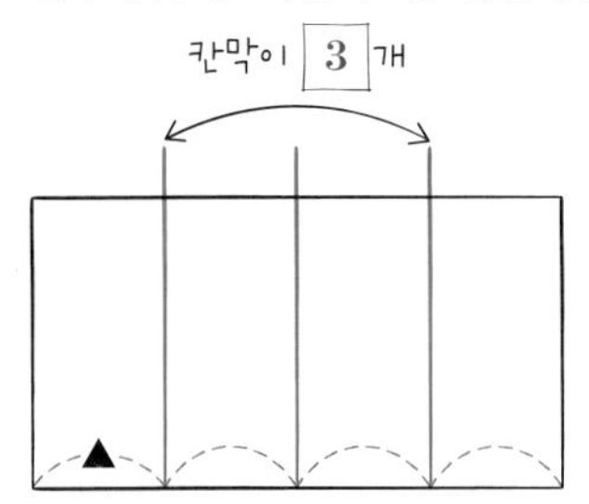

❷ 칸과 칸 사이의 길이 구하기

(칸과 칸 사이의 길이)=(전체 가로의 길이)÷(등분 수)

$=134.8 \div 4 = 33.7$(cm)

답 **33.7 cm**

8 문제정보를 복합적으로 나타내기

문제 그리기

시계 고장 → 1 일에 40 분씩 빠르게 감.

일 요일 오전 9 시에 정확히 맞춤

? : 27 시간 후 시계의 시각(오전 몇 시 몇 분)

계획-풀기

❶ 시계가 1시간에 빨라지는 시간 구하기

하루에 40분씩 빨라지므로 1시간에는 $40 \div 24 = 1\frac{2}{3}$(분)씩 빨라집니다.

❷ 27시간 후 시계가 가리키는 시각 구하기

(27시간 동안 빨라지는 시간)

=(27시간)×(1시간에 빨라지는 시간)

$=27 \times 1\frac{2}{3} = \overset{9}{\cancel{27}} \times \frac{5}{\underset{1}{\cancel{3}}} = 45$(분)

따라서 시계는 오전 9시 45분을 가리킵니다.

답 **오전 9시 45분**

9 규칙성 찾기

문제 그리기

$6\frac{12}{13}$, $7\frac{14}{15}$, $8\frac{16}{17}$, $9\frac{18}{19}$, …

? : 분수 나열의 규칙을 찾아서 6 째 분수를 5 로 나눈 몫 (대분수)

계획-풀기

❶ 규칙 찾기
대분수의 자연수는 1씩 커지고, 분자는 자연수의 2배이고, 분모는 분자보다 1 큽니다.

❷ 여섯째 분수를 5로 나눈 몫 구하기
6번째 분수이므로 자연수 부분은 $6+5=11$이고, 분자는 $11\times2=22$, 분모는 $22+1=23$입니다.

⇨ $11\frac{22}{23}\div5=\frac{275}{23}\times\frac{1}{5}=\frac{55}{23}=2\frac{9}{23}$

답 $2\frac{9}{23}$

10 규칙성 찾기

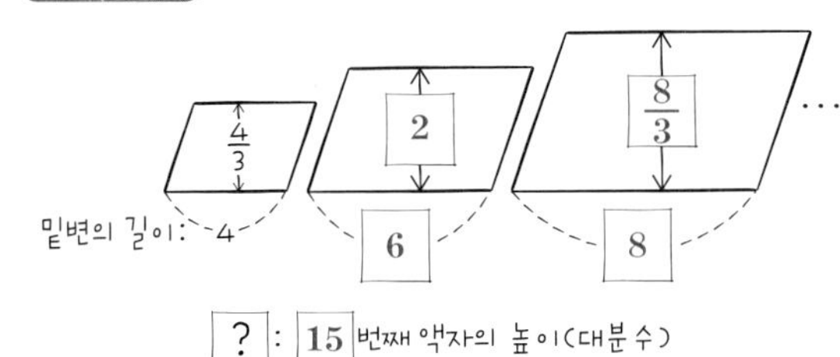

계획-풀기

❶ 15번째 액자의 밑변의 길이 구하기
밑변의 길이는 4, 6, 8, …로 나열되므로 두 번째, 세 번째, 네 번째 액자의 밑변의 길이는 $4+2\times1$, $4+2\times2$, $4+2\times3$, …과 같이 나타낼 수 있습니다.
따라서 15번째 액자의 밑변의 길이는 $4+2\times14=32$(cm)입니다.

❷ 15번째 액자의 높이 구하기
(높이)=(밑변의 길이)$\div3=32\div3=\frac{32}{3}=10\frac{2}{3}$(cm)

답 $10\frac{2}{3}$ cm

11 식 만들기

문제 그리기

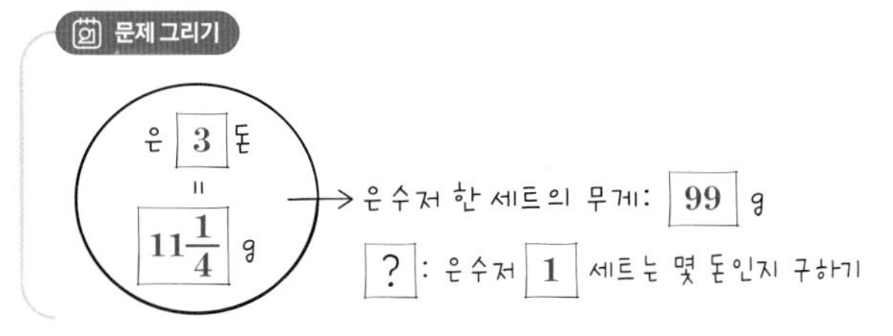

계획-풀기

❶ 은 한 돈의 무게 구하기
(은 한 돈)$=11\frac{1}{4}\div3=\frac{\overset{15}{\cancel{45}}}{4}\times\frac{1}{\underset{1}{\cancel{3}}}=\frac{15}{4}=3\frac{3}{4}$(g)

❷ 은수저 한 세트는 몇 돈인지 구하기
(은수저 한 세트)$=99\div3\frac{3}{4}=99\div\frac{15}{4}=\overset{33}{\cancel{99}}\times\frac{4}{\underset{5}{\cancel{15}}}$
$=33\times\frac{4}{5}=\frac{132}{5}=26\frac{2}{5}$(돈)

답 $26\frac{2}{5}$돈

12 문제정보를 복합적으로 나타내기

문제 그리기

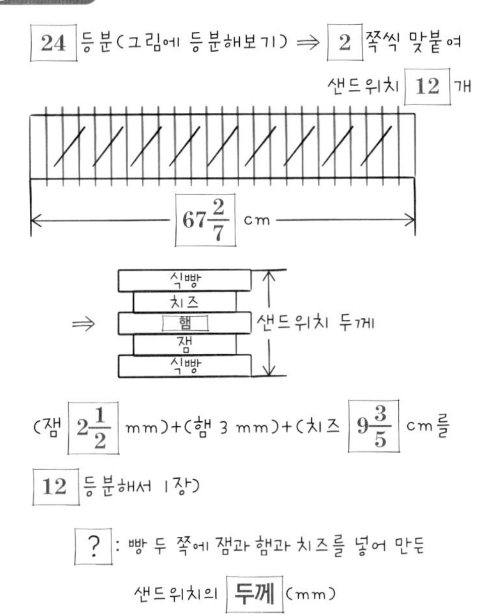

계획-풀기

❶ 빵 한 쪽의 두께가 몇 mm인지 구하기
(빵 한 쪽의 두께)
=(전체 빵의 길이)÷(조각 수)
$=67\frac{2}{7}\div24=\frac{\overset{157}{\cancel{471}}}{7}\times\frac{1}{\underset{8}{\cancel{24}}}=\frac{157}{56}=2\frac{45}{56}$(cm)
$2\frac{45}{56}$ cm ⇨ $2\frac{45}{56}\times10=28\frac{1}{28}$(mm)

❷ 치즈 1장의 두께가 몇 mm인지 구하기
(치즈 한 장의 두께)
=(전체 치즈의 두께)÷(등분 수)
$=9\frac{3}{5}\div12=\frac{\overset{4}{\cancel{48}}}{5}\times\frac{1}{\underset{1}{\cancel{12}}}=\frac{4}{5}$(cm)
$\frac{4}{5}$ cm ⇨ $\frac{4}{5}\times10=8$(mm)

❸ 샌드위치 1개의 두께 구하기
(샌드위치 1개의 두께)
=(빵 두 쪽의 두께)+(잼의 두께)
+(햄 1개의 두께)+(치즈 1장의 두께)
$=28\frac{1}{28}\times2+2\frac{1}{2}+3+8=69\frac{4}{7}$(mm)

답 $69\frac{4}{7}$ mm

13 단순화하기

문제 그리기

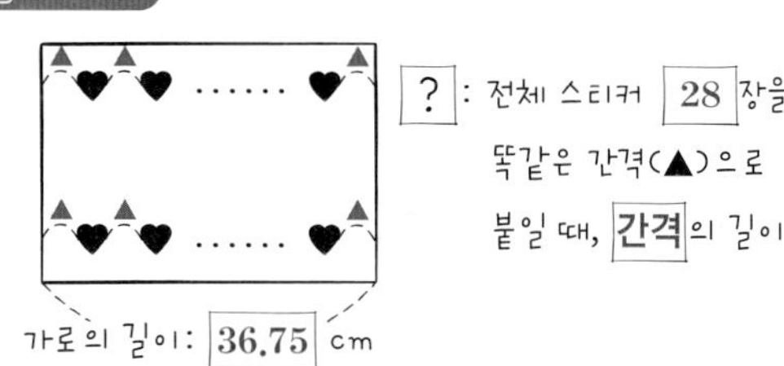

계획-풀기

❶ 간격 수와 스티커 수와의 관계 구하기

스티커 1개 ⇒ 간격 2개

스티커 2개 ⇒ 간격 3개

따라서 (간격 수)=(스티커 수)+1입니다.

❷ 간격의 길이 구하기

(간격의 길이)

=(노트의 가로의 길이)÷((한 가로에 붙이는 스티커 수)+1)

$=36.75\div(28\div2+1)=36.75\div15$

$=2.45(\mathrm{cm})$

답 2.45 cm

14 그림 그리기

문제 그리기

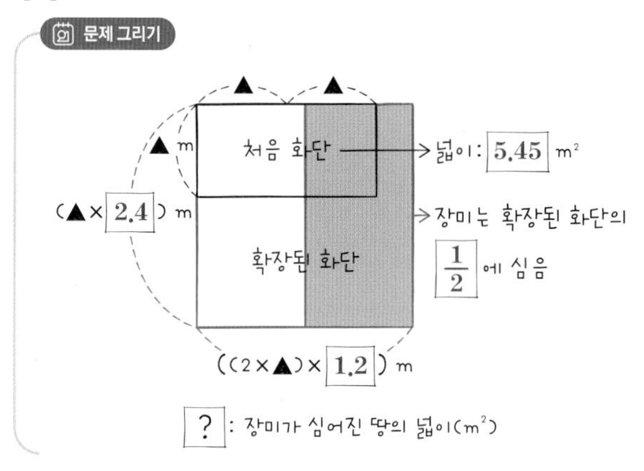

계획-풀기

❶ 처음 화단의 세로 길이를 ▲ m라고 할 때, 처음 화단의 넓이를 구하는 식 구하기

(처음 화단의 넓이)=(처음 세로의 길이)×(처음 가로의 길이)

$5.45=▲\times(2\times▲)=2\times▲\times▲$

❷ 확장된 화단의 넓이를 구하는 식 구하기

(확장된 화단의 넓이)

=(확장된 세로의 길이)×(확장된 가로의 길이)

$=(▲\times2.4)\times(2\times▲\times1.2)$

← 곱셈은 순서를 바꿔서 계산을 해도 되므로

$=2\times▲\times▲\times2.4\times1.2=\underline{(2\times▲\times▲)}\times2.88$ (→ 5.45)

$=5.45\times2.88=15.696(\mathrm{m}^2)$

❸ 장미가 심어진 땅의 넓이 구하기

(장미가 심어진 땅의 넓이)=(확장된 화단의 넓이)÷2

$=15.696\div2=7.848(\mathrm{m}^2)$

답 7.848 m²

15 식 만들기

문제 그리기

동 회오리와 서 회오리가 함께 전체 거리의 $\frac{3}{4}$만큼 옮김

→ : 2일

동 회오리 혼자 4일동안 도로시의 집을 옮김

?: 서 회오리가 혼자서 옮길 때 걸리는 날수

계획-풀기

❶ 동 회오리가 1일간 하는 일의 양 구하기

전체 일을 하는데 4일 걸렸으므로 동 회오리는 그 일을 하루 동안에 $\frac{1}{4}$을 합니다.

❷ 서 회오리가 하루 동안 할 수 있는 일의 양 구하기

(서 회오리가 1일 동안 하는 일의 양)

=((2일 동안 동 회오리와 서 회오리가 한 일의 양)

−(2일 동안 동 회오리가 한 일의 양))÷2

$=\left(\frac{3}{4}-\frac{1}{4}\times2\right)\div2=\frac{1}{4}\times\frac{1}{2}=\frac{1}{8}$

❸ 서 회오리가 혼자서 옮길 때 걸리는 날수

서 회오리는 하루 동안 전체 일의 $\frac{1}{8}$을 하므로 그 일을 마치는 데 8일이 걸립니다.

답 8일

16 문제정보를 복합적으로 나타내기

문제 그리기

2 3 4 7 8

4장을 뽑아서 △△△.△÷16 만들기

(몫은 반올림에서 소수 첫째 자리까지 구하기)

?: 가장 큰 몫과 가장 작은 몫의 차

계획-풀기

❶ 가장 큰 몫과 가장 작은 몫 구하기

(가장 큰 몫)$=874.3\div16=54.64\cdots$ ⇒ 54.6

(가장 작은 몫)$=234.7\div16=14.66\cdots$ ⇒ 14.7

❷ 가장 큰 몫과 가장 작은 몫의 차 구하기

(가장 큰 몫)−(가장 작은 몫)$=54.6-14.7=39.9$

답 39.9

STEP 4 내가 수학하기 **거뜬히 해내기**

65~66쪽

1

문제 그리기

2 4 6 8 로 (대분수)÷(자연수) 만들기 → $☆\frac{○}{□}÷△$

? : 몫이 2.08이 되는 나눗셈식 만들기

계획-풀기

몫이 2.08이 되므로 $☆\frac{○}{□}÷△$에서 ☆은 △의 2배 정도 되어야 하므로 ☆$=4$, △$=2$ 또는 ☆$=8$, △$=4$입니다.

❶ ☆$=4$, △$=2$일 때,

$4\frac{6}{8}÷2=2.375$ ⇨ 2.38

❷ ☆$=8$, △$=4$일 때,

$8\frac{2}{6}÷4=\frac{25}{12}=2.083\cdots$ ⇨ 2.08

따라서 5번째 수영이가 만든 나눗셈식은 $8\frac{2}{6}÷4$입니다.

답 $8\frac{2}{6}÷4$

2

문제 그리기

0부터 0.49까지의 번호를 붙인 방이 50개인 미로

0	0.01	…	0.09
0.1	0.11	…	0.19
⋮			
0.4	0.41	…	0.49

? : 0부터 0.49까지의 수를 쓰기 위한 숫자는 각각 몇 개씩인지 구하고, 그 수의 $\frac{1}{100}$인 수를 3으로 나눈 몫을 구하기

계획-풀기

❶ 필요한 전체 숫자의 개수 구하기

0은 1개의 숫자, 0.1, 0.2, 0.3, 0.4는 2개의 숫자, 나머지는 3개의 숫자이므로 필요한 숫자의 개수는

$1+4\times2+45\times3=144$(개)입니다.

❷ 필요한 전체 숫자의 개수의 $\frac{1}{100}$인 수를 3으로 나눈 몫 구하기

$144\times\frac{1}{100}÷3=0.48$

답 144개, 0.48

3

문제 그리기

$\frac{7}{△}$: 어떤 분수

↓

$△÷7=1\cdots4$

? : $\frac{7}{△}$을 소수로 나타낼 때, 소수 120 번째 자리의 숫자

계획-풀기

❶ 분모 구하기

$△÷7=1\cdots4$,

$△=7\times1+4=11$

❷ 소수 120번째 자리 숫자 구하기

$\frac{7}{△}=7÷11=0.6363\cdots$에서 '63'이 반복되고

$120÷2=60$이므로 120번째 자리 숫자는 '3'입니다.

답 3

4

문제 그리기

별 70000개 중에서 빛을 비춘 별

$\frac{1}{2}$, $\frac{1}{3}$ → 나머지의 $\frac{1}{3}$, → 나머지의 $\frac{1}{4}$, … → 나머지의 $\frac{1}{70000}$

? : 해가 남겨둔 어둠의 별의 개수 구하기

계획-풀기

❶ 70000의 $\frac{1}{2}, \frac{1}{3}, \frac{1}{4}, \cdots, \frac{1}{70000}$의 나머지를 구하는 식 구하기

70000의 $\frac{1}{2}$을 뺀 나머지는 $70000\times\frac{1}{2}$이고, 그것의 $\frac{1}{3}$을 뺀 나머지는 $70000\times\frac{1}{2}\times\frac{2}{3}$이며, 또 그것의 $\frac{1}{4}$을 뺀 나머지는 $\left(70000\times\frac{1}{2}\times\frac{2}{3}\right)\times\frac{3}{4}$입니다.

따라서 이와 같은 방법으로 나머지의 $\frac{1}{70000}$까지 뺀 나머지를 구하는 식은 다음과 같습니다.

$70000\times\frac{1}{2}\times\frac{2}{3}\times\frac{3}{4}\times\cdots\times\frac{69997}{69998}\times\frac{69998}{69999}\times\frac{69999}{70000}$

❷ 남겨둔 어둠의 별의 개수 구하기

(남은 별)

$=70000\times\frac{1}{2}\times\frac{2}{3}\times\frac{3}{4}\times\cdots\times\frac{69997}{69998}\times\frac{69998}{69999}\times\frac{69999}{70000}$

$=1$(개)

답 1개

핵심 역량 **말랑말랑 수학**

67~69쪽

1 36.4×25의 값은 910이고, $51.3\div9$의 값은 5.7입니다.
36.4×25를 변형하여 결과가 91이 되게 하거나 $51.3\div9$를 824.7이 되게 해야 합니다.
따라서 36.4×25에서 소수점을 한 자리 옮겨 $3.64\times25=91$이 되도록 합니다.

답 $\mathbf{3.64\times25-51.3\div9=85.3}$

2 없어진 두 장의 카드의 수를 □, ○라고 하면 수 카드의 네 수는 2, 8, □, ○입니다. 만든 두 자리 수의 자연수의 차가 61이거나 만일 받아내림이 있다면 62가 되어야 합니다.
① 분수 부분으로 받아내림이 없는 경우
- □나 ○가 9일 때
자연수 부분으로 가장 큰 수는 98, 가장 작은 수는 37이므로 맞지 않습니다.
- □나 ○가 8보다 작을 때
받아내림이 있거나 차가 $61\frac{21}{40}$이 아니므로 맞지 않습니다.

② 분수 부분으로 받아내림이 있는 경우
- □나 ○가 9일 때
자연수 부분으로 가장 큰 수는 98, 가장 작은 수는 36이므로 맞지 않습니다.
- □나 ○가 7일 때
가장 큰 수 87, 가장 작은 수는 25이므로
$87\frac{2}{5}-25\frac{7}{8}=61\frac{56-35}{40}=61\frac{21}{40}$이므로 맞습니다.

따라서 두 수는 7, 5입니다.

답 7, 5

3 단위분수 $\frac{1}{\triangle}$을 4번 더하면 $\frac{1}{\triangle}+\frac{1}{\triangle}+\frac{1}{\triangle}+\frac{1}{\triangle}=\frac{4}{\triangle}$입니다. $\frac{4}{\triangle}$가 단위분수가 되기 위해서는 △가 4의 배수가 되어야 합니다. 그러므로 2부터 120까지의 수 중에서 4의 배수가 되는 수는 모두 30개이지만 그중에서
$\frac{1}{4}+\frac{1}{4}+\frac{1}{4}+\frac{1}{4}=\frac{4}{4}=1$이므로 4는 제외되어야 합니다.
입니다. 따라서 $\frac{1}{2}, \frac{1}{3}, \frac{1}{4}, \frac{1}{5}, \dots, \frac{1}{120}$ 마녀들 가운데 4번을 더해도 단위분수로 나타나는 마녀는 29명입니다.

답 29명

PART 2

도형과 측정

각기둥과 각뿔, 직육면체의 부피와 겉넓이

개념 떠올리기 72~75쪽

1 답 다각형, 합동

2 답 2, 직사각형, 1, 삼각형, 삼각형

3 답 가: (위에서부터 시계 방향으로)
꼭짓점, 모서리 / 사각기둥
나: (왼쪽에서부터 시계 방향으로)
모서리, 꼭짓점, 각뿔의 꼭짓점 / 삼각뿔
다: (왼쪽에서부터 시계 방향으로)
높이, 각뿔의 꼭짓점, 모서리, 꼭짓점 / 사각뿔

4 답 ❶ × ❷ ○ ❸ ○ ❹ ×

5 답 나

6 ❶ (사각기둥의 겉넓이)
$=$(밑넓이)$\times 2+$(옆넓이)
$=$(밑면의 가로)$\times$(밑면의 세로)$\times 2$
$+$(밑면의 둘레)$\times$(높이)
$=7.5\times 9\times 2+(7.5+9)\times 2\times 2.5$
$=135+82.5=217.5(\text{m}^2)$
❷ $217.5\times 0.13=28.275(\text{L})$

답 28.275 L

7

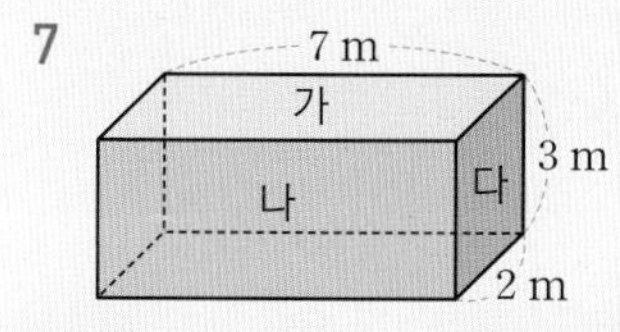

① (가$+$나$+$다)$\times 2=(7\times 2+7\times 3+3\times 2)\times 2(\text{m}^2)$
② 가가 밑면일 때
(밑면의 넓이)$\times 2+$(밑면의 둘레)$\times$(높이)
$=(7\times 2)\times 2+(7+2+7+2)\times 3(\text{m}^2)$
③ 7 m$=$700 cm, 3 m$=$300 cm, 2 m$=$200 cm이므로
가$\times 2+$나$\times 2+$다$\times 2$
$=(700\times 200)\times 2+(700\times 300)\times 2$
$+(300\times 200)\times 2(\text{cm}^2)$
④ 다가 밑면일 때
(밑면의 넓이)$\times 2+$(밑면의 둘레)$\times$(높이)
$=(2\times 3)\times 2+(2+3+2+3)\times 7(\text{m}^2)$
⑤ 나가 밑면일 때
(밑면의 넓이)$\times 2+$(밑면의 둘레)$\times$(높이)
$=(7\times 3)\times 2+(7+3+7+3)\times 2(\text{m}^2)$

답 ⑤

8 ③ 각 모서리의 길이가 다른 경우 각 직육면체를 만들기 위해서 각각 다른 단위 물건이 아닌 같은 단위 물건이 몇 개씩 필요한지 그 개수를 비교합니다.

답 ③

9

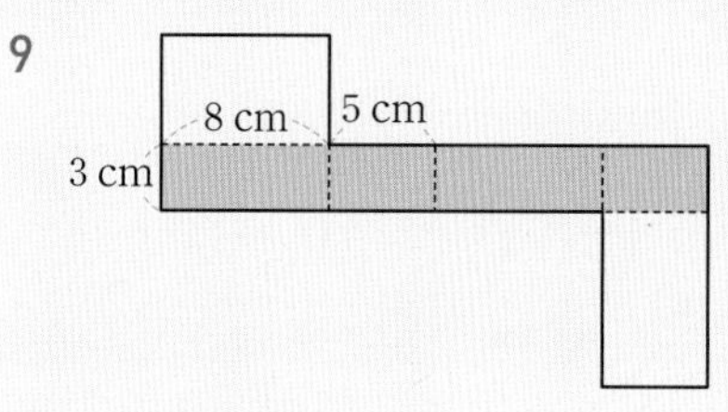

(사각기둥의 부피)
$=$(밑면의 넓이)$\times$(높이)
$=(8\times 5)\times 3=40\times 3=120(\text{cm}^3)$
(사각기둥의 겉넓이)
$=$(밑면의 넓이)$\times 2+$(옆면의 넓이)
$=(8\times 5)\times 2+(8+5+8+5)\times 3$
$=80+78=158(\text{cm}^2)$

답 부피: 120 cm³, 겉넓이: 158 cm²

STEP 1 내가 수학하기 배우기

식 만들기

77~78쪽

1

문제 그리기

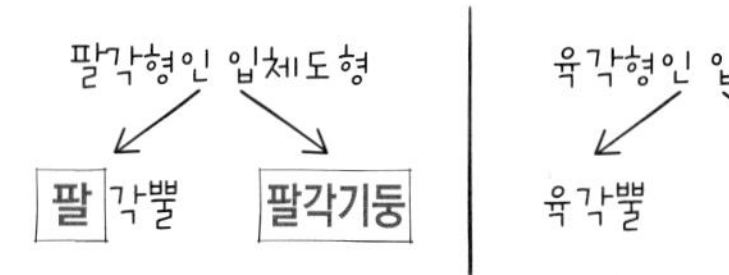

? : 모서리의 수를 꼭짓점의 수로 나눈 몫이 $\frac{3}{2}$인 입체도형

계획-풀기

❶

	팔각뿔	팔각기둥
모서리의 수(개)	16	20
꼭짓점의 수(개)	12	16
(모서리의 수)÷(꼭짓점의 수)	$\frac{4}{3}$	$\frac{3}{2}$

→ (위에서부터) 24, 9, $\frac{16}{9}$

❷

	육각뿔	육각기둥
모서리의 수(개)	7	18
꼭짓점의 수(개)	7	6
(모서리의 수)÷(꼭짓점의 수)	1	3

→ (위에서부터) 12, 12, $\frac{12}{7}$, $\frac{3}{2}$

❸ 팔각뿔
→ 팔각기둥, 육각기둥

답 팔각기둥, 육각기둥

확인하기

식 만들기 (○)

2

문제 그리기

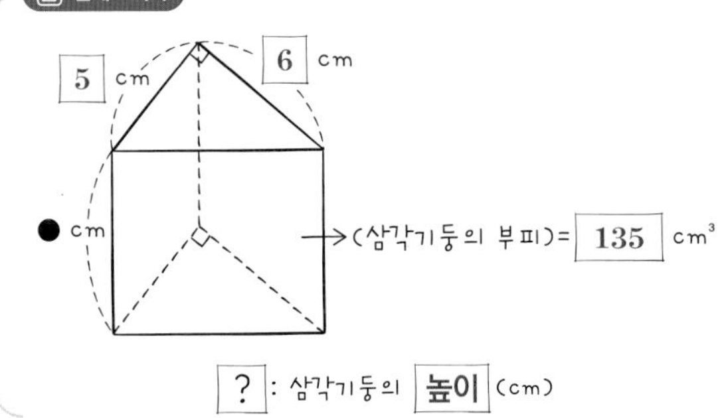

계획-풀기

❶ (삼각기둥의 한 밑면의 넓이)$=6\times5=30(\text{cm}^2)$

→ $6\times5\div2=15$

❷ 삼각기둥의 높이를 □cm라고 할 때,
삼각기둥의 부피는 135 cm³이므로
(삼각기둥의 부피)=(한 밑면의 넓이)+(높이)에서
$135=30+\square$입니다.

→ (삼각기둥의 부피)=(한 밑면의 넓이)×(높이),

$135=15\times\square$

❸ $\square=135-30=105(\text{cm})$

→ $\square=135\div15=9(\text{cm})$

답 9 cm

확인하기

식 만들기 (○)

STEP 1 내가 수학하기 배우기

그림 그리기

80~81쪽

1

문제 그리기

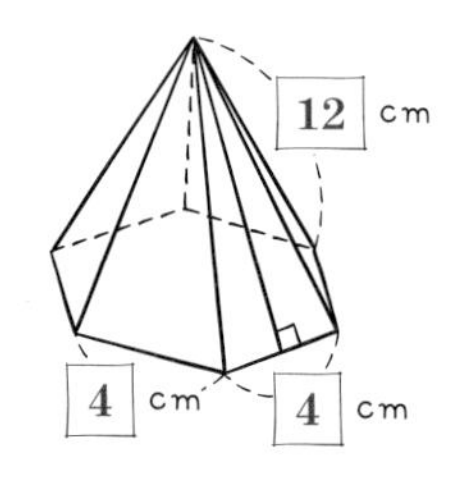

? : (모든 모서리 의 길이의 합)÷(꼭짓점 의 수)를 대분수 로 구하기

계획-풀기

❶ (모서리의 길이의 합)
=(옆변의 모서리의 길이의 합)
+(밑면의 모서리의 길이의 합)×2
$=12\times5+4\times5\times2=60+40=100(\text{cm})$

→ (밑면의 모서리의 길이의 합),

$12\times6+4\times6=72+24=96(\text{cm})$

❷ (꼭짓점의 수)
=(밑면의 꼭짓점의 수)$\times2=6\times2=12$(개)

→ (밑면의 꼭짓점의 수)$+1=6+1=7$(개)

❸ (모든 모서리 길이의 합)÷(꼭짓점의 수)
$=100\div12=\frac{100}{12}=\frac{25}{3}=8\frac{1}{3}$

→ $96\div7=\frac{96}{7}=13\frac{5}{7}$

답 $13\frac{5}{7}$

확인하기

그림 그리기 (○)

2

문제 그리기

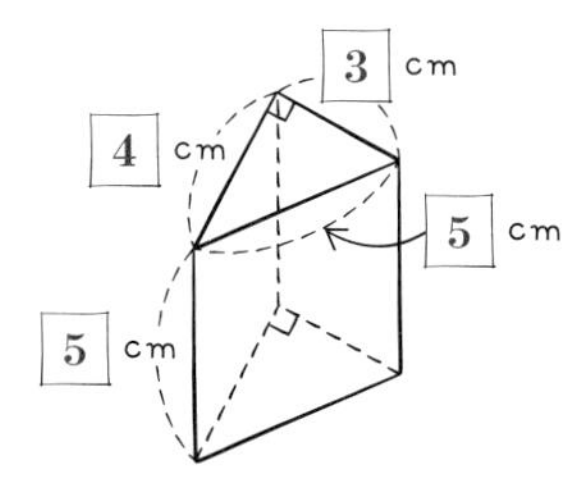

케이크의 밑면은 직각삼각형 모양인데 케이크의 전개도에는 없고, 직사각형이 3개 그려져 있으므로 그것은 옆 면입니다. 케이크의 모양은 삼각기둥 이며, 위 그림과 같습니다.

? : 초코케이크의 전개도 를 완성하고 겉넓이 구하기(cm²)

계획-풀기

❶ 초코케이크의 밑면은 이등변삼각형인데 전개도에는 직사각형 3개가 있으므로 초코케이크의 모양은 삼각뿔입니다. 그 겨냥도를 완성하면 문제 그리기 와 같습니다.

→ 직각삼각형, 삼각기둥

❷ 초코케이크의 전개도를 완성합니다.

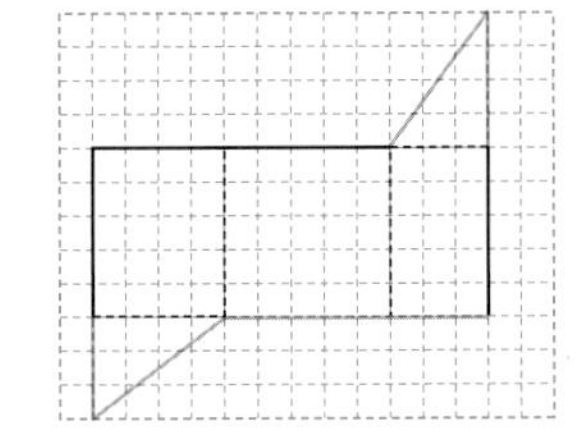

❸ (초코케이크의 겉넓이)

$=$(밑넓이)$+$(옆넓이)

$=(5\times4\div2)+(4+5+5)\times3=10+42=52(\text{cm}^2)$

→ (밑넓이)$\times2+$(옆넓이)

$=(3\times4\div2)\times2+(3+4+5)\times5$

$=12+60=72(\text{cm}^2)$

답 전개도는 풀이 참조, 72 cm^2

확인하기

그림 그리기 (○)

STEP 1 내가 수학하기 배우기

단순화하기

83~84쪽

1

문제 그리기

한 모서리의 길이가 4.8 m인 정육면체( )

64 개로 만든 큰 정육면체

? : 큰 정육면체의 겉넓이(cm^2)

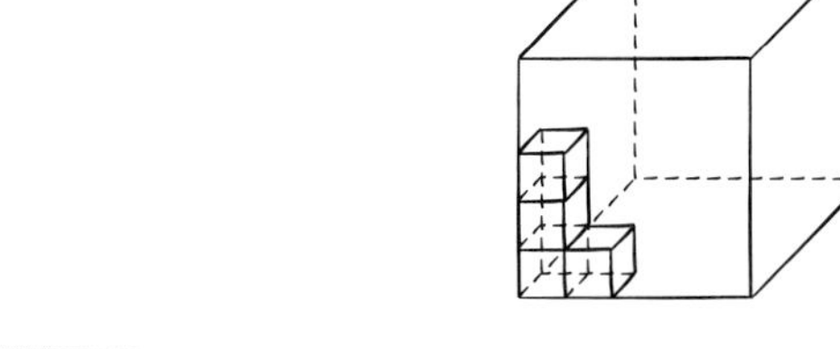

계획-풀기

❶ 한 모서리의 길이가 4.2 cm이므로 한 면의 넓이는 $4.2\times4.2=17.64(\text{cm}^2)$입니다.

→ 4.8 m, $4.8\times4.8=23.04(\text{m}^2)$

❷ 작은 정육면체를 가로, 세로, 높이에 각각 2개씩을 놓으면 전체 $2\times2\times2=8$(개)가 필요하며, 3개씩 놓으면 $3\times3\times3=27$(개)가 필요합니다.
따라서 $5\times5\times5=125$이므로 작은 정육면체 125개를 사용하여 만든 큰 정육면체에서 한 모서리에 작은 정육면체는 5개씩 있습니다.

→ $4\times4\times4=64$, 64개, 4개씩

❸ 작은 정육면체의 한 면의 넓이는 17.64 cm^{2}이고, 큰 정육면체의 한 면에 작은 정육면체의 한 면이 $5\times5=25$(개) 있으므로 작은 정육면체로 만든 큰 정육면체의 겉넓이는
(한 면의 넓이)$\times6$
$=$(작은 정육면체 한 면의 넓이)
$\times$(한 면에 있는 정육면체 한 면의 개수)$\times6$
$=17.64\times25\times6=2646(\text{cm}^2)$
입니다.

→ 23.04 m^2, $4\times4=16$(개),

$23.04\times16\times6=2211.84(\text{m}^2)$

답 2211.84 m^2

확인하기

단순화하기 (○)

2

문제 그리기

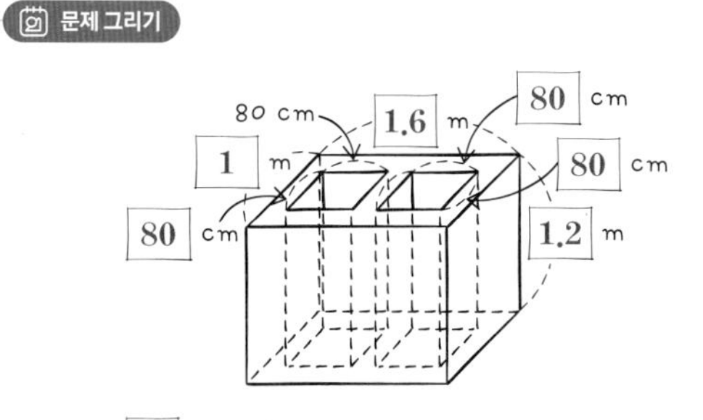

? : 남은 찰흙으로 만든 입체도형의 부피(m^3)

계획-풀기

❶ 처음 직육면체 모양의 찰흙의 부피는
(밑넓이)$\times$(높이)$=(1.5\times1)\times1.2=1.8(\text{m}^3)$입니다.

→ $(1.6\times1)\times1.2=1.92(\text{m}^3)$

❷ (잘라낸 찰흙의 부피)$=$(잘라낸 한 개의 직육면체의 부피)
$=0.8\times0.8\times1.5=0.96(\text{m}^3)$
입니다.

→ (잘라낸 한 개의 직육면체의 부피)$\times2$

$=0.8\times0.8\times1.2\times2=1.536(\text{m}^3)$

❸ 남은 찰흙으로 만든 입체도형의 부피는 처음 직육면체 모양의 찰흙에서 잘라내고 남은 찰흙의 부피와 같습니다.
(남은 찰흙으로 만든 입체도형의 부피)
$=$(구멍 뚫린 직육면체의 부피)
$=$(처음 직육면체 모양의 찰흙의 부피)$-$(잘라낸 찰흙의 부피)
$=1.8-0.96=0.84(\text{m}^3)$

→ $1.92-1.536=0.384(\text{m}^3)$

답 0.384 m^3

확인하기

단순화하기 (○)

STEP 2 내가 수학하기 해보기

식 만들기, 그림 그리기, 단순화하기

85~96쪽

1

문제 그리기

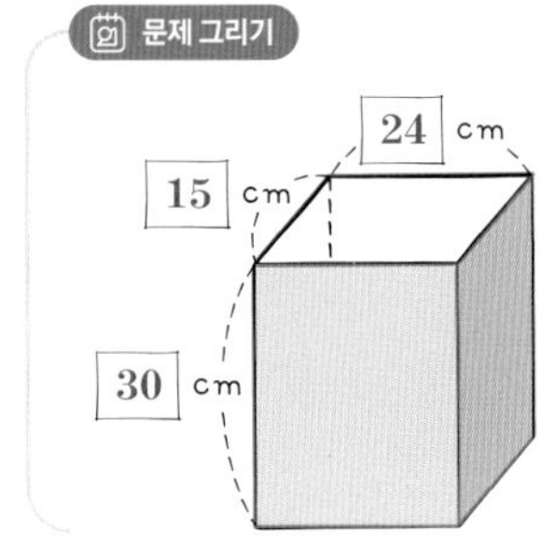

? : 각기둥의 옆면에 10 번 말아놓은 화선지의 넓이 (cm²)

계획-풀기

❶ 틀의 모양인 각기둥의 이름 알기
밑면의 모양이 직사각형인 각기둥이므로 사각기둥입니다.

❷ 10번 말아놓은 화선지의 넓이 구하기
말아놓은 화선지는 이 사각기둥의 옆면의 넓이의 10배와 같습니다.
(말아놓은 화선지의 넓이)
=(1번 말아놓은 화선지의 넓이)×(말아놓은 횟수)
=(밑면의 둘레)×(높이)×10
$=(24+15)\times2\times30\times10$
$=39\times600=23400(\text{cm}^2)$ ⇨ $2.34\ \text{m}^2$

답 $2.34\ \text{m}^2$

2

㉠

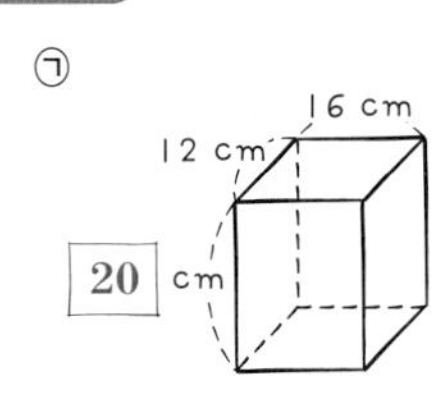

㉡

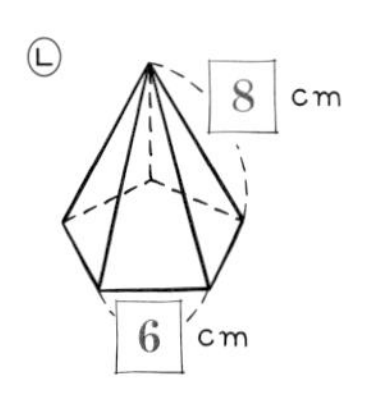

㉢

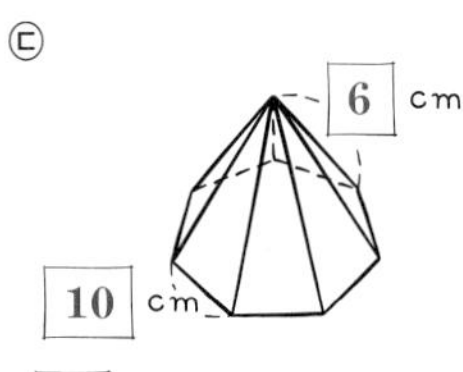

? : 모서리의 길이의 합이 가장 큰 입체도형

계획-풀기

㉠의 모서리의 길이의 합: $(12+16+20)\times4=192(\text{cm})$
㉡의 모서리의 길이의 합: $6\times5+8\times5=70(\text{cm})$
㉢의 모서리의 길이의 합: $10\times7+6\times7=112(\text{cm})$
따라서 모서리의 길이의 합이 가장 큰 입체도형은 ㉠입니다.

답 ㉠

3

문제 그리기

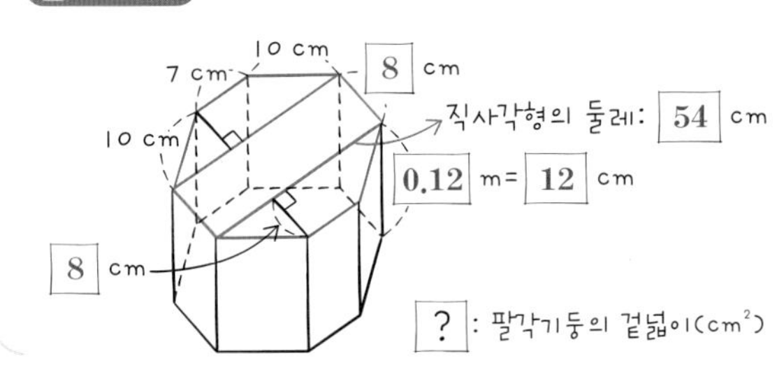

계획-풀기

❶ 직사각형의 둘레가 54 cm이므로
(가로)+(세로)$=54\div2=27(\text{cm})$입니다.
(직사각형의 가로)$=27-8=19(\text{cm})$
(팔각기둥의 한 밑면의 넓이)
=(사다리꼴의 넓이)×2+(직사각형의 넓이)
$=((7+19)\times8\div2)\times2+8\times19$
$=208+152=360(\text{cm}^2)$

❷ (팔각기둥의 겉넓이)
=(한 밑면의 넓이)×2+(옆넓이)
$=360\times2+70\times12$
$=720+840=1560(\text{cm}^2)$

답 $1560\ \text{cm}^2$

4

문제 그리기

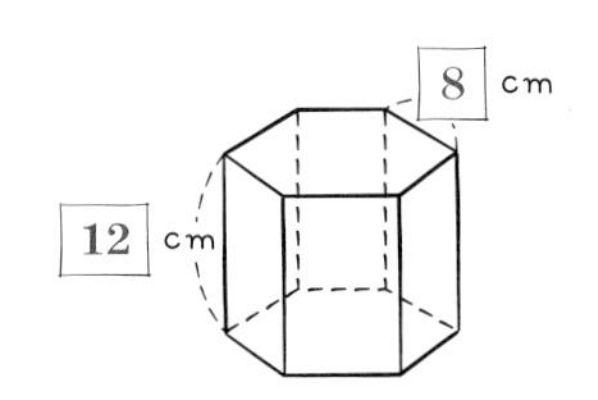

? : 밑면이 정육각형인 각기둥을 만드는 데 필요한 철사의 길이(cm)

계획-풀기

❶ 입체도형을 철사로 만들 때 필요한 철사의 길이는 무엇과 같은지 구하기
육각기둥을 만들기 위해 필요한 철사의 길이는 육각기둥의 모서리의 길이의 합과 같습니다.

❷ 필요한 철사의 길이 구하기
(철사의 길이)=(육각기둥의 모서리의 길이의 합)
=(밑면의 변의 길이의 합)+(옆면의 모서리 길이의 합)
$=(8\times6\times2)+(12\times6)$
$=96+72=168(\text{cm})$

답 168 cm

5

문제 그리기

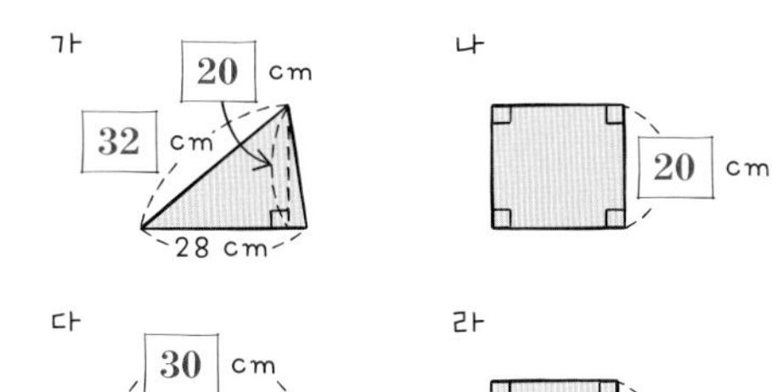

? : 밑면이 가, 나, 다, 라 모양인 각기둥 중 부피가 가장 큰 통의 기호

계획-풀기

❶ 라는 정사각형이므로 둘레는 $21 \times 4 = 84$(cm)이고, 가, 나, 다의 둘레도 모두 84 cm입니다.
가의 넓이는 $28 \times 20 \div 2 = 280$(cm²)입니다.
나의 가로는 $84 \div 2 - 20 = 22$(cm)이므로
넓이는 $20 \times 22 = 440$(cm²)입니다.
다의 세로는 $84 \div 2 - 30 = 12$(cm)이므로
넓이는 $30 \times 12 = 360$(cm²)입니다.
라의 넓이는 $21 \times 21 = 441$(cm²)입니다.

❷ (각기둥의 부피)=(밑면의 넓이)×(높이)이고, 모든 도형의 높이가 같으므로 밑면의 넓이가 가장 큰 통의 부피가 가장 큽니다.
따라서 부피가 가장 큰 통의 밑면은 라입니다.

답 **라**

6

문제 그리기

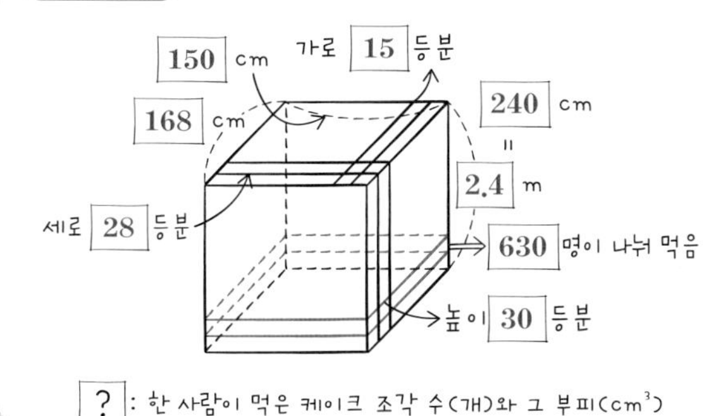

? : 한 사람이 먹은 케이크 조각 수(개)와 그 부피(cm³)

계획-풀기

❶ 케이크의 전체 조각 수 구하기
(케이크의 전체 조각 수)$= 15 \times 28 \times 30 = 12600$(개)

❷ 한 사람이 먹은 케이크 조각 수와 그 부피 구하기
(한 사람이 먹은 케이크의 조각 수)
=(전체 케이크의 조각 수)÷(전체 사람 수)
$= 12600 \div 630 = 20$(개)
(한 사람이 먹은 케이크의 부피)
$= 150 \times 168 \times 240 \div 630$
$= 9600$(cm³)

답 **20개, 9600 cm³**

7

문제 그리기

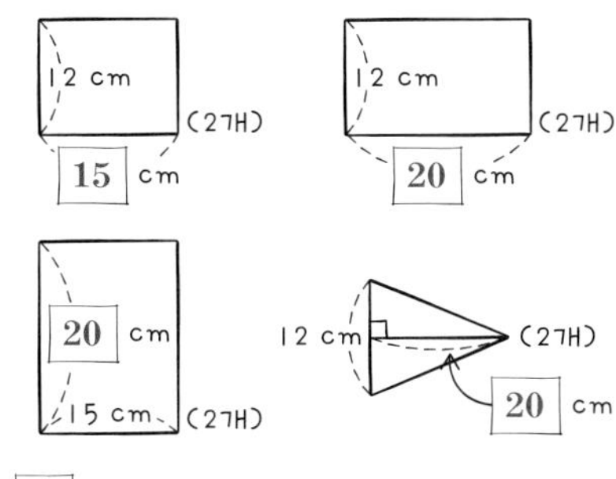

? : 6개 도형으로 만든 입체도형과 겉넓이(cm²)

계획-풀기

❶ 6개의 도형으로 만들 수 있는 입체도형 알기
면이 6개이므로 각기둥인 경우는 사각기둥이고, 각뿔인 경우는 오각뿔이다. 주어진 도형은 삼각형 2개와 사각형 6개이므로 만들 수 있는 입체도형은 사각기둥입니다.

❷ 입체도형의 겉넓이 구하기

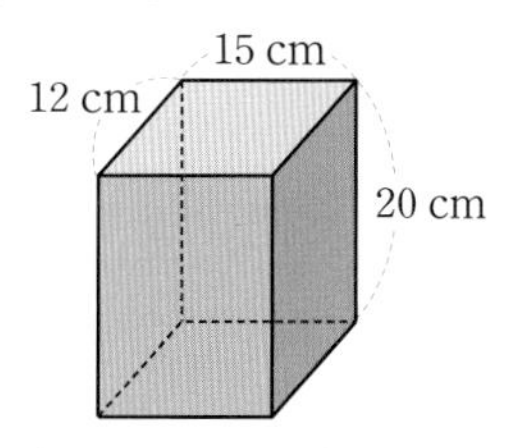

(사각기둥의 겉넓이)
=(밑넓이)×2+(옆넓이)
$= (12 \times 15 \times 2) + (12 + 15 + 12 + 15) \times 20$
$= 360 + 1080 = 1440$(cm²)

답 **1440 cm²**

8

문제 그리기

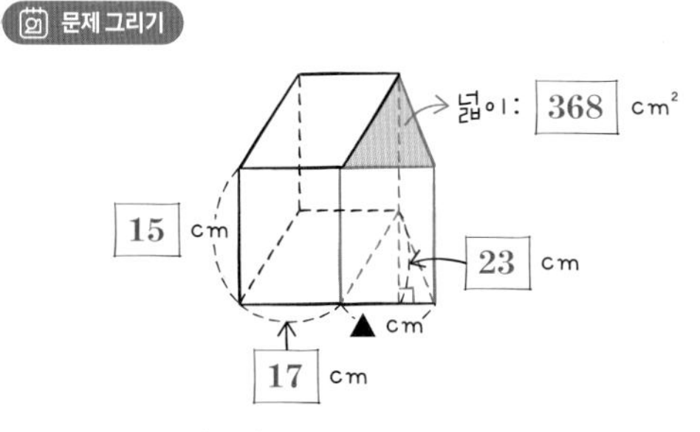

? : 처음 사각기둥의 부피(cm³)

계획-풀기

❶ 잘린 삼각형의 밑변의 길이 구하기
삼각형의 밑변의 길이를 ▲cm라고 할 때,
(삼각형의 넓이)=(밑변의 길이)×(높이)÷2
$368 = ▲ \times 23 \div 2$, $▲ \times 23 \div 2 = 368$,
$▲ = 368 \times 2 \div 23 = 32$

❷ 사각기둥의 부피 구하기
(사각기둥의 부피)=(사다리꼴의 넓이)×(높이)
$= ((17 + 32 + 17) \times 23 \div 2) \times 15$
$= 11385$(cm³)

답 **11385 cm³**

9

문제 그리기

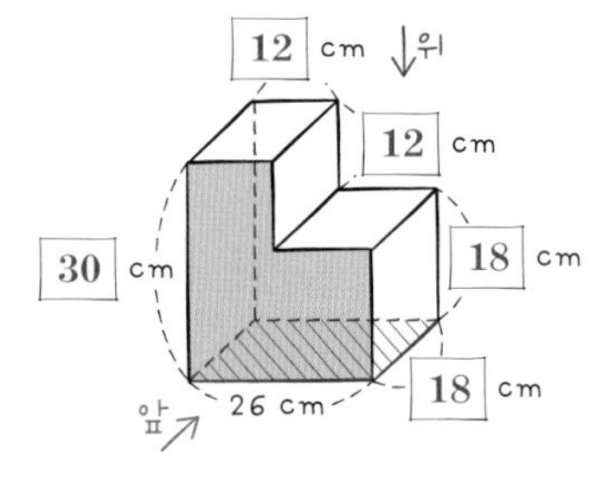

? : 새로 만든 입체도형의 부피(cm^3)

계획-풀기

문제 그리기 에서 색칠된 면을 밑면으로 생각하고 높이가 18 cm인 새 입체도형의 부피를 구합니다.

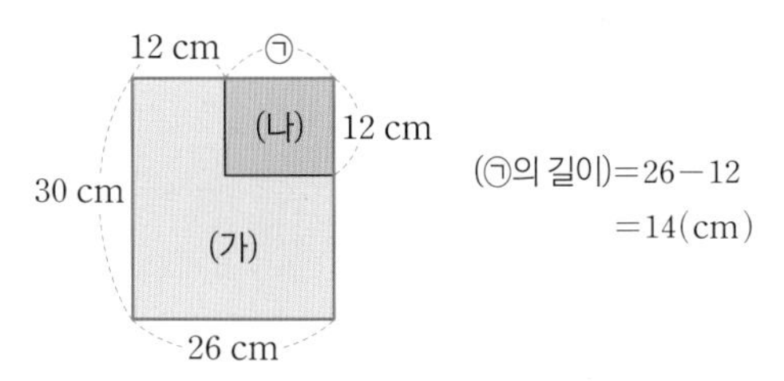

(㉠의 길이)$=26-12$
$=14(cm)$

(새로 만든 입체도형의 부피)
=(밑면이 (가)인 직육면체의 부피)
−(밑면이 (나)인 직육면체의 부피)
$=30\times26\times18-14\times12\times18$
$=14040-3024=11016(cm^3)$

답 **11016 cm^3**

10

문제 그리기

주어진 전개도에서 직사각형이 4 개이므로 2 개를 더 그립니다.

? : 전개도로 만든 직육면체의 부피 (cm^3)

계획-풀기

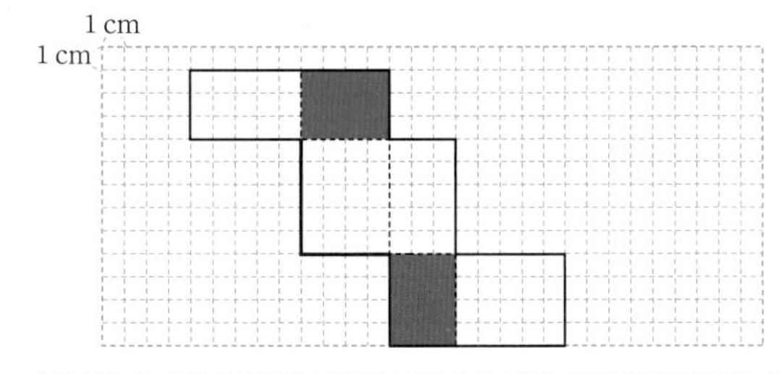

위의 전개도에서 색칠한 부분을 밑면으로 하면 다음과 같이 구할 수 있습니다.

⇨ (직육면체의 부피)=(밑면의 넓이)×(높이)
$=(4\times3)\times5=60(cm^3)$

답 **60 cm^3**

11

문제 그리기

위에서 볼 때 각 자리에 있는 쌓기나무의 수 ⇨

3	1	0	0
3	2	1	1
2	1	1	0
2	1	0	0

쌓기나무의 한 모서리의 길이: 3 cm

무너뜨린 후 남은 쌓기나무의 수: 18 개

? : 처음 직육면체의 모양으로 다시 만들기 위해서 필요한 쌓기나무의 수와 그 부피

계획-풀기

❶ 무너뜨린 후 남은 쌓기나무와 처음 쌓은 쌓기나무의 수 구하기
남아있는 쌓기나무를 위에서 볼 때 각 자리에 있는 쌓기나무의 수는 문제 그리기 와 같으므로 남아있는 쌓기나무는 모두 18개입니다.
처음 쌓기나무는 가로, 세로, 높이에 놓인 쌓기나무 중 가장 많이 쌓인 경우가 그 모서리의 길이가 됩니다.

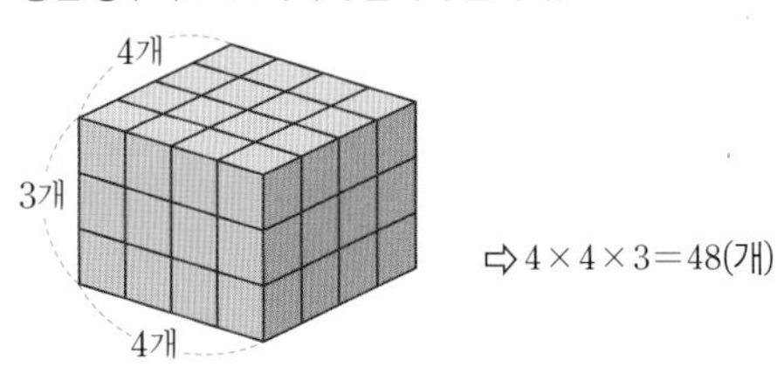

⇨ $4\times4\times3=48$(개)

❷ 처음 직육면체의 모양으로 다시 만들기 위해서 필요한 쌓기나무의 개수와 그 부피 구하기
(직육면체가 되기 위해 필요한 쌓기나무 수)
=(처음 직육면체의 쌓기나무 수)
−(무너뜨린 후 남은 쌓기나무 수)
$=48-18=30$(개)
(직육면체가 되기 위해 필요한 쌓기나무의 부피)
$=3\times3\times3\times30=810(cm^3)$

답 **30개, 810 cm^3**

12

문제 그리기

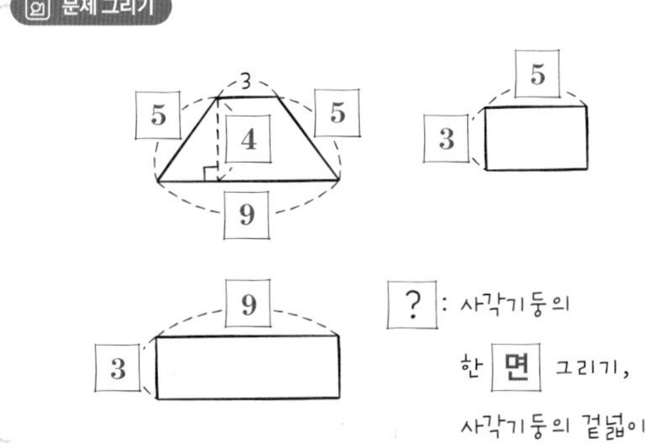

계획-풀기

❶ 빠진 면 구하기

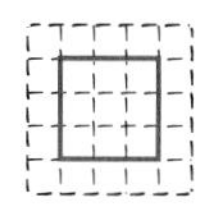

❷ (사각기둥의 겉넓이)

$=$(밑넓이)$\times 2+$(옆넓이)

$=((3+9)\times 4\div 2)\times 2+(3+5+9+5)\times 3$

$=48+66=114(\text{cm}^2)$

답 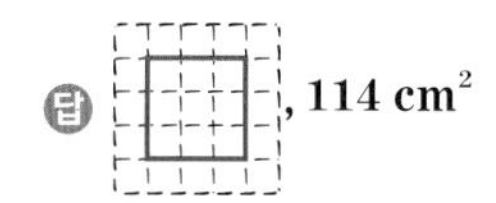 , **114 cm²**

13

문제 그리기

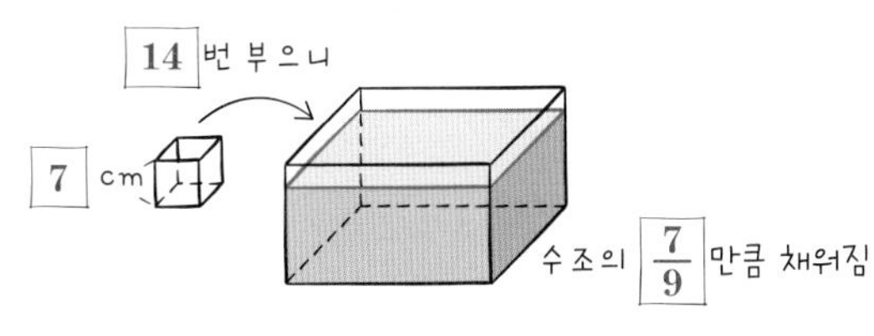

? : 몇 번 더 부어야 가득찰 수 있는지 구하기

계획-풀기

❶ 수조 부피의 $\frac{7}{9}$에 해당하는 부피 구하기

(정육면체 모양 그릇의 부피)$=7\times 7\times 7=343(\text{cm}^3)$

$\left(\text{수조 부피의 }\frac{7}{9}\right)=$(정육면체 부피)$\times$(물을 부은 횟수)

$=343\times 14=4802(\text{cm}^3)$

❷ 수조를 완전히 채우기 위해 필요한 물의 부피 구하기

(수조를 완전히 채우기 위해 필요한 물의 양)

$=\left(\text{수조 부피의 }\frac{2}{9}\right)=\left(\text{수조 부피의 }\frac{7}{9}\right)\div 7\times 2$

$=4802\times\frac{1}{7}\times 2$

$=686\times 2=1372(\text{cm}^3)$

❸ 정육면체 모양의 그릇으로 몇 번 더 부어야 하는지 구하기

(정육면체 그릇으로 더 부어야 하는 횟수)

$=$(필요한 물의 양)$\div$(정육면체 부피)

$=1372\div 343=4$(번)

답 **4번**

14

문제 그리기

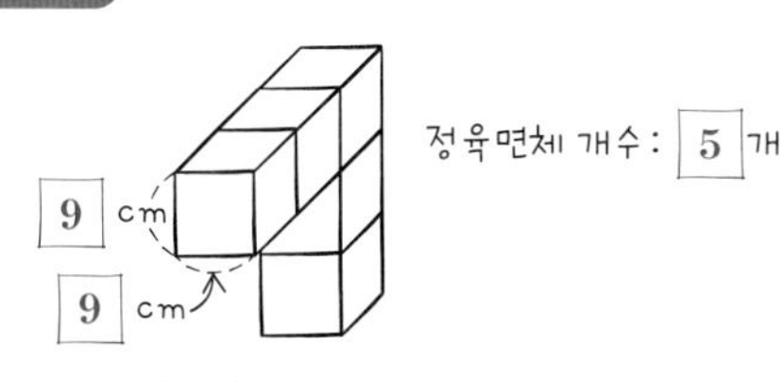

? : 색칠한 부분의 넓이(cm²)

계획-풀기

❶ 정육면체 한 면의 넓이 구하기

(정육면체 한 면의 넓이)$=9\times 9=81(\text{cm}^2)$

❷ 색칠한 부분의 넓이 구하기

(색칠한 부분의 넓이)

$=$(정육면체 한 면의 넓이)$\times$(색칠한 면의 수)

$=81\times(5+3+3)\times 2$

$=81\times 22=1782(\text{cm}^2)$

답 **1782 cm²**

15

문제 그리기

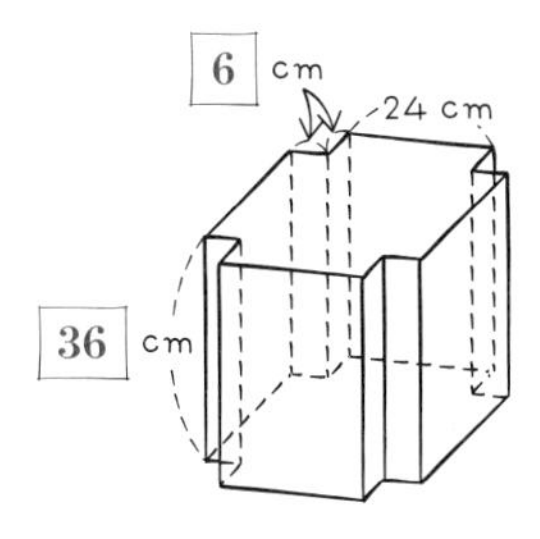

? : 상자에 붙이는 모든 시트(각 면의 모양)의 둘레의 합(cm)

계획-풀기

❶ 상자에 붙이는 시트지 중 서로 다른 모양은 몇 가지 종류이며, 각각 몇 장씩인지 구하기

시트지는 3종류이며, 각 종류의 시트지의 수는 다음과 같습니다.

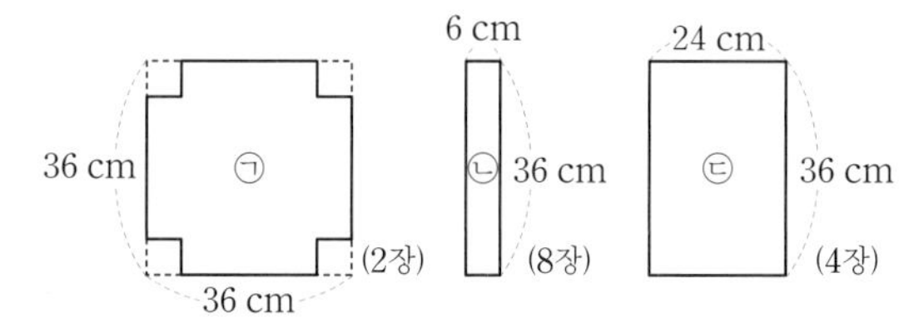

❷ 시트지 둘레의 길이의 합 구하기

(㉠의 둘레)$=$(한 변의 길이가 36 cm인 정사각형의 둘레)

$=36\times 4=144(\text{cm})$

(㉡의 둘레)$=(6+36)\times 2=84(\text{cm})$

(㉢의 둘레)$=(24+36)\times 2=60\times 2=120(\text{cm})$

(㉠의 둘레)$\times 2+$(㉡의 둘레)$\times 8+$(㉢의 둘레)$\times 4$

$=144\times 2+84\times 8+120\times 4$

$=288+672+480=1440(\text{cm})$

답 **1440 cm**

16

문제 그리기

전개도를 접었을 때 면의 수 : 6 개

전개도를 접어서 만든 입체도형: 사 각기둥

? : 전개도를 접어서 만들 수 있는 입체도형의 부피(cm³)

계획-풀기

❶ 입체도형의 겨냥도 그리기

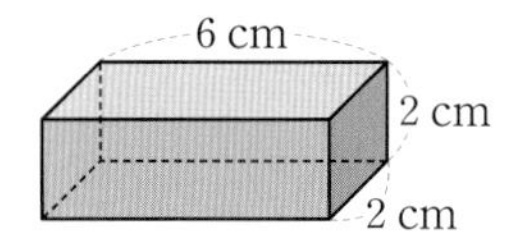

❷ 입체도형의 부피 구하기

(사각기둥의 부피)=(밑넓이)×(높이)

$=(6\times2)\times2=24(\text{cm}^3)$

답 24 cm^3

17

문제 그리기

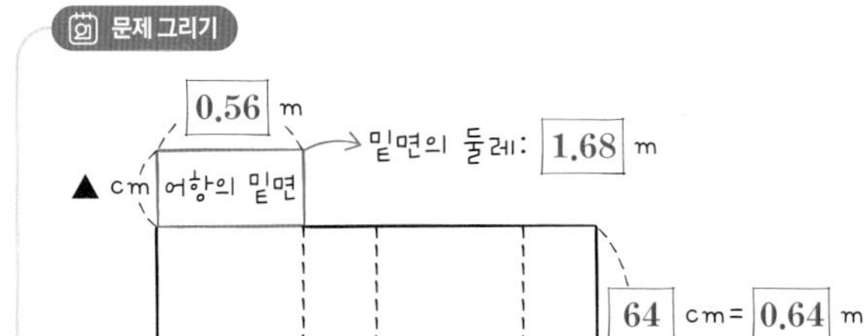

? : 유리의 모든 면의 넓이 (cm²)

계획-풀기

❶ 밑면의 세로의 길이 구하기

(밑면의 세로)=(밑면의 둘레)÷2−(가로의 길이)

$=1.68\div2-0.56=0.28(\text{m})$

❷ 유리의 모든 면의 넓이 구하기

(유리의 넓이)=(전개도의 넓이)

=(밑넓이)+(옆넓이)

$=(0.28\times0.56)+(1.68\times0.64)$

$=0.1568+1.0752=1.232(\text{m}^2)$

답 1.232 m^2

18

문제 그리기

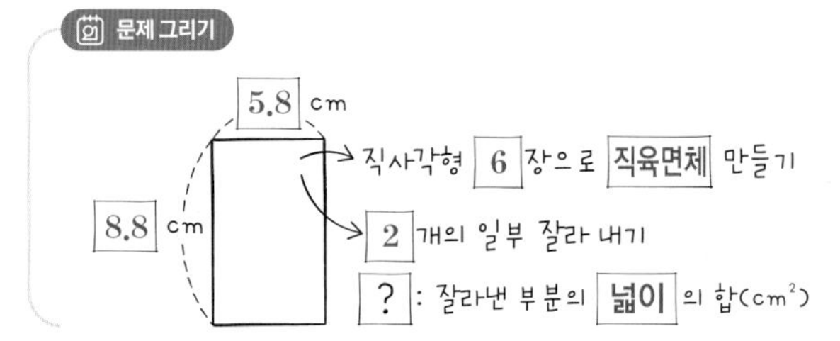

? : 잘라낸 부분의 넓이의 합 (cm²)

계획-풀기

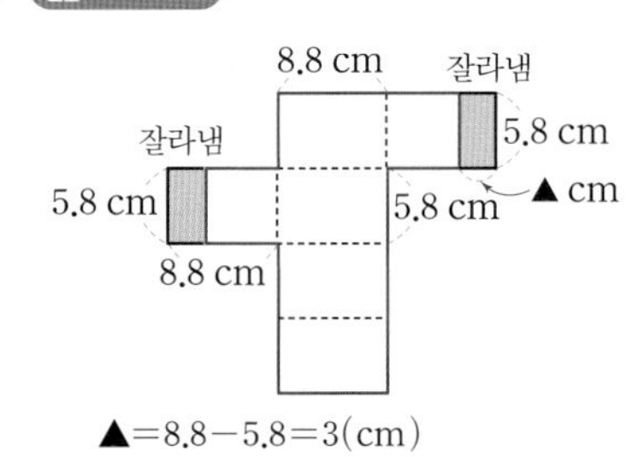

$▲=8.8-5.8=3(\text{cm})$

(잘라낸 부분의 넓이의 합)$=5.8\times3\times2=34.8(\text{cm}^2)$

답 34.8 cm^2

19

문제 그리기

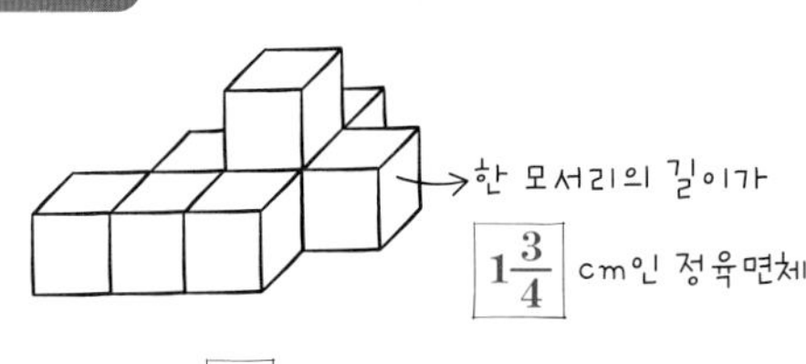

? : 입체도형의 부피 (cm³)

계획-풀기

❶ 블록 1개의 부피 구하기

(블록 1개의 부피)

=(한 모서리의 길이)×(한 모서리의 길이)×(한 모서리의 길이)

$=1\frac{3}{4}\times1\frac{3}{4}\times1\frac{3}{4}=\frac{7}{4}\times\frac{7}{4}\times\frac{7}{4}$

$=\frac{343}{64}=5\frac{23}{64}(\text{cm}^3)$

❷ 입체도형의 부피 구하기

(입체도형의 부피)

=(블록 1개의 부피)×(블록의 개수)

$=5\frac{23}{64}\times8=\frac{343}{64}\times8$

$=\frac{343}{8}=42\frac{7}{8}(\text{cm}^3)$

답 $42\frac{7}{8}\text{ cm}^3$

20

문제 그리기

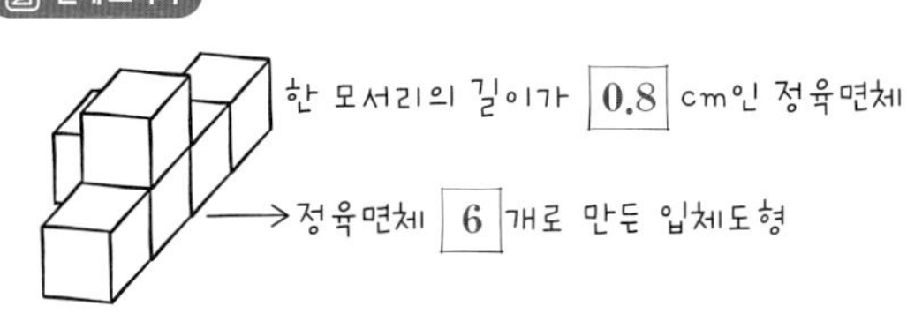

? : 물감이 묻은 부분의 넓이 (cm²)

계획-풀기

❶ 물감이 묻은 면의 수 구하기

(물감이 묻은 면의 개수)

=(정육면체 6개의 전체 면의 개수)−(맞닿은 면의 개수)×2

$=6\times6-5\times2$

$=36-10=26$(개)

❷ 물감이 묻은 면의 넓이 구하기

(물감이 묻은 면의 넓이)

=(한 면의 넓이)×(물감이 묻은 면의 수)

$=0.8\times0.8\times26=16.64(\text{cm}^2)$

답 16.64 cm^2

21

문제 그리기

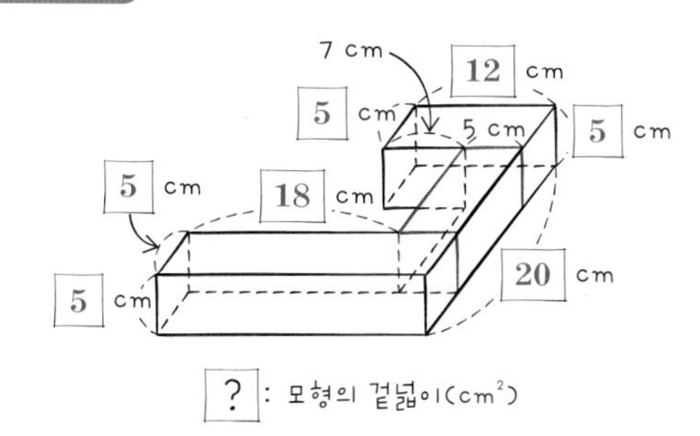

계획-풀기

모형이 바닥에 닿는 밑면은 다음 그림과 같습니다.

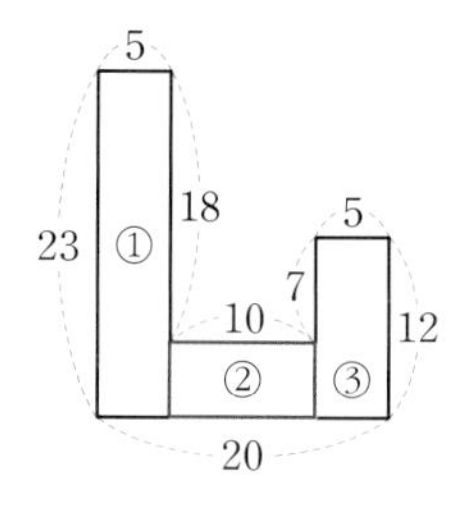

(밑넓이)$=$①$+$②$+$③$=5\times23+5\times10+5\times12$

$=115+50+60=225(\mathrm{cm}^2)$

옆면은 다음 그림과 같습니다.

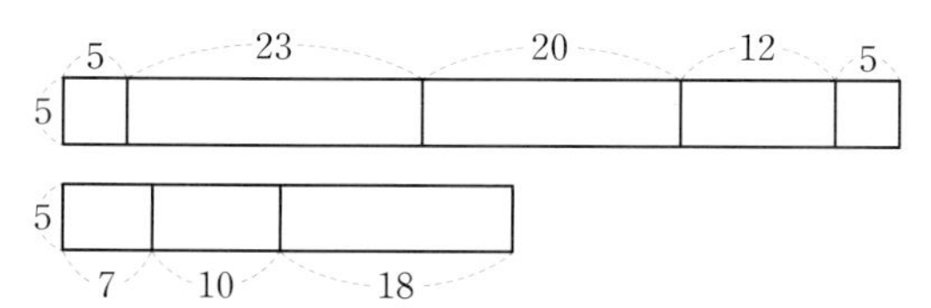

(옆넓이)$=5\times(5+23+20+12+5+7+10+18)$

$=5\times100=500(\mathrm{cm}^2)$

(겉넓이)$=$(밑넓이)$\times2+$(옆넓이)

$=225\times2+500$

$=450+500=950(\mathrm{cm}^2)$

답 **950 cm²**

22

문제 그리기

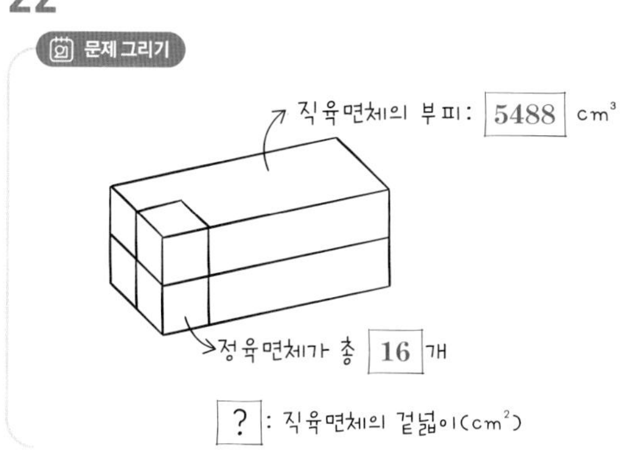

계획-풀기

❶ 정육면체의 가로와 세로, 높이에 놓인 정육면체의 개수 구하기

(정육면체의 전체 개수)

$=$(높이에 놓인 개수)$\times$(가로에 놓인 개수)$\times$(세로에 놓인 개수)

$16=2\times8$이고, $8=2\times4$이므로 $16=2\times2\times4$

가로에 놓인 정육면체 개수가 세로보다 많고, 세로에는 2개 이상이므로 가로 4개, 세로 2개, 높이 2개입니다.

❷ 정육면체의 한 모서리의 길이 구하기

(정육면체의 부피)$=$(직육면체의 부피)$\div$(정육면체의 개수)

$=5488\div(4\times2\times2)=343(\mathrm{cm}^3)$

(정육면체의 부피)

$=$(한 모서리의 길이)$\times$(한 모서리의 길이)$\times$(한 모서리의 길이)

이고 $343=7\times7\times7$이므로 정육면체의 한 모서리의 길이는 7 cm입니다.

❸ 직육면체의 겉넓이 구하기

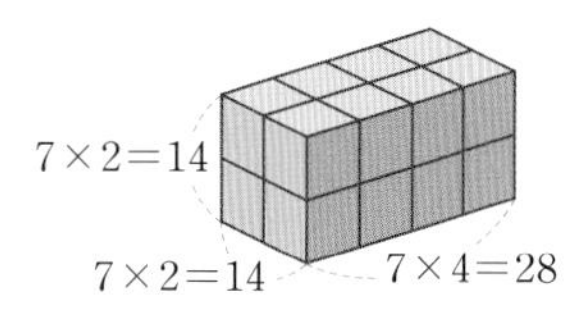

(겉넓이)

$=$(밑넓이)$\times2+$(옆넓이)

$=28\times14\times2+(28+14)\times2\times14$

$=784+1176=1960(\mathrm{cm}^2)$

답 **1960 cm²**

23

문제 그리기

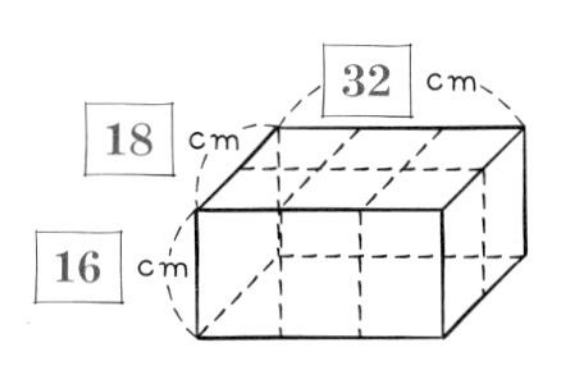

? : 단팥을 발라야 하는 면의 넓이의 합 (cm²)

계획-풀기

가로로 1번, 세로로 2번 잘랐습니다.

(가로 면 넓이의 합)$=$(가로 면의 넓이)$\times$(자른 횟수)$\times2$

$=(32\times16)\times1\times2=1024(\mathrm{cm}^2)$

(세로 면 넓이의 합)$=$(세로 면의 넓이)$\times$(자른 횟수)$\times2$

$=(18\times16)\times2\times2=1152(\mathrm{cm}^2)$

(자른 면의 넓이의 합)$=$(가로면 넓이의 합)$+$(세로면 넓이의 합)

$=1024+1152=2176(\mathrm{cm}^2)$

답 **2176 cm²**

24

문제 그리기

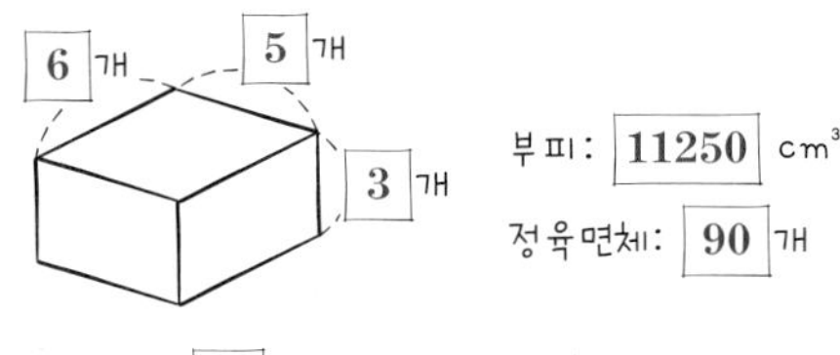

? : 직육면체의 옆넓이(cm²)

계획-풀기

❶ 정육면체의 한 모서리의 길이 구하기

(정육면체의 부피)

=(직육면체의 부피)÷(정육면체의 개수)

$=11250\div90=125(\text{cm}^3)$

=(한 모서리의 길이)×(한 모서리의 길이)×(한 모서리의 길이)

$=5\times5\times5$

⇨ (정육면체 한 모서리의 길이)=5 cm

❷ 직육면체의 옆넓이 구하기

(직육면체의 옆넓이)

=(밑면의 둘레)×(직육면체의 높이)

$=(5\times(5+6+5+6))\times(5\times3)$

$=(5\times22)\times(5\times3)$

$=110\times15=1650(\text{cm}^2)$

답 1650 cm^2

STEP 1 내가 수학하기 배우기

문제정보를 복합적으로 나타내기

98~99쪽

1

문제 그리기

그릇

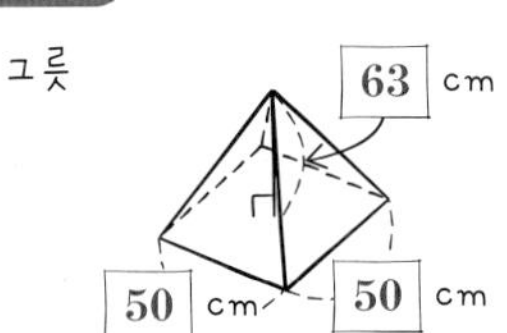

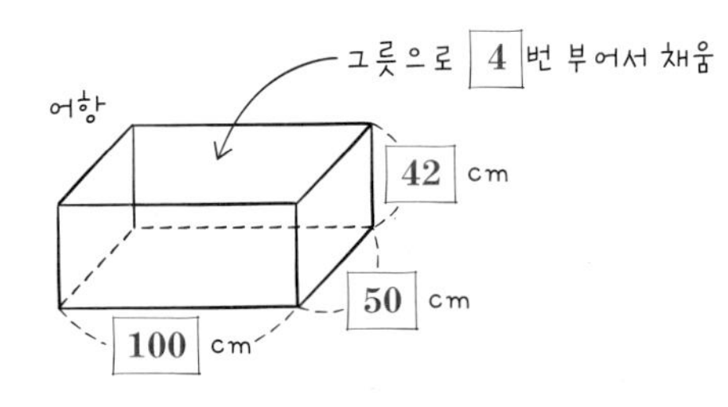

? : 어항의 부피(cm³)와 그릇은 어떤 입체도형인지 구하기

계획-풀기

❶ 어항의 가로는 50 cm, 세로는 50 cm이고,

높이는 $63\times\frac{1}{3}=21(\text{cm})$입니다.

따라서 부피는 $50\times50\times21=52500(\text{cm}^3)$입니다.

→ $100\text{ cm},\ 63\times\frac{2}{3}=42(\text{cm})$,

$100\times50\times42=210000(\text{cm}^3)$

❷ 그릇은 옆면이 이등변삼각형이고 꼭짓점이 4개이므로 삼각뿔입니다. 그리고 5번 부어서 어항을 채웠으므로 그릇의 부피는

(어항의 부피)÷(물을 부은 횟수)

$=52500\div5=10500(\text{cm}^3)$입니다.

→ 5개, 사각뿔, 4번, $210000\div4=52500(\text{cm}^3)$

답 사각뿔, 52500 cm^3

확인하기

문제정보를 복합적으로 나타내기 (○)

2

문제 그리기

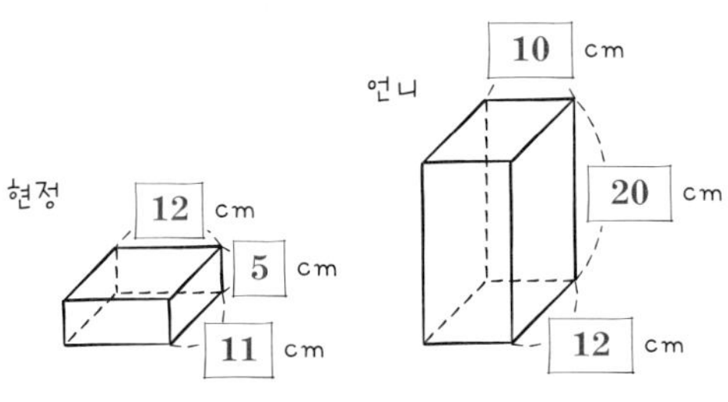

? : 언니의 상자의 부피는 현정이의 상자의 부피의 약 몇 배 (소수 첫째 자리에서 반올림)

계획-풀기

❶ (현정이의 상자의 부피)=(밑넓이)×(높이)

$=(12\times10)\times5=600(\text{cm}^3)$

(언니의 상자의 부피)=(밑넓이)×(높이)

$=(100\times120)\times200=12000\times200=2400000(\text{cm}^3)$

→ $(12\times11)\times5=660(\text{cm}^3)$,

$(10\times12)\times20=120\times20=2400(\text{cm}^3)$

❷ 언니의 상자의 부피는 현정이의 상자의 부피의

$2400000\div600=4000$(배)입니다.

→ $2400\div660=3.6\cdots$ ⇨ 약 4배

답 약 4배

확인하기

문제정보를 복합적으로 나타내기 (○)

STEP 1 내가 수학하기 **배우기** 거꾸로 풀기

101~102쪽

1

문제 그리기

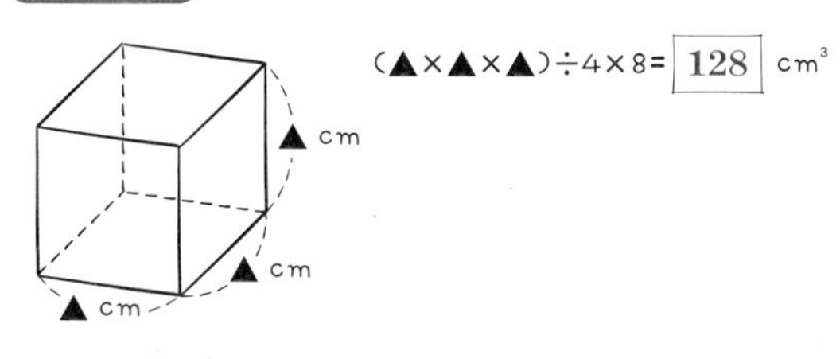

? : 어떤 정육면체의 한 모서리의 길이(cm)

계획-풀기

❶ 어떤 정육면체의 한 모서리의 길이를 ▲cm라 하면
▲×6÷4×8=128입니다.

→ ▲×▲×▲÷4×8=128

❷ ❶의 계산 과정을 거꾸로 생각하여 계산하면
▲×6÷4×8=128

⇨ ▲$=128\div8\times4\div6=128\times\frac{1}{8}\times4\times\frac{1}{6}=\frac{32}{3}$이므로

정육면체의 한 모서리의 길이는 $\frac{32}{3}$ cm입니다.

→ ▲×▲×▲÷4×8=128,

▲×▲×▲=128÷8×4=64,

▲×▲×▲=64, 4×4×4=64, 4 cm

답 4 cm

확인하기

거꾸로 풀기 (○)

2

문제 그리기

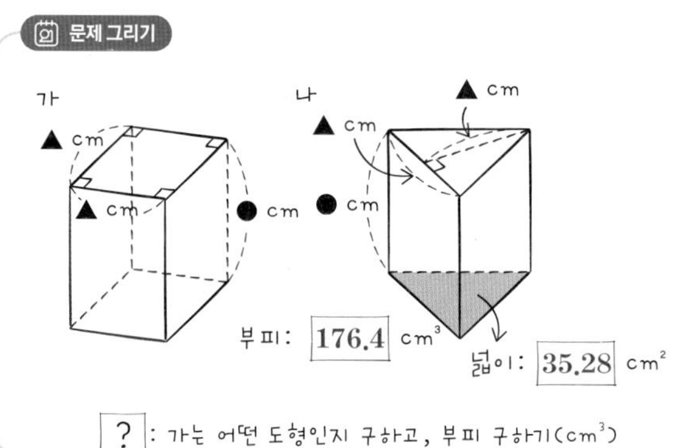

? : 가는 어떤 도형인지 구하고, 부피 구하기(cm³)

계획-풀기

❶ 삼각기둥 나의 밑변의 길이와 높이가 같으므로
그 길이를 ▲cm라고 하면 ▲×▲÷2=35.28(cm²)에서
▲×▲=35.28÷2=17.64(cm²)입니다.

→ ▲×▲=35.28×2=70.56(cm²)

❷ 삼각기둥의 밑넓이가 35.28 cm²이고, 부피가 176.4 cm³이므로 삼각기둥의 높이를 ●cm라 하면
(삼각기둥의 부피)=(밑넓이)×(높이)에서
176.4=35.28×●, ●=176.4×35.28=6223.392(cm)
입니다.

→ ●=176.4÷35.28=5(cm)

❸ 입체도형 가는 밑면이 2개이며 옆면이 직사각형이므로 각기둥이고, 옆면이 모두 합동이므로 밑면이 정사각형인 사각기둥입니다. 따라서 사각기둥의 부피는 (밑넓이)×(높이)이고, 가의 한 변의 길이는 나의 밑면의 밑변의 길이와 같고, 나의 높이와 가의 높이가 같으므로 사각기둥의 부피는
▲×▲×●=17.64×6223.392=91110(cm³)입니다.

→ 70.56×5=352.8(cm³)

답 사각기둥, 352.8 cm³

확인하기

거꾸로 풀기 (○)

STEP 2 내가 수학하기 **해보기** 복합적, 거꾸로

103~112쪽

1

문제 그리기

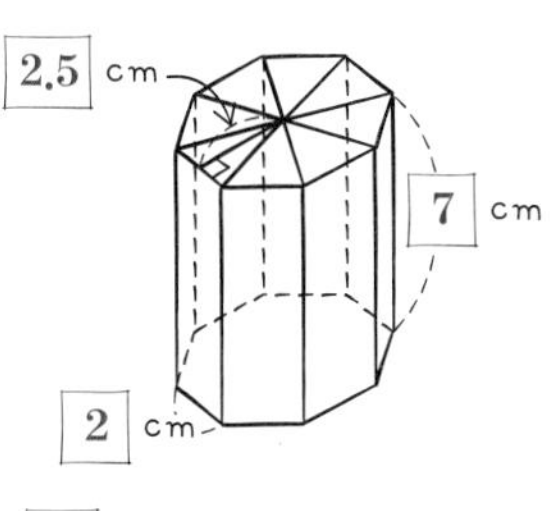

? : 입체도형의 겉넓이(cm²)

계획-풀기

보기 에서 설명하는 입체도형은 팔각기둥입니다.
(팔각기둥의 겉넓이)
=(밑넓이)×2+(옆넓이)
=(이등변삼각형의 넓이)×8×2+(직사각형의 넓이)×8
=2×2.5÷2×8×2+2×7×8
=40+112=152(cm²)

답 152 cm²

2

문제 그리기

층	1층	2층	3층
정육면체의 수	1	1 + 3	1 + 3 + 5

? : 넷째 입체도형의 겉넓이(cm²)

계획-풀기

첫째부터 1층의 정육면체의 수가 1, 3, 5, …로 나열되며 그 위로 쌓이는 정육면체의 수는 2씩 줄어듭니다.

넷째 입체도형은 $1+3+5+7$과 같이 위에서부터 그 합을 나타낼 수 있습니다.

(밑넓이)=(밑면의 개수)×(정육면체 한 면의 넓이)

$=7\times(3\times3)=63(\text{cm}^2)$

(옆넓이)

=(옆면의 개수)×(정육면체 한 면의 넓이)

=((앞면과 뒷면의 개수)+(왼쪽 면과 오른쪽 면의 개수))×(정육면체 한 면의 넓이)

$=((1+3+5+7)\times2+(4\times2))\times$(정육면체 한 면의 넓이)

$=(32+8)\times(3\times3)=360(\text{cm}^2)$

(넷째 입체도형의 겉넓이)

=(밑넓이)×2+(옆넓이)

$=63\times2+360=126+360=486(\text{cm}^2)$

답 $486\ \text{cm}^2$

3

문제 그리기

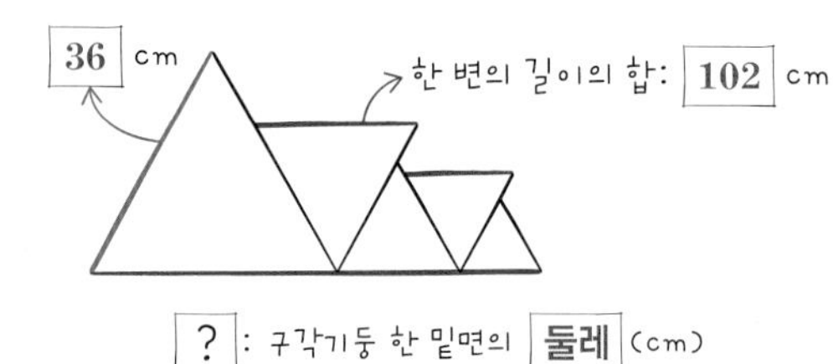

? : 구각기둥 한 밑면의 둘레(cm)

계획-풀기

❶ 밑면의 둘레에서 정삼각형의 각 한 변씩을 제외한 나머지 변들의 길이의 합 구하기

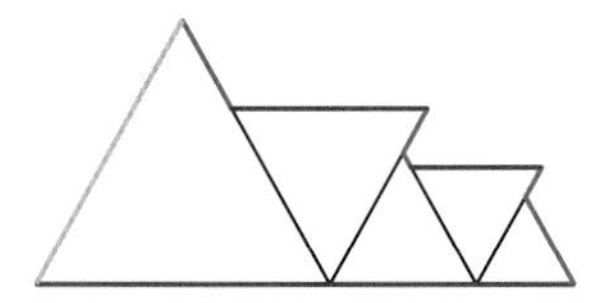

(──) 모든 정삼각형의 각 한 변의 길이의 합

(──) 가장 큰 정삼각형의 한 변의 길이

(──) 나머지 변들의 합

⇨ (──)의 길이의 합은 가장 큰 정삼각형의 한 변의 길이와 같습니다.

❷ 밑면의 둘레의 길이 구하기

(밑면의 둘레)$=36+102+36=174(\text{cm})$입니다.

답 $174\ \text{cm}$

4

문제 그리기

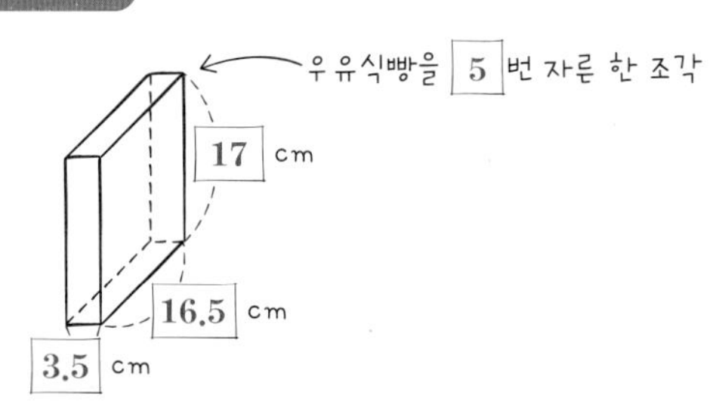

? : 처음 우유식빵의 부피(cm³)

계획-풀기

❶ 전체 조각의 수 구하기

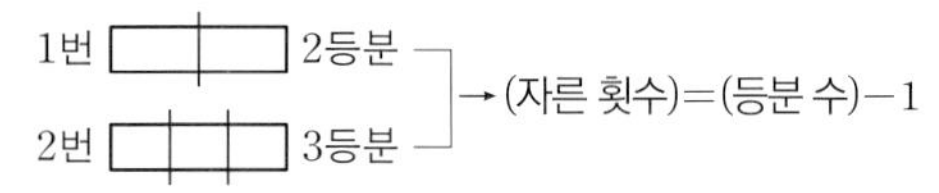

5번 자르면 조각 수는 6개입니다.

❷ 처음 우유식빵의 부피 구하기

(처음 식빵의 부피)

=(한 조각 식빵의 부피)×(조각 수)

$=(3.5\times16.5\times17)\times6=5890.5(\text{cm}^3)$

답 $5890.5\ \text{cm}^3$

5

문제 그리기

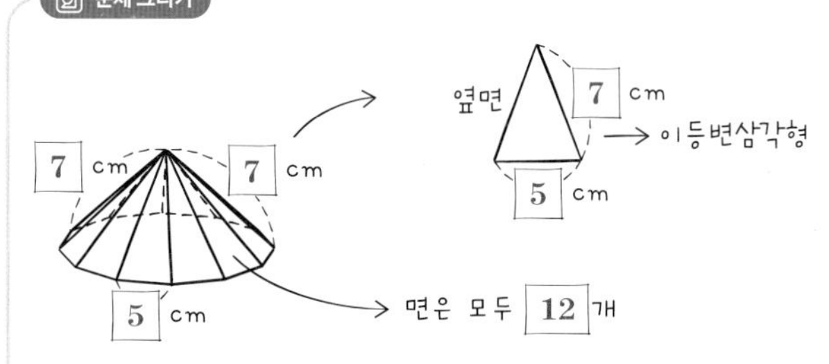

? : 2개의 입체도형의 밑면끼리 맞대어 만든 도형의 모서리의 길이의 합(cm)

계획-풀기

❶ 두 입체도형의 밑면끼리 맞붙여 만들어진 도형의 면의 수 구하기

밑면이 한 개이고, 전체 면의 개수는 12개이므로 옆면이 $12-1=11$(개)인 십일각뿔입니다. 십일각뿔의 밑면끼리 맞붙이면 모든 면은 $11\times2=22$(개)입니다.

❷ 만들어진 입체도형의 모서리의 길이의 합 구하기

(모서리의 합)

=(십일각뿔의 옆면의 모서리의 길이의 합)×2+(십일각뿔의 밑면의 모서리의 길이의 합)

$=7\times11\times2+5\times11$

$=154+55=209(\text{cm})$

답 $209\ \text{cm}$

6

문제 그리기

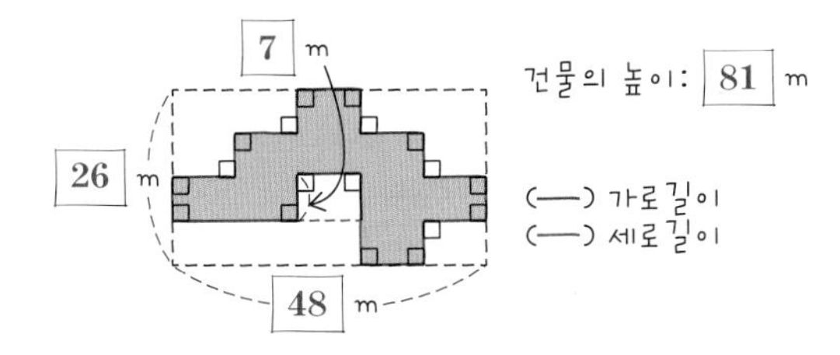

? : 건물에서 페인트를 칠할 부분의 **넓이** (m²)

계획-풀기

❶ 건물의 밑면의 둘레 구하기

(건물의 밑면의 둘레)

=(큰 직사각형의 둘레)$+7\times2$

$=(26+48)\times2+7\times2$

$=148+14=162(\text{m})$

❷ 건물에서 페인트를 칠한 부분의 넓이 구하기

(건물 옆면의 넓이)

=(밑면의 둘레)×(건물의 높이)

$=162\times81=13122(\text{m}^2)$

답 **13122 m²**

7

문제 그리기

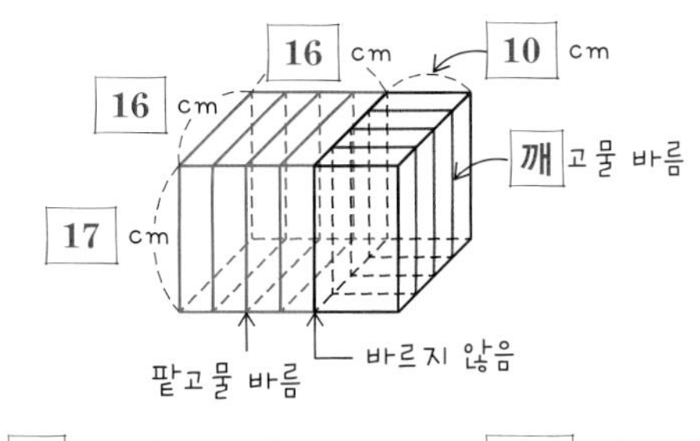

? : 팥고물과 깨고물을 바른 부분의 **넓이**의 합(cm²)

계획-풀기

자른 횟수 1번 [|] 2등분

자른 횟수 2번 [| |] 3등분

⇨ (4등분 하기 위해 자른 횟수)=(등분 수)−1

$=4-1=3$(번)

(팥고물 바른 넓이)=(팥고물 바른 한 면의 넓이)×(면의 수)

$=(16\times17)\times3=816(\text{cm}^2)$

(깨고물 바른 넓이)=(깨고물 바른 한 면의 넓이)×(면의 수)

$=(10\times17)\times3=510(\text{cm}^2)$

(고물을 바른 부분의 넓이)

=(팥고물 바른 넓이)+(깨고물 바른 넓이)

$=816+510=1326(\text{cm}^2)$

답 **1326 cm²**

8

문제 그리기

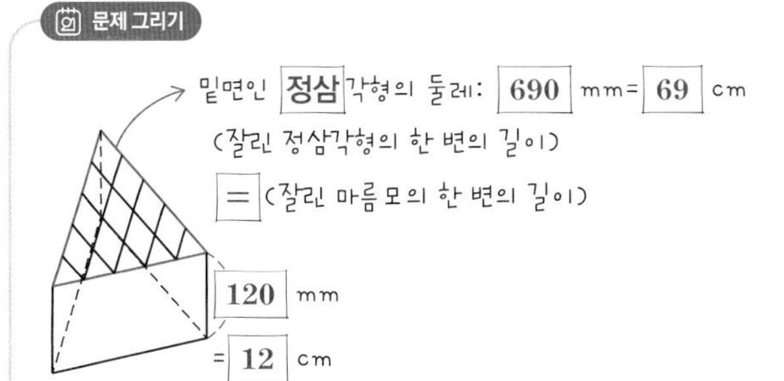

? : 잘린 사각기둥과 삼각기둥 1개씩의 모서리의 길이의 **합** (cm)

계획-풀기

❶ 작은 정삼각형과 마름모의 한 변의 길이 구하기

(잘린 정삼각형의 한 변의 길이)

=(잘린 마름모의 한 변의 길이)

=(처음 정삼각형의 한 변의 길이)÷(등분 수)

$=(69\div3)\div5=4.6(\text{cm})$

❷ 잘린 사각기둥 1개와 삼각기둥 1개의 모서리의 길이의 합 구하기

(잘린 삼각기둥의 모서리의 길이의 합)

+(잘린 사각기둥 모서리의 길이의 합)

=((밑면의 둘레)×2+(높이)×3)

+((밑면의 둘레)×2+(높이)×4)

$=((4.6\times3)\times2+12\times3)+((4.6\times4)\times2+12\times4)$

$=(27.6+36)+(36.8+48)$

$=63.6+84.8=148.4(\text{cm})$

답 **148.4 cm**

9

문제 그리기

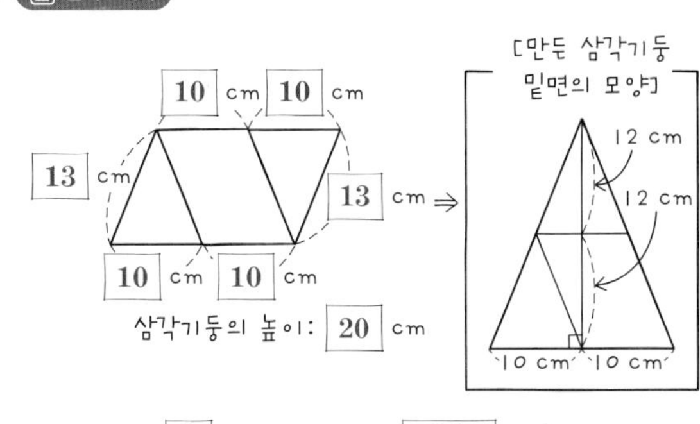

? : 만든 삼각기둥의 **겉넓이** (cm²)

계획-풀기

새로 만든 이등변삼각형은 오른쪽 그림과 같습니다.

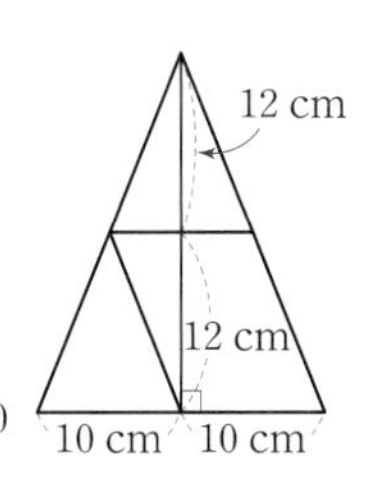

(삼각기둥의 겉넓이)

=(밑넓이)×2+(옆넓이)

=(이등변삼각형의 넓이)×2+(옆넓이)

$=(20\times24\div2)\times2+(20+26+26)\times20$

$=480+1440=1920(\text{cm}^2)$

답 **1920 cm²**

10

문제 그리기

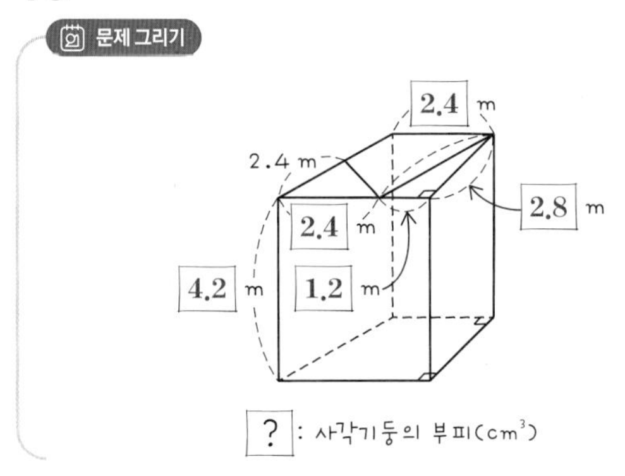

계획-풀기

(사각기둥의 밑넓이)=(큰 사다리꼴의 넓이)

$=(2.4+(2.4+1.2))\times2.8\div2$

$=6\times2.8\div2=8.4(m^2)$

(사각기둥의 부피)=(밑넓이)×(높이)

$=8.4\times4.2$

$=35.28(m^3)$

⇨ $35280000\ cm^3$

답 $35280000\ cm^3$

11

문제 그리기

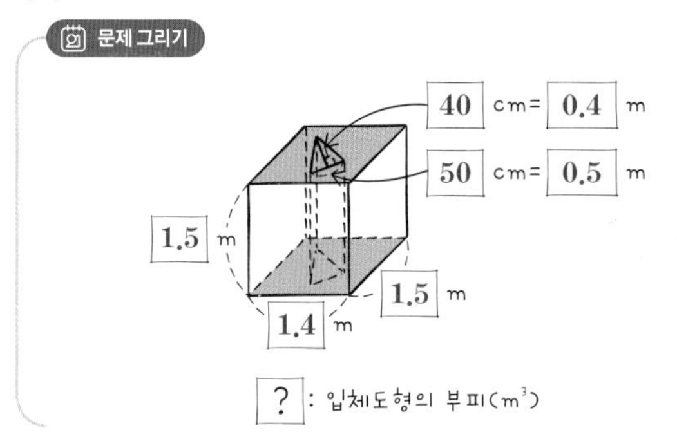

계획-풀기

(입체도형의 부피)

=(직육면체의 부피)−(삼각기둥의 부피)

$=(1.4\times1.5\times1.5)-(0.5\times0.4\div2\times1.5)$

$=3.15-0.15=3(m^3)$

답 $3\ m^3$

12

문제 그리기

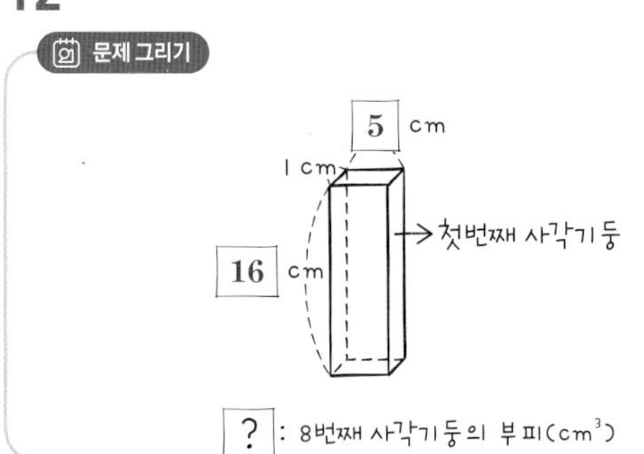

계획-풀기

❶ 분수의 규칙: 분모는 5부터 3씩 커지고, 분자는 1부터 1씩 커집니다.

(8번째 분수의 분자)=8

(8번째 분수의 분모)$=5+3\times7=26$

⇨ (8번째 분수)$=\frac{8}{26}$

❷ $\frac{8}{26}=\frac{4}{13}$이므로

(8번째 사각기둥의 부피)=(밑넓이)×(높이)

$=(4\times13)\times16=832(cm^3)$

입니다.

답 $832\ cm^3$

13

문제 그리기

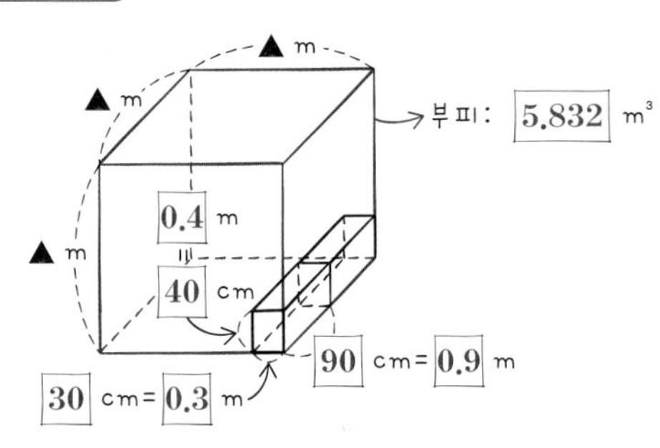

계획-풀기

❶ 정육면체의 창고의 한 모서리의 길이 구하기

정육면체의 한 모서리의 길이를 ▲m라고 하면 부피는 다음과 같습니다.

(정육면체의 부피)

=(한 모서리의 길이)×(한 모서리의 길이)×(한 모서리의 길이)

5.832=▲×▲×▲이므로 5832를 약수들의 곱으로 나타내면,

$5832=18\times18\times18$이므로 $5.832=1.8\times1.8\times1.8$에서 한 모서리의 길이는 1.8 m입니다.

❷ 최대로 들어갈 수 있는 직육면체의 개수 구하기

정육면체의 한 변의 길이가 1.8 m이므로 각 모서리에 들어가는 직육면체의 개수는 다음과 같습니다.

(가로에 들어가는 직육면체의 개수)

=(정육면체의 한 모서리의 길이)÷(직육면체 가로의 길이)

$=1.8\div0.3=6$(개)

(세로에 들어가는 직육면체의 개수)

=(정육면체의 한 모서리의 길이)÷(직육면체의 세로의 길이)

$=1.8\div0.9=2$(개)

(높이에 들어가는 직육면체의 개수)

=(정육면체의 한 모서리의 길이)÷(직육면체의 높이)

$=1.8\div0.4=4.5$ ⇨ (4개)

따라서 정육면체 모양의 창고에 넣을 수 있는 직육면체의 개수는 $6\times2\times4=48$(개)입니다.

답 48개

14

문제 그리기

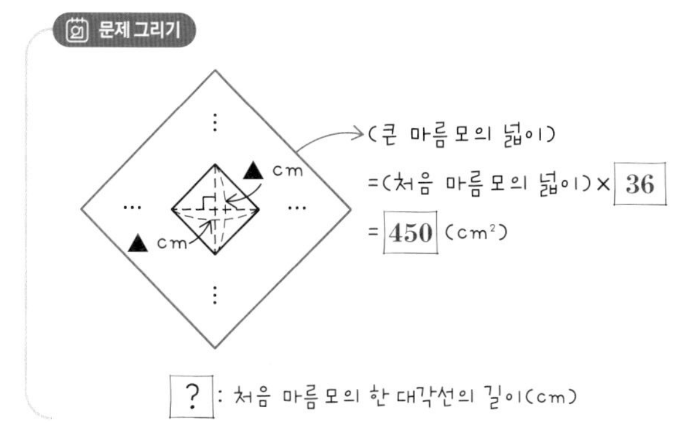

계획-풀기

처음 마름모의 한 대각선의 길이를 ▲ cm라 하면

$450=(▲\times▲\div2)\times36$, $▲\times▲\div2=12.5$,

$▲\times▲=12.5\times2=25$, $▲\times▲=25=5\times5$,

$▲=5$

답 5 cm

15

문제 그리기

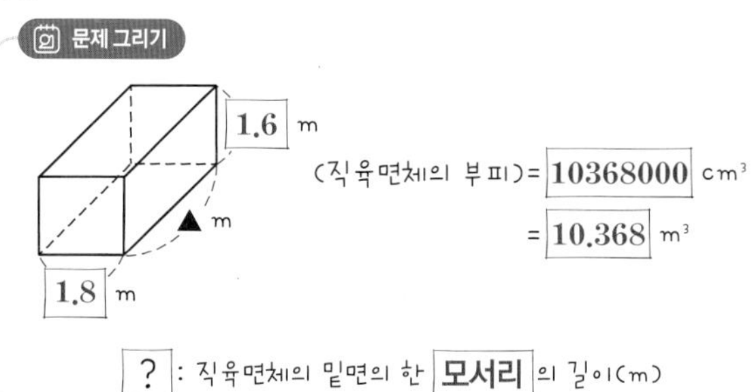

계획-풀기

(직육면체의 부피)=(밑면의 넓이)×(높이)

$10.368=1.8\times▲\times1.6$

$1.8\times▲\times1.6=10.368$,

$▲=10.368\div1.6\div1.8=3.6(\text{m})$

답 3.6 m

16

문제 그리기

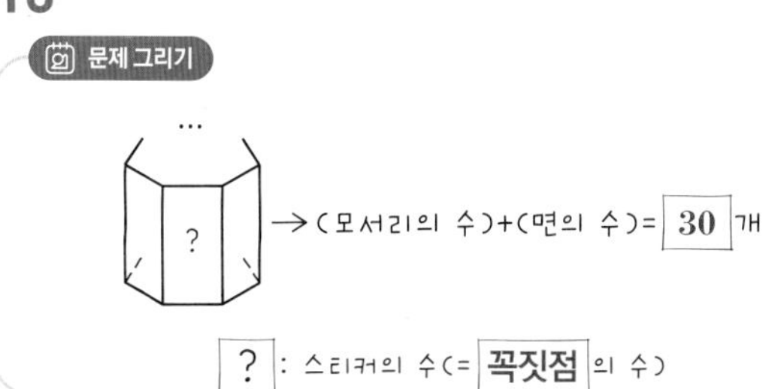

계획-풀기

❶ 밑면의 변의 수를 ▲개라고 하여 식 세우기

(밑면의 변의 수)=▲개라고 할 때,

(모서리의 수)=$▲\times3$,

(면의 수)=$▲+2$

(모서리의 수)+(면의 수)=$▲\times3+▲+2$

⇨ $30=▲\times3+▲+2$

❷ 필요한 스티커의 수 구하기

$30=▲\times3+▲+2$, $▲\times3+▲=30-2=28$

$▲\times4=28$, $▲=28\div4=7$

따라서 밑면의 변의 수는 7개이므로 각기둥의 꼭짓점의 수는 $7\times2=14$(개)이므로 필요한 스티커는 14장입니다.

답 14장

17

문제 그리기

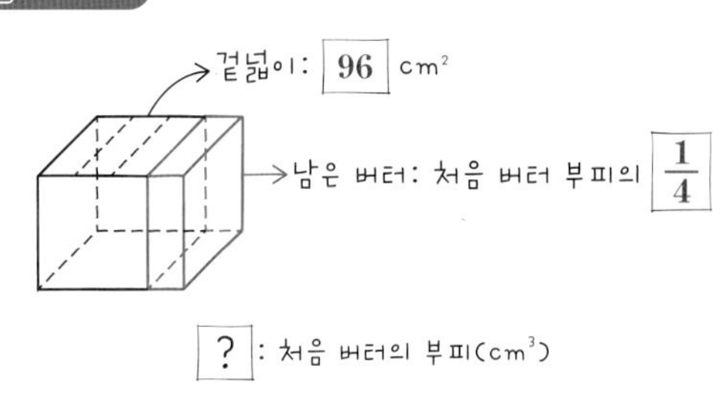

계획-풀기

❶ 정육면체의 한 모서리의 길이 구하기

정육면체의 한 모서리의 길이를 ▲ cm라고 할 때, 겉넓이를 구하는 식은 $(▲\times▲)\times6=96(\text{cm}^2)$입니다.

$▲\times▲=96\div6=16$, $▲\times▲=16=4\times4$이므로 한 모서리의 길이는 4 cm입니다.

❷ 직육면체의 부피 구하기

남은 버터의 부피는 처음 버터의 부피의 $\frac{1}{4}$이므로

처음 버터의 부피는 정육면체의 부피의 $\frac{4}{3}$입니다.

(직육면체의 부피)=(정육면체의 부피)$\times\frac{4}{3}$

$=4\times4\times4\times\frac{4}{3}=\frac{256}{3}=85\frac{1}{3}(\text{cm}^3)$

답 $85\frac{1}{3}$ cm³

18

문제 그리기

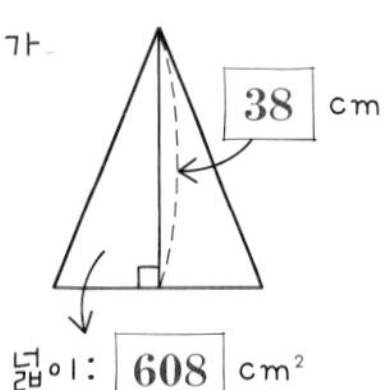

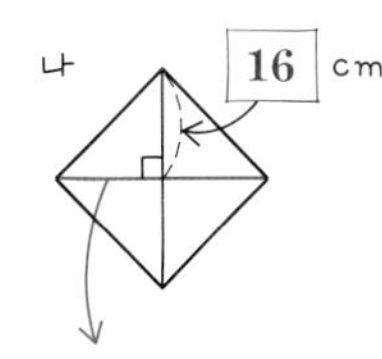

(가의 밑변의 길이)
= (나의 한 대각선의 길이)

? : 나를 밑면으로 하는 각기둥의 부피(cm³)

계획-풀기

❶ 가의 밑변의 길이 구하기
가의 밑변의 길이를 ▲ cm라고 하면
(삼각형의 넓이)=(밑변의 길이)×(높이)÷2이므로
$608=▲\times 38\div 2$, $▲\times 38\div 2=608$
$▲=608\times 2\div 38=32$(cm)

❷ 나를 밑변으로 하는 각기둥의 부피 구하기
(나의 넓이)
=(한 대각선의 길이)×(다른 대각선 길이)÷2
$=32\times 32\div 2=512$(m^2)
따라서 나를 밑면으로 하는 각기둥의 부피는
$512\times 10=5120$(cm^3)입니다.

답 5120 cm^3

19

문제 그리기

4 m, ▲ m, 2.5 m → 삼각기둥의 부피 24000000 cm^3

?: □ 안에 알맞은 수(▲)

계획-풀기

❶ 삼각기둥의 부피를 m^3로 나타내기
1000000 cm^3=1 m^3이므로 삼각기둥의 부피를 m^3로 나타내면 24000000 cm^3=24 m^3입니다.

❷ □ 안에 알맞은 수 구하기
(삼각기둥의 부피)
=(밑변의 길이)×(높이)÷2×(삼각기둥의 높이)
$24=4\times□\div 2\times 2.5$, $4\times□\div 2\times 2.5=24$,
$4\times□=24\div 2.5\times 2=19.2$, $4\times□=19.2$
⇨ $□=19.2\div 4=4.8$(m)

답 4.8

20

문제 그리기

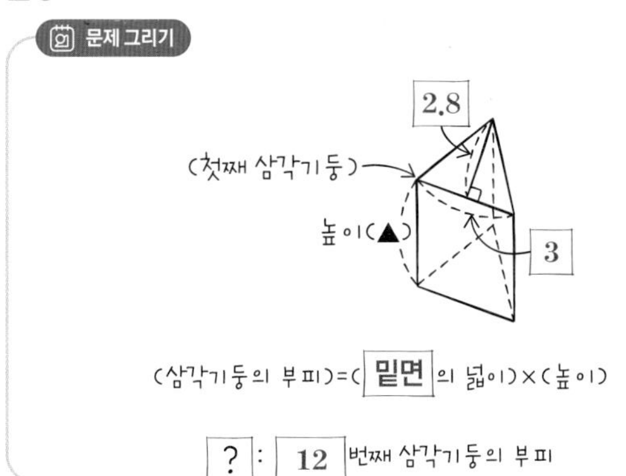

계획-풀기

❶ 나열된 분수를 보면 분모는 2부터 시작하여 진분수만을 순서대로 나열하고 있습니다.

❷ 분모가 2인 분수는 1개이고, 분모가 3인 분수는 2개, 분모가 4인 분수는 3개, …이므로 10번째(1+2+3+4=10)까지가 분모가 5이고 분모가 6인 분수로 2번째인 $\frac{2}{6}\left(=\frac{1}{3}\right)$가 12번째 분수입니다.

❸ (12번째 삼각기둥의 부피)
=(밑면의 넓이)×(높이)$=(2.8\times 3\div 2)\times\frac{1}{3}$
$=1.4$

답 1.4

STEP 3 내가 수학하기 한 단계 UP!

식, 그림, 단순화
복합적, 거꾸로

113~120쪽

1

문제 그리기

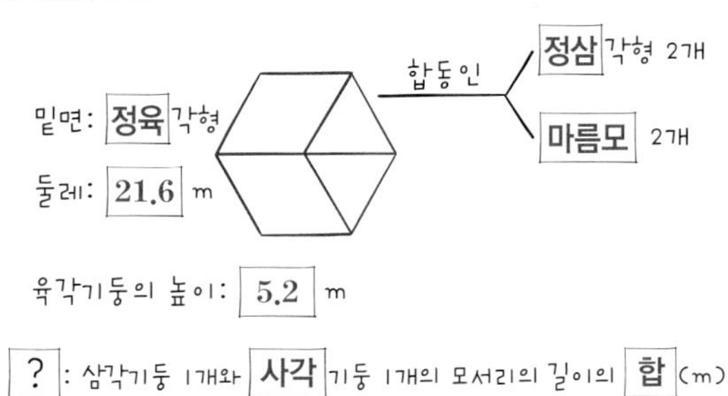

계획-풀기

❶ 정육각형의 한 변의 길이 구하기
(정육각형의 한 변의 길이)=(정육각형의 둘레)÷6
$=21.6\div 6=3.6$(m)

❷ 삼각기둥 1개의 모서리의 길이의 합 구하기
(삼각기둥의 모서리의 길이의 합)
=(밑면의 둘레)×2+(옆면의 모서리의 길이의 합)
$=3.6\times 3\times 2+5.2\times 3=21.6+15.6=37.2$(m)

❸ 사각기둥 1개의 모서리 길이의 합 구하기
(사각기둥의 모서리 길이의 합)
=(밑면의 둘레)×2+(옆면의 모서리의 길이의 합)
$=3.6\times 4\times 2+5.2\times 4=28.8+20.8=49.6$(m)

❹ 모서리의 길이의 합 구하기
(모서리의 길이의 합)
=(삼각기둥 1개의 모서리의 길이의 합)
+(사각기둥 1개의 모서리의 길이의 합)
$=37.2+49.6=86.8$(m)

답 86.8 m

2

문제 그리기

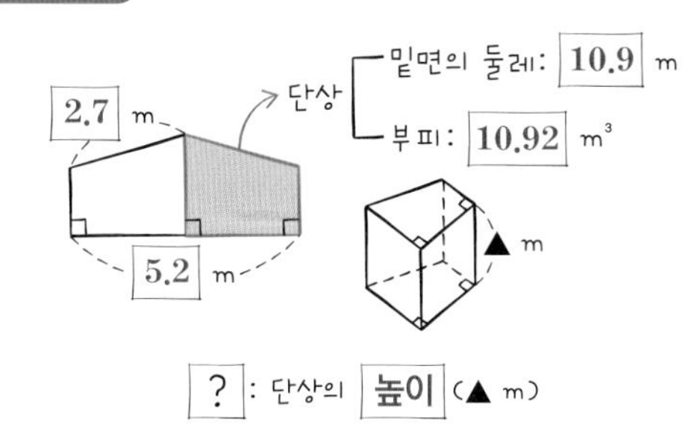

? : 단상의 높이 (▲ m)

계획-풀기

❶ 밑면인 사다리꼴의 윗변과 아랫변의 길이의 합 구하기
(밑면의 둘레)=(윗변)+(아랫변)+2.7+높이,
=(윗변)+(아랫변)+2.7+(5.2÷2)
10.9=(윗변)+(아랫변)+5.3,
(윗변)+(아랫변)=10.9−5.3=5.6(m)

❷ 사각기둥의 높이 구하기
사각기둥의 높이를 ▲m라고 하면
(사각기둥의 부피)=(밑넓이)×(높이)
10.92=((윗변)+(아랫변))×높이÷2×▲
10.92=5.6×2.6÷2×▲, 5.6×2.6÷2×▲=10.92,
▲=10.92÷5.6÷2.6×2, ▲=1.5

답 1.5 m

3

문제 그리기

8 cm
10 cm (가) 둘레: 40 cm
넓이: 72 cm²
밑면을 (가)로 하고, 높이 24 cm
16 cm

? : 사각기둥의 전개도의 겉넓이(cm²)

계획-풀기

❶ 사다리꼴의 아랫변의 길이와 높이 구하기
(사다리꼴의 아랫변 길이)=8×2=16(cm)
사다리꼴의 높이를 ▲cm라고 하면
(사다리꼴의 둘레)
=(사다리꼴의 높이)+(윗변)+(아랫변)+(다른 변)
40=▲+(8+16+10), 40=▲+34,
▲=40−34=6(cm)

❷ 사각기둥의 모서리의 길이를 기록한 전개도를 그려서 넓이 구하기

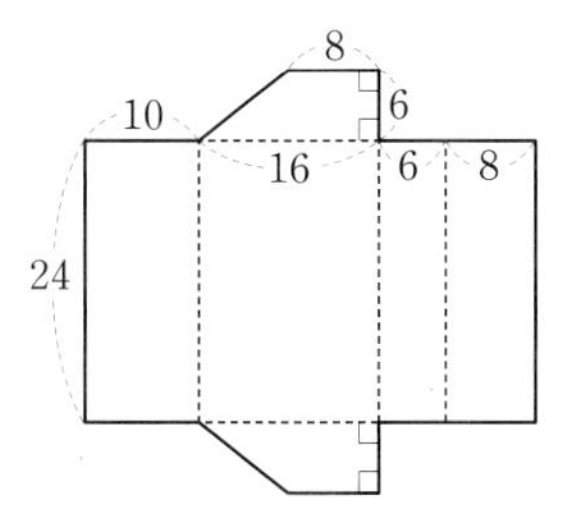

(사각기둥 겉넓이)
=(밑넓이)×2+(옆넓이)
=((8+16)×6÷2)×2+(10+16+6+8)×24
=144+960=1104(cm²)

답 1104 cm²

4

문제 그리기

㉠▲㉡=(한 모서리의 길이가 ㉠인 정육면체의 겉넓이)의 ㉡배

? : 5▲4의 값

계획-풀기

❶ 한 모서리의 길이가 5인 정육면체의 겉넓이 구하기
(한 모서리의 길이가 5인 정육면체의 겉넓이)
=5×5×6=150(cm²)

❷ 5▲4의 값 구하기
5▲4=150×4=600

답 600

5

문제 그리기

㉠ 한 모서리가 1.2 m = 120 cm인 정육면체의 부피
㉡ 1800000 cm³
㉢ 1.6 m³ = 1600000 cm³
㉣ 1.3 m = 130 cm, 30 cm, 40 cm 의 부피

? : 부피가 작은 것부터 기호 쓰기

계획-풀기

㉠~㉣의 부피 단위를 통일하여 비교하기 위해 모두 cm^3(또는 m^3)로 변환합니다.

㉠ (정육면체의 부피)$=120\times120\times120=1728000(cm^3)$

㉡ $1800000\ cm^3$

㉢ $1.6\ m^3=1600000\ cm^3$

㉣ (직육면체의 부피)$=40\times30\times130=156000(cm^3)$

따라서 부피가 작은 것부터 차례대로 쓰면 ㉣, ㉢, ㉠, ㉡입니다.

답 ㉣, ㉢, ㉠, ㉡

6

문제 그리기

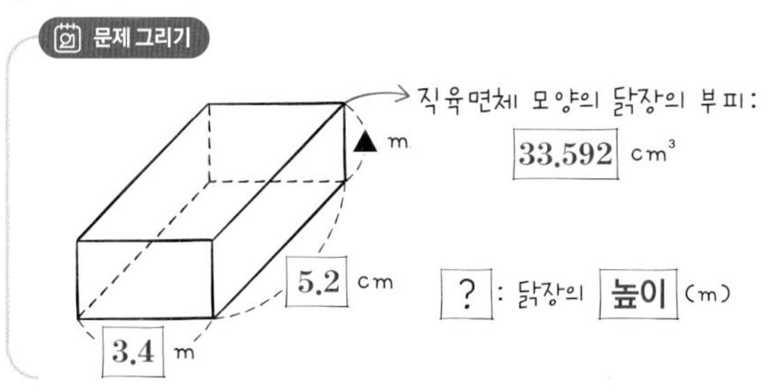

계획-풀기

❶ 닭장의 높이를 ▲m라고 할 때 부피를 구하는 식 쓰기

(닭장의 부피)=(닭장의 밑면의 가로)×(세로의 길이)×(높이)

$33.592=3.4\times5.2\times$▲

❷ 닭장(직육면체)의 높이 구하기

$33.592=3.4\times5.2\times$▲

▲$=33.592\div3.4\div5.2=1.9(m)$

따라서 닭장의 높이는 1.9 m입니다.

답 **1.9 m**

7

문제 그리기

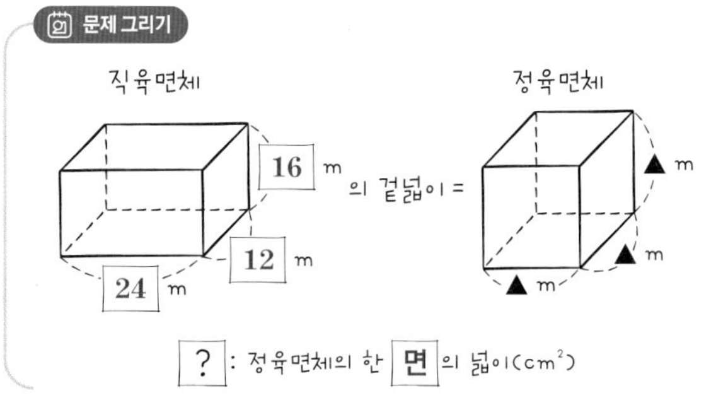

? : 정육면체의 한 면의 넓이(cm^2)

계획-풀기

❶ 직육면체의 겉넓이 구하기

(직육면체의 겉넓이)

$=2\times(24\times12+24\times16+12\times16)$

$=2\times(288+384+192)$

$=2\times864=1728(m^2)$

❷ 정육면체의 한 면의 넓이 구하기

정육면체의 한 모서리의 길이를 ▲m라고 할 때

▲×▲$\times6=1728$,

▲×▲$=1728\div6=288(m^2)=2880000(cm^2)$

답 **2880000 cm^2**

8

문제 그리기

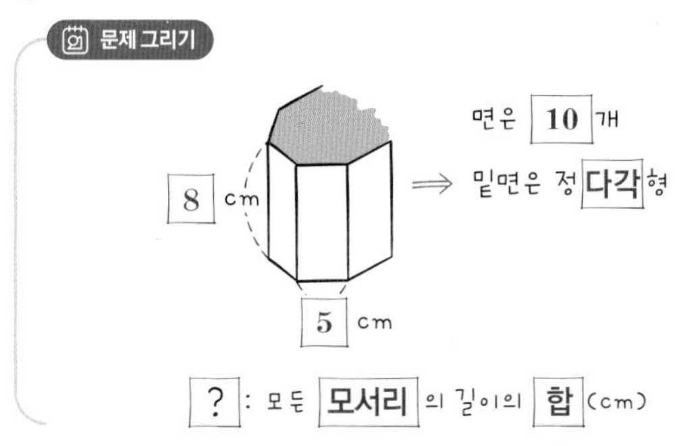

? : 모든 모서리의 길이의 합 (cm)

계획-풀기

❶ 입체도형의 밑면의 모양이 무엇인지 구하기

각기둥으로 밑면은 2개이며, 전체 면의 수가 10개이므로 옆면이 8개입니다.

따라서 밑면이 정팔각형인 입체도형은 팔각기둥입니다.

❷ 모서리의 길이의 합 구하기

(모서리의 길이의 합)

=(밑면의 둘레의 길이)×2+(옆면의 모서리의 길이의 합)

$=5\times8\times2+8\times8$

$=80+64=144(cm)$

답 **144 cm**

9

문제 그리기

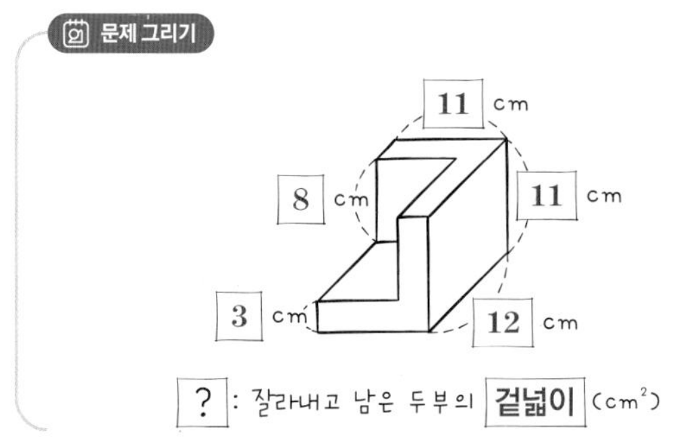

? : 잘라내고 남은 두부의 겉넓이 (cm^2)

계획-풀기

잘라낸 면을 처음 직육면체의 면으로 다음과 같이 옮기면 남긴 두부의 겉넓이는 처음 직육면체의 겉넓이와 같습니다.

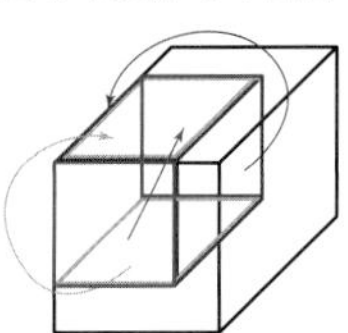

(남은 두부의 겉넓이)

=(처음 직육면체의 겉넓이)

$=2\times(11\times11+11\times12+11\times12)$

$=2\times(121+132+132)$

$=2\times385=770(cm^2)$

답 **770 cm^2**

10

문제 그리기

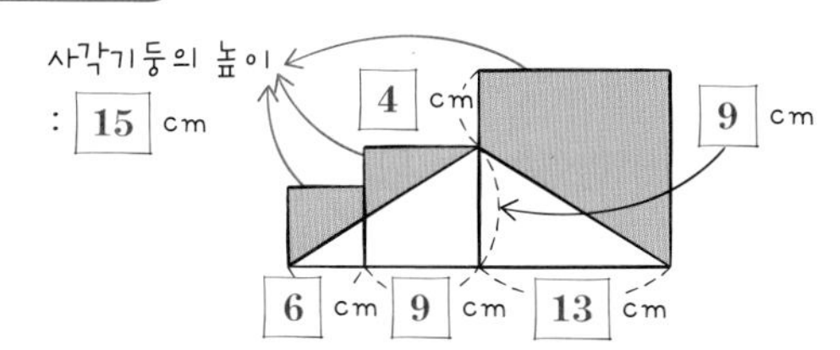

? : 색칠한 부분을 밑면으로 하는 각기둥의 부피 (cm³)

계획-풀기

❶ 세 사각기둥의 부피의 합 구하기

(가장 작은 사각기둥의 부피)

$=$(밑넓이)$\times$(높이)$=(6\times6)\times15=36\times15=540(\text{cm}^3)$

(중간 크기의 사각기둥의 부피)

$=(9\times9)\times15=81\times15=1215(\text{cm}^3)$

(가장 큰 사각기둥의 부피)

$=13\times13\times15=169\times15=2535(\text{cm}^3)$

(세 사각기둥의 부피의 합)

$=540+1215+2535=4290(\text{cm}^3)$

❷ 잘라낸 삼각기둥의 부피 구하기

(삼각기둥의 부피)$=$(밑넓이)$\times$(높이)

$=((6+9+13)\times9\div2)\times15$

$=126\times15=1890(\text{cm}^3)$

❸ 남은 각기둥의 부피 구하기

(남은 각기둥의 부피)

$=$(사각기둥의 부피의 합)$-$(삼각기둥의 부피)

$=4290-1890=2400(\text{cm}^3)$

답 2400 cm^3

11

문제 그리기

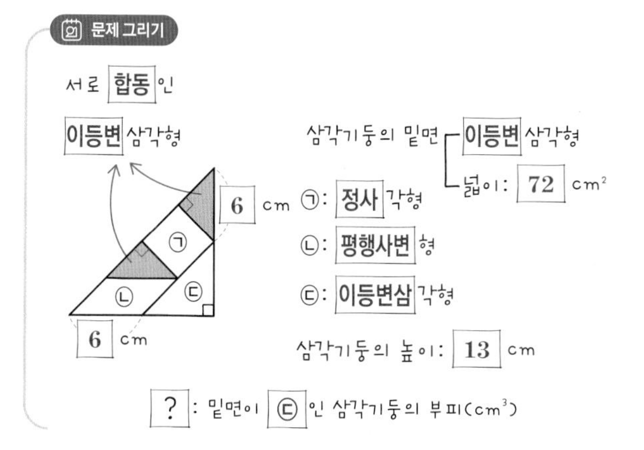

? : 밑면이 ㉢인 삼각기둥의 부피(cm³)

계획-풀기

❶ 밑면의 밑변의 길이와 높이 구하기

밑변의 길이와 높이가 같으므로 그 길이를 ▲cm라고 하면

(밑면의 넓이)$=$(밑변의 길이)$\times$(높이)$\div2$

$72=▲\times▲\div2$, $▲\times▲=72\times2=144$

$144=12\times12$이므로 ▲$=12$입니다.

❷ 밑면이 ㉢인 삼각기둥의 부피 구하기

밑변의 ㉢인 이등변삼각형의 밑변의 길이와 높이는

$12-6=6(\text{cm})$이므로 삼각기둥의 부피는

(밑넓이)$\times$(높이)$=(6\times6\div2)\times13$

$=18\times13=234(\text{cm}^3)$

입니다.

답 234 cm^3

12

문제 그리기

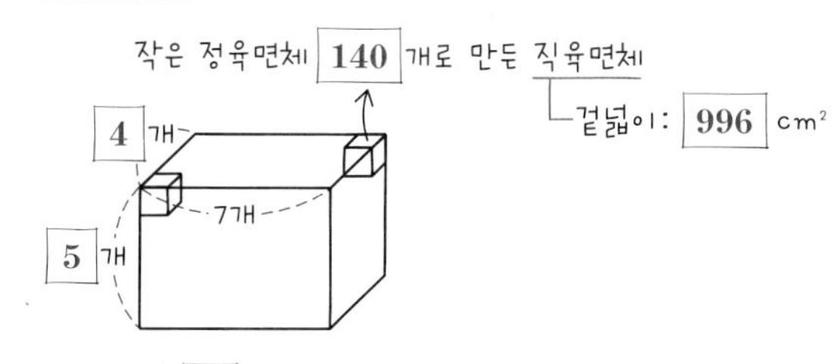

? : 작은 정육면체 한 개의 겉넓이(cm²)

계획-풀기

❶ 정육면체의 한 모서리의 길이 구하기

정육면체 한 면의 넓이를 ▲cm^2라고 하면

(직육면체의 겉넓이)

$=$(정육면체 한 면의 넓이)$\times$(정육면체 한 면의 개수)

$996=▲\times(2\times(4\times7+5\times7+5\times4))$

$=▲\times(2\times(28+35+20))=▲\times166$,

$▲\times166=996$

$▲=996\div166=6$

❷ 정육면체 겉넓이 구하기

(정육면체의 겉넓이)

$=$(한 면의 넓이)$\times6=6\times6=36(\text{cm}^2)$

답 36 cm^2

13

문제 그리기

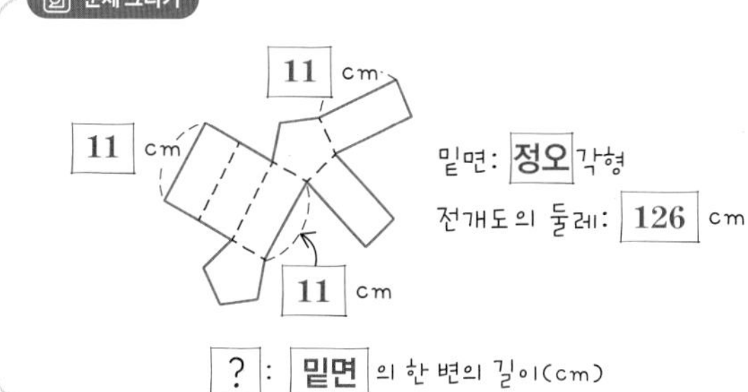

? : 밑면의 한 변의 길이(cm)

계획-풀기

❶ 밑면인 정오각형의 한 변의 길이를 ▲cm라고 할 때, 전개도의 둘레를 구하는 식 세우기
밑면의 한 변의 길이는 정오각형의 한 변의 길이이므로
(밑면의 한 변의 길이)=(정오각형의 한 변의 길이)=▲ cm
라고 합니다.
(전개도의 둘레의 길이)
=(정오각형 한 변의 길이)×(개수)+(높이)×(개수)
126=▲×12+11×6=▲×12+66
126=▲×12+66

❷ 한 변의 길이 구하기
126=▲×12+66, ▲×12=126−66
▲×12=60, ▲÷12=5, ▲=5
따라서 밑면의 한 변의 길이는 5 cm입니다.

답 5 cm

14

문제 그리기

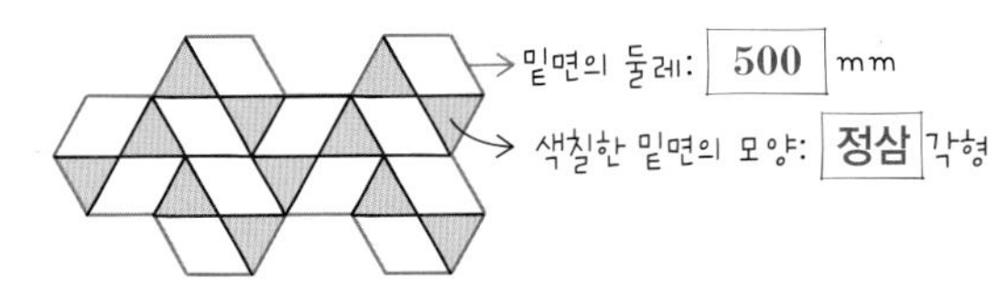

계획-풀기

❶ 정육각형의 한 변의 길이 구하기
정육각형의 한 변의 길이를 ▲cm라고 할 때, 연필꽂이의 밑면의 둘레의 길이를 구하는 식은 다음과 같습니다.
(밑면의 둘레의 길이)
=(정육각형 한 변의 길이)×(둘레에 있는 한 변의 개수)
500=▲×20, ▲=500÷20=25

❷ 정삼각형의 둘레의 길이의 합 구하기
(정육각형 한 변의 길이)=(정삼각형의 한 변의 길이)이므로
(정삼각형 둘레의 길이의 합)
=(정삼각형 둘레의 길이)×(정삼각형의 개수)
=(25×3)×(2×6)=900(mm)

답 900 mm

15

문제 그리기

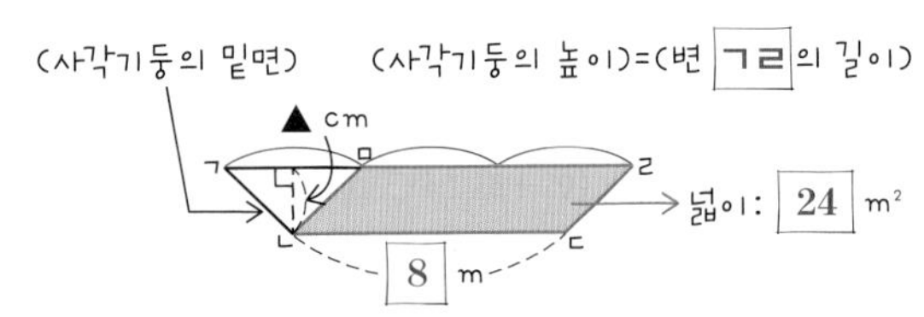

계획-풀기

❶ 사다리꼴의 높이 구하기
(평행사변형의 넓이)=(밑변의 길이)×(높이)
24=8×(높이), (높이)=24÷8=3(m)

❷ 사각기둥의 부피 구하기
(선분 ㄱㅁ)=8÷2=4(m)
(사다리꼴의 높이)=4×3=12(m)
(사각기둥의 부피)=(밑넓이)×(높이)
=(12+8)×3÷2×12
=30×12=360(m³)

답 360 m³

16

문제 그리기

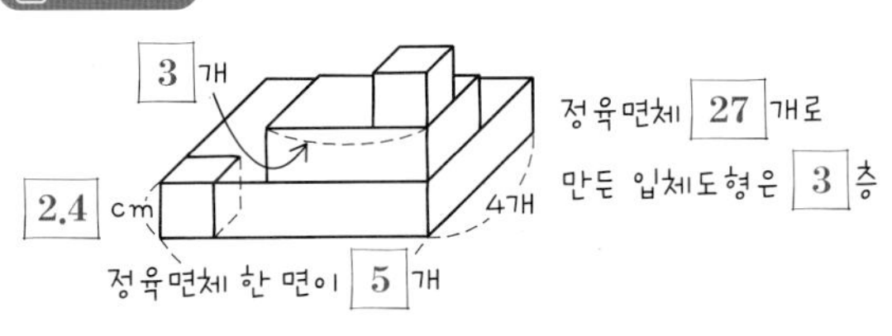

계획-풀기

❶ 입체도형의 밑넓이 구하기
(입체도형의 밑넓이)
=(정육면체의 한 면의 넓이)×(한 면의 개수)
=(2.4×2.4)×(5×4)=5.76×20=115.2(cm²)

❷ 입체도형의 옆넓이 구하기

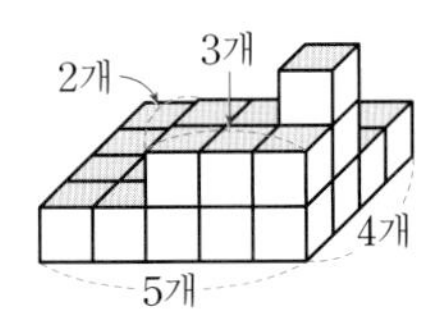

(정육면체의 한 면의 넓이)=5.76 cm²
(입체도형의 옆넓이)
=(정육면체의 한 면의 개수)×(정육면체의 한 면의 넓이)
=((1층 정육면체의 한 면의 개수)
+(2층 정육면체의 한 면의 개수))
+(3층 정육면체 한 면의 개수))×5.76
=((5+4)×2+(3+2)×2+1×4)×5.76
=(18+10+4)×5.76=32×5.76=184.32(cm²)

❸ 입체도형의 겉넓이 구하기
(입체도형의 겉넓이)=(밑넓이)×2+(옆넓이)
=115.2×2+184.32=414.72(cm²)

답 414.72 cm²

121~122쪽

1

문제 그리기

색칠한 면을 밑면으로 하여 겨냥도와 전개도를 그리면 다음과 같습니다.

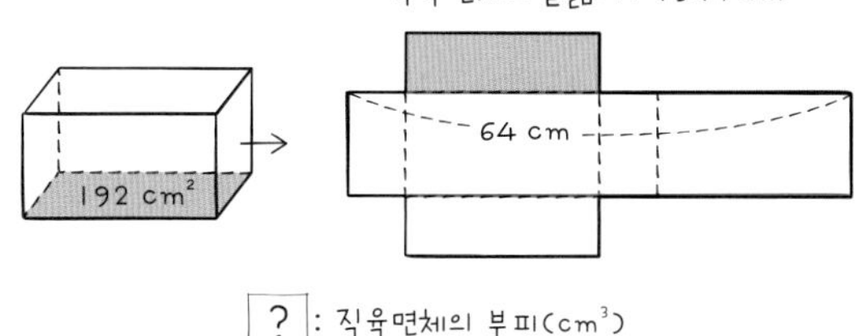

? : 직육면체의 부피(cm³)

계획–풀기

❶ 직육면체의 높이 구하기

직육면체의 높이를 ▲ cm라고 하면

$1344=192\times2+64\times▲=384+64\times▲$

$64\times▲=1344-384=960$,

$▲=960\div64=15$

(직육면체의 높이)$=15$ cm

❷ 직육면체의 부피 구하기

(직육면체의 부피)$=192\times15=2880$(cm³)

답 2880 cm³

2

문제 그리기

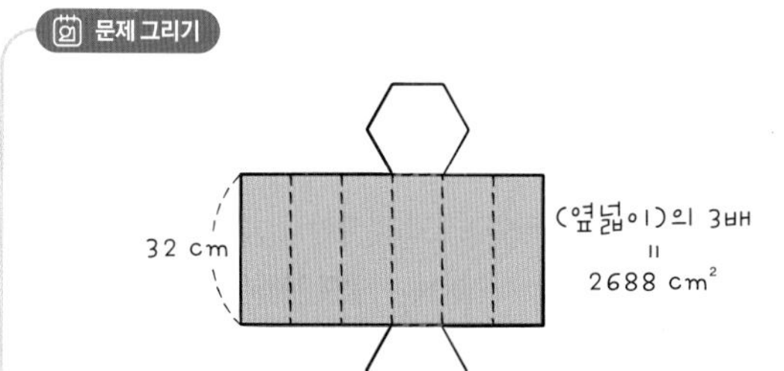

? : 육각기둥의 모든 모서리의 길이의 합(cm)

계획–풀기

❶ 육각기둥의 밑면의 둘레 구하기

육각기둥의 옆면에 페인트를 칠해서 3번 굴리면 옆넓이의 3배가 색칠되므로 옆넓이는 $2688\div3=896$(cm²)입니다.

(육각기둥의 옆넓이)=(밑면의 둘레)×(육각기둥의 높이)

$896=$(밑면의 둘레)$\times32$,

(밑면의 둘레)$=896\div32=28$(cm)

따라서 밑면인 육각형의 둘레의 길이는 28 cm입니다.

❷ 모든 모서리의 길이의 합 구하기

(육각기둥의 모든 모서리의 길이의 합)

=(밑면의 둘레)×2+(높이)×6

$=28\times2+32\times6=56+192=248$(cm)

답 248 cm

3

문제 그리기

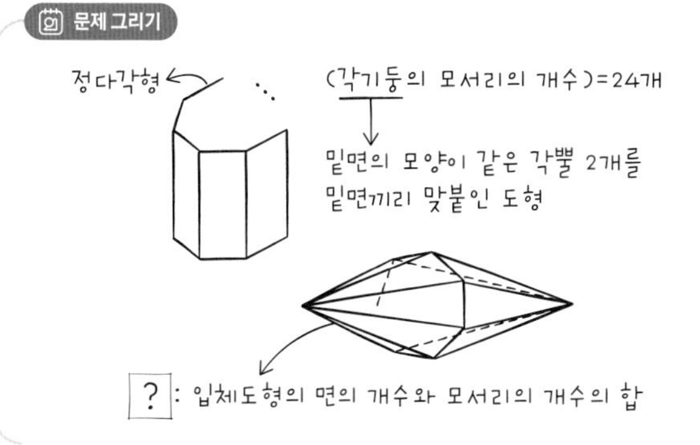

? : 입체도형의 면의 개수와 모서리의 개수의 합

계획–풀기

❶ 각기둥의 밑면의 변의 수 구하기

(각기둥의 모서리의 개수의 합)=(밑면의 변의 수)×3

24=(밑면의 변의 수)×3, (밑면의 변의 수)$=24\div3=8$(개)

따라서 밑면의 변의 수는 8개이므로 정팔각형이고 각기둥은 팔각기둥입니다.

❷ 각뿔로 만든 입체도형의 면의 개수와 모서리의 개수 구하기

각뿔은 각기둥과 밑면의 모양이 같으므로 팔각뿔입니다.

팔각뿔 2개를 밑면끼리 맞대어 붙인 도형의

면의 개수는 $8\times2=16$(개)이고

모서리의 개수는 $8\times3=24$(개)입니다.

❸ 만든 입체도형의 면의 개수와 모서리의 개수의 합 구하기

(면의 개수)+(모서리의 개수)$=16+24=40$(개)

답 40개

4

문제 그리기

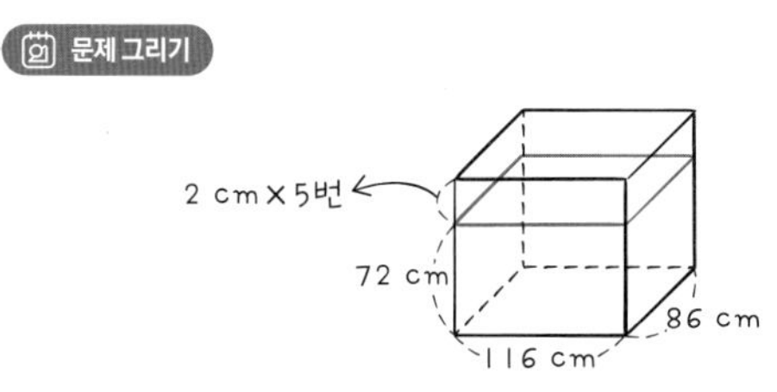

? : 수조의 부피(cm³)

계획–풀기

❶ 수조의 높이 구하기

수조에 담긴 물의 높이는 72 cm였고, 장난감 자동차 1대를 넣을 때마다 2 cm씩 올라가므로 수조의 높이는

$72+2\times5=82$(cm)입니다.

❷ 수조의 부피 구하기

(수조의 부피)=(밑면의 넓이)×(수조의 높이)

$=116\times86\times82=818032$(cm³)

답 818032 cm³

123~125쪽

1 육각기둥의 꼭짓점은 $6\times2=12$(개), 삼각뿔의 꼭짓점은 $3+1=4$(개)이므로 마지막에 나온 수는 $12+4=16$입니다. 두 번 계산한 결과가 16이므로 한 번 계산한 결과로 가능한 수는 다음과 같습니다.

① 한 번 계산한 수를 3으로 나눈 나머지가 0인 경우:
$15+1=16$이므로 15입니다.

② 한 번 계산한 수를 3으로 나눈 나머지가 1인 경우:
$13+3=16$이므로 13입니다.

③ 한 번 계산한 수를 3으로 나눈 나머지가 2인 경우:
$17-1=16$이므로 17입니다.

한 번 계산한 결과가 13, 15, 17이므로 처음 어떤 수는 다음과 같습니다.

(1) 한 번 계산한 결과가 13일 때,

① 처음 수를 3으로 나눈 나머지가 0인 경우:
$12+1=13$이므로 12입니다.

② 처음 수를 3으로 나눈 나머지가 1인 경우:
$10+3=13$이므로 10입니다.

③ 처음 수를 3으로 나눈 나머지가 2인 경우:
$14-1=13$이므로 14입니다.

(2) 한 번 계산한 결과가 15일 때, 조건을 만족하는 어떤 수는 없습니다.

(3) 한 번 계산한 결과가 17일 때, 조건을 만족하는 어떤 수는 없습니다.

답 **12, 10, 14**

2 동생2의 주머니에 넣기 전까지 있던 조개의 수는 4로 나눈 것 중 3을 넣고 3개를 더 넣었더니 1개가 남았으므로 $(3+1)\times4=16$(개)입니다. 동생1의 주머니에 넣기 전까지의 조개의 수는 남은 조개의 절반을 넣고 1개를 더 넣고 남은 것이 16개이므로 $(16+1)\times2=34$(개)입니다. 형의 처음 조개의 수의 3분의 1을 넣고 2개를 더 넣고 남은 조개의 수가 34개이므로 3분의 2에 해당되는 수는 $34+2=36$(개)이므로 처음 조개 수는 $36\div2\times3=54$(개)입니다.

□각기둥의 모서리 수는 $\square\times3$이고 $\square\times3=54$에서 $\square=18$입니다.

답 **18**

3 ① 5면을 같은 색으로 칠하는 방법은 2가지입니다.

② 5면 중 1면만 노란 색으로 칠하는 방법은 밑면만 노란색으로 칠하는 방법과 옆면 중 한 면만을 노랑으로 칠하는 방법으로 2가지입니다. 옆면 중 1면만 칠하는 것은 돌리면 다 같은 모양이므로 1가지입니다. 초록색으로 칠하는 경우도 같으므로 모두 $2\times2=4$(가지)입니다. (이 경우는 4면을 같은 색으로 칠하는 경우와 같습니다.)

③ 5면 중에서 2면만 노란 색으로 칠하는 방법은 마주 보는 옆면 2면을 칠하는 경우와 이웃하는 옆면 2면을 칠하는 경우와 밑면과 옆면을 각각 1개씩 칠하는 경우가 있으므로 모두 3가지이고, 초록색으로 칠하는 경우도 같으므로 모두 $3\times2=6$(가지)입니다. (이 경우는 3면을 같은 색으로 칠하는 경우와 같습니다.)

따라서 ①, ②, ③에 의하여 모두 $2+4+6=12$(가지)입니다.

답 **12가지**

PART 3

변화와 관계 자료와 가능성

비와 비율, 여러 가지 그래프

개념 떠올리기 128~131쪽

1 ③ 노랑을 좋아하는 학생 수에 대한 초록을 좋아하는 학생 수의 비율은 $\frac{5}{2}$입니다.

④ 분홍을 좋아하는 학생 수의 노랑을 좋아하는 학생 수에 대한 백분율은 $\frac{8}{2} \times 100 = 400(\%)$입니다.

답 ③, ④

2

비	기준량	비교하는 양	비율	백분율(%)
7 : 2	2	7	$\frac{7}{2}$	350
4에 대한 3의 비	4	3	$\frac{3}{4}$	75
9의 5에 대한 비	5	9	$\frac{9}{5}$	180
2와 25의 비	25	2	$\frac{2}{25}$	8

3 (청 공원 1 km^2에 있던 사람 수)

$= 256 \div 0.35 = 731.4 \cdots$ ⇨ 약 731명

(백 공원 1 km^2에 있던 사람 수)

$= 498 \div 0.42 = 1185.7 \cdots$ ⇨ 약 1186명

따라서 넓이 1 km^2에 있는 사람 수가 더 적은 청 공원으로 가면 됩니다.

답 청공원

4 1시간=60분=(60×60)초=3600초이며

70.76 km=70760 m이므로 서러브레드라는 말이 1초에 달리는 거리는

70760 m÷3600초=19.65⋯ ⇨ 19.7(m)입니다.

답 19.7 m

5 밑변의 길이에 비해서 높이가 가장 높은 삼각형은 밑변의 길이에 대한 높이의 비율이 가장 큰 삼각형을 말합니다.

(가의 비율)$= \frac{8}{12} = \frac{2}{3}$　　(나의 비율)$= \frac{9}{14}$

(다의 비율)$= \frac{6}{4} = \frac{3}{2}$

따라서 다 삼각형이 밑변의 길이에 비하여 높이가 가장 높습니다.

답 다

6 가 전체 땅의 넓이: $24 \times 20 \div 2 = 240(m^2)$,

마당의 넓이: $(12+24) \times 10 \div 2 = 180(m^2)$

⇨ $\frac{180}{240} \times 100 = 75(\%)$

나 전체 땅의 넓이: $20 \times 14 = 280(m^2)$

마당의 넓이: $14 \times 8 = 112(m^2)$

⇨ $\frac{112}{280} \times 100 = 40(\%)$

다 전체 땅의 넓이: $22 \times 18 = 396(m^2)$

마당의 넓이: $10 \times 18 \div 2 = 90(m^2)$

⇨ $\frac{90}{396} \times 100 = 22.7 \cdots$ ⇨ $23(\%)$

답 가 75 % 나 40 % 다 23 %

7 ㉠ $\frac{108}{54} = 2$ ㉡ $\frac{10}{4} = 2.5$ ㉢ $\frac{(가로) \times 0.4}{(가로)} = 0.4$

㉣ $\frac{0.7}{2.8} = \frac{7}{28} = 0.25$ ㉤ $\frac{6}{15} = \frac{2}{5} = 0.4$

답 ㉢, ㉤

8 $\frac{(사과)}{(배)} = \frac{45}{15} = 3(배)$

답 3배

9 (딸기의 수)

=(전체 과일의 수)×(전체 과일 수에 대한 딸기 수의 비율)

= 36000×0.3=10800(개)

답 10800개

10 (전체 과일의 수)×(전체 과일 수에 대한 배의 수의 비율)

=(배의 수)

(전체 과일의 수)×0.15=2700

(전체 과일의 수)=2700÷0.15=18000(개)

(키위의 수)=18000×0.1=1800(개)

답 1800개

STEP 1 내가 수학하기 배우기

식 만들기

133~134쪽

1

문제 그리기

소연이의 맛있는 코코아

→ 우유 200 mL

→ 코코아 가루 30 g

? : 소연이의 맛있는 코코아를 만들려고 할 때, 우유 500 mL에 필요한 코코아 가루 양(g)

계획-풀기

❶ (우유의 양에 대한 코코아 가루의 양의 비율)

$\frac{(\text{우유의 양})}{(\text{코코아 가루의 양})}=\frac{200}{30}=\frac{20}{3}$

→ $\frac{(\text{코코아 가루의 양})}{(\text{우유의 양})}=\frac{30}{200}=\frac{3}{20}$

❷ (코코아 가루의 양)

=(우유의 양에 대한 코코아 가루의 양의 비율)÷(우유의 양)

$=\frac{20}{3}\div500=\frac{20}{3}\times\frac{1}{500}=\frac{1}{75}(\text{g})$

→ (우유의 양에 대한 코코아 가루의 양의 비율)×(우유의 양)

$=\frac{3}{20}\times500=3\times25=75(\text{g})$

답 75 g

확인하기

식 만들기 (○)

2

문제 그리기

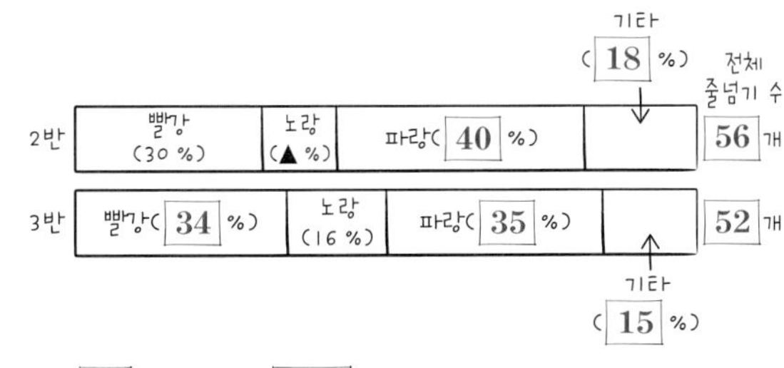

? : 어느 반이 노란색 줄넘기의 수가 더 많은지 구하기

계획-풀기

❶ 2반 줄넘기 중 노란색 줄넘기 수의 비율은

100−(30+40+18)=32(%) ⇨ 0.32입니다.

→ 100−(30+40+18)=12(%) ⇨ 0.12

(2반 노란 줄넘기 수)

=(2반 줄넘기 수)×(2반 줄넘기 중 노란 줄넘기 수의 비율)

=55×0.32=17.6(개)

→ 56×0.12=6.72(개)

❷ 3반의 줄넘기 중 노란 줄넘기 수의 비율을 소수로 나타내면

24% ⇨ 0.24입니다.

→ 16%=0.16

(3반 노란 줄넘기 수)

=(3반 줄넘기 수)

×(3반 줄넘기 수에 대한 노란 줄넘기 수의 비율)

=55×0.24=13.2(개)입니다.

→ 52×0.16=8.32(개)

❸ 2반이 17.6개이고 3반이 13.2개이므로 2반이 3반보다 더 많습니다.

→ 2반이 6.72개이고 3반이 8.32개이므로 3반이 2반

답 3반

확인하기

식 만들기 (○)

STEP 1 내가 수학하기 배우기 표 만들기

136~137쪽

1

문제 그리기

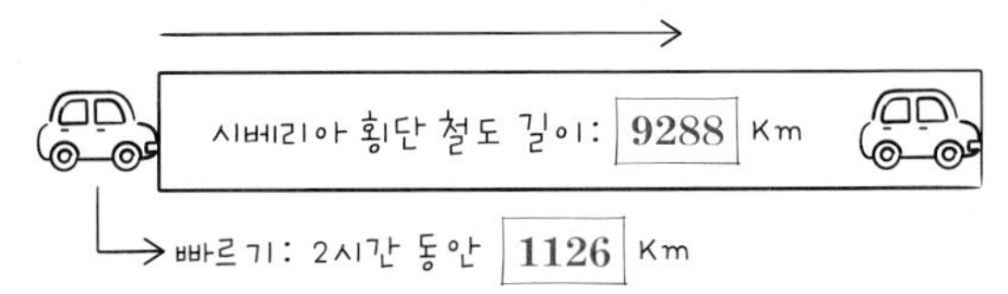

? : 이 자동차가 시베리아 횡단 철도 끝까지 도착하는 데 걸리는 시간은 약 몇 시간과 몇 시간 사이

계획-풀기

❶ (1시간 동안 움직인 거리)

=(움직인 거리)÷(걸린 시간)=1126÷2=563(km)

(12시간 동안 움직인 거리)

=(1시간 동안 움직인 거리)×(걸린 시간)

=563×12=6756(km)

(14시간 동안 움직인 거리)=563×14=7882(km)

(18시간 동안 움직인 거리)=563×18=10134(km)

→ 563, 6756, 7882, 10134

❷ 16시간 동안 9008 km를 가고, 18시간 동안 18016 km를 갈 수 있으므로 16시간과 18시간 사이입니다.

→ 17시간 동안 9571 km를 갈 수 있으므로 약 16시간과 17시간 사이입니다.

답 약 16시간과 17시간 사이

확인하기

표 만들기 (○)

2

문제 그리기

2018	2019	2020	2021
524	513	483	▲

쌀 생산량의 합: 2050 kg

? : 2018 년부터 2021 년까지의 쌀 생산량에 대한 2021년 쌀 생산량의 백분율(%)

계획-풀기

❶ 은 100 kg을 나타내고, 은 10 kg을 나타내고, 은 1 kg을 나타냅니다.

연도별 쌀 생산량

연도(년)	2018	2019	2020	2021	합계
생산량(kg)	524	513	483	▲	2050

❷ 2021년의 쌀 생산량을 ▲ kg이라고 하면
(전체 쌀 생산량의 합)
$=5240+5130+4830+▲=20500$(kg)
이므로 ▲$=5030$입니다.

→ (전체 쌀 생산량의 합)
$=524+513+483+▲=2050$(kg)
이므로 ▲$=530$입니다.

❸ (2021년 쌀 생산량의 백분율)
=(2021년 쌀 생산량)÷(전체 쌀 생산량)
$=5030\div20500=0.2453\cdots$(%)

→ $\frac{530}{2050}\times100=25.8\cdots(\%)\Rightarrow26(\%)$

답 26%

확인하기

표 만들기 (○)

STEP 1 내가 수학하기 배우기 — 그림 그리기

139~140쪽

1

문제 그리기

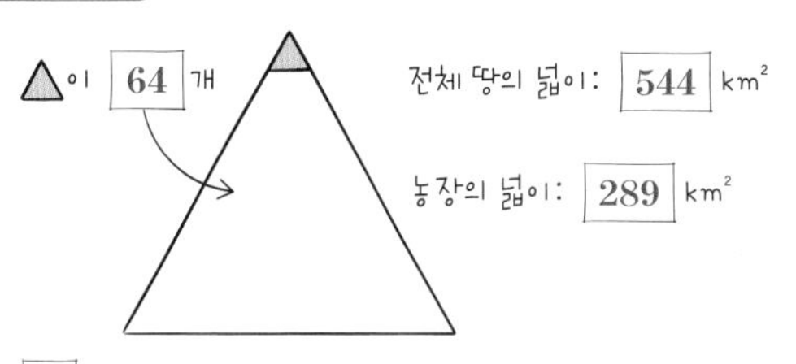

? : 농장의 넓이는 작은 삼각형(△) 몇 개인지 구하기

계획-풀기

❶ 전체 땅이 32개의 삼각형으로 이루어져 있으므로 기준량은 작은 삼각형의 개수이고, 비교하는 양은 전체 땅이므로 작은 삼각형 1개의 넓이는 $\frac{544}{32}=17(\text{km}^2)$입니다.

→ 64, $\frac{544}{64}=8.5(\text{km}^2)$

❷ 작은 삼각형 1개의 넓이가 17 km²이고, 농장의 넓이는 289 km²이므로 작은 삼각형 $289\div17=17$(개)를 색칠하면 됩니다.

→ 8.5 km², $289\div8.5=34$(개)

답 34개

확인하기

그림 그리기 (○)

2

문제 그리기

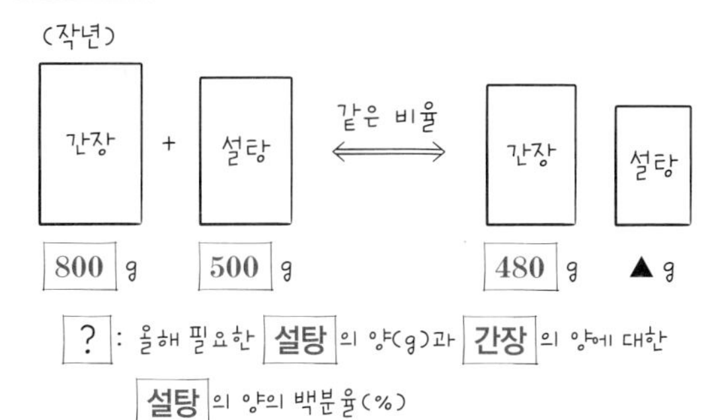

? : 올해 필요한 설탕의 양(g)과 간장의 양에 대한 설탕의 양의 백분율(%)

계획-풀기

❶ 문제 그리기에서 설탕의 양을 구하기 위하여 480을 4등분하고 그중에서 2개의 양을 구하면 됩니다. 따라서 $480\div4\times2=240$(g)이므로 간장 480 g에는 설탕 240 g이 필요합니다.

→ 480을 8등분하고 그중에서 5개의 양을 구하면 됩니다.
$480\div8\times5=300$(g)이므로 간장 480 g에는 설탕 300 g이 필요합니다.

❷ 간장 480 g에 설탕 240 g이 녹아있는 것과 같으므로 백분율은 $\frac{240}{480}\times100=50(\%)$입니다.

→ 설탕 300 g, $\frac{300}{480}\times100=62.5(\%)$

답 300 g, 62.5 %

그림 그리기 (○)

STEP 2 내가 수학하기 해보기

식 만들기, 표 만들기, 그림 그리기

141~152쪽

1

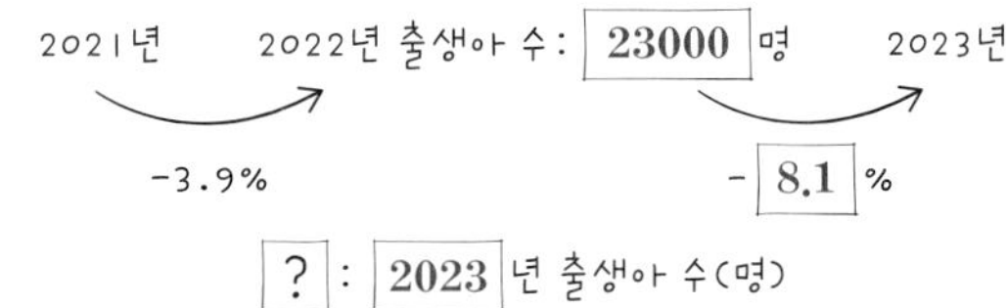

계획-풀기

(2023년 출생아 수)
=(2022년 출생아 수)−(2022년 출생아 수)×(감소 비율)
$=23000-23000\times0.081$
$=23000-1863=21137$(명)

답 21137명

2

문제 그리기

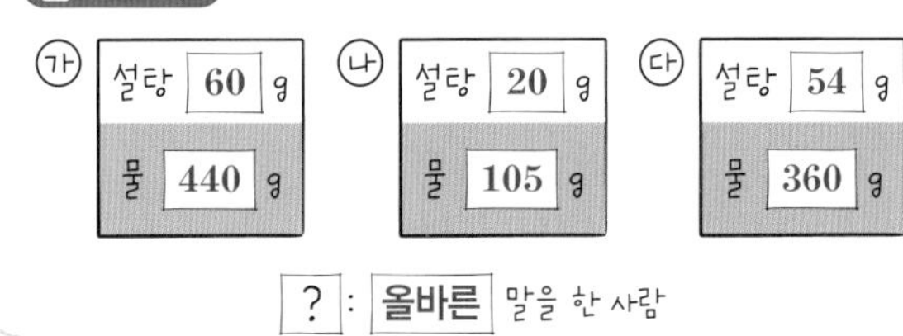

계획-풀기

물의 양에 비해 설탕의 양이 많으면 더 달콤한 설탕물이 되므로 철용이의 말이 올바른 것입니다.

답 철용

3

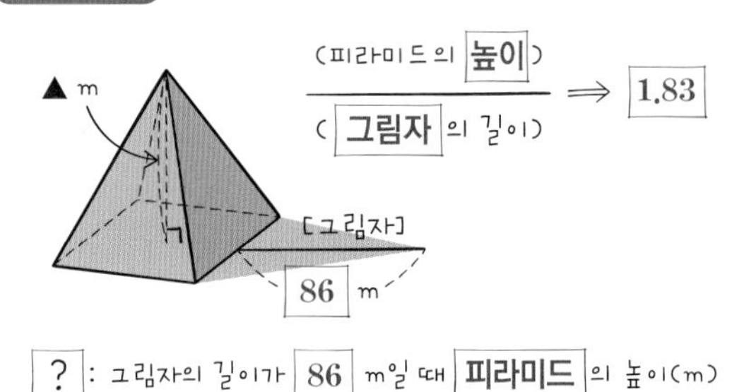

계획-풀기

(피라미드 높이)÷(그림자 길이)=(비율)이므로
(피라미드 높이)=(비율)×(그림자 길이)입니다.
(피라미드 높이)$=1.83\times86=157.38$(m)

답 157.38 m

4

문제 그리기

50분 ⟶ 논 1000 m^2의 잡초 제거

? : 논 7820 m^2의 잡초를 이 로봇으로 제거하는데 걸리는 시간(몇 시간 몇 분)

계획-풀기

❶ 1분에 몇 m^2의 토지를 로봇으로 제초할 수 있는지 구하기
로봇은 1분에 $1000\div50=20(m^2)$의 잡초를 제거합니다.

❷ 7820 m^2의 토지를 제초하는 데 걸리는 시간 구하기
(로봇으로 토지를 제초하는 시간)
=(토지 넓이)÷(1분당 제초할 수 있는 땅의 넓이)
$=7820\div20=391$(분) ⇨ 6시간 31분

답 6시간 31분

5

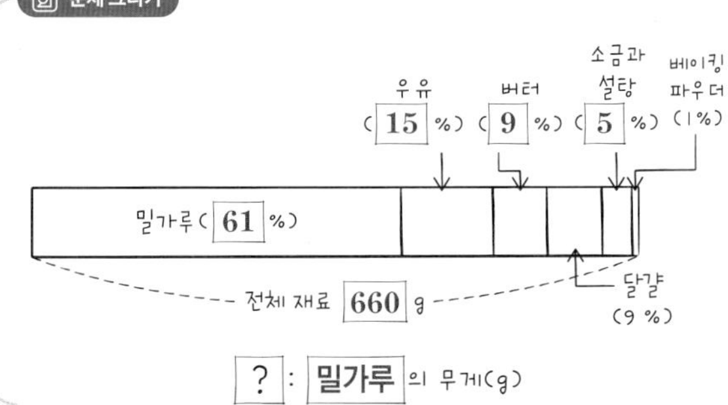

계획-풀기

(밀가루의 무게)=(전체 재료의 무게)×(비율)
$=660\times0.61=402.6$(g)

답 402.6 g

6

문제 그리기

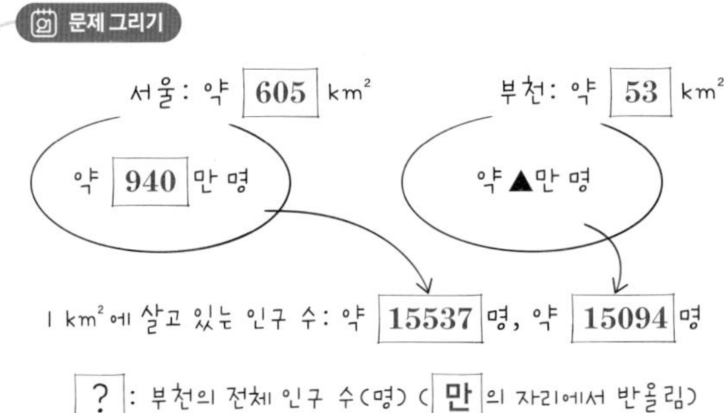

계획-풀기

부천에 사는 전체 인구 수를 ▲명이라고 하면
(1 km^2 안에 사는 인구 수)
=(해당 도시에 사는 전체 인구 수)÷(그 도시의 땅 넓이)
15094=▲÷53, ▲$=15094\times53=799982$ ⇨ 약 80만 명

답 약 80만 명

7

문제 그리기

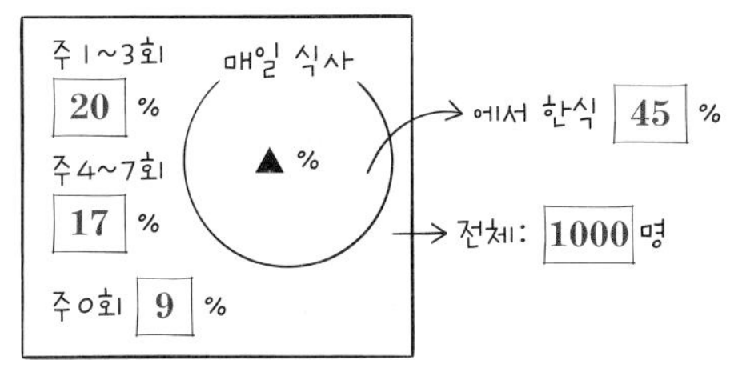

? : 매일 아침 **한식**을 먹는 학생 수(명)

계획-풀기

❶ 매일 아침 식사하는 학생 수 구하기

(전체 학생 수에 대한 매일 아침 식사하는 학생 수의 비율)

$=100-(20+17+9)=54(\%)$

(매일 아침 식사하는 학생 수)=(전체 학생 수)×(비율)

$=1000\times0.54=540$(명)

❷ 매일 아침 한식을 먹는 학생 수 구하기

(매일 아침 한식을 먹는 학생 수)

=(매일 아침 식사하는 학생 수)×(비율)

$=540\times0.45=243$(명)

답 **243명**

8

문제 그리기

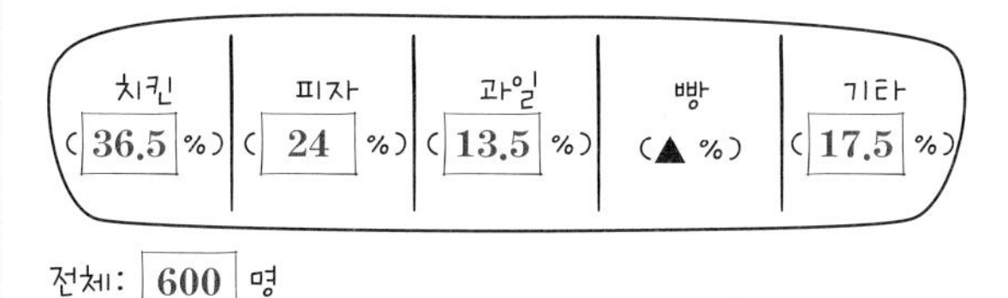

전체: 600 명

? : **빵**을 좋아하는 학생 수(명)

계획-풀기

(치킨을 좋아하는 학생 수)

=(전체 학생 수)×(비율)$=600\times0.365=219$(명)

(전체 학생 수에 대한 빵을 좋아하는 학생 수의 비율)

$=100-(36.5+24+13.5+17.5)=8.5(\%)$

(빵을 좋아하는 학생 수)

=(전체 학생 수)×(비율)$=600\times0.085=51$(명)

답 **51명**

9

문제 그리기

번호	1	2	3	…
상자 수	1+2+2	1+2+ 3 + 3	1+2+3+ 4 + 4	…

A4 용지의 넓이: 623.7 cm^2

? : 5 번 작품을 만드는 데 필요한 A4 용지의 **넓이**(cm^2)

계획-풀기

❶ 5번 작품을 만드는 데 필요한 상자 수 구하기

(상자 수)$=1+2+3+4+5+6+6=27$(개)

❷ 5번 작품을 만드는 데 필요한 A4 용지의 넓이 구하기

(필요한 A4 용지의 수)=(필요한 상자의 수)$\div2$

$=27\div2=13.5$(장)

(필요한 A4 용지의 넓이)=(A4 용지 수)×(A4 용지의 넓이)

$=13.5\times623.7=8419.95(cm^2)$

답 **8419.95 cm^2**

10

문제 그리기

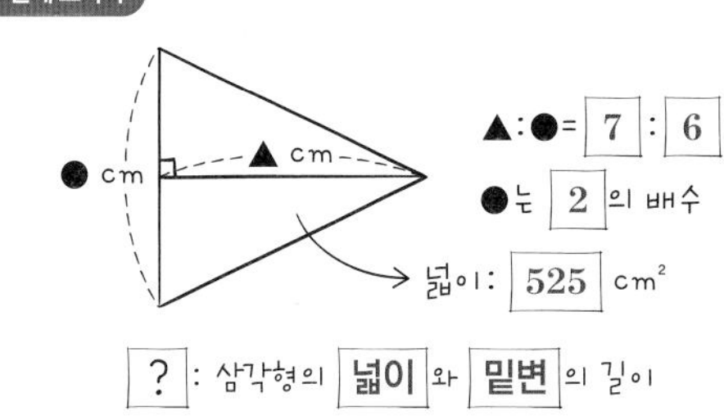

▲:●= 7 : 6

●는 2 의 배수

? : 삼각형의 **넓이**와 **밑변**의 길이

계획-풀기

(높이) : (밑변)=7 : 6이므로 높이는 밑변의 $\frac{7}{6}$배입니다.

밑변을 짝수로 하여 표를 그려 보면

밑변(cm)	36	34	32	30	…
높이(cm)	42	$\frac{119}{3}$	$\frac{112}{3}$	35	…
삼각형의 넓이(cm^2)	756	674.3	597.3	525	…

따라서 넓이가 525 cm^2일 때의 높이는 35 cm, 밑변은 30 cm입니다.

답 **높이: 35 cm, 밑변: 30 cm**

11

문제 그리기

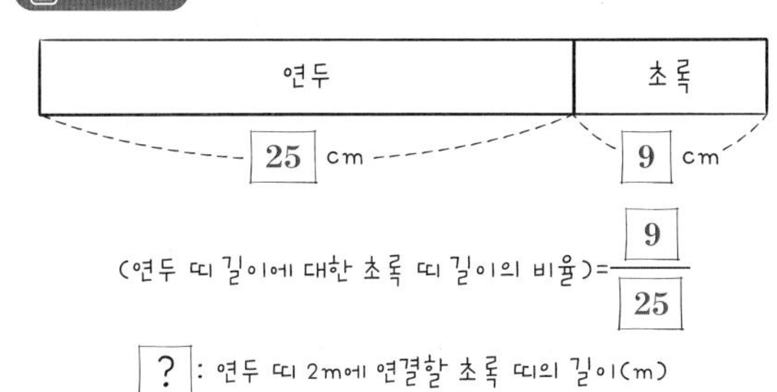

? : 연두 띠 2m에 연결할 초록 띠의 길이(m)

계획-풀기

❶ 연두 띠 길이와 초록 띠의 길이를 표로 나타내기

연두(cm)	25	…	100	125	150	175	200	…
초록(cm)	9	…	36	45	54	63	72	…

❷ 연두 띠 2 m와 연결할 초록 띠의 길이 구하기

연두 띠 길이 2 m=200 cm에 대하여 초록 띠 길이는 72 cm 이므로 0.72 m입니다.

답 **0.72 m**

12

문제 그리기

전체: 200 명

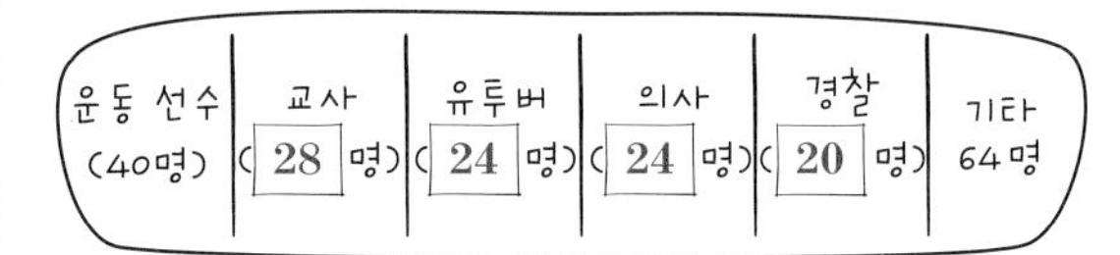

? : 희망 직업의 학생 수를 스티커로 나타낼 때 필요한 스티커 수(장)

계획-풀기

(운동 선수를 희망하는 학생 수)$=200\times\frac{20}{100}=40$(명)

(교사를 희망하는 학생 수)$=200\times\frac{14}{100}=28$(명)

(유투버를 희망하는 학생 수)$=200\times\frac{12}{100}=24$(명)

(의사를 희망하는 학생 수)$=200\times\frac{12}{100}=24$(명)

(경찰을 희망하는 학생 수)$=200\times\frac{10}{100}=20$(명)

(기타)$=200\times\frac{32}{100}=64$(명)

운동 선수	교사	유투버	의사	경찰	기타
♠♠♠♠	♠♠♠♠♠♠♠♠♠♠	♠♠♠♠♠♠	♠♠♠♠♠♠	♠♠	♠♠♠♠♠♠♠♠♠♠

♠10명 ♠1명

따라서 필요한 스티커는 $4+10+6+6+2+10=38$(장)입니다.

답 38장

13

문제 그리기

14000 원인 셔츠 —할인→ 13000 원

? : 56000 원인 원피스의 판매 가격(원)

계획-풀기

❶ 표 완성하기

옷 가격(원)	14000	28000	42000	56000	…
할인(원)	1000	2000	3000	4000	…
판매(원)	13000	26000	39000	52000	…

❷ 56000원인 원피스의 판매 가격 구하기

원피스의 판매 가격은 52000원입니다.

답 52000원

14

문제 그리기

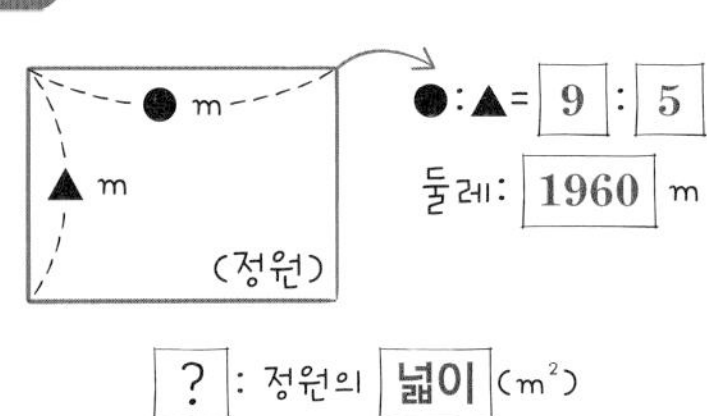

●:▲= 9 : 5

둘레: 1960 m

? : 정원의 넓이 (m^2)

계획-풀기

❶ 가로와 세로의 길이의 합 구하기

(직사각형의 둘레)$=$((가로의 길이)$+$(세로의 길이))$\times 2$

⇨ ((가로의 길이)$+$(세로의 길이))

$=$(직사각형의 둘레)$\div 2=1960\div 2=980$(m)

❷ 표 완성하기

가로(m)	9	…	585	594	603	612	621	630	…
세로(m)	5	…	325	330	335	340	345	350	…
(가로)+(세로)(m)	14	…	910	924	938	952	966	980	…

❸ 정원의 넓이 구하기

(정원의 넓이)$=$(가로의 길이)$\times$(세로의 길이)

$=630\times 350=220500(m^2)$

답 220500 m^2

15

문제 그리기

지정 50000t / 건설 230000t / 사업장 220000 t / 생활 60000 t / 전체 560000 t

? : 띠그래프로 나타내기 (백분율은 소수 첫째 자리에서 반올림)

계획-풀기

쓰레기 유형	지정 폐기물	건설 폐기물	사업장 폐기물	생활 폐기물	합계
쓰레기 양(t)	50000	230000	220000	60000	560000
백분율	0.089… ⇨ 9%	0.410… ⇨ 41%	0.392… ⇨ 39%	0.107… ⇨ 11%	100%

쓰레기 유형과 양

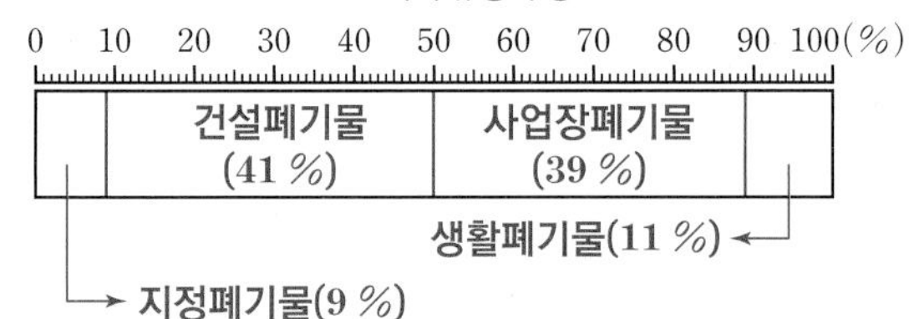

답 풀이 참조

16

문제 그리기

(가로의 길이에 대한 세로의 길이의 비율)= $\frac{7}{4}$

밑면의 넓이: 1008 cm²,

(높이)=(세로의 길이), 매듭의 길이: 30 cm

?: 리본의 길이(cm)

계획-풀기

(세로의 길이) : (가로의 길이)=7 : 4

가로(cm)	7	14	21	28	35	42
세로(cm)	4	8	12	16	20	24
넓이(cm^2)	28	112	252	448	700	1008

가로의 길이: 42 cm, 세로의 길이: 24 cm, 높이: 24 cm입니다.

(리본의 길이)=((가로)+(세로))×2+(높이)×4+30

$=(42+24)\times2+24\times4+30$

$=258$(cm)

답 **258 cm**

17

문제 그리기

(한 밑면의 넓이)= 108 cm²

옆면 7 cm 4 cm이 8 개인 각기둥

?: 각기둥의 이름과 겉넓이(cm²)

계획-풀기

❶ 각기둥을 그리고 각 모서리의 길이 표시하기

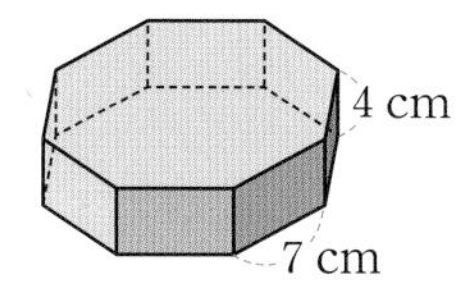

❷ 각기둥의 이름과 겉넓이 구하기

각기둥의 이름: 팔각기둥

(팔각기둥 겉넓이)=(밑넓이)×2+(옆넓이)

$=108\times2+7\times4\times8=216+224$

$=440$(cm^2)

답 **각기둥의 이름: 팔각기둥, 팔각기둥의 겉넓이: 440 cm²**

18

문제 그리기

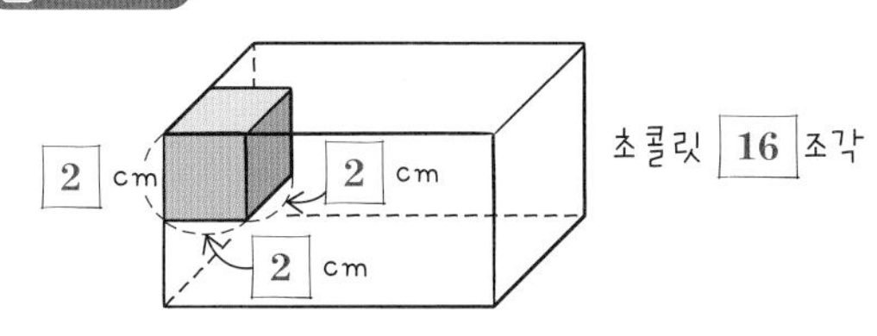

?: 포장지를 가장 적게 사용할 수 있도록 초콜릿을 쌓은 상자 모양의 겉넓이(cm²)

계획-풀기

❶ 초콜릿 16조각으로 겉넓이가 가장 작은 상자 모양 그리기

포장지를 가장 적게 사용하려면 초콜릿의 단면들끼리 다음과 같이 가장 많이 맞닿게 쌓아야 합니다. (뒤집거나 회전해서 같은 모양이면 같은 상자 모양입니다.)

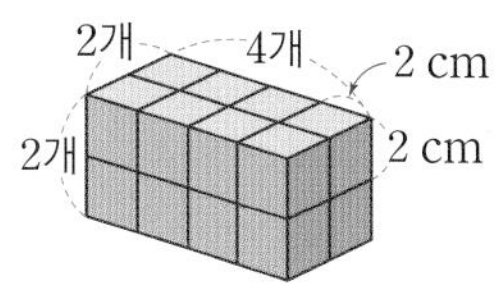

$2\times2\times4=16$(조각)

❷ 상자 모양의 겉넓이 구하기

(상자의 겉넓이)

$=((2\times2)\times(2\times4))\times4+((2\times2)\times(2\times2))\times2$

$=128+32=160$(cm^2)

답 **160 cm²**

19

문제 그리기

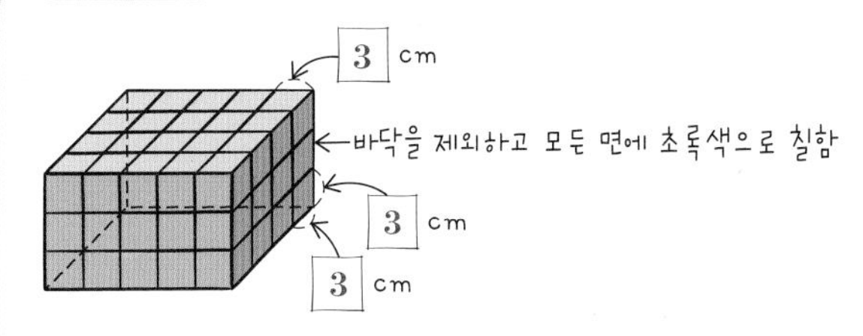

?: 두 면 이상이 색칠된 쌓기나무의 색칠된 면의 넓이(cm²)

계획-풀기

❶ 2면 이상 색칠된 쌓기나무의 색칠된 면의 수 구하기

2면 이상 색칠된 쌓기나무는 직육면체의 모서리 부분에 있는 면입니다. 하지만 바닥 면은 색칠되지 않았으므로 바닥 면에 닿는 모서리 중 꼭짓점의 면만 2면 이상 색칠됩니다. 따라서 2면 이상 색칠된 쌓기나무의 색칠된 면의 수는 다음 그림과 같습니다.

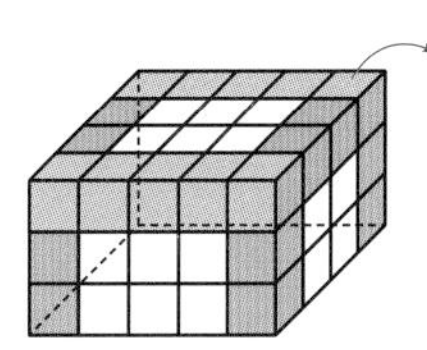

$5\times4+4\times2+2\times2$
$+2\times8=48$(개)

❷ 2면 이상 색칠된 쌓기나무의 색칠된 면의 넓이 구하기

(2면 이상 색칠된 쌓기나무의 색칠된 면의 넓이)

=(한 면의 넓이)×(면의 개수)

$=(3\times3)\times48=432$(cm^2)

답 **432 cm²**

20

문제 그리기

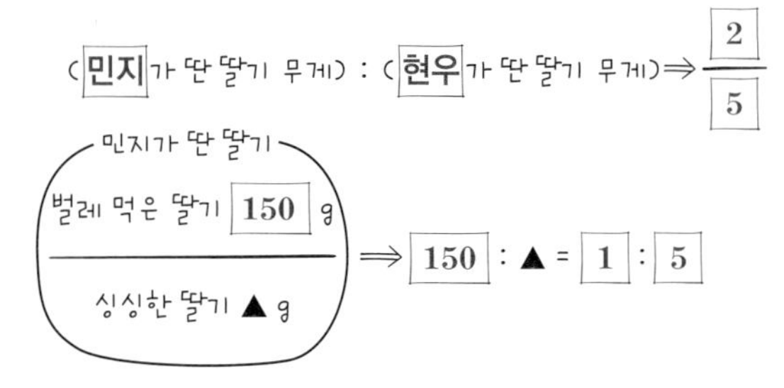

? : 민지와 현우가 딴 딸기의 총 무게 (g)

계획-풀기

❶ 민지가 딴 딸기의 양 구하기

(벌레 먹은 딸기의 양) : (싱싱한 딸기의 양)$=1:5$이므로

(싱싱한 딸기의 양)$=150\times5=750$(g)

(민지가 딴 딸기의 양)$=900$(g)

❷ 민지와 현우가 딴 딸기의 양은 모두 몇 g인지 구하기

$900\div2=450$이므로

$\dfrac{(\text{민지가 딴 딸기의 양})}{(\text{현우가 딴 딸기의 양})}$

$=\dfrac{2}{5}=\dfrac{2\times450}{5\times450}=\dfrac{900}{2250}$에서

현우가 딴 딸기는 2250 g입니다.

⇨ (민지가 딴 딸기의 양)+(현우가 딴 딸기의 양)

$=900+2250=3150$(g)

답 **3150 g**

21

문제 그리기

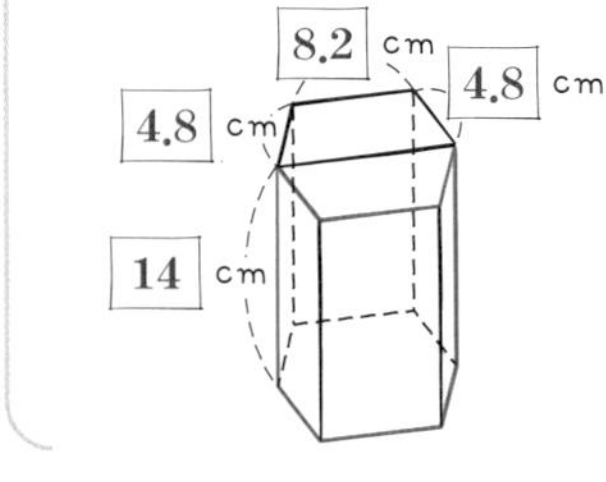

? : 육각기둥의 옆면의 넓이(cm^2)

계획-풀기

❶ 육각기둥의 전개도 그리기

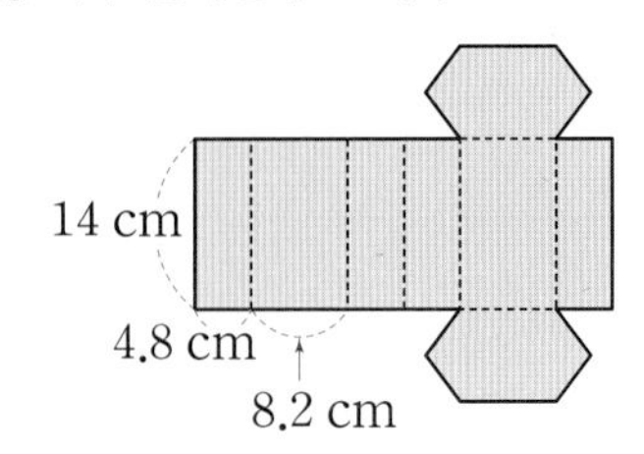

❷ 옆면의 넓이 구하기

(옆면의 넓이)=(가로의 길이)×(세로의 길이)

$=(4.8\times4+8.2\times2)\times14$

$=(19.2+16.4)\times14=498.4(cm^2)$

답 **498.4 cm^2**

22

문제 그리기

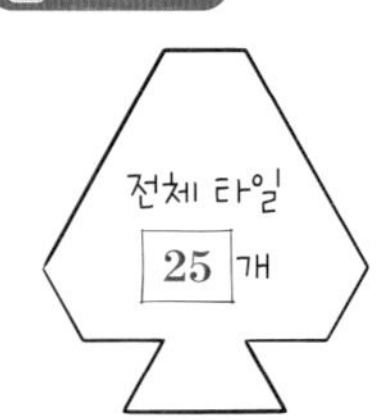

? : 전체 타일의 60 %만큼을 색칠하고자 할 때 색칠해야 하는 정삼각형 타일의 수

계획-풀기

❶ 전체에 대한 색칠할 부분의 비율을 기약분수로 나타내기

$\dfrac{(\text{색칠해야 할 타일의 수})}{(\text{전체 타일의 수})}=\dfrac{60}{100}=\dfrac{3}{5}$

❷ 색칠해야 하는 정삼각형의 타일의 수 구하기

$\dfrac{3}{5}=\dfrac{3\times5}{5\times5}=\dfrac{15}{25}$이므로 색칠해야 하는 정삼각형의 타일의 수는 15개입니다.

답 **15개**

23

문제 그리기

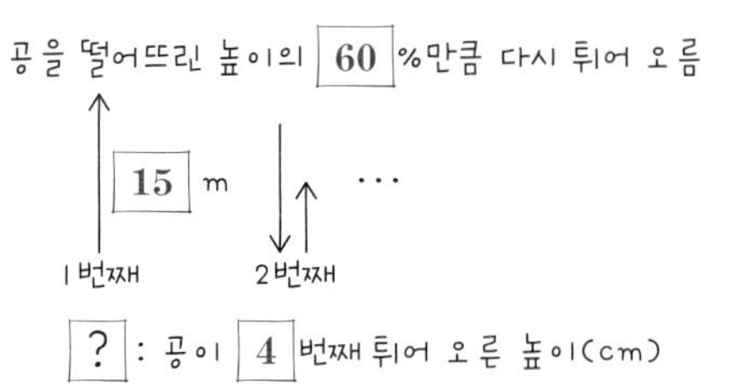

? : 공이 4번째 튀어 오른 높이(cm)

계획-풀기

(두 번째 튀어 오른 공의 높이)$=1500\times0.6=900$(cm)

(세 번째 튀어 오른 공의 높이)$=900\times0.6=540$(cm)

(네 번째 튀어 오른 공의 높이)$=540\times0.6=324$(cm)

답 **324 cm**

24

문제 그리기

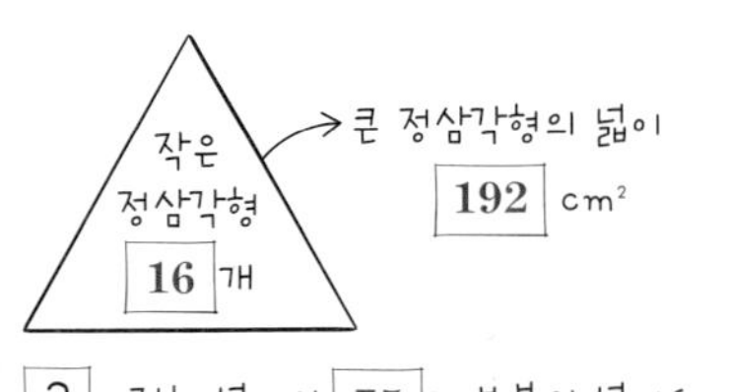

? : 전체 넓이의 75 % 부분의 넓이(cm^2)를 구하고 색칠하기

계획-풀기

❶ 작은 정삼각형 1개의 넓이 구하기
(작은 정삼각형 1개의 넓이)$=192\div16=12(\mathrm{cm}^2)$

❷ 전체 삼각형의 75%의 작은 정삼각형의 개수 구하기
(전체 삼각형의 75%의 작은 정삼각형의 개수)
$=16\times0.75=12$(개)

❸ 75%만큼의 넓이 구하고 색칠하기
(전체 삼각형의 75%의 넓이)
=(작은 정삼각형의 수)×(작은 정삼각형 1개의 넓이)
$=12\times12=144(\mathrm{cm}^2)$

⇨ 예

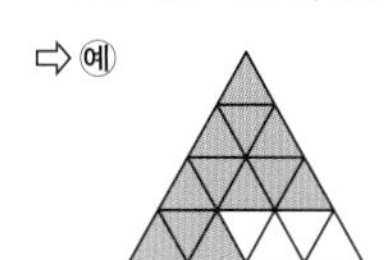

답 **144 cm²**, 예

STEP 1 내가 수학하기 배우기

문제 정보를 복합적으로 나타내기

154~155쪽

1

문제 그리기

㉠ 8 g ← 흰색 | 파란색 → 12 g

㉡ 6 g ← 흰색 | 파란색 → 10 g

? : 더 진한 하늘색의 기호

계획-풀기

❶ 흰색에 대한 파란색의 비율이
㉠은 8 : 12 ⇨ $\frac{8}{12}=\frac{2}{3}$이고,
㉡은 6 : 10 ⇨ $\frac{6}{10}=\frac{3}{5}$입니다.

→ ㉠은 12 : 8 ⇨ $\frac{12}{8}=\frac{3}{2}$이고,
㉡은 10 : 6 ⇨ $\frac{10}{6}=\frac{5}{3}$입니다.

❷ 기약분수로 나타낸 두 비율의 크기를 비교하면
$\frac{2}{3}>\frac{3}{5}$이므로 ㉠ 하늘색이 더 진합니다.

→ $\frac{3}{2}\left(=\frac{9}{6}\right)<\frac{5}{3}\left(=\frac{10}{6}\right)$, ㉡ 하늘색

답 ㉡

확인하기

문제 정보를 복합적으로 나타내기 (○)

2

문제 그리기

연도(년)	2020	2025	2030	2035	2040
1인 가구 수 (만 명)	207	258	312	368	409

? : 1인 가구 수가 가장 많은 해에 대한 가장 적은 해의 가구 수의 백분율(버림하여 소수 첫째 자리까지 구하기)

계획-풀기

❶ 1인 가구 수가 가장 적은 해는 큰 그림의 수가 가장 많은 2040년이며, 가구 수는 49만 명입니다.
1인 가구 수가 가장 많은 해는 큰 그림의 수가 가장 적은 2020년이고, 가구 수는 27만 명입니다.

→ 큰 그림의 수가 가장 적은 2020년과 2025년 중 중간 크기의 그림의 수가 더 적은 2020년이고, 가구 수는 207만 명입니다.
큰 그림의 수가 가장 많은 2040년이고, 가구 수는 409만 명입니다.

❷ (1인 가구 수가 가장 많은 해에 대한 가장 적은 해의 가구 수의 백분율)$=490000\div270000\times100=181.4$(%)

→ $2070000\div4090000\times100=50.61\cdots$
⇨ 50.6 %

답 **50.6 %**

확인하기

문제 정보를 복합적으로 나타내기 (○)

STEP 1 내가 수학하기 배우기

예상하고 확인하기

157~158쪽

1

문제 그리기

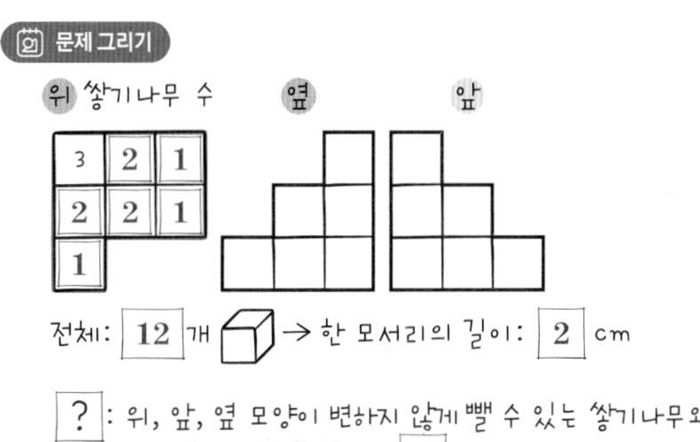

? : 위, 앞, 옆 모양이 변하지 않게 뺄 수 있는 쌓기나무와 그때 부피와 처음 부피의 비

계획-풀기

❶ 쌓기나무를 빼내기 전의 부피와 위, 앞, 옆에서 본 모양 그리기

위와 앞, 그리고 옆에서 본 모양은 다음과 같습니다.

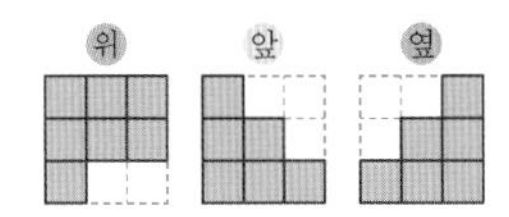

❷ 쌓기나무를 빼낸 후의 부피를 구하고 위, 앞, 옆에서 본 모양 확인하기

[예상1] 쌓기나무 ㉠을 빼낸 후 앞에서 본 모양을 예상하고 확인합니다.

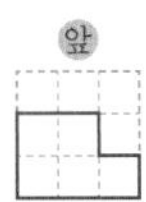

앞에서 본 모양이 다릅니다.

[예상2] 쌓기나무 ㉡이나 ㉢이나 ㉣을 빼낸 모양을 예상하고 확인합니다.

→ ㉡을 빼거나 ㉢을 빼거나 ㉣을 빼거나 또는 ㉡과 ㉣을 빼도 모양은 변하지 않습니다.

[예상3] 쌓기나무 ㉤이나 ㉥이나 ㉦을 빼낸 모양을 예상하고 확인합니다.

→ 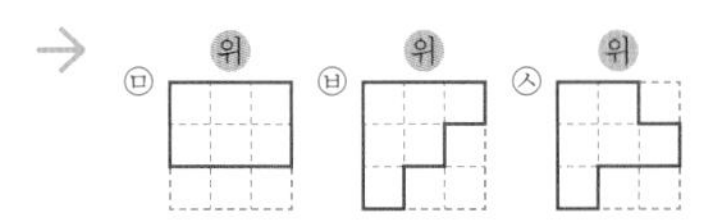

위에서 본 모양이 다릅니다.

처음 쌓기나무의 부피는 쌓기나무 1개의 부피가 $2\times2\times2=8(cm^3)$이고, 12개이므로 $8\times12=96(cm^3)$입니다. 부피가 가장 작은 경우는 ㉡과 ㉣을 빼내는 경우이므로 부피는 $96-(2\times2\times2)\times2=80(cm^3)$이고, 이 부피와 처음 부피의 비는 $80:96=5:6$입니다.

답 ㉡과 ㉣, $5:6$

확인하기

예상하고 확인하기 (○)

2

문제 그리기

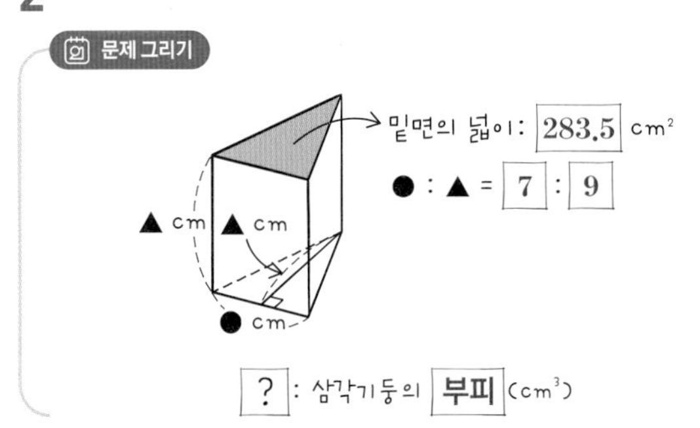

계획-풀기

❶ [예상1] (밑변의 길이) : (높이)$=7:9=14:18$이므로 밑변의 길이를 14 cm, 높이를 18 cm로 예상하면 (삼각형의 넓이)$=14\times18=252(cm^2)$이므로 틀립니다.

→ (삼각형의 넓이)$=14\times18\div2=126(cm^2)$이므로 틀립니다.

[예상2] (밑변의 길이) : (높이)$=7:9=21:27$이므로 밑변의 길이를 21 cm, 높이를 27 cm로 예상하면 (삼각형의 넓이)$=21\times27=567(cm^2)$이므로 틀립니다.

→ (삼각형의 넓이)$=21\times27\div2=283.5(cm^2)$이므로 맞습니다.

[예상3] (밑변의 길이) : (높이)$=7:9=28:36$이므로 밑변의 길이를 28 cm, 높이를 36 cm로 예상하면 (삼각형의 넓이)$=28\times36=1008(cm^2)$이므로 맞습니다.

→ (삼각형의 넓이)$=28\times36\div2=504(cm^2)$이므로 틀립니다.

❷ 삼각기둥의 높이는 밑면의 높이와 같으므로 부피를 구하면 $28\times28\times36=28224(cm^3)$입니다.

→ $283.5\times27=7654.5(cm^3)$

답 $7654.5\ cm^3$

확인하기

예상하고 확인하기 (○)

STEP 2 내가 수학하기 해보기

복합적 | 예상확인

159~166쪽

1

문제 그리기

나머지의 9/10
2/7
장미
큰금계국 5 : 4 윈초롱꽃
넓이 : 189 m²
? : 전체 정원의 넓이와 큰금계국이 심어진 땅의 넓이(m²)

계획-풀기

❶ 전체 정원의 넓이 구하기

전체 정원을 1로 보면 장미를 심은 곳을 제외한 나머지 정원은 전체의 $1-\frac{2}{7}=\frac{5}{7}$이므로 전체 땅의 $\frac{5}{7}$의 $\frac{9}{10}$에 해당하는 땅의 넓이가 189 m^2입니다. 전체 땅의 넓이를 □m^2라고 하면

$\square\times\frac{\overset{1}{\cancel{5}}}{7}\times\frac{9}{\underset{2}{\cancel{10}}}=189$, $\square\times\frac{9}{14}=189$

$\square=189\div\frac{9}{14}=\overset{21}{\cancel{189}}\times\frac{14}{\underset{1}{\cancel{9}}}=294(m^2)$입니다.

❷ 큰금계국이 심어진 정원의 넓이 구하기

(큰금계국이 심어진 정원의 넓이)

=(큰금계국과 은초롱꽃이 심어진 정원의 넓이)×(비율)

$=189\times\frac{5}{9}=105(\text{m}^2)$

답 **전체 정원의 넓이: 294 m²,**
큰금계국이 심어진 정원의 넓이: 105 m²

2

문제 그리기

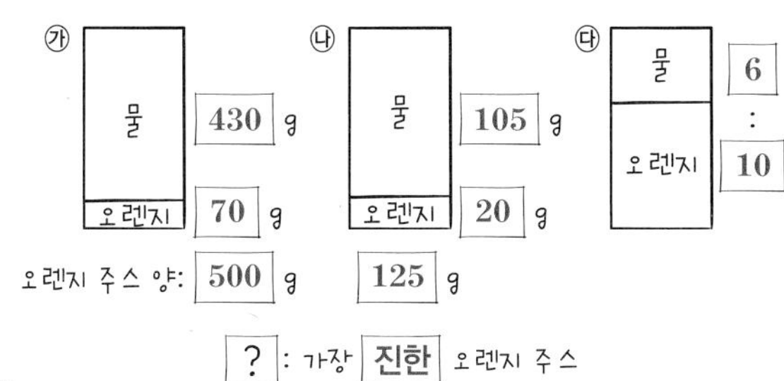

? : 가장 진한 오렌지 주스

계획-풀기

전체 주스 양에 대한 오렌지 양의 비율을 구하면 다음과 같습니다.

㉮ $\frac{70}{500}=\frac{7}{50}=\frac{140}{1000}$　　㉯ $\frac{20}{125}=\frac{4}{25}=\frac{160}{1000}$

㉰ $\frac{10}{16}=\frac{5}{8}=\frac{625}{1000}$

따라서 가장 진한 오렌지 주스는 ㉰입니다.

답 ㉰

3

문제 그리기

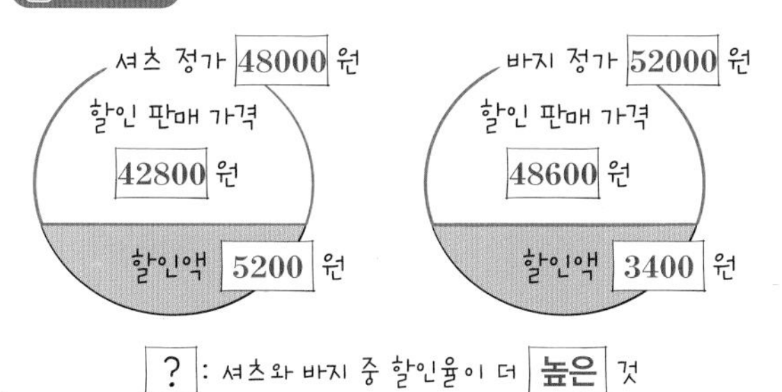

? : 셔츠와 바지 중 할인율이 더 높은 것

계획-풀기

$(\text{셔츠 할인율})=\frac{(\text{할인액})}{(\text{정가})}=\frac{5200}{48000}=\frac{13}{120}=0.108\cdots$

$(\text{바지 할인율})=\frac{(\text{할인액})}{(\text{정가})}=\frac{3400}{52000}=\frac{17}{260}=0.065\cdots$

따라서 셔츠의 할인율이 더 높습니다.

답 **셔츠**

4

문제 그리기

작년 키위 4 개를 9600 원

올해 키위 5 개를 14250 원

? : 올해 키위 1 개의 가격은 작년 가격의 몇 % 만큼 올랐는지 구하기

계획-풀기

❶ 작년과 올해 키위 1개의 가격 구하기

(작년 키위 1개의 가격)=9600÷4=2400(원)

(올해 키위 1개의 가격)=14250÷5=2850(원)

❷ 올해 키위 1개의 가격은 작년 가격의 몇 %만큼 올랐는지 구하기

$\frac{(2850-2400)}{2400}\times100=\frac{450}{2400}\times100=18.75(\%)$

답 **18.75 %**

5

문제 그리기

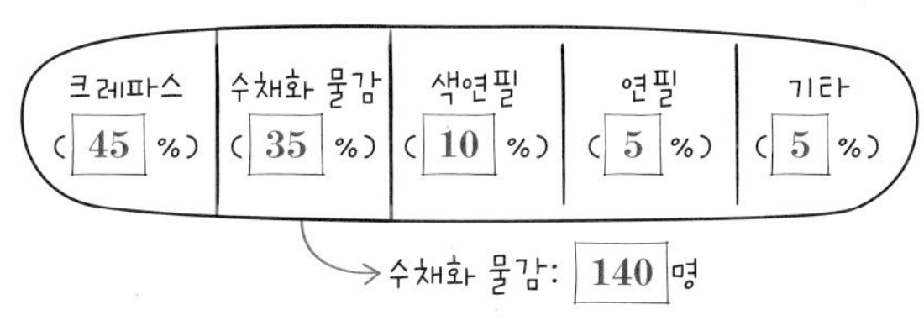

? : 크레파스를 선택한 학생 수(명)

계획-풀기

❶ 전체 학생 수 구하기

전체 학생 수를 □명이라고 하면

(수채화를 선택한 학생 수)=(전체 학생 수)×(비율)에서

140=□×0.35, □=140÷0.35=400(명)입니다.

❷ 크레파스를 선택한 학생 수 구하기

(크레파스를 선택한 학생 수)=(전체 학생 수)×(비율)

=400×0.45=180(명)

답 **180명**

6

문제 그리기

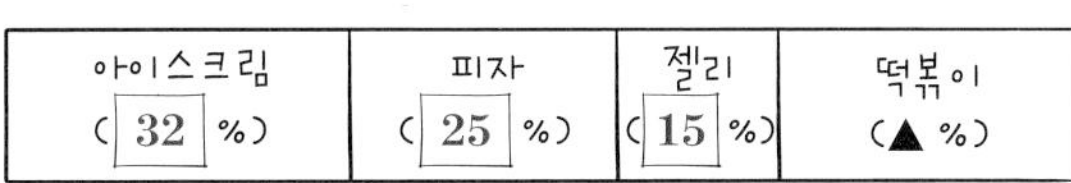

? : 떡볶이를 원하는 학생 수는 아이스크림을 원하는 학생 수의 몇 배

계획-풀기

❶ 떡볶이를 선택한 학생 수의 백분율 구하기

(떡볶이를 선택한 학생 수의 비율)=100−(32+25+15)

=100−72=28(%)

❷ 떡볶이를 원하는 학생 수는 아이스크림을 원하는 학생 수의 몇 배인지 구하기

(떡볶이를 원하는 학생 수)÷(아이스크림을 원하는 학생 수)

=28÷32=0.875(배)

답 **0.875배**

7

문제 그리기

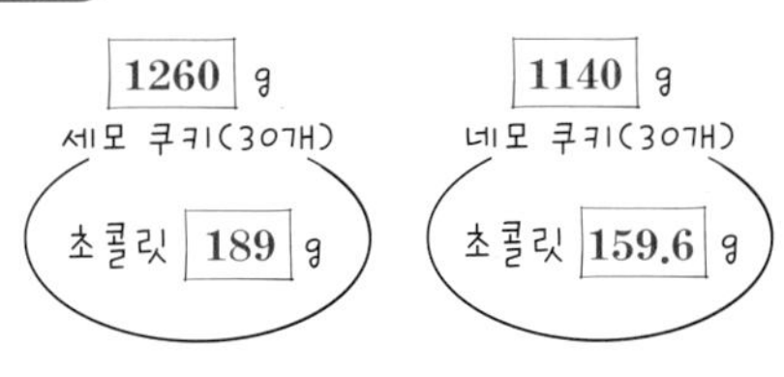

? : 초콜릿이 함유된 비율이 더 높은 쿠키

계획-풀기

세모 쿠키와 네모 쿠키에 들어 있는 초콜릿의 비율을 구하면 다음과 같습니다.

(세모 쿠키의 초콜릿 비율)$=\frac{189}{1260}\times 100(\%)=15(\%)$

(네모 쿠키의 초콜릿 비율)$=\frac{159.6}{1140}\times 100(\%)=14(\%)$

따라서 세모 쿠키의 초콜릿 함유율이 더 높습니다.

답 **세모 쿠키**

8

문제 그리기

북한산	인왕산	관악산	용마산
836	338	632	348

(단위: m)

? : 가장 높은 산에 대한 가장 낮은 산의 높이의 비율 (기약분수)

계획-풀기

(가장 높은 산)=(북한산)$=836$(m)

(가장 낮은 산)=(인왕산)$=338$(m)

(가장 높은 산에 대한 가장 낮은 산의 높이의 비율)

$=\frac{338}{836}=\frac{169}{418}$

답 $\frac{169}{418}$

9

문제 그리기

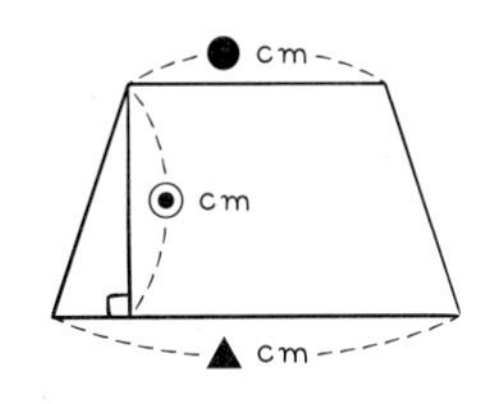

넓이: 857.5 cm^2

(●+▲) : ⊙ = 7 : 5

? : 사다리꼴의 높이(cm)

계획-풀기

❶ 윗변과 아랫변의 길이의 합과 높이의 곱 구하기

(사다리꼴의 넓이)=((윗변)+(아랫변))×(높이)÷2이므로

((윗변)+(아랫변))×(높이)=(사다리꼴의 넓이)×2에서

((윗변)+(아랫변))×(높이)$=857.5\times 2=1715$입니다.

❷ 윗변과 아랫변의 길이의 합과 높이의 비가 7 : 5인 길이를 예상하고 확인하기

(윗변)+(아랫변):(높이)$=7:5$이므로 다음과 같이 예상할 수 있습니다.

㉠ (윗변)+(아랫변)$=7\times 4=28$, (높이)$=5\times 4=20$

⇨ ((윗변)+(아랫변))×(높이)$=560$

㉡ (윗변)+(아랫변)$=7\times 5=35$, (높이)$=5\times 5=25$

⇨ ((윗변)+(아랫변))×(높이)$=875$

㉢ (윗변)+(아랫변)$=7\times 6=42$, (높이)$=5\times 6=30$

⇨ ((윗변)+(아랫변))×(높이)$=1260$

㉣ (윗변)+(아랫변)$=7\times 7=49$, (높이)$=5\times 7=35$

⇨ ((윗변)+(아랫변))×(높이)$=1715$

따라서 사다리꼴의 높이는 35 cm입니다.

답 **35 cm**

10

문제 그리기

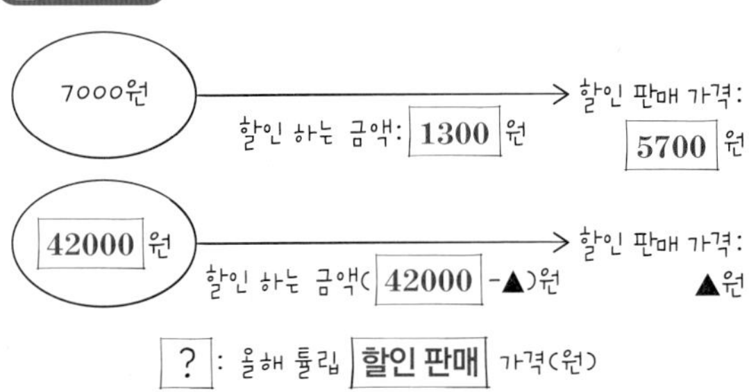

계획-풀기

❶ 표를 이용하여 할인 판매 가격 구하기

튤립 정가(원)	7000	14000	21000	⋯	42000	⋯
할인 금액(원)	1300	2600	3900	⋯	7800	⋯

(올해 튤립 할인 판매 가격)=(튤립 정가)−(할인 금액)

$=42000-7800=34200$(원)

❷ 할인율을 예상하고 확인하며 풀기

(튤립 할인율)$=\frac{\text{(할인 하는 금액)}}{\text{(정가)}}=\frac{1300}{7000}=\frac{13}{70}$

$\frac{13}{70}=\frac{13\times 2}{70\times 2}=\cdots=\frac{13\times 600}{70\times 600}=\cdots$

$70\times 600=42000$이므로

$\frac{13\times 600}{70\times 600}=\frac{7800}{42000}$에서

(올해 할인 판매 가격)$=42000-7800=34200$(원)입니다.

답 **34200원**

11

문제 그리기

㉠=(2$\frac{2}{5}$ ◯ [4] ◯ [$\frac{3}{5}$])
㉡=([$\frac{2}{3}$] ◯ 2 ◯ [9])
→ ㉠ : ㉡ = [1] : [3]

[?] : ㉠과 ㉡이 [자연]수가 되도록 [×] 또는 [÷]를 넣기

계획-풀기

❶ ㉠과 ㉡의 값이 자연수가 되기 위한 연산 기호 구하기

㉠$=2\frac{2}{5}$ ◯ 4 ◯ $\frac{3}{5}$이 자연수가 되기 위해서

$\frac{12}{5}$ ◯ $4\div\frac{3}{5}=\frac{12}{5}$ ◯ $4\times\frac{5}{3}$이므로 두 번째 연산은 ÷이어야 합니다.

㉡$=\frac{2}{3}$ ◯ 2 ◯ 9가 자연수가 되기 위해서 $\frac{2}{3}$ ◯ 2×9가 자연수이므로 두 번째 연산이 ×이어야 합니다.

❷ ㉠과 ㉡의 비가 1 : 3이 되기 위한 연산 기호 구하기

① ㉠의 연산을 ×, ÷로 할 때

㉠$=\frac{12}{5}\times4\div\frac{3}{5}=\frac{12}{5}\times4\times\frac{5}{3}=16$

㉡의 연산을 ×, ×로 하면

㉡$=\frac{2}{3}\times2\times9=12$ ⇨ ㉠ : ㉡ $=16:12=4:3$

이므로 틀립니다.

㉡의 연산을 ÷, ×로 하면

㉡$=\frac{2}{3}\div2\times9=3$ ⇨ ㉠ : ㉡ $=16:3$이므로 틀립니다.

② ㉠의 연산을 ÷, ÷로 할 때

㉠$=\frac{12}{5}\div4\div\frac{3}{5}=\frac{12}{5}\times\frac{1}{4}\times\frac{5}{3}=1$

㉡의 연산을 ×, ×로 하면

㉡$=\frac{2}{3}\times2\times9=12$ ⇨ ㉠ : ㉡ $=1:12$이므로 틀립니다.

㉡의 연산을 ÷, ×로 하면

㉡$=\frac{2}{3}\div2\times9=3$ ⇨ ㉠ : ㉡ $=1:3$이므로 옳습니다.

답 ㉠ ÷, ÷ ㉡ ÷, ×

12

문제 그리기

전체 학생 수: [100]명, 학생 수는 모두 [짝]수이고, [10]명 초과

운동 선수 (●명)	교사 (▲명)	유튜버 (■명)	의사 (■명)

● : ▲ = 5 : [3]　　▲ > ■

[?] : 전체 학생 수에 대한 장래 희망이 [의사]인 학생 수의 [백분율](%)

계획-풀기

❶ 운동 선수인와 교사 학생 수에 대한 비가 5 : 3이 되는 경우를 예상하고 확인하기

운동 선수나 교사가 되고자 하는 학생 수 예상해 봅니다.

			①(×6)	②(×8)	③		
운동 선수	5	…	30	40	45	50	…
교사	3	…	18	24	27	30	…

㉠ ①의 경우

유튜버(또는 의사)인 학생 수:

$(100-(30+18))\div2=26$(명)

(유튜버) 26 > 18(교사)이므로 틀립니다.

㉡ ②의 경우

유튜버(또는 의사)인 학생 수:

$(100-(40+24))\div2=18$(명)

(유튜버) 18 < 24(교사)이므로 옳습니다.

㉢ ③의 경우

운동 선수인 학생 수가 홀수이므로 틀리며, 운동 선수인 학생 수가 50 이상의 경우에는 유튜버인 학생 수가 10명 이하이므로 틀립니다.

❷ 전체 학생 수가 100명이므로 학생 수가 백분율을 나타내는 수와 같습니다.

(장래 희망이 의사인 학생 수)

=(장래 희망이 의사인 학생 수의 비율)=18%

답 18 %

13

문제 그리기

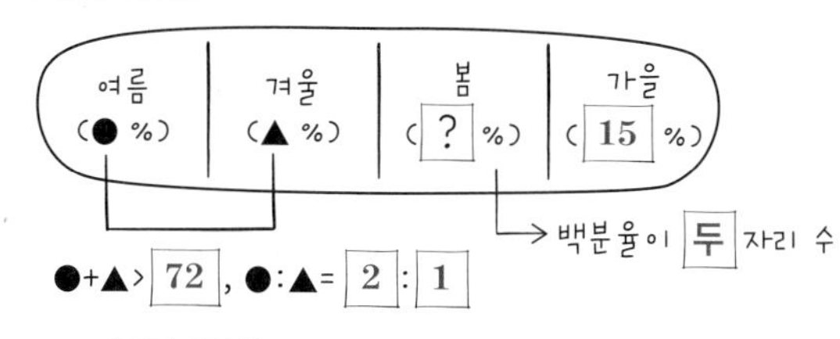

[?] : [봄]을 좋아하는 학생 수의 백분율(%)

계획-풀기

❶ 여름과 겨울을 좋아하는 학생 수를 예상하고 확인하기

여름	2	…	40 (×20)	48	50 (×25)	52	54	56
겨울	1	…	20	24	25	26	27	28
(여름)+(겨울)		×20	60	72	75	78	81	84

❷ 봄을 좋아하는 학생 수의 백분율 구하기

(여름을 좋아하는 학생 수의 백분율)+(겨울을 좋아하는 학생 수의 백분율)이 72 초과이고, 봄을 좋아하는 학생 수의 비율은 두 자리 수, 그리고 (봄)+(여름)+(겨울)=85(%)이므로 봄을 좋아하는 학생 수의 비율은 ❶의 예상에 따르면

$85-75=10$(%)입니다.

답 10 %

14

문제 그리기

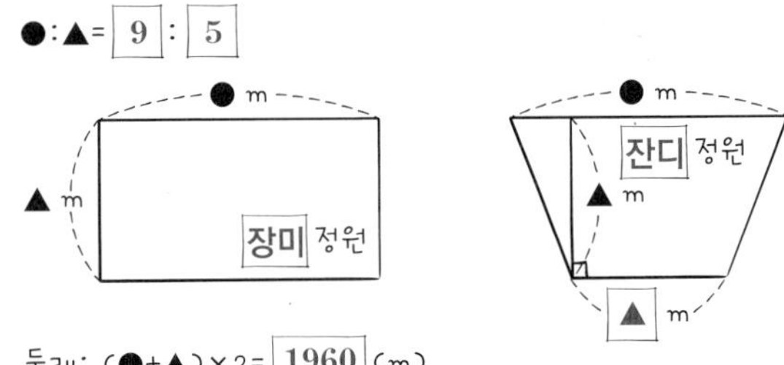

? : 장미 정원의 넓이와 잔디 정원의 넓이의 비

계획-풀기

(장미 정원의 가로의 길이와 세로의 길이의 합)
$=$(장미 정원의 둘레)$\div 2=1960\div 2=980(\mathrm{m})$
장미 정원의 가로와 세로의 길이를 예상해 보면

가로(m)	9	…	450	…	540	…	630	…
세로(m)	5	…	250	…	300	…	350	…
가로와 세로의 합	14	…	700	…	840	…	980	…

(×50, ×60, ×70)

이므로 가로는 630 m, 세로는 350 m입니다.
(장미 정원의 넓이)$=$(가로의 길이)$\times$(세로의 길이)
$=630\times 350=220500(\mathrm{m}^2)$
(잔디 정원의 넓이)
$=$((윗변의 길이)$+$(아랫변의 길이))$\times$(높이)$\div 2$
$=(630+350)\times 350\div 2=171500(\mathrm{m}^2)$
(장미 정원의 넓이) : (잔디 정원의 넓이)
$=220500 : 171500=441 : 343$

답 441 : 343

15

문제 그리기

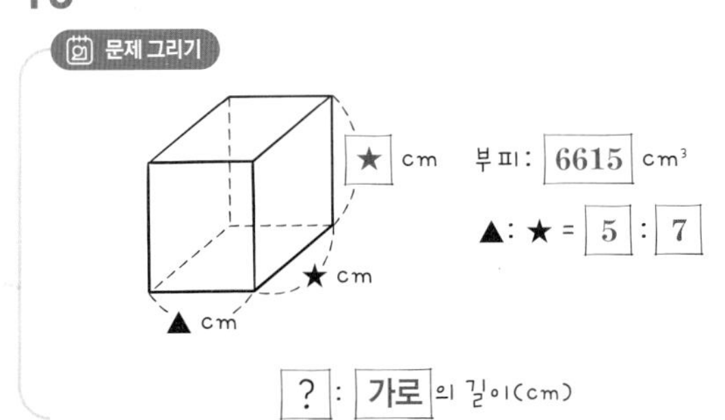

? : 가로의 길이(cm)

계획-풀기

표를 이용하여 각 길이를 구하면 다음과 같습니다.

가로(cm)	5	10	15	…
세로(cm)	7	14	21	…
높이(cm)	7	14	21	…
부피(cm^3)	245	1960	6615	…

따라서 부피가 6615 cm^3일 때 가로의 길이는 15 cm입니다.

답 15 cm

16

문제 그리기

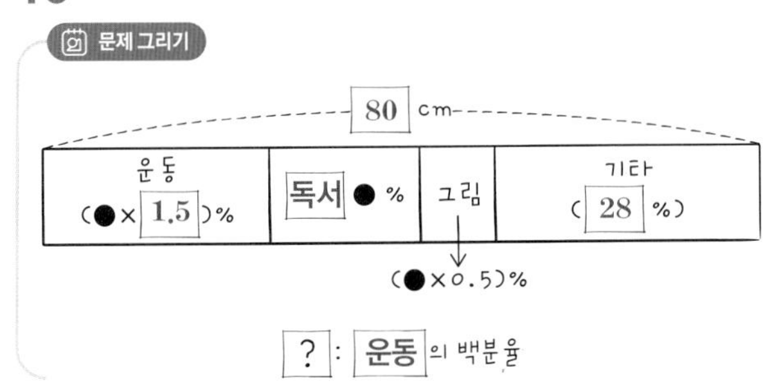

? : 운동의 백분율

계획-풀기

❶ 운동, 독서, 그림의 백분율의 합 구하기
(운동과 독서와 그림의 백분율의 합)
$=100-$(기타 백분율)$=100-28=72(\%)$

❷ 운동의 백분율 구하기
운동은 독서의 1.5배이고, 그림은 독서의 0.5배이므로 다음과 같이 표를 이용하여 구할 수 있습니다.

그림(%)	8	9	10	11	12
독서(%)	16	18	20	22	24
운동(%)	24	27	30	33	36
합(%)	48	54	60	66	72

답 36%

STEP 3 내가 수학하기 한 단계 UP!

식, 표, 그림 복합적, 예상확인

167~174쪽

1 식 만들기

문제 그리기

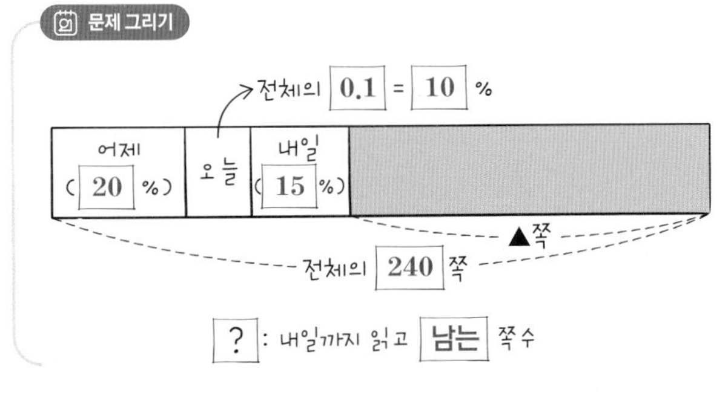

? : 내일까지 읽고 남는 쪽수

계획-풀기

❶ 내일까지 읽은 후 남는 쪽의 백분율 구하기
(내일까지 읽은 후 남는 쪽의 백분율)
$=100-$(읽은 부분의 백분율)
$=100-(20+10+15)$
$=100-45=55(\%)$

❷ 남는 쪽수 구하기
(남는 쪽수)$=$(전체 쪽수)$\times$(비율)
$=240\times 0.55=132$(쪽)

답 132쪽

2 문제정보를 복합적으로 나타내기

문제 그리기

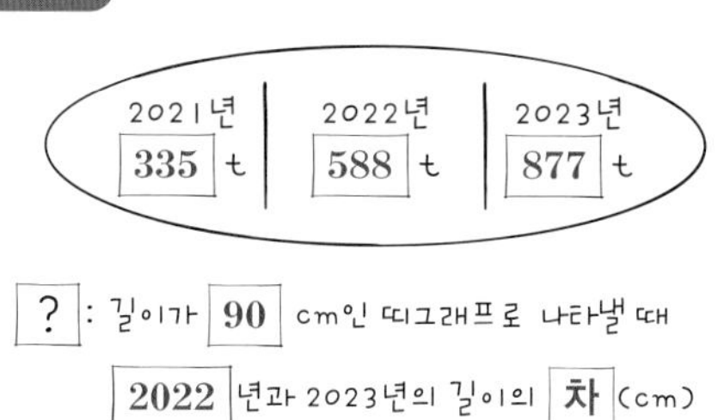

계획-풀기

❶ 전체 수입량 구하기

년도별 수입량을 알아보면

2021년: 335 t, 2022년: 588 t, 2023년 877 t

(전체 수입량)$=335+588+877=1800$

❷ 띠그래프에서 2022년과 2023년 길이의 차 구하기

2022년 길이: $\frac{588}{1800}\times 90=29.4$(cm)

2023년 길이: $\frac{877}{1800}\times 90=43.85$(cm)

2022년과 2023년 길이의 차: $43.85-29.4=14.45$(cm)

답 **14.45 cm**

3 식 만들기

문제 그리기

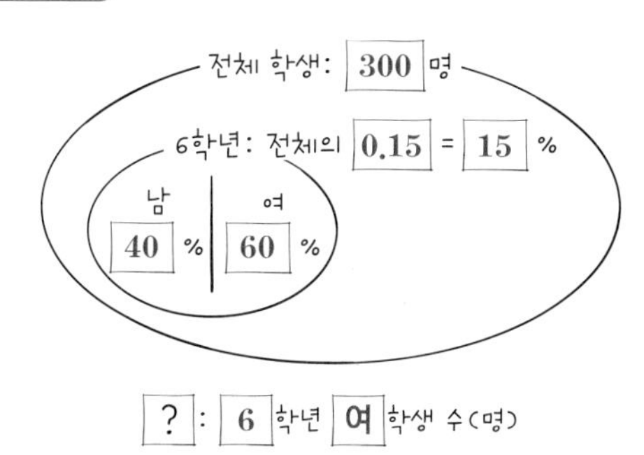

계획-풀기

❶ 6학년 학생 수 구하기

(6학년 학생 수)=(전체 학생 수)×(6학년 학생 수의 비율)

$=300\times 0.15=45$(명)

❷ 6학년 여학생 수 구하기

(6학년 여학생 수)=(6학년 학생 수)×(여학생 수의 비율)

$=45\times 0.6=27$(명)

답 **27명**

4 식 만들기

문제 그리기

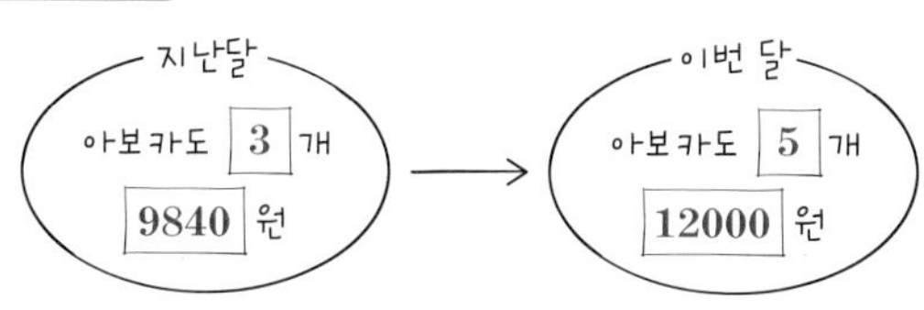

계획-풀기

❶ 지난달과 이번 달 아보카도 1개의 가격 각각 구하기

(지난달 아보카도 1개의 가격)

=(지난달 아보카도 3개의 가격)÷3

$=9840\div 3=3280$(원)

(이번 달 아보카도 1개의 가격)

=(이번 달 아보카도 5개의 가격)÷5

$=12000\div 5=2400$(원)

❷ 답 구하기

(내린 가격)÷(지난달 아보카도 1개의 가격)

$=(3280-2400)\div 3280=0.268\cdots$이므로 백분율로 나타내면 $0.268\cdots\times 100=26.8\cdots$ ⇨ 27(%)입니다.

답 **27 %**

5 문제정보를 복합적으로 나타내기

문제 그리기

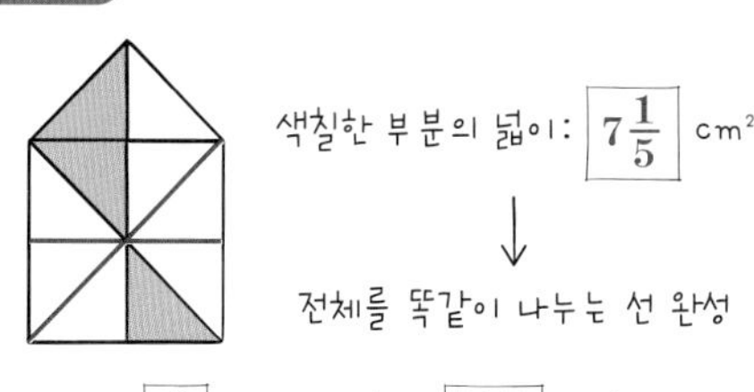

? : 전체 오각형의 넓이 (cm²)

계획-풀기

❶ 색칠한 부분의 전체에 대한 비율 구하기

전체가 10등분 되었고, 색칠된 부분은 3부분이므로 그 비율은 $\frac{3}{10}$입니다.

❷ 전체 오각형의 넓이 구하기

색칠한 부분은 10등분 한 것 중 3이므로

(오각형의 넓이)$=7\frac{1}{5}\div 3\times 10$

$=\frac{36}{5}\div 3\times 10=24$(cm²)

답 **24 cm²**

6 예상하고 확인하기

문제 그리기

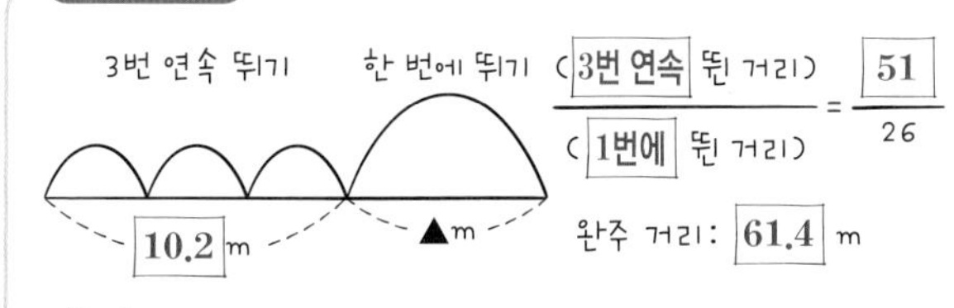

? : 61.4 m를 완주하기 위해 뾰족코 개구리가 3번 연속 뛰기와 1번에 뛰기를 최소한 뛴 수(번)

계획-풀기

❶ 1번에 뛴 거리 구하기

$\frac{(3번\ 연속\ 뛴\ 거리)}{(1번에\ 뛴\ 거리)}=\frac{51}{26}=\frac{51\div10}{26\div10}=\frac{5.1}{2.6}$

$=\frac{5.1\times2}{2.6\times2}=\frac{10.2}{5.2}$

따라서 1번에 뛴 거리는 5.2 m입니다.

❷ 61.4 m를 완주하는 방법을 예상하고 확인하기

3번 연속	3회	4회	5회	6회
	30.6 m	40.8 m	51.0 m	61.2 m
1번 뛰기	6회	4회	2회	1회
	31.2 m	20.8 m	10.4 m	5.2 m
뛴 거리(m)	61.8	61.6	61.4	66.4

3번 연속 뛰기를 5번, 1번에 뛰기를 2번하면 완주할 수 있습니다.

답 **3번 연속 뛰기: 5번, 1번 뛰기: 2번**

7 문제정보를 복합적으로 나타내기

문제 그리기

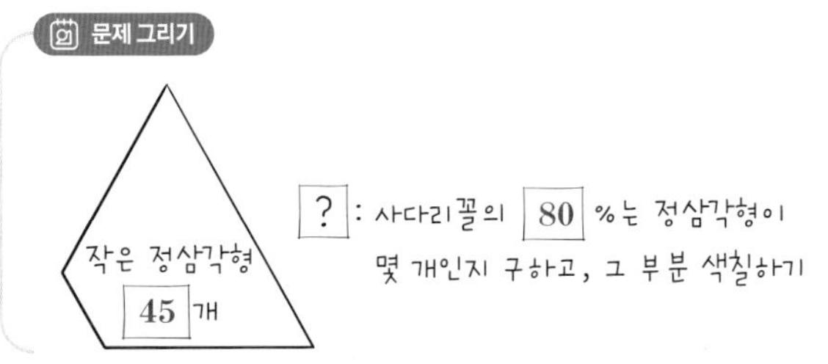

계획-풀기

❶ 정삼각형의 개수 구하기

(정삼각형의 개수)$=13+11+9+7+5=45$(개)

❷ 사다리꼴의 80 %에 해당되는 정삼각형의 개수 구하고 색칠하기

(사다리꼴의 80 %에 해당되는 정삼각형의 개수)

$=45\times0.8=36$(개)

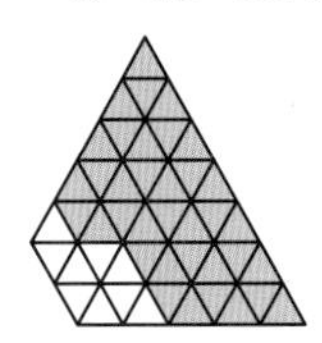

답 **36개,** 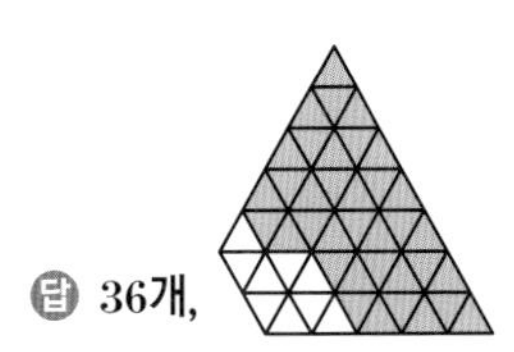

8 문제정보를 복합적으로 나타내기

문제 그리기

꽃	장미	튤립	은방울	백합	합계
꽃 수(송이)	90	60	30	24	204

? : 원 그래프로 나타내기(소수 첫째 자리에서 반올림)

계획-풀기

❶ 각 꽃의 백분율 구하기

(장미)$=\frac{90}{204}\times100=44.1\cdots$ ⇨ 44 %

(튤립)$=\frac{60}{204}\times100=29.4\cdots$ ⇨ 29 %

(은방울)$=\frac{30}{204}\times100=14.7\cdots$ ⇨ 15 %

(백합)$=\frac{24}{204}\times100=11.7\cdots$ ⇨ 12 %

❷ 원그래프 그리기

지난주 꽃 판매량

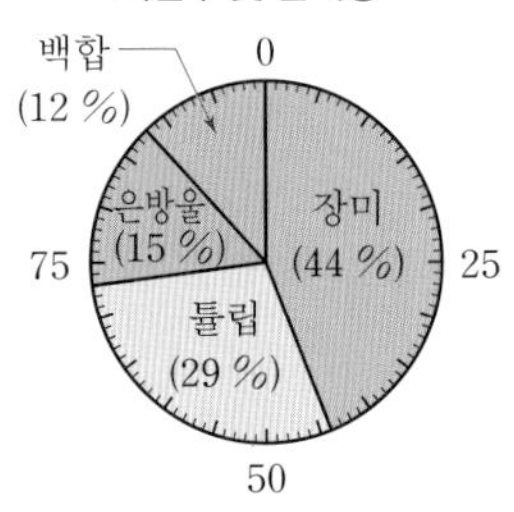

답 **풀이 참조**

9 표 만들기

문제 그리기

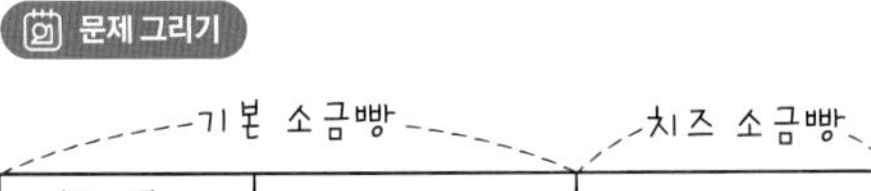

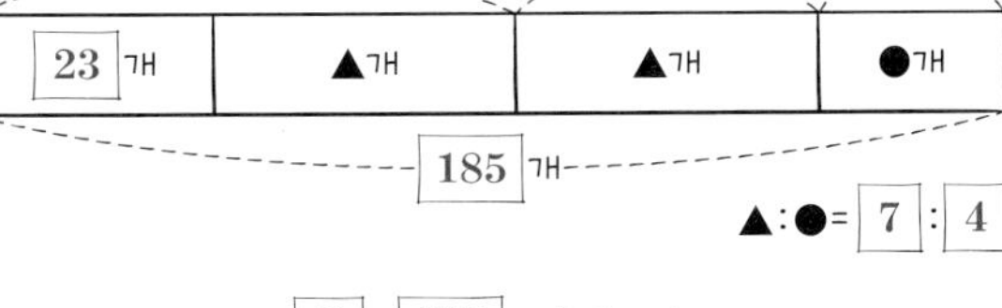

? : 치즈 소금빵의 수

계획-풀기

치즈 소금빵의 수를 ▲개, 먹물 소금빵의 수를 ●개라고 하면 다음 식과 같습니다.

(기본 소금빵 수)+(치즈 소금빵 수)+(먹물 소금빵 수)$=185$

$(23+▲)+▲+●=185$, $23+▲+▲+●=185$,

$▲+▲+●=185-23=162$(개)

따라서 치즈 소금빵 수의 2배(▲+▲)와 먹물 소금빵 수의 합은 162개입니다.

(치즈 소금빵 수) : (먹물 소금빵 수)$=7:4$이므로

(치즈 소금빵 수)의 2배 : (먹물 소금빵 수)$=14:4$입니다.

빵의 수이므로 약분하지 않아야 하며, 이를 적용하면 다음과 같이 예상할 수 있습니다.

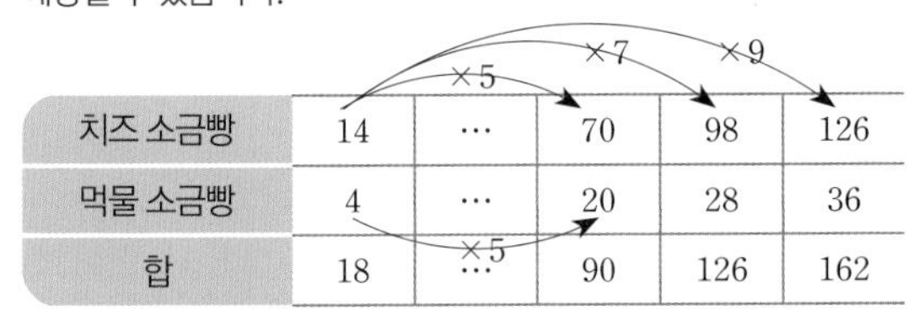

치즈 소금빵	14	…	70	98	126
먹물 소금빵	4	…	20	28	36
합	18	…	90	126	162

합이 162인 경우에서 (치즈 소금빵 수)$\times2=126$이므로

(치즈 소금빵 수)$=126\div2=63$(개)입니다.

답 **63개**

10 그림 그리기

문제 그리기

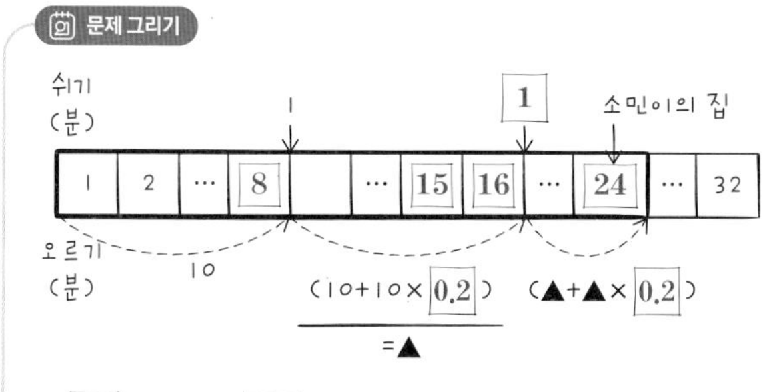

? : 소민이가 24층까지 가는 데 걸리는 시간(몇 분 몇 초)

계획-풀기

❶ 소민이 집까지 가는 데 몇 번 쉬는지 구하기

(소민이의 집까지 8층씩의 개수)

$=$(소민이의 집까지 층수)$\div 8$

$=24\div 8=3$(번)

(소민이의 집까지 쉬는 횟수)$=3-1=2$(번)

❷ 소민이의 집까지 가는 데 걸리는 시간 구하기

$=$(1~8층 시간)$+$(9~16층 시간)$+$(17~24층 시간)$+$(쉬는 시간)

$=10+(10+(10\times 0.2))+$

$((10+(10\times 0.2))+(10+(10\times 0.2))\times 0.2)+1\times 2$

$=10+12+(12+12\times 0.2)+2=10+12+14.4+2$

$=38.4$(분)

0.4(분)$=0.4\times 60$(초)$=24$(초)이므로 38분 24초가 걸렸습니다.

답 38분 24초

11 그림 그리기

문제 그리기

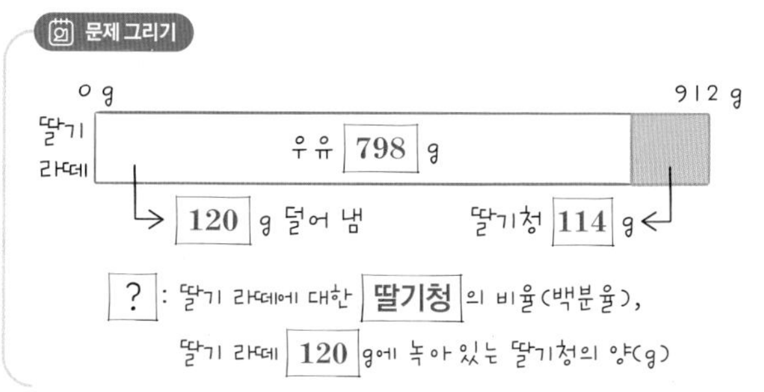

계획-풀기

❶ 딸기 라떼에 대한 딸기청의 비율 구하기

(딸기 라떼에 대한 딸기청의 비율)

$=\frac{(\text{딸기청의 양})}{(\text{딸기 라떼의 양})}\times 100=\frac{114}{912}\times 100=12.5(\%)$

❷ 딸기 라떼 120 g에 녹아 있는 딸기청의 양 구하기

(딸기 라떼 120 g에 녹아 있는 딸기청의 양)

$=120\times 0.125=15(\text{g})$

답 딸기청의 백분율: 12.5%, 딸기청의 양: 15 g

12 표 만들기

문제 그리기

핀의 모양	○ ○	○ ○ ○ ○ ○ ○	○ ○ ○ ○ ○ ○ ○ ○ ○ ○ ○ ○	…
핀의 개수(개)	2	6 (2×3)	12 (3×4)	…

? : 9 번째에 사용한 핀 개수에 대한 1 번째에 사용한 핀 개수의 비율(기약분수)

계획-풀기

❶ 핀의 개수에 대한 규칙 찾기

순서	1	2	3	4	5	…	9	…
핀의 개수(개)	1×2 =2	2×3 =6	3×4 =12	4×5 =20	5×6 =30	…	9×10 =90	…

❷ 답 구하기

(9번째 핀의 개수)에 대한 (1번째 핀의 개수)의 비율은

$\frac{2}{90}=\frac{1}{45}$입니다.

답 $\frac{1}{45}$

13 문제정보를 복합적으로 나타내기

문제 그리기

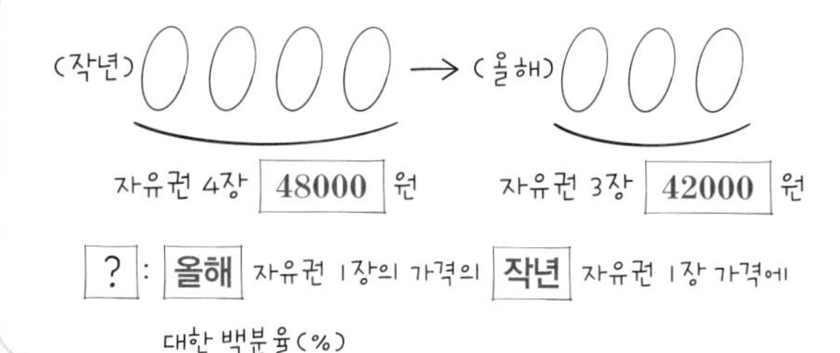

계획-풀기

❶ 올해와 작년 자유권 1장의 가격 구하기

(올해 자유권 1장의 가격)$=42000\div 3=14000$(원)

(작년 자유권 1장의 가격)$=48000\div 4=12000$(원)

❷ 올해 오른 가격의 백분율 구하기

(올해 오른 가격의 백분율)

$=\frac{(\text{올해 자유권 1장의 오른 가격})}{(\text{작년 자유권 1장의 가격})}\times 100$

$=\frac{(14000-12000)}{12000}\times 100=16.6\cdots$

⇨ 약 17%

답 약 17 %

14 문제정보를 복합적으로 나타내기

문제 그리기

같은 숲은 모두 일정하게 자람

검은 숲	24 시간 → 36 cm	하얀 숲	32시간 → 56 cm

? : 검은 숲 대나무의 1시간당 자라는 길이에 대한 하얀 숲 대나무의 1시간당 자라는 길이의 비율 (기약분수인 가분수)

계획-풀기

❶ 검은 숲과 하얀 숲의 대나무들의 1시간당 자라는 길이 구하기

검은 숲: (1시간 동안 자란 길이)$=\frac{36}{24}=1.5(\text{cm})$

하얀 숲: (1시간 동안 자란 길이)$=\frac{56}{32}=1.75(\text{cm})$

❷ 답 구하기

$\frac{(\text{하얀 숲 대나무의 1시간당 자란 길이})}{(\text{검은 숲 대나무의 1시간당 자란 길이})}$

$=\frac{1.75}{1.5}=\frac{175}{150}=\frac{7}{6}$

답 $\frac{7}{6}$

15 문제정보를 복합적으로 나타내기

문제 그리기

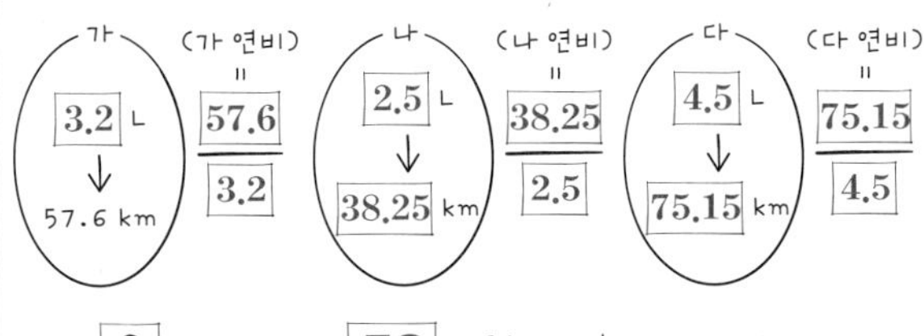

? : 연비가 가장 좋은 자동차에 대한 연비가 가장 안 좋은 자동차의 연비의 비율(기약분수)

계획-풀기

❶ 가, 나, 다의 1 L 휘발유 양에 대한 주행 거리(km)의 비율(연비) 구하기

(가의 연비)$=\frac{57.6}{3.2}=\frac{576}{32}=18$

(나의 연비)$=\frac{38.25}{2.5}=\frac{3825}{250}=15.3$

(다의 연비)$=\frac{75.15}{4.5}=\frac{7515}{450}=16.7$

❷ 연비가 가장 좋은 자동차에 대한 연비가 가장 안 좋은 자동차의 연비의 비율 구하기

$\frac{(\text{연비가 가장 안 좋은 자동차의 연비})}{(\text{연비가 가장 좋은 자동차의 연비})}$

$=\frac{15.3}{18}=\frac{153}{180}=\frac{17}{20}$

답 $\frac{17}{20}$

16 예상하고 확인하기

문제 그리기

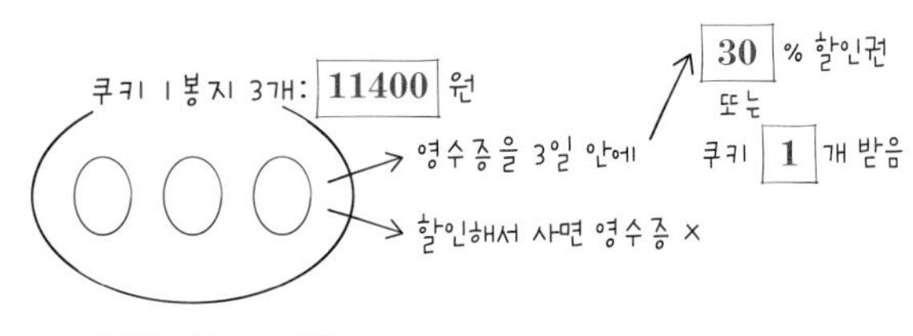

? : 32000 원으로 쿠키를 가장 많이 살 수 있는 방법

계획-풀기

❶ 쿠키 1개의 가격 구하기

(한 봉지 가격)÷(1봉지에 들은 쿠키의 개수)

$=11400\div3=3800$(원)

❷ 한 봉지의 쿠키를 몇 봉지 살 것인지 예상하고 확인하기

한 봉지의 가격에서 30 %를 할인 받으면 70 %의 가격으로 사는 것과 같습니다.

쿠키 한 봉지의 가격을 30 % 할인 받아서 사면

(한 봉지 가격의 70 %의 가격)=(한 봉지 가격)×(비율)

$=11400\times0.7=7980$(원)인 가격으로 산 것과 같습니다.

[예상1] 쿠키 2봉지를 사고 받은 영수증 2개로 30 % 할인권 2개 받기

(쿠키 구입 예상 비용)

=(쿠키 2봉지 가격)+(30 % 할인권 2개)

$=11400\times2+7980\times2=22800+15960$

$=38760$(원)

⇨ 32000원을 초과하므로 할인권을 1개만 쓸 수 있습니다.

따라서 $11400\times2+7980=30780$(원)입니다.

(쿠키 구입 예상 개수)$=3\times2+3=9$(개)

[예상2] 쿠키 2봉지를 사고 받은 영수증 2개로 30 % 할인권과 쿠키 1개 교환하기

(쿠키 구입 예상 비용)

=(쿠키 2봉지 가격)+(30 % 할인권 1개)

$=11400\times2+7980=30780$(원)

(쿠키 구입 예상 개수)$=3\times2+3+1=10$(개)

답 **쿠키 2봉지를 사고 영수증 2개로 1개는 30% 할인권과 다른 1개는 쿠키 1개 교환**

STEP 4 내가 수학하기 거뜬히 해내기

175~176쪽

1

문제 그리기

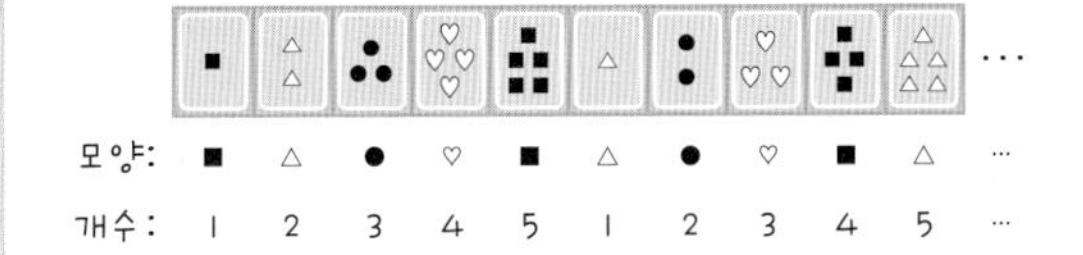

모양: ■ △ ● ♡ ■ △ ● ♡ ■ △ …

개수: 1 2 3 4 5 1 2 3 4 5 …

? : 전체 카드 300장의 넓이에 대한 카드 [♡♡♡]의 ♡가 차지하는 넓이의 합의 비율(소수)

계획-풀기

❶ 전체 직사각형의 넓이 구하기

(전체 직사각형의 넓이)$=15\times300=4500$

❷ 나열 규칙을 찾아서 카드 300장 중에서 ♡♡♡ 의 개수 구하기

카드의 나열은 순서는 ■△●♡가 반복되므로 ♡는 4의 배수 번째 놓입니다.

무늬의 색은 2의 배수가 흰색이므로 ♡는 모두 흰색입니다.

무늬의 개수는 1개부터 5개가 반복되므로 (무늬의 수)=(순서를 나타내는 수)÷5의 나머지입니다.

따라서 무늬가 3개가 놓이는 순서는 (5의 배수)+3입니다.

$5+3=8$(째), $5\times2+3=13$(째), $5\times3+3=18$(째),

$5\times4+3=23$(째), $5\times5+3=28$(째), $\cdots$,

$5\times59+3=298$(째) 중에서 ♡♡♡ 가 놓이는 순서는 (4의 배수)이므로 8, $20\times1+8=28$(째), $20\times2+8=48$(째), $20\times3+8=68$(째), $\cdots$, $20\times14+8=288$(째)의 15개입니다.

❸ 카드 300장에서 ♡♡♡ 의 ♡가 차지하는 넓이의 합 구하기

(♡♡♡ 에서 ♡의 넓이의 합)$=\frac{3}{4}\times3=\frac{9}{4}$

(카드 300장에서 ♡♡♡ 의 ♡의 넓이의 합)

$=\frac{9}{4}\times15=\frac{135}{4}=33.75$

따라서 전체 직사각형의 넓이에 대한 ♡♡♡ 카드의 ♡가 차지하는 넓이의 합의 비율은 $33.75\div4500=0.0075$입니다.

답 **0.0075**

2

문제 그리기

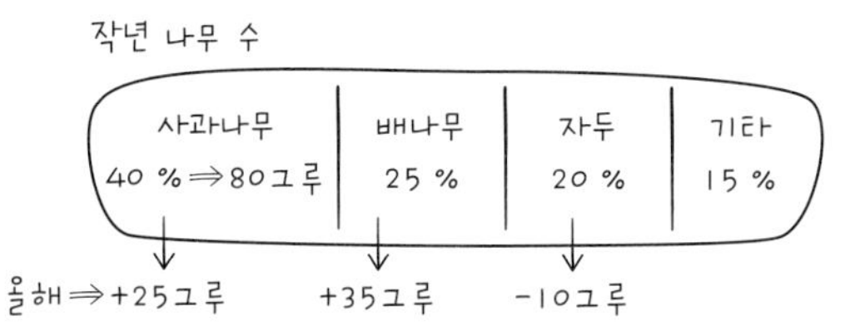

? : 올해 종류별 나무 수를 띠그래프로 나타내기

계획-풀기

❶ 작년 전체 나무 수 구하기

작년 전체 나무 수를 □그루라 하면

(작년 사과나무 수)=(작년 전체 나무 수)×(비율)

$80=\square\times0.4$, $\square\times0.4=80$, $\square=80\div0.4=200$

❷ 작년과 올해의 각 나무의 종류와 수 구하기

(작년 배나무 수)$=200\times0.25=50$(그루)

(작년 자두나무 수)$=200\times0.2=40$(그루)

(기타 나무 수)$=200\times0.15=30$(그루)

	사과	배	자두	기타	합계
작년 나무 수(그루)	80	50	40	30	200
올해 나무 수(그루)	105	85	30	30	250

❸ 올해 종류별 나무 수를 띠그래프로 나타내기

(올해 사과나무)$=\frac{105}{250}\times100=42(\%)$

(올해 배나무)$=\frac{85}{250}\times100=34(\%)$

(올해 자두나무)=(올해 기타)

$=\frac{30}{250}\times100=12(\%)$

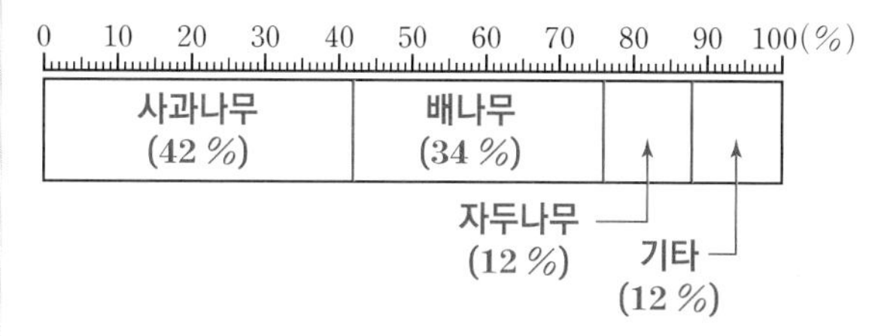

답 **풀이 참조**

3

문제 그리기

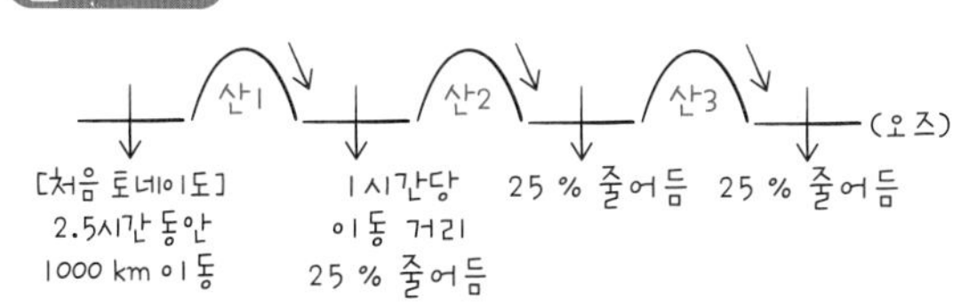

? : 처음 토네이도의 1시간당 이동 거리에 대한 마지막 산 통과 후의 1시간당 이동 거리의 비율(올림하여 소수 첫째 자리까지)

계획-풀기

❶ 토네이도의 처음 1시간당 이동 거리 구하기

(1시간당 이동 거리)=(이동 거리)÷(소요 시간)

$=1000\div2.5=400$(km)

❷ 산을 통과 후 25 %가 감소되는 것이므로 이전의 이동 거리의 $100-25=75(\%)$가 이동 거리가 되는 것입니다.

(1째 산 통과 후 이동 거리)=(1시간당 이동 거리)×(비율)

$=400\times0.75=300$(km)

(2째 산 통과 후 이동 거리)=(1시간당 이동 거리)×(비율)

$=300\times0.75=225$(km)

(3째 산 통과 후 이동 거리)=(1시간당 이동 거리)×(비율)

$=225\times0.75=168.75$(km)

❸ 답 구하기

$\frac{\text{(마지막 산 통과 후 1시간당 이동 거리)}}{\text{(토네이도의 처음 1시간당 이동 거리)}}$

$=\frac{168.75}{400}=0.42\cdots$ ⇨ 0.5

답 **0.5**

4

문제 그리기

전체 학생 수: 4000명

다른 나라에 가고 싶은 학생: 4000명의 45 %

(남학생 수)=(여학생 수)=▲명

?: 일본을 가고 싶어하는 남학생은 ▲의 26 %, 여학생은 ▲의 38 % 의 합

계획-풀기

❶ 다른 나라에 가고 싶은 학생 수 구하기

(다른 나라에 가고 싶은 학생 수)

=(전체 학생 수)×(비율)

$=4000\times0.45=1800$(명)

❷ 일본에 가고 싶은 남학생과 여학생 수 구하기

다른 나라를 가고 싶은 여학생 수와 남학생 수가 같으므로 각각 $1800\div2=900$(명)입니다.

(일본에 가고 싶은 남학생 수)$=900\times0.26=234$(명)

(일본에 가고 싶은 여학생 수)$=900\times0.38=342$(명)

(일본에 가고 싶은 학생 수)$=234+342=576$(명)

답 **576명**

핵심 역량 **말랑말랑 수학**

177~179쪽

1 해달 가족이 3마리이고, 수달 가족이 5마리이므로 각 1개씩 조개를 가지면 그 수의 비는 해달 가족이 조개 3개, 수달 가족이 5개를 가져야 하므로 $3:5$입니다.

2개씩 가지면 $(3\times2):(5\times2)=6:10$입니다.

따라서 전체 조개 수가 96개이므로 다음과 같습니다.

$3:5=6:10=(3\times11):(5\times11)=(3\times12):(5\times12)$
$=36:60$이므로 $36+60=96$에서 해달 가족은 36개, 수달 가족은 60개씩 가지면 됩니다.

답 **해달 가족이 가질 조개 수: 36개, 수달 가족이 가질 조개 수: 60개**

2 (릴리퍼트 사람의 키):(신발 길이)$=15:3$

(릴리퍼트 사람의 키):(바지 길이)$=15:6$

걸리버의 키와 신발의 길이, 바지 길이의 비는 다음과 같습니다.

(걸리버의 키):(신발 길이)

$=15:3=(15\times12):(3\times12)$

$=180:36$

(걸리버의 키):(바지 길이)

$=15:6=(15\times12):(6\times12)$

$=180:72$

따라서 걸리버의 신발과 바지의 길이는 각각 36 cm, 72 cm 입니다.

답 **걸리버의 신발 길이: 36 cm, 걸리버의 바지 길이: 72 cm**

3 릴리퍼트 사람들의 키에 대한 신발의 길이를 백분율로 구하면 $\frac{(\text{비교하는 양})}{(\text{기준량})}\times100=\frac{3}{15}\times100=20(\%)$입니다.

릴리퍼트 사람들의 키에 대한 바지의 길이를 백분율로 구하면 $\frac{6}{15}\times100=40(\%)$입니다.

따라서 브롭딩낵 사람들의 신발의 길이와 바지의 길이를 구하면 다음과 같습니다.

(브롭딩낵 사람들의 신발 길이)=(기준량)×(비율)

$=2160\times0.2=432$(cm)

(브롭딩낵 사람들의 바지 길이)=(기준량)×(비율)

$=2160\times0.4=864$(cm)

답 **브롭딩낵 사람들의 신발의 길이: 432 cm, 브롭딩낵 사람들의 바지의 길이: 864 cm**

KC마크는 이 제품이
공통안전기준에
적합함을 의미합니다.

ISBN 979-11-6822-364-6 63410